内 容 提 要

统计计算是数理统计、计算数学和计算机科学的交叉学科。本书系统地介绍了统计计算的基本方法,并给出各种算法的统计原理和数值计算的步骤,以及部分例子,使读者掌握用统计方法解决具体问题的全过程.

本书内容包括误差与数据处理、分布函数和分位数的计算、随机数的产生与检验、矩阵计算、无约束最优化方法、多元线性和非线性回归的算法及随机模拟方法等.各章内容丰富,并配有适量的习题和上机实习题.

本书可作为理工科院校概率统计、数学、应用数学、计算机科学等系大学生的教材,也可作为教师、研究生以及从事统计、信息处理工作的有关工程技术人员的参考书.

U0393054

统 计 计 算

高惠璇 编著

北京大学出版社
北 京

图书在版编目 (CIP) 数据

统计计算 / 高惠璇编著. —北京：北京大学出版社，1995.7
ISBN 978-7-301-02827-8

Ⅰ.统… Ⅱ.高… Ⅲ.概率统计计算法 – 高等学校 – 教材
Ⅳ.O242.28

书　　　名	统计计算
著作责任者	高惠璇
责任编辑	刘　勇
标准书号	ISBN 978-7-301-02827-8/O · 0357
出版发行	北京大学出版社
地　　　址	北京市海淀区成府路 205 号　100871
网　　　址	http://www.pup.cn　新浪微博：@北京大学出版社
电子信箱	zpup@pup.cn
电　　话	邮购部 62752015　发行部 62750672　编辑部 62752021
印　刷　者	北京虎彩文化传播有限公司
经　销　者	新华书店
	850 毫米 × 1168 毫米　32 开本　13.125 印张　338 千字
	1995 年 7 月第 1 版　2024 年 1 月第 14 次印刷
定　　　价	30.00 元

前　　言

　　数理统计方法是以概率论为理论基础,通过样本来了解和推断总体统计特性的科学方法,内容极为丰富.随着计算机使用的日益广泛,为了更好地应用数理统计方法来解决实际问题,从事统计工作或实际工作的人们都很关心如何应用计算机来更快完成各种统计数据的分析处理工作,故而出现了"统计计算"(Statistical Computation)这个方向.统计计算是数理统计、计算数学和计算机科学三者的结合,它是一门综合性学科.

　　在科学研究和生产实际的各个领域中,普遍地存在着大量数据的分析处理工作.如何应用数理统计学中的回归分析、多元分析、时间序列分析等统计方法来解决实际问题,以及如何解决在应用中出现的计算问题,对实际工作者来说是极需解决的问题.本书的目的力求把统计思想、数值计算步骤及在计算机上的实现结合起来,使读者掌握用统计方法解决实际问题的全过程.

　　本书是作者在北京大学多年讲授"统计计算"课程的讲义基础上编写的.内容可分为两部分:第一部分(第一、二、三、五章及第七章的前半部分)是基本统计计算方法,包括数据处理、常用分布的分布函数和分位数的计算、随机数的产生和检验、常用的矩阵算法及无约束最优化方法.第二部分(第四、六章及第七章的后半部分)介绍应用最广泛的线性与非线性回归分析的各种算法、随机模拟方法及在各方面的应用.因此,本书包括了统计计算的基本内容,并在每章末配有适量的习题和上机实习题,以利于培养学生应用统计方法解决实际问题的能力.本书适用于数理统计、计算数学和应用数学等专业,课程学时为 60～80 学时的统计计算课程教材.编写此书的过程中,作者力求内容充实,阐述通俗易懂、深入浅出,

1

并便于自学.本书对于从事统计、信息处理工作等领域的实际工作者也是一本很适用的参考书.

本书由我系汪仁官教授和耿直教授审阅,他们在百忙中抽出宝贵时间认真审阅全书,提出不少修改意见,在此向他们表示衷心的感谢.由于编者水平有限,书中难免存在错误或不足之处,恳请读者批评指正.

编　者

1994 年 10 月于北京大学

目　录

第一章 误差与数据处理

在生产实践和科学实验中,经常会遇到大量的各种不同类型的数据.这些数据为我们提供了很有用的信息,它可以帮助我们认识事物的内在规律、研究事物之间的关系、预测事物的可能发展,是指导生产实践和科学实验的重要依据.

但是这些有用的信息并非一目了然,而是蕴藏在大量的数据之中.要想从这大量的数据中找到有用的信息,必须对数据进行分析整理,去伪存真、去粗取精、由表及里、抓住主要矛盾,尽可能充分地、正确地从数据中提取出有用的信息.数理统计学为我们分析、处理数据提供了许多有用的统计方法.

观测得到的数据难免存在误差,对数据分析处理时,也会产生一些计算误差.因误差的普遍存在,我们有必要对误差及含有误差的数据处理问题进行研究.本章介绍误差的类型和基本特点,数据处理的基本方法;同时复习统计学中经常用到的基本概念和术语.

本章的参考文献有[1],[3]~[5],[8],[17],[18],[21],[22],[27].

§1 误 差

用统计方法解决实际问题时,首先要建立它的统计数学模型,也就是要把这个具体问题经过抽象化简,建立有关量应满足的统计关系式——即制定描述这些量的统计数学模型.统计数学模型总是近似的,它包含模型误差,这种误差会影响分析结果.研究如何提出更为合适的统计数学模型,这是多元统计分析、时间序列分析等其他学科讨论的问题.

在统计数学模型选定之后,接着要利用观测数据估计模型参数.观测数据总是通过实验,用测量工具观测得到的,它们不可能绝对准确,总存在一定的实验误差,这种误差是不可避免的.

用数学方法计算模型参数的估计值时,也常遇到一些典型的计算误差问题.如计算一个无穷级数之和时,总是用它前面的若干项之和来近似.截去了该级数的后段,就产生了误差.这类误差叫做截断误差.

另外,计算工作都是用计算机实现的,在计算机内存中,最简单的有理数,如 $\frac{1}{3}$,$\frac{1}{7}$ 等都只能用有穷位小数近似;至于无理数,如 π,e,$\sqrt{2}$ 等更是如此.这都要产生截断误差.

最后在进行乘、除等运算时,得到的结果只能按"四舍五入"原则用有限位数表示,这样产生的误差就是"舍入误差".

实验误差、计算误差和模型误差对于计算结果的影响,都是统计计算中不能忽视的问题.

(一)实验误差

实际问题中遇到的数据总是通过观测、实验得来的.例如测量物体的高度,用同一种方法重复测量 n 次,得 n 个实验数据:$x_1, x_2, \cdots, x_n$.虽然物体的高度客观存在,是一个常数 l,但每次测量的结果不完全相同,也就是说,实验数据中存在误差.这种误差常称为实验误差.

记 $\epsilon_i = x_i - l$ $(i = 1, 2, \cdots, n)$,ϵ_i 就是第 i 次实验误差.误差与真值之比称为相对误差,因真值未知,而测量值与真值接近,故也可以把误差与测量值之比作为相对误差的近似值,即

$$\text{相对误差} = \frac{\text{误差}}{\text{真值}} \approx \frac{\text{误差}}{\text{测量值}}.$$

实验误差按其性质可分为三类:

(1)随机误差(偶然误差)

这是在实验过程中,由一系列随机因素引起的不易控制的误差.这类误差在实验中是不可避免的.在一次实验中,误差的取值

2

可正可负,可大可小,但当重复实验次数 n 充分大时其均值趋于零,具有这种性质的误差称为随机误差.如果用 ε 表示每次实验的误差,则 ε 是随机变量,且均值为 0,方差为 σ^2.进一步地可认为 ε 服从正态分布,记为 $\varepsilon \sim N(0, \sigma^2)$.

(2) 系统误差

由于某种人为因素引起实验结果有明显的固定偏差,这种固定偏差称为系统误差.如由于仪器使用不当,格值不准、观测方法不合理等引起的误差.如果用 ε 表示因人为因素使得每次实验产生的误差,则 $\varepsilon \sim N(\mu_0, \sigma^2)(\mu_0 \neq 0)$;常数 μ_0 就是系统误差.这类误差不可能通过增加实验次数来消除;但可以用统计检验的方法进行检查.当发现有系统误差后,必须找出引起误差的原因.通过改进仪器性能,测定仪器常数、改善观测条件等措施来加以克服.

(3) 过失误差

把明显歪曲实验结果的误差称为过失误差(也称为异常值).它是由于实验观测系统测错、传错或记错等不正常原因造成的.在数据处理中这类误差一定要消除,否则会严重影响计算结果的准确度,甚至给出不正确的结论.

在一组实验数据中,实验误差总是综合性的,即随机误差、系统误差和过失误差同时错综复杂的存在于实验数据中.我们应通过分析整理数据,把系统误差、过失误差消除.随机误差虽不可避免,但它有统计规律性,经多次重复观测,可消去随机误差的影响.

(二) 计算误差

用数学方法解决实际问题时,除了因实验误差的存在会影响计算结果外,还有计算误差同样对计算结果有影响.计算误差包括截断误差和舍入误差.

(1) 截断误差

计算函数 $f(x)$ 的值时,采用某种数值计算方法计算,得到的近似值与准确值之差称为方法误差或截断误差.

例如,计算 $\sin x$ 值时,利用公式:

$$\sin x = x - \frac{x^3}{3!} + \frac{x^5}{5!} - \cdots,$$

当 x 很小时,取第一项 x 作为 $\sin x$ 的近似值,这时截去部分引起的误差就是截断误差. 从理论上可以证明,产生的误差不会超过 $\frac{|x|^3}{6}$.

另外由于计算机的字长有限,原始数据输入计算机内存后产生的误差也是一类截断误差. 例如 $\frac{1}{3}$,$\frac{1}{7}$,$\sqrt{2}$,e,π 等数存入计算机后只能用有限位小数来代替,这都要产生截断误差. 这类截断误差与计算过程无关. 它是客观存在的,在理论上完全确定的误差.

(2) 舍入误差

以上提到的无理数或有些有理数存入计算机后,因只能用有限位数表示而产生截断误差. 计算机处理这类截断误差时,一般是按"四舍五入"的原则截取,故这类误差也可称为舍入误差.

还有一类舍入误差与计算过程及选用的计算公式有关,即在进行乘、除等运算时产生的误差. 这类误差在大量复杂的计算中也是不可忽视的.

(3) 在数值计算中应注意的几条原则

为了减少计算误差的产生,在设计算法及编写程序时,以下几个简单的原则值得引起注意:

① 注意计算顺序;

② 避免相近的大数值相减及相差很大的两数值做加减运算;

③ 简化计算公式,减少计算次数;

④ 注意某些确定的值作为实数在计算机内存中可能是一近似值.

实验误差、计算误差对于计算结果的影响都是统计计算中必须引起重视的问题. 而随机误差不可避免地存在于实验数据中,故在数据分析处理过程中,要消除实验误差对分析结果的影响.

§2 总体的数字特征

(一)总体和分布

总体:我们所研究的对象的全体叫做总体.总体中的每一个基本单位称为个体.例如物体高度的全部可能测量值组成我们研究的总体,而每一次的测量值 x_i 就是一个个体.

样本:从总体中观测得到的部分结果称为样本(或子样).如测量 n 次, $x_1, \cdots, x_n$ 就是一个样本量(或称容量)为 n 的样本.

如果用 X 表示物体的测量高度,则 X 是随机变量(简记为 R. V.). X 的所有可能取值组成我们研究的对象全体.而从数学上说,所谓总体就是一个随机变量 X.样本 $X_1, \cdots, X_n$ 是 n 个相互独立且和总体 X 有相同统计规律的随机变量.

因实验误差的存在,物体的测量值 X 是随机变量.重复测量 n 次所得数值不完全一样,即这些数值有波动;另一方面这些数值有统计规律性,即它们的数值虽不等,但多数在常数 l 附近,离 l 值越远的数值越少.这表明我们考察的总体 X 有一定的概率分布(统计规律性).

对于随机变量 X,如果存在非负函数 $p(x)$,使得对任意 $a < b$,有 $P\{a < X < b\} = \int_a^b p(x)\mathrm{d}x$,则随机变量 X 是连续型的;且称 $p(x)$ 为 X 的概率密度函数.

由样本值 $x_1, \cdots, x_n$(即一批观测值),利用直方图法可给出分布密度函数 $p(x)$ 的近似图形.

对一般随机变量 X(可以是连续型的,也可以是离散型的,甚至更一般的),称函数

$$F(x) = P\{X \leqslant x\}$$

为 X 的分布函数.

把样本 $x_1, \cdots, x_n$ 按取值由小到大顺序排列,得次序统计量

5

$x_{(1)} \leqslant x_{(2)} \leqslant \cdots \leqslant x_{(n)}$. 令

$$F_n(x) = \begin{cases} 0, & \text{当 } x < x_{(1)}, \\ \dfrac{k}{n}, & \text{当 } x_{(k)} \leqslant x < x_{(k+1)}, \\ 1, & \text{当 } x \geqslant x_{(n)}, \end{cases}$$

称 $F_n(x)$ 为 X 的经验分布函数. 它和分布函数 $F(x)$ 有类似性质.

（二）随机变量的数字特征

在实际问题中,常常需要用几个有代表性的数字来描述总体 X 的基本统计特性,通常称它们为随机变量 X 的数字特征.

（1）位置的数字特征量

反映 X 取值位置的特征量有均值、中位数和众数等.

定义 2.1 ① 设 X 是离散型随机变量,概率分布是

$$P\{X = x_k\} = p_k \quad (k = 1, 2, \cdots),$$

则称和数 $\sum\limits_k x_k p_k$ 为 X 的**均值**;记作 $\mathrm{E}(X)$;

② 设 X 是连续型随机变量,密度函数为 $p(x)$,则称积分

$$\int_{-\infty}^{\infty} x p(x) \mathrm{d}x$$

为 X 的**均值**,记作 $\mathrm{E}(X)$.

以上定义中,要求无穷级数（或积分）绝对收敛,否则相应的均值不存在.

定义 2.2 对任意随机变量 X,任给 $p(0 \leqslant p \leqslant 1)$,满足:

$$\begin{cases} P\{X \leqslant x_p\} \geqslant p, \\ P\{X \geqslant x_p\} \geqslant 1 - p \end{cases}$$

的数值 x_p 称为随机变量 X 的 p **分位数**[①],当 $p = 1/2$ 时,称 x_p 为**中位数**,记为 m_e 或 $x_{1/2}$.

定义 2.3 ① 若 X 是连续型随机变量,其概率密度函数为

[①] p 分位数也可以定义为:设 X 的分布函数为 $F(x)$,若 $x_p = \inf\{x : F(x) \geqslant p\}$,则称 x_p 为总体 X 的 p 分位数. 这样定义的 p 分位数是唯一的.

$p(x)$,称满足:$p(m_0) = \sup\limits_{\text{一切}x} p(x)$ 的数值 m_0 为 X 的 **众数**.

② 若 X 是离散型随机变量,其概率分布为:$P\{X = x_k\} = p_k$ $(k = 1, 2, \cdots)$,如果数值 m_0 使得 $P\{X = m_0\} = p^*$,而 $p^* = \max\limits_{i} p_i$,则称 m_0 为随机变量 X 的众数.

均值是反映总体 X 取值的"平均"位置的特征量;中位数是刻画总体 X 取值的"中心"位置的特征量;而众数是刻画总体 X 的最可能取值位置的特征量.

例 2.1 若 $X \sim N(\mu, \sigma^2)$,则 X 的中位数、众数及均值都为 μ.

例 2.2 设离散随机变量 X 的概率分布为 $P\{X = i\} = 0.5$ $(i = 0, 1)$,则均值 $E(X) = 0.5$;中位数 $m_e \in [0, 1]$;众数 $m_0 = 0$ 或 1. 中位数和众数总存在,但可能不唯一.

(2)离散性的数字特征量

反映随机变量 X 取值分散程度的特征量有方差、极差、四分位极差和变异系数等.

定义 2.4 ① 设 X 是离散型随机变量,概率分布是

$$P\{X = x_k\} = p_k \quad (k = 1, 2, \cdots),$$

则称和数 $\sum\limits_{k} (x_k - E(X))^2 p_k$ 为 X 的 **方差**,记作 $\mathrm{Var}(X)$.

② 设 X 是连续型随机变量,密度函数为 $p(x)$,则称积分

$$\int_{-\infty}^{\infty} (x - E(X))^2 p(x) \mathrm{d}x$$

为 X 的 **方差**,记作 $\mathrm{Var}(X)$.

定义 2.5 ① 称随机变量 X 的最大取值与最小取值之差为 **极差**,记为 R,即 $R = \max X - \min X$.

② 称随机变量 X 的 3/4 分位数与 1/4 分位数之差为 **四分位极差**,记为 Q,即 $Q = x_{0.75} - x_{0.25}$.

③ 设随机变量 X 的均值 $E(X)$ 记为 μ,方差 $\mathrm{Var}(X)$ 记为 σ^2,则称比值 σ/μ 为 X 的 **变异系数**,记为 C_V.

方差是反映随机变量 X 取值分散程度最常见的数字特征,但

它是一个有量纲的量;变异系数是度量相对于平均取值的分散程度,它是一个无量纲的量,更便于比较;极差是度量 X 取值范围的最简单的数字特征,但它并不能完全表示 X 取值的分散程度.

(3) 分布形状的特征量

描述随机变量 X 分布密度形状的特征量有偏度系数和峰度系数等.

定义 2.6 称 $E(X - A)^k$ 为随机变量 X 的 k **阶矩**.当 $A = 0$ 时,称 $E(X^k)$ 为 X 的 k 阶**原点矩**,记作 μ_k;当 $A = E(X)$ 时,称 $E(X - E(X))^k$ 为 X 的 k 阶**中心矩**,记作 $v_k(k = 1, 2, \cdots)$.

显然一阶原点矩 μ_1 就是均值 $E(X)$;二阶中心矩 v_2 就是方差 $\mathrm{Var}(X)$;高阶矩可用来刻画随机变量 X 分布的对称性及峰峭性.

当总体 X 的分布是对称时(关于 $E(X)$ 为对称),则 X 的奇数阶中心矩为 0. 即 $v_{2k+1} = E(X - E(X))^{2k+1} = 0(k = 0, 1, \cdots)$. 考虑三阶中心矩 v_3,当 X 的分布对称时,$v_3 = 0$;X 的分布不对称时,$v_3 \neq 0$.而四阶中心矩可以用来表示总体分布形状的凸平性,可作为分布形状的另一种特征量.若 $X \sim N(\mu, \sigma^2)$,则 X 的四阶中心矩 $v_4 = E(X - E(X))^4 = 3\sigma^4$.把正态分布的峰峭性作为标准,凡是 $v_4/\sigma^4 > 3$ 的分布称为高峰度;$v_4/\sigma^4 < 3$ 称为低峰度.故我们可以引入三阶中心矩来反映这个总体分布的对称性;而借助于四阶中心矩引入刻画分布形状凸平性的特征量.

定义 2.7 ① 称 $g_1 = v_3/\sigma^3$ (其中 $\sigma = \sqrt{\mathrm{Var}(X)}$ 为标准差)为随机变量 X 的**偏度系数**(或标准三阶中心矩).

显然 $g_1 = 0$ 时,总体 X 的分布是对称的;当 $g_1 > 0$ 时,称总体 X 的分布有正偏度;当 $g_1 < 0$ 时,称总体 X 的分布有负偏度.

② 称 $g_2 = v_4/\sigma^4 - 3$ 为随机变量 X 的**峰度系数**.

当 $g_2 = 0$ 时,总体 X 的密度函数形状的峰峭度与正态分布是相当的;当 $g_2 > 0$ 时,称总体 X 分布的峰峭度高于正态分布;当 $g_2 < 0$ 时,称总体 X 分布的峰峭度低于正态分布.

例 2.3 设总体 $X \sim N(\mu, \sigma^2)$,则有 $g_1 = 0$;$g_2 = 0$.

（三）随机向量的数字特征

设 $X = (X_1, X_2, \cdots, X_p)'$，$Y = (Y_1, Y_2, \cdots, Y_q)'$ 是两个随机向量.

定义 2.8 ① 若 $E(X_i)$ $(i = 1, 2, \cdots, p)$ 存在，则称

$$E(X) = \begin{pmatrix} E(X_1) \\ \vdots \\ E(X_p) \end{pmatrix} = \begin{pmatrix} \mu_1 \\ \vdots \\ \mu_p \end{pmatrix} \triangleq \mu$$

为随机向量 X 的**均值**.

② 若 $\mathrm{cov}(X_i, X_j)$ $(i, j = 1, 2, \cdots, p)$ 存在，则称

$$E[(X - E(X))(X - E(X))']$$

$$= \begin{pmatrix} \mathrm{cov}(X_1, X_1) & \mathrm{cov}(X_1, X_2) & \cdots & \mathrm{cov}(X_1, X_p) \\ \mathrm{cov}(X_2, X_1) & \mathrm{cov}(X_2, X_2) & \cdots & \mathrm{cov}(X_2, X_p) \\ \cdots\cdots\cdots\cdots\cdots\cdots\cdots\cdots\cdots\cdots\cdots\cdots\cdots\cdots \\ \mathrm{cov}(X_p, X_1) & \mathrm{cov}(X_p, X_2) & \cdots & \mathrm{cov}(X_p, X_p) \end{pmatrix}$$

$$\triangleq (\sigma_{ij})_{p \times p}$$

为随机向量 X 的**协差阵**，记为 $\mathrm{COV}(X, X)$ 或 $\mathscr{D}(X)$.

③ 若 $\mathrm{cov}(X_i, Y_j)$ $(i = 1, 2, \cdots, p; j = 1, 2, \cdots, q)$ 存在，则称

$$E[(X - E(X))(Y - E(Y))']$$

$$= \begin{pmatrix} \mathrm{cov}(X_1, Y_1) & \mathrm{cov}(X_1, Y_2) & \cdots & \mathrm{cov}(X_1, Y_q) \\ \mathrm{cov}(X_2, Y_1) & \mathrm{cov}(X_2, Y_2) & \cdots & \mathrm{cov}(X_2, Y_q) \\ \cdots\cdots\cdots\cdots\cdots\cdots\cdots\cdots\cdots\cdots\cdots\cdots\cdots\cdots \\ \mathrm{cov}(X_p, Y_1) & \mathrm{cov}(X_p, Y_2) & \cdots & \mathrm{cov}(X_p, Y_q) \end{pmatrix}_{p \times q}$$

为随机向量 X 和 Y 的**协差阵**，记为 $\mathrm{COV}(X, Y)$.

④ 称 $R = (r_{ij})_{p \times p}$ 为随机向量 X 的**相关阵**，其中

$$r_{ij} = \frac{\mathrm{cov}(X_i, X_j)}{\sqrt{\mathrm{Var}(X_i)} \sqrt{\mathrm{Var}(X_j)}} = \frac{\sigma_{ij}}{\sqrt{\sigma_{ii}\sigma_{jj}}} \quad (i, j = 1, 2, \cdots, p).$$

如果 X, Y 是随机向量，A, B 是常数阵，则

$$E(AX) = AE(X),$$

$$E(AXB) = AE(X)B,$$

$$\text{COV}(AX) = A\text{COV}(X,X)A',$$
$$\text{COV}(AX, BY) = A\text{COV}(X,Y)B'.$$

协差阵 $\text{COV}(X,X)$ 是对称非负定阵.

§3 样本特征量及其计算

已知一批观测数据(即样本值)：$x_1, x_2, \cdots, x_n$，这批数据来自某总体 X. 我们可通过这批数据给出总体 X 的数字特征的估计量(或称样本特征量). 样本特征量相应地可分为三类：一类是表示数据的取值位置，如平均值、中位数、众数等；一类是表示数据的分散性的，如样本方差、极差、变异系数等；还有一类是表示数据分布的形态特征，如偏度、峰度等.

(一) 样本均值和样本方差

样本均值和样本方差分别是总体 X 的均值 $E(X)$ 和方差 $\text{Var}(X)$ 的估计量. 这是两个常见的特征量，以下介绍几种算法.

① 直接算法. 由样本均值和样本方差的定义直接计算,有

$$\begin{cases} \bar{x} = \dfrac{1}{n}\sum_{i=1}^{n} x_i, \\ s^2 = \dfrac{1}{n-1}\sum_{i=1}^{n}(x_i - \bar{x})^2 = \dfrac{1}{n-1}\left(\sum_{i=1}^{n} x_i^2 - n\bar{x}^2\right). \end{cases} \tag{3.1}$$

② 递推算法. 令 $\bar{x}_{(1)} = x_1, s_{(1)}^2 = 0$,则有递推公式:

$$\begin{cases} \bar{x}_{(k+1)} = \bar{x}_{(k)} + \dfrac{1}{k+1}(x_{k+1} - \bar{x}_{(k)}), \\ s_{(k+1)}^2 = \dfrac{k-1}{k}s_{(k)}^2 + \dfrac{1}{k+1}(x_{k+1} - \bar{x}_{(k)})^2 \end{cases} \tag{3.2}$$
$$(k = 1, 2, 3, \cdots, n-1),$$

其中 $\bar{x}_{(k)}, s_{(k)}^2$ 分别表示 $x_1, \cdots, x_k$ 的样本均值和样本方差. 显然
$$\bar{x} = \bar{x}_{(n)}, \quad s^2 = s_{(n)}^2.$$

③ 两轮算法(减常数法). 设 c 为一常数,可取为 x_k 或 $\bar{x}_{(k)}$ $(k =$

$1, 2, \cdots, n$),则有

$$
\begin{cases}
\bar{x} = c + \dfrac{1}{n} \sum_{i=1}^{n} (x_i - c), \\
s^2 = \dfrac{1}{n-1} \Bigg[\sum_{i=1}^{n} (x_i - c)^2 + 2(c - \bar{x}) \sum_{i=1}^{n} (x_i - c) \\
\qquad\qquad + n(c - \bar{x})^2 \Bigg].
\end{cases} \tag{3.3}
$$

以上三种算法,直接算法计算量少,计算公式简单;递推算法计算量虽比直接算法大,但它可以给出一系列中间结果 $\bar{x}_{(k)}$ 和 $s^2_{(k)}$,且避免了计算 s^2 过程中 $\sum_{i=1}^{n} x_i^2$ 可能发生的溢出现象,提高了计算结果的精度;两轮算法若取 $c = \bar{x}_{(n)}$,计算结果的精度最高,但其计算量比其余两种方法大些.

样本方差的平方根记为 s:$s = \sqrt{\dfrac{1}{n-1} \sum_{i=1}^{n} (x_i - \bar{x})^2}$,它称为样本标准差.

（二）中位数、众数

样本均值反映了一组数据取值的平均情况.由于平均值受极端异常值的影响极大,我们又引入样本中位数和众数作为位置特征量(以下仍简称为中位数和众数).

中位数就是将频率分布二等分而属于中间位置的数值.将样本值 $x_1, \cdots, x_n$ 按从小到大次序排列:$x_{(1)} \leqslant x_{(2)} \leqslant \cdots \leqslant x_{(n)}$,则中位数 m_e 为

$$
m_e = \begin{cases}
x_{(\frac{n+1}{2})}, & \text{当 } n \text{ 为奇数,} \\
\dfrac{1}{2} \left(x_{(\frac{n}{2})} + x_{(\frac{n}{2}+1)} \right), & \text{当 } n \text{ 为偶数.}
\end{cases} \tag{3.4}
$$

众数是观测值中频数出现最多的数值;也就是出现最频繁的数值.对于连续分布,当给定样本值 $x_1, x_2, \cdots, x_n$(要求样本量 n 足够大,如 $n > 50$),众数有两种求法——插入法和作图法.

插入法的计算步骤如下:

① 利用样本值作频率直方图(见图 1-1,具体步骤请看 §4);

② 设第 h 组频数最多,则众数 $m_0 \in (t_h, t_{h+1})$;

③ 设第 h 组的相邻两组的频数分别为 μ_{h-1}, μ_{h+1},则

$$m_0 = t_h + \left(\frac{\mu_{h+1}}{\mu_{h-1} + \mu_{h+1}} \right) (t_{h+1} - t_h). \tag{3.5}$$

作图法的具体步骤如下:

① 利用样本值作频率直方图(见图 1-1);

② 连接图 1-1 中 AD 和 BC,交点 O 的横坐标为 m_0.

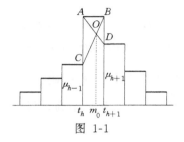

图 1-1

(三)极差和变异系数

样本方差 s^2 是反映一批数据取值分散程度的特征量. 除此外,还可以用极差、变异系数等作为反映数据离散程度的特征量.

极差 R 是数据中最大值与最小值之差,将数据 $x_1, \cdots, x_n$ 按从小到大次序排列: $x_{(1)} \leqslant x_{(2)} \leqslant \cdots \leqslant x_{(n)}$,则 $R = x_{(n)} - x_{(1)}$.

极差是一个最简单的散布特征量,但它没有充分利用数据所提供的信息,代表性较差. 样本方差充分利用数据的信息,但它是一个有量纲的量,其大小反映数据的绝对偏离程度. 同一组数据取不同单位时,s^2 也不同;另一方面,样本方差相等的两组数据,也不能说明他们的分散程度相同. 例如一组数据为:1,2,3,4,5;均值 $\bar{x} = 3$,样本方差 $s^2 = 2.5$. 另一组数据为:1001,1002,1003,1004,1005;$\bar{x}_* = 1003$,$s_*^2 = 2.5$. 它们的样本方差都等于2.5. 显然这两组数据相对各自平均取值的分散程度不同,第一组数据比第二组的离散性大得多. 在有些实际问题中,为了便于比较,需要计算相对离差,即计算变异系数.

定义 3.1 称 $c_v = s / \bar{x}$ 为数据 $x_1, \cdots, x_n$ 的(样本)**变异系数**.

上例中第一组数据的变异系数 $c_v = 0.527$,第二组数据的变异系数 $c_v^* = 0.00158$. 显然 $c_v > c_v^*$.

（四）标准偏度系数和标准峰度系数

以上介绍的样本特征量都是刻画数据位置和散布性的特征量. 这些特征量虽很重要,但并不能完全描述数据的特征,还要引入描述数据分布对称性和峰峭性的特征量.

对于一组数据,可以用样本三阶中心矩来反映这批数据分布的对称性.

定义 3.2　称 $g_1 = \sqrt{\dfrac{1}{6n}} \sum_{i=1}^{n} \left(\dfrac{x_i - \bar{x}}{s} \right)^3$ 为数据 $x_1, \cdots, x_n$ 的**标准偏度系数**.

这里"标准"的含义有两方面,一方面是样本特征量 g_1 消除了量纲的影响;另一方面,当 $n \to \infty$ 时,g_1 的渐近分布为 $N(0,1)$.

当 $g_1 = 0$ 时分布是对称的;当 $g_1 > 0$ 时分布有正偏度;$g_1 < 0$ 时分布有负偏度.

样本四阶中心矩可以用来表示数据分布形状的峰峭性.

定义 3.3　称 $g_2 = \sqrt{\dfrac{n}{24}} \left(\dfrac{1}{n} \sum_{i=1}^{n} \left(\dfrac{x_i - \bar{x}}{s} \right)^4 - 3 \right)$ 为数据 $x_1, \cdots, x_n$ 的**标准峰度系数**.

这里"标准"的含义同上.

（五）多维数据的特征量及计算

设 $x_{(t)} = (x_{t1}, x_{t2}, \cdots, x_{tp})'$ $(t = 1, 2, \cdots, n)$ 是来自 p 维总体的随机样本,记多维数据阵 X 为

$$X = \begin{bmatrix} x_{11} & x_{12} & \cdots & x_{1p} \\ x_{21} & x_{22} & \cdots & x_{2p} \\ \cdots\cdots\cdots\cdots\cdots\cdots \\ x_{n1} & x_{n2} & \cdots & x_{np} \end{bmatrix} \triangleq \begin{bmatrix} x'_{(1)} \\ x'_{(2)} \\ \vdots \\ x'_{(n)} \end{bmatrix}, \bar{X} = \begin{bmatrix} \bar{x}_1 \\ \bar{x}_2 \\ \vdots \\ \bar{x}_p \end{bmatrix} = \frac{1}{n} \sum_{t=1}^{n} x_{(t)},$$

称 $\bar{X}$ 为**样本均值向量**;称 $A = \sum_{t=1}^{n} (x_{(t)} - \bar{X})(x_{(t)} - \bar{X})' = (a_{ij})_{p \times p}$ 为**样本离差阵**,其中

$$a_{ij} = \sum_{t=1}^{n}(x_{ti} - \bar{x}_i)(x_{tj} - \bar{x}_j) \quad (i,j = 1,2,\cdots,p).$$

多维数据的样本协差阵及相关阵的计算都依赖于样本离差阵 A：样本协差阵 $S = \dfrac{1}{n-1}A$；样本相关阵 $R = (r_{ij})_{p \times p}$，其中

$$r_{ij} = \frac{a_{ij}}{\sqrt{a_{ii}a_{jj}}} \quad (i,j = 1,2,\cdots,p).$$

（1）样本离差阵的递推计算公式

令 $\bar{X}_1 = x_{(1)}$，$A_1 = 0(p$ 阶零矩阵$)$，则有递推公式：

$$\begin{cases} \bar{X}_{k+1} = \bar{X}_k + \dfrac{1}{k+1}(x_{(k+1)} - \bar{X}_k), \\ A_{k+1} = A_k + \dfrac{k}{k+1}(x_{(k+1)} - \bar{X}_k)(x_{(k+1)} - \bar{X}_k)' \end{cases} \tag{3.6}$$

$$(k = 1,2,3,\cdots,n-1),$$

其中 $\bar{X}_k$，A_k 分别表示 p 维数据 $x_{(1)},\cdots,x_{(k)}$ 的样本均值向量和样本离差阵. 显然 $\bar{X} = \bar{X}_n$，$A = A_n$.

证明　$\bar{X}_{k+1} = \dfrac{1}{k+1}\sum_{t=1}^{k+1}x_{(t)} = \dfrac{1}{k+1}[k\bar{X}_k + x_{(k+1)}]$

$$= \bar{X}_k + \frac{1}{k+1}(x_{(k+1)} - \bar{X}_k),$$

$$A_{k+1} = \sum_{t=1}^{k+1}(x_{(t)} - \bar{X}_{k+1})(x_{(t)} - \bar{X}_{k+1})'$$

$$= \sum_{t=1}^{k+1}\Big[x_{(t)} - \bar{X}_k - \frac{1}{k+1}(x_{(k+1)} - \bar{X}_k)\Big][\cdots\cdots]'$$

$$= \sum_{t=1}^{k+1}(x_{(t)} - \bar{X}_k)(x_{(t)} - \bar{X}_k)'$$

$$\qquad - \frac{1}{k+1}\sum_{t=1}^{k+1}(x_{(t)} - \bar{X}_k)(x_{(k+1)} - \bar{X}_k)'$$

$$= A_k + (x_{(k+1)} - \bar{X}_k)(x_{(k+1)} - \bar{X}_k)'$$

$$\qquad - \frac{1}{k+1}(x_{(k+1)} - \bar{X}_k)(x_{(k+1)} - \bar{X}_k)'$$

14

$$= A_k + \frac{k}{k+1}(x_{(k+1)} - \overline{X}_k)(x_{(k+1)} - \overline{X}_k)' . \quad \text{[证毕]}$$

（2）样本离差阵的行列式和逆阵的递推计算公式

在多元统计分析中，还经常涉及到样本离差阵的行列式和逆阵的计算. 当 $n > p$ 时，可以证明 $P\{A_n > 0\} = 1$，故知 $|A_n| \neq 0$ 且 A_n^{-1} 存在. 以下给出增加一个新观测 $x_{(n+1)} = (x_{(n+1)1}, x_{(n+1)2}, \cdots, x_{(n+1)p})'$ 后，$|A_{n+1}|$ 和 A_{n+1}^{-1} 的递推计算公式：

$$|A_{n+1}| = |A_n|(1 + h_n' A_n^{-1} h_n) , \qquad (3.7)$$

$$A_{n+1}^{-1} = A_n^{-1} - \frac{A_n^{-1} h_n h_n' A_n^{-1}}{1 + h_n' A_n^{-1} h_n} , \qquad (3.8)$$

其中 $h_n = \sqrt{\dfrac{n}{n+1}}(x_{(n+1)} - \overline{X}_n)$ 为 p 维向量.

事实上，由分块矩阵求行列式的公式以及公式(3.6)，即得

$$|A_{n+1}| = \left| A_n + \frac{n}{n+1}(x_{(n+1)} - \overline{X}_n)(x_{(n+1)} - \overline{X}_n)' \right|$$

$$= |A_n + h_n h_n'| = \begin{vmatrix} A_n & -h_n \\ h_n' & 1 \end{vmatrix}$$

$$= |A_n|(1 + h_n' A_n^{-1} h_n).$$

类似地，利用分块矩阵求逆阵的公式可得

$$A_{n+1}^{-1} = (A_n + h_n h_n')^{-1} = A_n^{-1} - \frac{A_n^{-1} h_n h_n' A_n^{-1}}{1 + h_n' A_n^{-1} h_n}.$$

§4　直方图——总体分布的估计和检验

上节介绍了数据的样本特征量，这些特征量从不同角度刻画了实验数据的一些基本统计特性. 若想进一步了解实验数据的取值分布情况，分析它们的分布规律，就必须估计总体分布的密度函数. 估计的方法有多种，目前仍广泛使用的是直方图法. 即根据观测数据 $x_1, x_2, \cdots, x_n$，画出频率直方图或累计频率直方图.

（一）等距频率直方图——密度函数的图解法

设 $X_1, X_2, \cdots, X_n$ 是来自分布密度为 $f(x)$ 的总体 X 的样本，

15

把 X 的取值范围等分为 m 个小区间,用 d 表示区间长度,用 μ_i 表示落入第 i 个小区间 $[t_{i-1}, t_i)$ 的样品个数. 另一方面由总体分布密度 $f(x)$ 及微积分的中值定理,显然有

$$p_i = P\{t_{i-1} \leqslant X < t_i\} = \int_{t_{i-1}}^{t_i} f(x)\mathrm{d}x$$
$$= (t_i - t_{i-1})f(\xi_i), \ \xi_i \in [t_{i-1}, t_i).$$

用频率作为概率的估计:$(t_i - t_{i-1})f(\xi_i) = df(\xi_i) \approx \dfrac{\mu_i}{n}$,故可得

$f(\xi_i)$ 的估计值:$f(\xi_i) \approx \dfrac{\mu_i}{nd} \triangleq y_n(i)$.

当 $f(x)$ 在 $[t_{i-1}, t_i)$ 上连续,d 很小且样本量 n 充分大时,则可用 $y_n(i)$ 作为 $f(x)$ 在小区间 $[t_{i-1}, t_i)$ 上的近似值. 这就是估计密度函数的等距频率直方图法.

根据一组实验数据 $x_1, x_2, \cdots, x_n$ 作频率直方图的步骤如下:

① 确定区间端点,分组数,组距. 设 $x_{(1)} = \min\limits_i\{x_i\}$,$x_{(n)} = \max\limits_i\{x_i\}$,经常取 $a = x_{(1)} - \varepsilon, b = x_{(n)} + \varepsilon$,(如 $\varepsilon = 0.05$). 由样本容量 n 决定分组数 m;组距 $d = (b-a)/m$. ε 可根据实验数据的有效数字来决定,如 x_i 具有小数点后两位数字,可取 $\varepsilon = 0.005$. m 常取为 $1.87 \times (n-1)^{\frac{2}{5}}$.

② 计算分组频数和频率. 用 $m-1$ 个分点 $t_1 < t_2 < \cdots < t_{m-1}$ 把区间 $[a, b]$ 等分成 m 个小区间,记 $t_0 = a, t_m = b$,第 i 个小区间为 $[t_{i-1}, t_i)$,计算满足不等式:$t_{i-1} \leqslant x_j < t_i (j = 1, 2, \cdots, n, i = 1, 2, \cdots, m)$ 的数据 $\{x_j\}$ 的个数 μ_i. 称 $\mu_i (i = 1, \cdots, m)$ 为小区间 $[t_{i-1}, t_i)$ 上的经验频数. 显然 $\sum\limits_{i=1}^{m} \mu_i = n$. 称 $f_i = \dfrac{\mu_i}{n} \ (i = 1, 2, \cdots, m)$ 为 $[t_{i-1}, t_i)$ 上的经验频率.

③ 画频率直方图. 记 $y_i = f_i/d$,以小区间 $[t_{i-1}, t_i)$ 为底,y_i 为高作长方形 $(i = 1, 2, \cdots, m)$. 这样画出一排竖着的长方形即为频率直方图(见图 1-2).

以下是用直方图估计总体分布的几点说明:

① 分布的拟合检验. 利用
等距直方图, 采用统计量

$$\chi^2 = \sum_{i=1}^{m} \left(\frac{\mu_i}{n} - p_i \right)^2 \frac{n}{p_i}$$

可进行分布的拟合优度检验, 即
检验假设 H_0: 总体的分布密度
函数为 $f_0(x)$. 在这里 $p_i =$
$\int_{t_{i-1}}^{t_i} f_0(x) dx \ (i = 1, \cdots, m)$ 是不

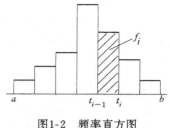

图1-2 频率直方图

相等的, 当 p_i 很小时, 若出现个别小区间的经验频数 μ_i 与理论频
数 np_i 相差较大的情况, 这时将使以上的检验统计量增大很多, 以
至于作出错误的判断. 用等距直方图法对总体分布进行拟合检验
时, 有可能因极个别异常值而否定正确的结论.

② 直方图的分组数 m 的选取. m 的选取与样本量 n 及实验数
据的取值范围, 有效数字的位数有关.

m 的选取原则是使得每个小区间的频数 $\mu_i \neq 0$, 最好 $\mu_i \geqslant$
5(对一切 $i = 1, \cdots, m$). 当个别小区间的频数 < 5 时, 把小频数区
间和相邻区间合并, 即调整分组数 m.

一般地, 当 n 大时, m 也相应取大数; 当 x_i 的有效数字的位数
为多位数且取值范围大时, m 也相应取为稍大的数.

若只考虑 m 与 n 的关系, 当总体是正态总体时, 利用模拟的方
法, 可找出 m 与 n 的最优拟合关系: $m = 1.87 \times (n - 1)^{\frac{2}{5}}$.

进一步地考虑 x_i 的取值范围, 比如 $x_{(n)} - x_{(1)} = 11.6 - 10.2$
$= 1.4$, 且数据的有效位是小数点后一位. 这时取 $m \leqslant 14$. 否则必
出现频数为 0 的小区间.

综合 n 的大小及数据的取值情况, 给出合适的分组数 m. 若分
组数选取不合适, 画出的频率直方图不能反映总体分布密度的近
似图形.

有了频率直方图, 可以看出总体 X 的密度函数曲线的大体形

状. 比如它很像正态分布密度的曲线,如何根据数据判断 X 是否服从正态分布呢?这是总体分布的检验问题. 正态总体的检验问题我们在下一节专门介绍. 下面给出一般的拟合优度检验法——χ^2检验法.

(二) 等概频率直方图——分布的拟合检验

以上介绍的频率直方图中,组距 $d = (b-a)/m$,即每个小区间的长度都相等. 这类直方图称为等距直方图,也是最常采用的方法.

在等距频率直方图的作图过程中,我们也可以构造一个检验假设 H_0:总体 X 的密度函数为 $f(x)$ 的统计量 χ^2. 按等距频率直方图的作图方法,有些小区间上总体 X 出现的概率 p_i 非常之小,当出现个别小区间的经验频数 μ_i 与理论频数偏差较大的情况时,将使检验统计量 χ^2 增加很多,以至于作出错误的判断. 故引入等概频率直方图.

一般地,频率直方图的组距 $d_i = t_i - t_{i-1}$ $(i = 1, \cdots, m)$ 不一定相等. 为了整齐、方便,最常用的方法除等距直方图外,就是等概直方图.

设实验数据 $x_1, x_2, \cdots, x_n$ 来自总体 X,其分布 $F(x)$ 已知,数据的取值范围为区间 $[a, b]$,记 $t_0 = a, t_m = b$. 首先取分点 $t_i (i = 1, 2, \cdots, m-1)$ 使

$$P\{t_{i-1} \leqslant X < t_i\} = p_i = \frac{1}{m},$$

则分点 t_i 将区间 $[a, b]$ 分成互不相交的 m 个等概区间. 类似以上步骤画出等概频率直方图.

由于等距频率直方图可以近似得出总体密度函数曲线的图形. 而利用等概频率直方图,可对实验数据 $x_1, \cdots, x_n$ 是否来自总体分布为已知密度函数 $f_0(x)$ 进行拟合检验. 我们把要检验的假设记作 H_0(通常叫零假设),即检验 H_0:总体分布密度 $f(x) =$

$f_0(x)$;此假设等价于检验 $H_0: p_i = \dfrac{1}{m}(i = 1, 2, \cdots, m)$,其中 $p_i = P\{t_{i-1} \leqslant X < t_i\}$,区间分点 t_i 满足 $\displaystyle\int_{t_{i-1}}^{t_i} f_0(x)\mathrm{d}x = \dfrac{1}{m}$. 这时取统计量

$$\chi^2 = \sum_{i=1}^{m}\left(\frac{\mu_i}{n} - p_i\right)^2 \frac{n}{p_i} = \sum_{i=1}^{m} \frac{(\mu_i - np_i)^2}{np_i}.$$

在 $H_0: p_i = \dfrac{1}{m}(i = 1, \cdots, m)$ 成立时,统计量

$$V \triangleq \sum_{i=1}^{m} \frac{\left(\mu_i - \dfrac{n}{m}\right)^2}{n/m}$$

近似服从 $m-1$ 个自由度的 χ^2 分布. 利用统计量 V 可以检验总体是否来自已知分布 $f_0(x)$.

实际问题中,这一组实验数据的分布规律未知,首先作等距直方图,对总体的分布给出估计,然后采用等概直方图进行分布的拟合检验.

(三)累计频率直方图——分布函数的图解法

一般总体 X(连续型或离散型)的分布情况可通过分布函数 $F(x)$ 来刻画. 而分布函数可用样本经验分布函数 $F_n(x)$ 来近似,又经验分布函数的图形常用累计频率直方图来描述.

已知实验数据 $x_1, x_2, \cdots, x_n$,分组数为 m,组距 $d = (b-a)/m(a, b, m$ 的取法同等距频率直方图),第 i 个

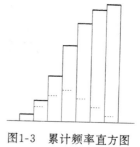

图1-3 累计频率直方图

小区间 $[t_{i-1}, t_i)$ 的频数为 μ_i,累计频数为 $\upsilon_i = \displaystyle\sum_{j=1}^{i} \mu_j$;累计频率 $g_i = \dfrac{\upsilon_i}{n}(i = 1, \cdots, m)$.

记 $y_i = g_i/d$,以小区间 $[t_{i-1}, t_i)$ 为底,y_i 为高作长方形,画出

一排竖着的长方形为累计频率直方图(见图 1-3).

§5 正态性检验

在许多统计方法中,经常是假定样本来自正态总体. 我们所做的统计推断的好坏,依赖于真正的总体与正态总体接近的程度如何. 因此,建立一些方法来检验观测数据与正态总体的差异是否显著,是十分必要的. 检验一个随机变量是否服从正态分布,就叫做正态性检验. 检验的方法除了通用的拟合优度检验外,还有一些专用于检验正态性的方法.

(一) χ^2 检验法

这就是上节介绍的直方图检验法,也称为皮尔逊 χ^2 检验法. 它是检验总体 X 是否来自已知分布函数 $F(x)$ 的常用检验方法.

设 $X_1, X_2, \cdots, X_n$ 是来自总体 X 的样本. 我们要检验 H_0:总体 X 的分布为正态分布 $N(\mu, \sigma^2)$.

在实轴上取 m 个点:$t_1 < t_2 < \cdots < t_m$,于是把实轴分成 $m+1$ 段,第 1 段为 $(-\infty, t_1)$,第 2 段为 $[t_1, t_2)$, $\cdots$,第 $m+1$ 段为 $[t_m, \infty)$,用 μ_i 表示 $X_1, X_2, \cdots, X_n$ 中落入第 i 段的个数(即频数)$(i = 1, 2, \cdots, m+1)$. μ_i/n 表示频率. 用 p_i 表示样本来自正态总体时落入第 i 段的概率. 即

$$p_1 = P\{X < t_1\} = \frac{1}{\sqrt{2\pi\sigma^2}} \int_{-\infty}^{t_1} e^{-\frac{(x-\mu)^2}{2\sigma^2}} \, dx,$$

$$p_i = P\{t_{i-1} \leqslant X < t_i\} = \frac{1}{\sqrt{2\pi\sigma^2}} \int_{t_{i-1}}^{t_i} e^{-\frac{(x-\mu)^2}{2\sigma^2}} \, dx$$
$$(i = 2, \cdots, m),$$

$$p_{m+1} = P\{X \geqslant t_m\} = \frac{1}{\sqrt{2\pi\sigma^2}} \int_{t_m}^{\infty} e^{-\frac{(x-\mu)^2}{2\sigma^2}} \, dx.$$

当假设成立而且 n 充分大时,取统计量

$$V = \sum_{i=1}^{m+1} \left(\frac{\mu_i}{n} - p_i\right)^2 \frac{n}{p_i} = \sum_{i=1}^{m+1} \frac{(\mu_i - np_i)^2}{np_i}.$$

因 $X_1, \cdots, X_n$ 是来自正态总体的随机样本,统计量 V 是随机变量,当 n 充分大时近似地服从 $\chi^2(m)$ 分布. 给定检验水平 $\alpha \in (0, 1)$ 后,查 $\chi^2(m)$ 分布表,可找到 λ 满足: $P\{V > \lambda | H_0\} = \alpha$. 检验 H_0 的否定域为 $W = \{V > \lambda\}$,即根据样本值 $x_1, x_2, \cdots, x_n$,计算 V 值,若 $V > \lambda$ 就拒绝 H_0;否则接受 H_0,即认为总体是正态总体.

注意:在实际应用中一般正态总体的参数 μ, σ^2 未知,我们必须首先用样本估计这两个参数,再进行 χ^2 检验. 这时统计量 V 服从的近似分布中,自由度应减去 2;即 V 近似服从 $\chi^2(m - 2)$ 分布.

(二) 偏峰检验法

设 X 是一随机变量,称标准三阶中心矩 $g_1 = \dfrac{E(X - E(X))^3}{\sigma^3}$ 为 X 的偏度;称标准四阶中心矩 $g_2 = \dfrac{E(X - E(X))^4}{\sigma^4}$ 为 X 的峰度 (其中 $\sigma^2 = \mathrm{Var}(X)$). 当 X 服从正态分布时,易知偏度 $= 0$,峰度 $= 3$.

为了检验样本 $X_1, X_2, \cdots, X_n$ 是否来自一个正态总体,先计算偏度和峰度的估计量:

$$G_1 = \frac{\dfrac{1}{n} \sum_{i=1}^{n} (X_i - \overline{X})^3}{s^3}, \qquad \left(s = \sqrt{\frac{1}{n} \sum_{i=1}^{n} (X_i - \overline{X})^2} \right).$$

$$G_2 = \frac{\dfrac{1}{n} \sum_{i=1}^{n} (X_i - \overline{X})^4}{s^4}$$

可以证明,当总体服从正态分布且样本容量 n 相当大时,统计量 G_1 和 G_2 近似正态分布,且有

$$E(G_1) \approx 0, \qquad \mathrm{Var}(G_1) \approx \frac{6}{n};$$

$$E(G_2) \approx 3, \qquad \mathrm{Var}(G_2) \approx \frac{24}{n}.$$

所谓的偏峰检验法是这样的(取检验水平 $\alpha = 0.05$):由样本值计

算 G_1 和 G_2；如果以下不等式：

$$-2\sqrt{\frac{6}{n}} \leqslant G_1 \leqslant 2\sqrt{\frac{6}{n}},$$

$$-2\sqrt{\frac{24}{n}} \leqslant G_2 - 3 \leqslant 2\sqrt{\frac{24}{n}}$$

只要有一个不成立时，就认为原总体不是正态分布. 如果两个均成立，就不能否认总体服从正态分布.

χ^2 检验法和偏峰检验法都是大样本检验的方法；要求样本容量 $n > 30$.

（三）Q-Q 图检验法（直线检验法）

正态概率纸检验法是检验样本 $X_1, X_2, \cdots, X_n$ 是否来自正态总体的有效的图示法. 但该方法要求使用正态概率纸，当利用计算机来完成正态分布的检验时，与正态概率纸检验法相应的就是 Q-Q 图检验法.

假设样本 $X_1, X_2, \cdots, X_n$ 来自正态总体 $N(\mu, \sigma^2)$. 把观测数据从小到大排列，记为：$x_{(1)} \leqslant x_{(2)} \leqslant \cdots \leqslant x_{(n)}$. 则经验分布函数为

$$F_n(x) = \begin{cases} 0, & \text{当 } x < x_{(1)}, \\ \dfrac{k}{n}, & \text{当 } x_{(k)} \leqslant x < x_{(k+1)}, \\ 1, & \text{当 } x \geqslant x_{(n)}. \end{cases}$$

假设样本来自正态总体，由于分布函数近似等于样本经验分布函数，有

$$F(x) = P\{X \leqslant x\} = \frac{1}{\sqrt{2\pi\sigma^2}} \int_{-\infty}^{x} e^{-\frac{(x-\mu)^2}{2\sigma^2}} \, dx$$

$$\approx F_n(x).$$

若记标准正态分布的分布函数为 $\Phi(x)$，则有

$$F(x) = \Phi\left(\frac{x-\mu}{\sigma}\right) \approx F_n(x),$$

从而 $\dfrac{x-\mu}{\sigma} = \Phi^{-1}(F_n(x)) \triangleq u$. 故有：$x = \sigma u + \mu.$

在 Oux 平面上，$x = \sigma u + \mu$ 表示斜率为 σ，截距为 μ 的直线.

当 $x = x_{(i)}$ 时，经验分布函数 $F_n(x_{(i)}) = \dfrac{i}{n}$，在实际应用中，常用 $\dfrac{i - 0.5}{n}$ 代替 $\dfrac{i}{n}$. 这里 $\dfrac{i - 0.5}{n}$ 中的 0.5 是一个"连续性"修正. 相应的 $u_i = \Phi^{-1}\left(\dfrac{i - 0.5}{n}\right)$ 是标准正态分布的 $\dfrac{i - 0.5}{n}$ 分位点；而 $x_{(i)}$ 是样本分位点. 点 $(u_i, x_{(i)})(i = 1, 2, \cdots, n)$ 应该近似在 $x = \sigma u + \mu$ 的直线上.

在平面上作点 $(u_i, x_{(i)})(i = 1, 2, \cdots, n)$. 如果 n 个点近似在一条直线上，样本来自正态总体的假设成立；否则不成立. 因 u_i 是正态总体的分位数；而 $x_{(i)}$ 是样本的分位数，分位数的英文为 Quantile，故称此检验法为 Q-Q 图检验法或直线检验法.

为了定量刻画点 $(u_i, x_{(i)})$ 是否在一条直线上，进一步地可以通过计算相关系数，并对其正态性作检验.

例 5.1 已知 20 名学生的各科平均成绩为：$56, 23, 59, 74,$ $49, 43, 39, 51, 37, 61, 43, 51, 61, 99, 23, 56, 49, 49, 75, 20$. 试用 Q-Q 图方法检验其正态性.

解 作 Q-Q 图的步骤为：

① 把原始数据依小到大顺序排列：$20, 23, 23, 37, 39, 43, 43,$ $49, 49, 49, 51, 51, 56, 56, 59, 61, 61, 74, 75, 99$，与 $x_{(i)}$ 相应的事件 $\{X \leqslant x_{(i)}\}$ 的概率为

$$p_i = F_n(x_{(i)}) = \frac{i - 0.5}{n};$$

② 对概率 p_i 计算相应的标准正态分位数 $u_i(i = 1, 3, \cdots 20)$；

③ 把点 $(u_i, x_{(i)})$ 画在平面坐标系上，并考察它们是否在一条直线上；

④ 计算相关系数

$$r = \frac{\sum (x_{(i)} - \bar{x})(u_i - \bar{u})}{\sqrt{\sum (x_{(i)} - \bar{x})^2} \sqrt{\sum (u_i - \bar{u})^2}},$$

并检验其正态性.

计算结果见表 1-1. Q-Q 图见图 1-4. 可见点 $(u_i, x_{(i)})$ 近似在一条直线上(相关系数 $r = 0.994$). 故可认为样本来自正态总体.

表 1-1 Q-Q 图检验数据

i	次序观测值 $x_{(i)}$	$p_i = \dfrac{i - 0.5}{n}$	标准正态分位数 u_i
1	20	0.025	-1.9600
3	23	0.125	-1.1503
4	37	0.175	-0.9346
5	39	0.225	-0.7554
7	43	0.325	-0.4538
10	49	0.475	-0.0627
12	51	0.575	0.1891
14	56	0.675	0.4538
15	59	0.725	0.5978
17	61	0.825	0.9346
18	74	0.875	1.1503
19	75	0.925	1.4395
20	99	0.975	1.9600

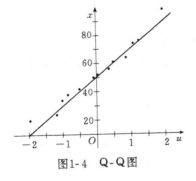

图1-4 Q-Q 图

一般 Q-Q 图检验法要求样本容量 n 较大, 当 n 很小时, 就是来自正态总体的样本, Q-Q 图的直线性也很不稳定.

正态性检验问题在实际应用中很重要, 除以上介绍的几种检验方法外, 还有用于一般连续分布拟合检验的柯氏检验法; 用于正态性检验的 Wilk 检验法和 D′Agostino 检验法; 类似于 Q-Q 图检验法的 P-P 图检验法等. 有兴趣的读者请参阅文献[3], [21], [22].

§6 数据的变换和校正

(一) 数据的近似正态化变换

实际问题中,大量存在遵从正态分布的随机变量.因而对实验数据 $x_1, x_2, \cdots, x_n$,我们假设它们来自正态总体,在此假设下来讨论其统计推断的有关问题.

如果观测数据的正态性假设被否定,为使统计分析的结果可靠,首先应对观测数据进行适当变换,使非正态数据变为尽可能接近正态.然后对变换后的数据作统计推断.

变换只不过是数据在不同刻度上的另一种表示.例如,如果正观测值的直方图右边出现有一条长尾巴,那么通过对数变换或平方根变换后,常常会改进对均值的对称性并使其近似于正态分布.下面考虑观测数据 $x_1, x_2, \cdots, x_n$ 的变换方法.

(1) 幂变换法

设 $x_i > 0 (i = 1, 2, \cdots, n)$,令

$$Y_i(\lambda) = \begin{cases} (x_i^\lambda - 1)/(\lambda g_1^{\lambda-1}), & \lambda \neq 0, \\ g_1 \ln x_i, & \lambda = 0, \end{cases} \qquad (6.1)$$

其中 $g_1 = \left(\prod_{i=1}^n x_i\right)^{1/n}$ 为几何平均值.

从以上幂变换族中选择一个变换,使变换后的数据 $Y_i(\lambda)(i = 1, 2, \cdots, n)$ 具有正态性.

假定对某个 λ,$Y_i(\lambda) \sim N(\mu, \sigma^2)(i = 1, 2, \cdots, n)$ 且独立,即 n 维随机向量 $Y(\lambda) = (Y_1(\lambda), \cdots, Y_n(\lambda))'$ 服从 n 维正态分布,记为 $Y(\lambda) \sim N_n(\mu 1_n, \sigma^2 I_n)$,其中 $1_n = (1, 1, \cdots, 1)'$ 为 n 维向量,I_n 为 n 阶单位阵.于是似然函数(即 $Y(\lambda)$ 的联合密度函数)为

$$L(\mu, \sigma^2; \lambda) = (2\pi\sigma^2)^{-\frac{n}{2}} \exp\left\{ -\frac{1}{2\sigma^2}(Y(\lambda) - \mu 1_n)'(Y(\lambda) - \mu 1_n) \right\}.$$

对固定 λ,当

$$\hat{\mu} = \frac{1}{n}\sum Y_i(\lambda) \triangleq \overline{Y}(\lambda),$$

$$\hat{\sigma}^2 = \frac{1}{n}\sum (Y_i(\lambda) - \overline{Y}(\lambda))^2 \triangleq S^2(\lambda)$$

时似然函数的最大值为

$$L(\hat{\mu}, \hat{\sigma}^2; \lambda) = (2\pi\hat{\sigma}^2)^{-\frac{n}{2}}\exp\left(-\frac{n}{2}\right),$$

$$\ln L(\hat{\mu}, \hat{\sigma}^2; \lambda) = -\frac{n}{2}\ln(2\pi\hat{\sigma}^2) - \frac{n}{2} = -\frac{n}{2}\ln S^2(\lambda) + C.$$

记 $l(\lambda) = -\dfrac{n}{2}\ln S^2(\lambda)$. 用最大似然法来确定 λ 的取法. 设 λ_0 使得 $l(\lambda_0) = \max\limits_{\lambda} l(\lambda)$, 则取 $\lambda = \lambda_0$. 或者用不同的 λ 值计算 $l(\lambda)$, 并作出 $l(\lambda)$ 随 λ 变化的曲线或表格后, 找出使 $l(\lambda)$ 达最大值的 λ 即为我们的所求.

当 x_i 有负值时, 选取 a, 使得 $x_i + a > 0$, 令

$$Y_i(\lambda) = \begin{cases} ((x_i + a)^\lambda - 1)/(\lambda g_2^{\lambda-1}), & \lambda \neq 0, \\ g_2 \ln(x_i + a), & \lambda = 0, \end{cases} \qquad (6.2)$$

其中 $g_2 = \left(\prod\limits_{i=1}^{n}(x_i + a)\right)^{1/n}$. 幂变换法可近似消除数据的不对称性.

(2) 模变换法

John 和 Draper 在 1980 年提出了模变换法. 令

$$Z_i(\lambda) = \begin{cases} \text{sign}((|x_i - b| + 1)^\lambda - 1)/(\lambda g_3^{\lambda-1}), & \lambda \neq 0, \\ \text{sign} g_3 \ln(|x_i - b| + 1), & \lambda = 0, \end{cases} \qquad (6.3)$$

其中 $g_3 = \left(\prod\limits_{i=1}^{n}(|x_i - b| + 1)\right)^{1/n}$, $\quad \text{sign} = \text{sign}(x_i - b)$, b 为预先选定的值, 如取 $b = \dfrac{1}{n}\sum\limits_{i=1}^{n} x_i$ 或取 b 为几何平均值.

参数 λ 的选法仍按最大似然法的准则, 即选 λ_0 使似然函数达最大值: $l(\lambda_0) = \max\limits_{\lambda}\left\{-\dfrac{n}{2}\ln\left[\dfrac{1}{n}\sum (Z_i(\lambda) - \overline{Z}(\lambda))^2\right]\right\}$.

模变换可近似改进峰度 $\neq 3$ 的数据(正态分布的峰度为 3).

更一般地, 令 $Y_i = f(x_i)(i = 1, 2, \cdots, n)$. 函数关系 $f(\cdot)$ 根据

需要进行适当选择.

（二）实验误差的校正

实验误差有三类,随机误差虽不可避免,但有统计规律性,通过多次重复实验可以消除其影响;系统误差根据产生的原因采取措施加以克服;而含有过失误差的实验数据如何校正呢?

以前,实验数据的修正、异常数据的舍弃处理,经常是由一些具有丰富经验的专业人员进行的. 现在,在计算机应用非常广泛的今天,根据统计原理利用计算机对实验数据中的异常点进行检查删除,这是数据整理中的一个重要任务.

当总体 $X \sim N(\mu, \sigma^2)$ 时,

$$P\{|X - \mu| > 3\sigma\} \leqslant 0.003, \qquad (6.4)$$

在数据整理过程中,把大于 $\mu + 3\sigma$ 和小于 $\mu - 3\sigma$ 的实验数据,作为可疑异常点,对其作处理(删掉或修正). 一般地称这种寻求可疑异常点的方法为"3σ"原则.

应用"3σ 原则"寻求异常点时,要注意以下几点:

① 只有当总体 X 服从正态分布时,(6.4)才成立. 对一般总体 X,由切比雪夫不等式:

$$P\{|X - \mu| > 3\sigma\} \leqslant 1/9,$$

把 $(\mu - 3\sigma, \mu + 3\sigma)$ 以外的实验数据作为可疑异常点,犯错误的概率会增大.

② 式子(6.4)中的概率 0.003,是一次实验中 X 的取值出现在 $(\mu - 3\sigma, \mu + 3\sigma)$ 以外的概率. 在多次重复实验中,当实验次数 n 充分大时,至少出现一个 $(\mu - 3\sigma, \mu + 3\sigma)$ 以外的数据的概率为:

$$p = 1 - (1 - 0.003)^n,$$

当 $n > 766$ 时,概率 $p > 0.9$. 即 n 充分大时,至少出现一个 $(\mu - 3\sigma, \mu + 3\sigma)$ 以外数据的可能性非常大. 可见,"3σ 原则"只能作为寻求可疑异常点的参考法则.

除"3σ 原则"外,还有其他寻求可疑异常点的原则,但它们都

有类似的缺点,另一方面对可疑异常点的处理方法也可以不同,有的将其删掉,有的进行修正,没有固定的处理方法.实际应用中,根据不同问题,按不同的原则寻求可疑异常点,并确定其处理方法.

习 题 一

1.1 证明样本均值,样本方差的递推计算公式(3.2).

1.2 已知容量为 n 的样本 $x_1,\cdots,x_n$ 均值为 $\bar{x}$,样本方差为 s^2.现有一个数据 x_k 为异常值应剔除,试用 $\bar{x},s^2$ 表示剔除 x_k 后的样本均值 $\bar{x}_*$ 和样本方差 s^2_*.

1.3 设 $X \sim$ 三角形分布(即 triang(a,b,m)),密度函数为

$$f(x) = \begin{cases} 0, & x < a \text{ 或} \geqslant b, \\ \dfrac{2(x-a)}{(b-a)(m-a)}, & a \leqslant x < m, \\ \dfrac{2(b-x)}{(b-a)(b-m)}, & m \leqslant x < b. \end{cases}$$

试求 E(X),Var(X),众数 m_0 和中位数 m_e(为简单计,令 $m=0$,且 $|a| > b$).

1.4 设离散随机变量 X 的概率分布为

(1)

X	1	2	3	4	5	6
p_k	$\dfrac{1}{6}$	$\dfrac{1}{6}$	$\dfrac{1}{6}$	$\dfrac{1}{6}$	$\dfrac{1}{6}$	$\dfrac{1}{6}$

(2)

X	1	2	3	4	5	6
p_k	$\dfrac{1}{6}$	$\dfrac{1}{12}$	$\dfrac{1}{12}$	$\dfrac{1}{6}$	$\dfrac{3}{12}$	$\dfrac{3}{12}$

试求 E(X),Var(X),众数 m_0 和中位数 m_e.

1.5 求下列几组数据的样本均值、样本方差、标准差、中位数、众数、变异系数、标准偏度系数和标准峰度系数等:

(1) 23,20,18,29,43,35,32,40,29,26,24,26;

(2) 1000,1000,500,500,500,100,100,100,100,100,100,100,100,100,100;

(3) 70,70,70,70,10 .

上 机 实 习 一

1. 以下数据是 120 炉钢中含 SI 量的生产记录：

```
0.86  0.78  0.83  0.84  0.77  0.84  0.81  0.84  0.81  0.81  0.80  0.81
0.79  0.74  0.82  0.78  0.82  0.78  0.81  0.80  0.81  0.74  0.87  0.78
0.82  0.75  0.78  0.79  0.80  0.85  0.81  0.75  0.87  0.74  0.81  0.71
0.77  0.88  0.78  0.82  0.77  0.76  0.78  0.85  0.77  0.73  0.77  0.78
0.77  0.81  0.71  0.79  0.95  0.77  0.78  0.78  0.81  0.81  0.79  0.87
0.80  0.83  0.77  0.65  0.76  0.64  0.82  0.78  0.80  0.75  0.82  0.82
0.84  0.80  0.79  0.80  0.90  0.77  0.82  0.81  0.79  0.75  0.82  0.82
0.79  0.90  0.86  0.80  0.76  0.85  0.78  0.81  0.83  0.77  0.82  0.83
0.82  0.82  0.78  0.84  0.73  0.85  0.78  0.81  0.83  0.77  0.75  0.78
0.83  0.84  0.89  0.82  0.81  0.85  0.86  0.84  0.81  0.82  0.81  0.85
0.83  0.84  0.89  0.82  0.81  0.85  0.86  0.84  0.82  0.78  0.82  0.78
```

（1）用字符作图方式画等距频率直方图；

（2）试用 χ^2 检验法和偏峰检验法检验这组数据是否来自正态总体；

（3）试对这组数据计算描述统计量（样本均值、样本方差、中位数、众数、标准偏度系数和标准峰度系数）.

2. 以下数据是变量 X 和 Y 的 34 次观测值：

X	Y	X	Y	X	Y	X	Y
180	200	116	100	145	165	115	120
104	100	123	110	141	135	191	205
134	135	151	180	144	160	190	220
141	125	110	130	190	190	153	145
204	235	108	110	190	210	155	160
150	170	158	130	161	145	177	185
121	125	107	115	165	195	177	205
151	135	180	240	154	150	143	160
147	155	127	135				

（1）用字符作图方式对以上数据画散布图；

（2）用 Q-Q 检验图法分别检验变量 X 和 Y 的观测数据是否可认为来自正态总体？

（3）计算变量 X 和 Y 的描述统计量（样本均值、样本方差、中位数、众数、标准偏度系数和标准峰度系数）.

第二章　常用分布函数和分位数的计算

　　利用电子计算机进行统计计算时,经常涉及到分布函数 $F(x)$ 和分位数 x_p 的计算问题. 例如在产品或生物体的寿命分析中,人们常常关心寿命大于 x 的概率 $S(x)$(即可靠性函数或称生存函数),显然 $S(x) = 1 - F(x)$;又如若规定合格品的尺寸为 $a \pm e$,则次品率 $p = F(a-e) + 1 - F(a+e)$;再如进行统计检验时,常要用到一些分布函数和分位数的数值表. 以往解决的办法是将数值表存入计算机内,需要时调出来使用. 这样做一方面要占用很多计算机内存;另一方面数值表的间距较大,用插值方法不仅费时间,精度也差. 最好的办法是利用分布函数或分位数的计算公式进行计算.

　　分布函数和分位数的计算是统计计算中很基本而且很重要的一部分. 本章介绍常用分布的分布函数和分位数的计算方法. 除了给出分布函数、分位数的一般算法外,还介绍正态分布、χ^2 分布、t 分布、F 分布、二项分布、泊松分布等常用分布的分布函数和分位数的算法.

　　本章的参考文献有[1]～[6],[8],[25]～[27],[29],[30].

§1　常用分布的分布函数及关系

(一) 概念

首先介绍分布函数和分位数的概念.

　　定义 1.1　设 X 是一随机变量(可以是连续型的、也可以是离散型的、甚至更一般的),则称函数

$$F(x) = P\{X \leqslant x\} \quad (-\infty < x < \infty)$$

为 X 的**分布函数**.

当 X 是连续型随机变量时,设密度函数为 $f(x)$,则

$$F(x) = \int_{-\infty}^{x} f(t)\,\mathrm{d}t;$$

当 X 是离散型随机变量时,设概率分布为 $P\{X = x_i\} = p_i (i = 1, 2, \cdots)$,则 $F(x) = \sum_{x_i \leqslant x} p_i$.

分布函数的计算实际是积分或级数的计算.

定义 1.2 设 X 是一连续型随机变量. 若存在数值 x_p 满足

$$F(x_p) = P\{X \leqslant x_p\} = p,$$

其中 $p \in [0, 1]$,则称 x_p 为 X 的对应于概率 p 的**分位数**,简称 p **分位数**(或 p **分位点**).

若记 $g(x) = F(x) - p$,那么分位数的计算问题可归为方程 $g(x) = 0$ 的求根问题.

(二)常用连续型分布的分布函数

(1)均匀分布

设随机变量 $X \sim U(a, b)$(即区间 $[a, b]$ 上的均匀分布),X 的分布函数记为 $U(x \mid a, b)$,则

$$U(x \mid a, b) = \int_{a}^{x} \frac{x}{b-a} \mathrm{d}t \quad (a \leqslant x \leqslant b), \tag{1.1}$$

且 $\mathrm{E}(X) = \dfrac{a+b}{2}$,$\mathrm{Var}(X) = \dfrac{(b-a)^2}{12}$.

(2)正态分布

设随机变量 $X \sim N(0, 1)$,X 的分布函数记为 $\Phi(x)$,则

$$\Phi(x) = \int_{-\infty}^{x} \varphi(t)\mathrm{d}t = \frac{1}{\sqrt{2\pi}} \int_{-\infty}^{x} \mathrm{e}^{-\frac{t^2}{2}} \mathrm{d}t \tag{1.2}$$
$$(-\infty < x < \infty),$$

且 $\mathrm{E}(X) = 0$,$\mathrm{Var}(X) = 1$.

一般地,若 $X \sim N(\mu, \sigma^2)$,X 的分布函数记为 $F(x)$,则

$$F(x) = \int_{-\infty}^{x} f(t)\mathrm{d}t = \frac{1}{\sqrt{2\pi\sigma^2}} \int_{-\infty}^{x} \mathrm{e}^{-\frac{(t-\mu)^2}{2\sigma^2}} \mathrm{d}t \tag{1.3}$$

$$(-\infty < x < \infty),$$

且 $E(X) = \mu$，$\mathrm{Var}(X) = \sigma^2$.

（3）指数分布

设随机变量 $X \sim e(\mu,\lambda)$，X 的分布函数记为 $E(x|\mu,\lambda)$，则

$$E(x|\mu,\lambda) = \int_{\mu}^{x} \lambda e^{-\lambda(t-\mu)} dt \quad (x \geqslant \mu), \tag{1.4}$$

且 $E(X) = \mu + \dfrac{1}{\lambda}$，$\mathrm{Var}(X) = \dfrac{1}{\lambda^2}$. 当 $\mu = 0$ 时，简记 $X \sim e(\lambda)$.

（4）伽玛分布（Gamma 分布）

设随机变量 $X \sim \Gamma(a,b)$，X 的分布函数记为 $G(x|a,b)$，则

$$G(x|a,b) = \frac{b^a}{\Gamma(a)} \int_{0}^{x} t^{a-1} e^{-bt} dt \tag{1.5}$$

$$(a > 0, b > 0; x \geqslant 0),$$

其中 $\Gamma(a)$ 为伽玛函数：$\Gamma(a) = \displaystyle\int_{0}^{\infty} t^{a-1} e^{-t} dt$；且

$$E(X) = \frac{a}{b}, \quad \mathrm{Var}(X) = \frac{a}{b^2}.$$

（5）贝塔分布（Beta 分布）

设随机变量 $X \sim \beta(a,b)$，X 的分布函数记为 $I_x(a,b)$，则

$$I_x(a,b) = \frac{1}{\mathrm{B}(a,b)} \int_{0}^{x} t^{a-1} (1-t)^{b-1} dt \tag{1.6}$$

$$(a > 0, b > 0; 0 < x < 1),$$

其中 $\mathrm{B}(a,b)$ 为贝塔函数：

$$\mathrm{B}(a,b) = \int_{0}^{1} t^{a-1} (1-t)^{b-1} dt = \mathrm{B}(b,a) = \frac{\Gamma(a)\Gamma(b)}{\Gamma(a+b)};$$

且 $E(X) = \dfrac{a}{a+b}$，$\mathrm{Var}(X) = \dfrac{ab}{(a+b)^2(a+b+1)}$.

（6）卡方分布（χ^2 分布）

设随机变量 $X \sim \chi^2(n)$，X 的分布函数记为 $H(x|n)$，则

$$H(x|n) = \frac{1}{2^{\frac{n}{2}} \Gamma\left(\frac{n}{2}\right)} \int_{0}^{x} t^{\frac{n}{2}-1} e^{-\frac{t}{2}} dt \ (n \text{ 为正整数}; x > 0), \tag{1.7}$$

且 $E(X) = n$，$\mathrm{Var}(X) = 2n$.

(7) t 分布

设随机变量 $X \sim t(n)$, X 的分布函数记为 $T(x|n)$, 则

$$T(x|n) = \frac{1}{\sqrt{n}\,B\left(\frac{1}{2},\frac{n}{2}\right)} \int_{-\infty}^{x} \left(1 + \frac{t^2}{n}\right)^{-\frac{n+1}{2}} dt \qquad (1.8)$$

$$(n \text{ 为正整数}; -\infty < x < \infty),$$

且 $E(X) = 0(n > 1$ 时$)$, $Var(X) = \dfrac{n}{n-2}(n > 2$ 时$)$.

(8) F 分布

设随机变量 $X \sim F(m,n)$, X 的分布函数记为 $F(x|m,n)$, 则

$$F(x|m,n) = \frac{\left(\dfrac{m}{n}\right)^{\frac{m}{2}}}{B\left(\dfrac{m}{2},\dfrac{n}{2}\right)} \int_{0}^{x} t^{\frac{m}{2}-1} \left(1 + \frac{mt}{n}\right)^{-\frac{m+n}{2}} dt \qquad (1.9)$$

$$(n,m \text{ 为正整数}; x > 0),$$

且 $E(X) = \dfrac{n}{n-2}(n > 2)$, $Var(X) = \dfrac{2n^2(m+n-2)}{m(n-2)^2(n-4)}(n > 4)$.

(三) 常用的离散型分布

(1) 二项分布

设离散型随机变量 $X \sim B(n,p)$, 其概率分布为

$$P\{X = x\} = \binom{n}{x} p^x q^{n-x} \quad (x = 0,1,\cdots,n),$$

其中 $p > 0, q > 0, p + q = 1, n$ 为正整数. 其分布函数为

$$B(x|n,p) = \sum_{i=0}^{[x]} \binom{n}{i} p^i q^{(n-i)}, \qquad (1.10)$$

且 $E(X) = np$, $Var(X) = npq$.

(2) 泊松分布(Poisson 分布)

设离散型随机变量 $X \sim P(\lambda)$, 其概率分布为

$$P\{X = x\} = \frac{\lambda^x}{x!} e^{-\lambda} \quad (x = 0,1,2,\cdots),$$

其中 λ 为正实数. 其分布函数为

$$P(x|\lambda) = \sum_{i=0}^{[x]} \frac{\lambda^i}{i!} e^{-\lambda} \quad (\text{记 } 0! = 1), \qquad (1.11)$$

且 $E(X) = \mathrm{Var}(X) = \lambda$.

（3）几何分布

设离散型随机变量 $X \sim G(p)$，其概率分布为

$$P\{X = x\} = pq^{x-1} \quad (x = 1, 2, \cdots), \tag{1.12}$$

其中 $p > 0, q > 0, p + q = 1$，且 $E(X) = \dfrac{1}{p}$，$\mathrm{Var}(X) = \dfrac{q}{p^2}$.

（4）负二项分布

设离散型随机变量 $X \sim B^-(k, p)$，其概率分布为

$$P\{X = x\} = \binom{k + x - 1}{x} p^k q^x \quad (x = 0, 1, 2, \cdots), \tag{1.13}$$

其中 $p > 0, q > 0, p + q = 1$，k 为正整数；当每次试验成功的概率为 p，记成功 k 次所需试验的次数为 $X + k$，那么 X 服从负二项分布. 且 $E(X) = \dfrac{kq}{p}$，$\mathrm{Var}(X) = \dfrac{kq}{p^2}$.

（四）分布之间的关系

（1）与 $N(0,1)$ 的关系

① 若 $X \sim N(\mu, \sigma^2)$，则 $\dfrac{X - \mu}{\sigma} \sim N(0,1)$；反之，若 $U \sim N(0, 1)$，则 $\sigma U + \mu \sim N(\mu, \sigma^2)$.

因此由标准正态分布函数值 $\Phi(x)$ 及分位数 u_p 值，可以得出一般正态分布的分布函数 $F(x)$ 和分位数 x_p：

$$F(x) = \Phi\left(\frac{x - \mu}{\sigma}\right), \quad x_p = \sigma u_p + \mu.$$

② 若 $X_1, X_2, \cdots, X_n$ 独立同分布 $N(0,1)$，则 $\sum\limits_{i=1}^{n} X_i^2 \sim \chi^2(n)$；反之，若 $\xi \sim \chi^2(n)$，则 $\sqrt{2\xi} - \sqrt{2n - 1}$ 当 n 充分大时的近似分布为 $N(0,1)$.

③ 若 $U_1, U_2, \cdots, U_n \sim U(0,1)$ 且互相独立，由中心极限定理可得：$X = \sqrt{12n}(\overline{U} - 0.5)$ 的极限分布为 $N(0,1)$，其中 $\overline{U} = \dfrac{1}{n} \sum\limits_{i=1}^{n} U_i$. 取 $n = 12$，则 $X = \sum\limits_{i=1}^{12} U_i - 6$ 的近似分布为 $N(0,1)$.

④ 若 $U_1, U_2 \sim U(0,1)$ 且独立,令

$$\begin{cases} X_1 = \sqrt{-2\ln U_1}\cos(2\pi U_2), \\ X_2 = \sqrt{-2\ln U_1}\sin(2\pi U_2), \end{cases}$$

则 $X_1, X_2 \sim N(0,1)$ 且独立.

⑤ 若 $\xi \sim t(n)$,当 n 充分大时 ξ 的近似分布为 $N(0,1)$.

⑥ 若 $X_1, X_2 \sim N(0,1)$,则 X_1/X_2 服从的分布称为柯西分布; 其密度函数为 $f(x) = \dfrac{1}{\pi(1+x^2)}$ $(-\infty < x < \infty)$.

⑦ 若 $X_1, X_2 \sim N(0,1)$,则 $\sqrt{X_1^2 + X_2^2}$ 服从的分布称为瑞利分布;其密度函数为 $f(x) = x\mathrm{e}^{-\frac{x^2}{2}}(x > 0)$.

(2) 与 $\beta(a,b)$ 的关系

① F 分布与 Beta 分布的分布函数间有以下关系:

$$F(x|m,n) = I_y\left(\frac{m}{2}, \frac{n}{2}\right) \left(\text{其中 } y = \frac{mx}{n+mx}\right). \quad (1.14)$$

② t 分布与 Beta 分布的分布函数间有以下关系:

$$T(t|n) = \begin{cases} 1 - \dfrac{1}{2}I_x\left(\dfrac{n}{2}, \dfrac{1}{2}\right), & t > 0, \\ \dfrac{1}{2}I_x\left(\dfrac{n}{2}, \dfrac{1}{2}\right), & t \leqslant 0, \end{cases} \quad (1.15)$$

其中 $x = \dfrac{n}{n+t^2}$.

③ 二项分布与 Beta 分布的分布函数间有以下关系:

$$B(x|n,p) = \begin{cases} I_{1-p}(n-[x], [x]+1), & 0 \leqslant x \leqslant n, \\ 0, & x < 0, \\ 1, & x > n. \end{cases} \quad (1.16)$$

④ 若 $X \sim \beta(a,b)$,则 $1-X \sim \beta(b,a)$,它们的分布函数间有关系式:$I_x(a,b) = 1 - I_{1-x}(b,a)$.

⑤ $\beta(1,1)$ 为均匀分布 $U(0,1)$.

⑥ 若 $U_1, U_2, \cdots, U_n \sim U(0,1)$ 且独立,记顺序统计量为 $U_{(1)}$

$\leqslant U_{(2)} \leqslant \cdots \leqslant U_{(n)}$,则

$$U_{(k)} \sim \beta(k, n-k+1) \quad (k=1,2,\cdots,n).$$

特别地，$U_{(1)} \sim \beta(1,n)$，$U_{(n)} \sim \beta(n,1)$.

⑦ 设 $X_1 \sim \Gamma(a,1)$，$X_2 \sim \Gamma(b,1)$ 且独立，则

$$\frac{X_1}{X_1 + X_2} \sim \beta(a,b).$$

⑧ 若 $X_1 \sim \chi^2(m)$，$X_2 \sim \chi^2(n)$ 且独立，则

$$Y = \frac{X_1}{X_1 + X_2} \sim \beta\left(\frac{m}{2}, \frac{n}{2}\right).$$

(3) 与 $\chi^2(n)$ 的关系

① 卡方分布是特殊的伽玛分布：$H(x|n) = G\left(x \mid \frac{n}{2}, \frac{1}{2}\right)$.

② 设 $X_1 \sim \chi^2(m)$，$X_2 \sim \chi^2(n)$ 且独立，则 $\dfrac{X_1/m}{X_2/n} \sim F(m,n)$.

③ 泊松分布与 $\chi^2(n)$ 分布的分布函数间有以下关系：

$$P(x|\lambda) = 1 - H(2\lambda|2([x]+1)). \tag{1.17}$$

(4) 其他

① 若 $T \sim t(n)$，则 $T^2 \sim F(1,n)$.

② 若 $F \sim F(m,n)$，则 $\dfrac{1}{F} \sim F(n,m)$.

③ 若 $R \sim U(0,1)$，则 $a + (b-a)R \sim U(a,b)$.

④ 若 $R \sim U(0,1)$，则 $1 - R \sim U(0,1)$.

⑤ 若 $R \sim U(0,1)$，则

$$-\ln R \sim e(1)(\text{或 } \Gamma(1,1)); \quad -\frac{1}{\lambda}\ln R \sim e(\lambda).$$

⑥ 若 $X \sim N(0,1)$，$Y \sim \chi^2(n)$ 且独立，则

$$T = \frac{X}{\sqrt{Y/n}} \sim t(n).$$

⑦ 若 $X_1, X_2, \cdots, X_n \sim e(\lambda)$（即 $\Gamma(1,\lambda)$）且独立，则

$$\sum_{i=1}^{n} X_i \sim \Gamma(n,\lambda).$$

⑧ 若 $X \sim \Gamma(a,1)$ ，则 $Y = X/b \sim \Gamma(a,b)$.

⑨ 若 $R_1, R_2 \sim U\left(-\dfrac{1}{2}, \dfrac{1}{2}\right)$ 且独立，则

$$X = R_1 + R_2 \sim \text{triang}(-1,1,0)(\text{三角形分布}).$$

因常用分布之间有种种的关系，我们只需给出 $N(0,1)$，$\chi^2(n)$，$\beta(a,b)$ 等几类分布的分布函数和分位数的计算方法；其他常用分布的分布函数、分位数的计算可以利用与以上几类分布的关系求得.

§2　分布函数的一般算法

本节介绍计算连续型随机变量分布函数的一般方法.

2.1　积分的近似算法

设连续型随机变量 X 的密度函数为 $f(x)$，则 X 的分布函数为

$$F(x) = \int_{-\infty}^{x} f(t)\, \mathrm{d}t.$$

分布函数的计算归为积分的计算.

（一）等距内插求积公式（牛顿-柯特斯求积公式）

这是计算 $[a,b]$ 区间上积分 $\int_a^b f(x)\, \mathrm{d}x$ 的近似计算公式.

已知 $f(x)$ 在 $n+1$ 个点 $x_0, x_1, \cdots, x_n$ 上的值 $f(x_i)(i = 0, 1, \cdots, n)$. 用多项式 $L_n(x)$ 来近似 $f(x)$，即

$$f(x) = L_n(x) + R_n(x),$$

其中 $L_n(x)$ 为 n 次多项式，$R_n(x)$ 为误差函数.

我们考虑等距节点的情况，即选 $x_k = a + kh$ $(k = 0, 1, \cdots, n,$ $h = (b-a)/n)$. 取 $L_n(x)$ 为 Lagrange 插值多项式，即

$$L_n(x) = \sum_{j=0}^{n} \frac{(x-x_0)\cdots(x-x_{j-1})(x-x_{j+1})\cdots(x-x_n)}{(x_j-x_0)\cdots(x_j-x_{j-1})(x_j-x_{j+1})\cdots(x_j-x_n)} f(x_j). \quad (2.1)$$

记 $w(x) = \prod_{j=0}^{n} (x - x_j)$，于是

$$w'(x) = \sum_{j=0}^{n} \frac{w(x)}{x - x_j}$$

$$= \sum_{j=0}^{n} (x - x_0)\cdots(x - x_{j-1})(x - x_{j+1})\cdots(x - x_n).$$

公式(2.1)可写成

$$L_n(x) = \sum_{j=0}^{n} \frac{w(x)}{(x - x_j)w'(x_j)} f(x_j). \tag{2.2}$$

于是

$$\int_a^b f(x)\mathrm{d}x = \int_a^b L_n(x)\mathrm{d}x + \int_a^b R_n(x)\mathrm{d}x \approx \sum_{j=0}^{n} A_j f(x_j), \tag{2.3}$$

其中 $A_j = \displaystyle\int_a^b \frac{w(x)}{(x - x_j)w'(x_j)}\mathrm{d}x$, A_j 与 $f(x)$ 无关,只要节点 x_j 和 n 确定,它就完全确定,且有 $A_j = (b - a)C_j^{(n)}$,其中

$$C_j^{(n)} = \frac{(-1)^{n-j}}{n\, j!(n-j)!} \cdot \int_0^n \frac{t(t-1)\cdots(t-n)}{t - j}\, \mathrm{d}t.$$

求积公式可写成

$$\int_a^b f(x)\mathrm{d}x \approx (b - a)\sum_{j=0}^{n} C_j^{(n)} f(a + hj). \tag{2.4}$$

此公式称为等距内插求积公式,也称牛顿-柯特斯公式,$C_j^{(n)}$ 是不依赖于 $f(x)$ 和区间 $[a, b]$ 的常数,可事先计算出来,称为牛顿-柯特斯(Newton-Cotes)系数.

下面我们计算几个特例:

(1) 当 $n = 1$ 时,$x_0 = a$,$x_1 = b$,

$$C_0^{(1)} = -\int_0^1 (t - 1)\mathrm{d}t = \frac{1}{2}, \quad C_1^{(1)} = \int_0^1 t\,\mathrm{d}t = \frac{1}{2}.$$

我们得到梯形公式 $\displaystyle\int_a^b f(x)\mathrm{d}x \approx \frac{b - a}{2}(f(x_0) + f(x_1))$.

(2) 当 $n = 2$ 时,$x_0 = a$,$x_2 = b$,$x_1 = \dfrac{a + b}{2}$. 记 $h = \dfrac{b - a}{2}$,我们得到抛物线公式(或称 Simpson 公式)

$$\int_a^b f(x)\mathrm{d}x \approx \frac{h}{3}[f(x_0) + 4f(x_1) + f(x_2)].$$

实际应用中,为了减少误差,常先把区间 $[a, b]$ 分成小区间,即

38

$$[a,b] = \sum_{j=1}^{m} I_i, \text{小区间} I_i \text{互不相交. 则}$$

$$\int_a^b f(x)\mathrm{d}x = \sum_{i=1}^{m} \int_{I_i} f(x)\mathrm{d}x. \tag{2.5}$$

对每个小区间 I_i 上的积分,采用较小 n 的内插求积公式来计算. 公式(2.5)称为复合求积公式.

在具体计算中,为了得到所要求精度的积分值,可依次对不同的 $m(m=1,2,3,\cdots)$,由复合求积公式计算积分值,得到积分值序列 $G_1,G_2,G_3,\cdots$,当相邻两个积分值 G_{i-1} 与 G_i 之差足够小时停止计算,取 G_i 为最终的计算结果. 为了减少重复计算量,加快 G_i 序列的收敛速度,还提出一些其他的积分算法. 请参阅文献[4],[5].

对于牛顿-柯特斯公式,可以证明,当 $f(x)$ 存在 $n+1$ 阶导数时,有关系式

$$f(x) = L_n(x) + \frac{f^{(n+1)}(\xi)}{(n+1)!} w(x), \quad \xi \in (a,b).$$

假若 $f(x)$ 为不高于 n 阶的多项式,因 $f^{(n+1)}(x) \equiv 0$,因此 $f(x) \equiv L_n(x)$,牛顿-柯特斯公式(2.4)精确成立. 故称牛顿-柯特斯公式至少具有 n 次代数精度.

定义 2.1 对一个一般的求积公式

$$\int_a^b f(x)\mathrm{d}x \approx \sum_{j=0}^{n} A_j f(x_j), \tag{2.6}$$

其中 A_j 是不依赖于函数 $f(x)$ 的常数,若求积公式(2.6)中的 $f(x)$ 为任何一个次数不高于 n 次的代数多项式时,等号成立;而对 $f(x)$ 是 $n+1$ 次多项式时,公式(2.6)不能精确成立. 则我们称求积公式(2.6)具有 n 次**代数精度**.

(二)高斯型求积公式

等距内插求积公式(2.4)的 $n+1$ 个插值点(节点)间是等距的,它的代数精度至少为 n 次(当 n 是偶数时为 $n+1$ 次). 在节点数目固定为 n 的条件下,能否适当地选择节点的位置和相应的系数,使求积公式

$$\int_a^b f(x)\mathrm{d}x \approx \sum_{j=1}^n A_j f(x_j) \tag{2.7}$$

具有最高的代数精度. 答案是肯定的, 我们可以选择节点 $x_k(k = 1, 2, \cdots, n)$, 使求积公式 (2.7) 具有 $2n - 1$ 次代数精度.

下面先看 $n = 2$ 的情况. 不失一般性, 可以把积分区间取为 $[-1, 1]$, 这是因为令 $x = \dfrac{a+b}{2} + \dfrac{b-a}{2}t$, 总可以把区间 $[a, b]$ 化为 $[-1, 1]$, 而积分变为

$$\int_a^b f(x)\mathrm{d}x = \frac{b-a}{2}\int_{-1}^1 g(t)\mathrm{d}t,$$

其中 $g(t) = f\left(\dfrac{a+b}{2} + \dfrac{b-a}{2}t\right)$. 现在的问题是如何选取 x_1, x_2 和 A_1, A_2 使

$$\int_{-1}^1 f(x)\mathrm{d}x \approx A_1 f(x_1) + A_2 f(x_2) \tag{2.8}$$

对任何三次多项式 $f(x) = a_3 x^3 + a_2 x^2 + a_1 x + a_0$ 都能精确成立. 把三次多项式代入 (2.8), 只要解非线性方程组

$$\begin{cases} A_1 + A_2 = 2, \\ A_1 x_1 + A_2 x_2 = 0, \\ A_1 x_1^2 + A_2 x_2^2 = 2/3, \\ A_1 x_1^3 + A_2 x_2^3 = 0, \end{cases} \tag{2.9}$$

求出 A_1, A_2, x_1, x_2 即可. 但用解方程组的办法, 当 n 稍大时就比较困难. 所以一般不采用解方程组而是利用正交多项式的特性来求节点 $x_i(i = 1, 2, \cdots, n)$.

记 $w_2(x) = (x - x_1)(x - x_2)$, 三次多项式 $f(x)$ 总可以表示为 $f(x) = (c_0 + c_1 x) w_2(x) + (d_0 + d_1 x)$, 两边积分得

$$\int_{-1}^1 f(x)\mathrm{d}x = \int_{-1}^1 (c_0 + c_1 x) w_2(x)\mathrm{d}x + \int_{-1}^1 (d_0 + d_1 x)\mathrm{d}x.$$

若对任意一次多项式 $(c_0 + c_1 x)$ 恒有

$$\int_{-1}^1 (c_0 + c_1 x) w_2(x)\mathrm{d}x = 0, \tag{2.10}$$

因求积公式 (2.8) 对任意一次多项式 $(d_0 + d_1 x)$ 都精确成立, 所以

$$\int_{-1}^{1} f(x)\mathrm{d}x = A_1 f(x_1) + A_2 f(x_2). \tag{2.11}$$

这就是说,当选择节点满足条件(2.10)时,对任意三次多项式 $f(x)$,(2.8)是精确成立的.

从几何直观上看,就是找 x_1 和 x_2,使通过 $(x_1, f(x_1))$ 和 $(x_2, f(x_2))$ 的直线,在$[-1,1]$区间上围成的面积和 $f(x)$ 在$[-1,1]$区间上围成的面积相等(见图 2-1).

由于(2.10)对任何 c_0 和 c_1 都成立,所以必有

$$\int_{-1}^{1} w_2(x)\mathrm{d}x = 0$$

和

$$\int_{-1}^{1} x w_2(x)\mathrm{d}x = 0.$$

计算这两个积分得

$$\begin{cases} \dfrac{2}{3} + 2x_1 x_2 = 0, \\ x_1 + x_2 = 0, \end{cases}$$

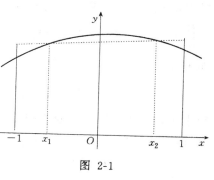

图 2-1

由此解出

$$x_1 = -x_2 = -\frac{1}{\sqrt{3}}.$$

求出节点以后,利用求积公式(2.8)对 $f(x) = 1$ 和 $f(x) = x$ 精确成立,可得

$$\begin{cases} A_1 + A_2 = 2, \\ A_1 x_1 + A_2 x_2 = 0, \end{cases}$$

故 $A_1 = A_2 = 1$. 从而 $n = 2$ 时的高斯型求积公式为

$$\int_{-1}^{1} f(x)\mathrm{d}x \approx f\left(\frac{-1}{\sqrt{3}}\right) + f\left(\frac{1}{\sqrt{3}}\right),$$

而条件(2.10)称为正交条件.

下面对一般情况讨论高斯型求积公式. 考虑积分

$$\int_{a}^{b} p(x)f(x)\mathrm{d}x,$$

其中 $p(x) \geqslant 0$ 是权函数. 现在的问题是如何选取 $x_1, x_2, \cdots, x_n$,使

求积公式

$$\int_a^b p(x)f(x)\,\mathrm{d}x \approx \sum_{j=1}^n A_j f(x_j) \qquad (2.12)$$

当 $f(x)$ 为不高于 $2n-1$ 次多项式时精确成立.

记 $w_n(x) = (x-x_1)(x-x_2)\cdots(x-x_n)$,不高于 $2n-1$ 次的多项式 $f(x)$ 总可以表示为

$$f(x) = q(x)\,w_n(x) + r(x),$$

其中 $q(x)$ 和 $r(x)$ 都是不超过 $n-1$ 次的多项式,于是

$$\int_a^b p(x)f(x)\mathrm{d}x = \int_a^b p(x)q(x)\,w_n(x)\mathrm{d}x + \int_a^b p(x)r(x)\,\mathrm{d}x.$$

如果对任意不超过 $n-1$ 次多项式 $q(x)$ 恒有

$$\int_a^b p(x)q(x)w_n(x)\mathrm{d}x = 0, \qquad (2.13)$$

因求积公式(2.12)对任意不超过 $n-1$ 次多项式 $r(x)$ 都精确成立,所以这时有

$$\int_a^b p(x)f(x)\mathrm{d}x = \sum_{j=1}^n A_j f(x_j).$$

也就是说,只要选择节点满足条件(2.13)时,则求积公式(2.12)的代数精度就能达到 $2n-1$. 条件(2.13)称为 $w_n(x)$ 和 $q(x)$ 在区间 $[a,b]$ 上关于权函数正交. 从正交条件(2.13)可以解出 $x_1, x_2, \cdots, x_n$. 实际上,利用区间 $[a,b]$ 上关于非负权函数 $p(x)$ 的正交多项式系 $\{g_n(x)\}$ 的性质: $g_n(x)$ 的 n 个零点是实数、不相重、且分布在 (a,b) 之中. 对给定的权函数 $p(x)$ 总能构造出关于此权函数的正交多项式系 $\{g_n(x)\}$. 而且 $g_n(x)$ 的 n 个零点就是高斯求积公式的 n 个节点. 有了 n 个节点之后,就可以按以下公式计算系数

$$A_k = \int_a^b \frac{p(x)w_n(x)}{(x-x_k)w_n{}'(x_k)}\,\mathrm{d}x. \qquad (2.14)$$

关于高斯型求积公式的截断误差有下面结论:当 $f(x)$ 有 $2n$ 阶导数时,则截断误差为

$$E = \frac{f^{(2n)}(\xi)}{(2n)!}\int_a^b p(x)w_n^2(x)\mathrm{d}x, \quad \xi \in (a,b).$$

高斯型求积公式的优点是代数精度高,还可以计算无穷区间上的积分.但是节点和系数的计算比较麻烦.为此,前人对某些特定的权函数事先算出了与它对应的节点和系数表,这样在计算时可以直接查表得到求积公式,而不必每次都用正交条件来求节点和相应的系数.

下面介绍几个常用的高斯型求积公式.

(1) Gauss-Legendre 求积公式

当取 $p(x) \equiv 1$,区间为$[-1,1]$时,求积公式为

$$\int_{-1}^{1} f(x)\mathrm{d}x \approx \sum_{k=1}^{n} A_k f(x_k). \tag{2.15}$$

由于$[-1,1]$上定义的 Legendre(勒让德)多项式:

$$L_0(x) = 1,$$
$$L_1(x) = x,$$
$$L_2(x) = \frac{1}{2}(3x^2 - 1),$$
$$L_3(x) = \frac{1}{2}(5x^3 - 3x),$$
$$\cdots\cdots\cdots\cdots\cdots\cdots\cdots\cdots\cdots$$
$$L_n(x) = \frac{1}{2^n n!}\frac{\mathrm{d}^n}{\mathrm{d}x^n}[(x^2 - 1)^n]$$

构成正交多项式系.以 $L_n(x)$ 的零点为节点,系数和截断误差为

$$A_k = \int_{-1}^{1} \frac{L_n(x)}{(x - x_k)L_n{}'(x)}\mathrm{d}x = \frac{2}{(1 - x_k^2)[L_n{}'(x_k)]^2},$$
$$E = \frac{2^{2n+1}(n!)^4}{(2n + 1)[(2n)!]^3}f^{(2n)}(\xi), \quad \xi \in (-1,1)$$

的求积公式(2.15)称为 Gauss-Legendre 求积公式.这是古典的高斯型求积公式,一般就称为高斯求积公式.

(2) Gauss-Laguerre 求积公式

当取 $p(x) = \mathrm{e}^{-x}$,区间为$[0,\infty)$时,求积公式为

$$\int_{0}^{\infty} \mathrm{e}^{-x}f(x)\mathrm{d}x \approx \sum_{k=1}^{n} A_k f(x_k), \tag{2.16}$$

而节点是 Laguerre(拉盖尔)多项式:

$$L_n(x) = e^x \frac{d^n}{dx^n}(e^{-x}x^n)$$

的零点,系数和截断误差由下面的公式计算:

$$A_k = \frac{(n!)^2}{x_k[L_n{}'(x_k)]^2},$$

$$E = \frac{(n!)^2}{(2n)!}f^{(2n)}(\xi), \quad \xi \in (0,\infty).$$

（3）Gauss-Hermite 求积公式

当取 $p(x) = e^{-x^2}$,区间为 $(-\infty,\infty)$ 时,求积公式为

$$\int_{-\infty}^{\infty} e^{-x^2}f(x)dx \approx \sum_{k=1}^{n} A_k f(x_k), \tag{2.17}$$

而节点 x_k 是 n 次 Hermite(埃米尔特)多项式:

$$H_n(x) = (-1)^n e^{x^2} \frac{d^n}{dx^n}(e^{-x^2})$$

的零点,系数和截断误差由下面的公式计算:

$$A_k = \frac{2^{n+1}n!\sqrt{\pi}}{[H_n{}'(x_k)]^2},$$

$$E = \frac{(n!)\sqrt{\pi}}{2^n(2n)!}f^{(2n)}(\xi), \quad \xi \in (-\infty,\infty).$$

2.2 函数逼近法

分布函数　$F(x) = \int_{-\infty}^{x} f(t)dt$ 一般具有连续、可微的性质. 分布函数的计算就是求函数值的问题,但分布函数 $F(x)$ 的表达式一般较复杂. 计算 $F(x)$ 值时,可以用简单函数 $P(x)$ 去近似它. 通常 $P(x)$ 可取为多项式、有理函数或连分式等.

（一）有理函数逼近（Padé逼近）

Padé逼近是以函数的幂级数展开为基础的,设 $f(x)$ 在 $|x| \leqslant 1$ 内可展成幂级数

$$f(x) = \sum_{k=0}^{\infty} c_k x^k.$$

又设 m,n 为非负整数(不妨设 $m \geqslant n$),

$$P_m(x) = \sum_{j=0}^{m} a_j x^j, \quad Q_n(x) = \sum_{k=0}^{n} b_k x^k.$$

用有理函数

$$R_{mn}(x) = P_m(x)/Q_n(x)$$

来近似 $f(x)$. 即令 $f(x) \approx P_m(x)/Q_n(x)$, 则

$$P_m(x) \approx f(x)Q_n(x). \tag{2.18}$$

$$\text{右边} = \left(\sum_{k=0}^{\infty} c_k x^k\right)\left(\sum_{l=0}^{n} b_l x^l\right) = \sum_{k=0}^{\infty}\sum_{l=0}^{n} c_k b_l x^{k+l} \quad (\text{令 } j = k+l)$$

$$= \sum_{k=0}^{\infty}\sum_{j=k}^{k+n} c_k b_{j-k} x^j \quad (\text{交换求和的次序, 对给定的 } j \text{ 先对 } k \text{ 求和})$$

$$= \sum_{j=0}^{n}\left(\sum_{k=0}^{j} c_k b_{j-k}\right)x^j + \sum_{j=n+1}^{\infty}\left(\sum_{k=j-n}^{j} c_k b_{j-k}\right)x^j,$$

左边 $= \sum\limits_{j=0}^{m} a_j x^j$, 比较 (2.18) 式两边 x^j 的系数, 得关于系数 $a_j (j = 0,1,2,\cdots,m)$, $b_k (k = 0,1,2,\cdots,n)$ 满足的线性方程组:

$$\begin{cases} a_0 = c_0 b_0, \\ a_1 = c_1 b_0 + c_0 b_1, \\ \cdots\cdots\cdots\cdots\cdots\cdots \\ a_m = c_m b_0 + c_{m-1} b_1 + \cdots + c_{m-n} b_n, \\ 0 = c_{m+1} b_0 + c_m b_1 + \cdots + c_{m-n+1} b_n, \\ \cdots\cdots\cdots\cdots\cdots\cdots\cdots\cdots \\ 0 = c_{m+n} b_0 + c_{m+n-1} b_1 + \cdots + c_m b_n. \end{cases} \tag{2.19}$$

不妨设分母 $Q_n(x)$ 的常数项 $b_0 = 1$, (2.19) 有 $m+n+1$ 个线性方程, 可用来确定 $a_0, a_1, \cdots, a_m$ 和 $b_1, \cdots, b_n$ 共 $m+n+1$ 个待定系数. 求解 (2.19), 得有理函数 $R_{mn}(x)$ 就是 $f(x)$ 的 Padé 近似式. 称 $R_{mn}(x)$ 为 $f(x)$ 的 (m,n) 阶 Padé 近似式.

由 (2.18) 得

$$P_m(x) - Q_n(x)f(x) = x^{n+m+1}\sum_{k=0}^{\infty} r_k x^k,$$

用 $R_{mn}(x)$ 近似 $f(x)$ 时, 其截断误差的主要部分是

$$E = r_0 x^{n+m+1}/Q_n(x).$$

可见用 Padé 方法得到的有理函数近似式正像幂级数展开式一样，只是在原点附近有良好的精确度，而当 x 增大时，精确度很快就递减了.

大量的计算例子还表明，当 $m+n=L$ 为一确定常数时，在各种可能的 (m,n) 阶 Padé 近似式中，采用 m,n 相等或接近相等时为最佳. 如 $L=2k$ 时，采用 (k,k) 阶 Padé 近似式；$L=2k+1$ 时，采用 $(k+1,k)$ 或 $(k,k+1)$ 阶 Padé 近似式.

(二) 连分式逼近

定义 2.2 形如

$$b_0 + \cfrac{a_1}{b_1 + \cfrac{a_2}{b_2 + \cfrac{a_3}{\ddots + \cfrac{a_n}{b_{n-1} + \cfrac{a_n}{b_n}}}}} \tag{2.20}$$

的表达式称为 n 节**连分式**. 为书写方便，有时将 (2.20) 写成

$$b_0 + \frac{a_1}{b_1} + \frac{a_2}{b_2} + \frac{a_3}{b_3} + \cdots + \frac{a_n}{b_n}.$$

连分式有以下两种算法：

算法一 令 $\begin{cases} q_n = b_n, \\ q_{k-1} = b_{k-1} + \dfrac{a_k}{q_k} \quad (k=n,n-1,\cdots,2,1), \end{cases}$

则 q_0 就是连分式 (2.20) 的值. 或者令

$$\begin{cases} u_n = \dfrac{a_n}{b_n}, \\ u_{k-1} = \dfrac{a_{k-1}}{b_{k-1} + u_k} \quad (k=n,n-1,\cdots,2), \end{cases}$$

则 $u_1 + b_0$ 为连分式 (2.20) 的值. 这是从后面向前递推的算法.

算法二 记 $\dfrac{A_0}{B_0} = \dfrac{b_0}{1}$，$\dfrac{A_1}{B_1} = b_0 + \dfrac{a_1}{b_1} = \dfrac{b_1 b_0 + a_1}{b_1}$，则有递推公式：

$$\frac{A_k}{B_k} = \frac{b_k A_{k-1} + a_k A_{k-2}}{b_k B_{k-1} + a_k B_{k-2}} \quad (k=2,3,4,\cdots). \tag{2.21}$$

46

证明　（用归纳法）假设结论(2.21)对 $k \leqslant m$ 时成立，当 $k = m + 1$ 时，

$$\frac{A_{m+1}}{B_{m+1}} = b_0 + \frac{a_1}{b_1} + \frac{a_2}{b_2} + \cdots + \frac{a_m}{b_m} + \frac{a_{m+1}}{b_{m+1}}$$

$$= b_0 + \frac{a_1}{b_1} + \frac{a_2}{b_2} + \cdots + \frac{a_m}{b_m + \dfrac{a_{m+1}}{b_{m+1}}}$$

$$= \frac{\left(b_m + \dfrac{a_{m+1}}{b_{m+1}}\right)A_{m-1} + a_m A_{m-2}}{\left(b_m + \dfrac{a_{m+1}}{b_{m+1}}\right)B_{m-1} + a_m B_{m-2}} = \frac{A_m + \dfrac{a_{m+1}}{b_{m+1}}A_{m-1}}{B_m + \dfrac{a_{m+1}}{b_{m+1}}B_{m-1}}$$

$$= \frac{b_{m+1}A_m + a_{m+1}A_{m-1}}{b_{m+1}B_m + a_{m+1}B_{m-1}}, \quad 即(2.21)成立.$$

所以递推公式(2.21)对 $k = 2, 3, \cdots$ 均成立.　　　　　　[证毕]

利用递推公式(2.21)，可把连分式化为普通的分式，用从前向后方法计算连分式的值，$\dfrac{A_n}{B_n}$ 就是连分式(2.20)的值.

对任一形如 $\displaystyle\sum_{i=0}^{\infty}c_i x^i \Big/ \sum_{i=0}^{\infty}d_i x^i$ 的函数，都可以采用以下方法化为连分式函数.

$$\frac{\displaystyle\sum_{i=0}^{\infty}c_i x^i}{\displaystyle\sum_{i=0}^{\infty}d_i x^i} = \frac{c_0}{d_0} + \frac{\displaystyle\sum_{i=0}^{\infty}c_i x^i}{\displaystyle\sum_{i=0}^{\infty}d_i x^i} - \frac{c_0}{d_0} = \frac{c_0}{d_0} + \frac{\displaystyle\sum_{i=0}^{\infty}(c_i d_0 - d_i c_0)x^i}{\displaystyle\sum_{i=0}^{\infty}d_0 d_i x^i}$$

$$= \frac{c_0}{d_0} + \frac{x}{\displaystyle\sum_{i=0}^{\infty}d_0 d_i x^i \Big/ \sum_{j=0}^{\infty}(c_{j+1}d_0 - d_{j+1}c_0)x^j}$$

$$= \frac{c_0}{d_0} + \cfrac{x}{\cfrac{d_0^2}{c_1 d_0 - d_1 c_0} + \cfrac{x}{\displaystyle\sum_{i=0}^{\infty}(\cdots)x^i \Big/ \sum_{j=0}^{\infty}(\cdots)x^j}}$$

$$= \cdots\cdots.$$

重复上述步骤，即可把以上函数化为连分式.

以下给出化函数 $g(x)$ 为连分式函数的一般公式.

设 $\quad g(x) = \sum_{i=0}^{\infty} a_{1i} x^i \Big/ \sum_{i=0}^{\infty} a_{0i} x^i, \quad$ 则

$$g(x) = \frac{a_{10}}{a_{00}} + \frac{a_{20} x}{a_{10}} + \frac{a_{30} x}{\cdot a_{20}} + \cdots, \qquad (2.22)$$

其中 $\qquad a_{mn} = a_{(m-1)0} a_{(m-2)(n+1)} - a_{(m-2)0} a_{(m-1)(n+1)}$

$$(n = 0, 1, 2, \cdots; m = 2, 3, \cdots).$$

设 $F(x)$ 为分布函数, 首先求 $F(x)$ 的幂级数展开式:

$$F(x) = \sum_{i=0}^{\infty} c_i x^i,$$

然后把 $F(x) = \sum_{i=0}^{\infty} c_i x^i \Big/ 1$ 化为连分式, 用有限节连分式作为 $F(x)$ 的近似式. 这种方法就是连分式逼近方法.

利用化函数为连分式的一般方法, 幂级数 $\sum_{i=0}^{\infty} c_i x^i$ 的连分式展开式为

$$\sum_{i=0}^{\infty} c_i x^i = \frac{a_0}{1} - \frac{a_1 x}{(1 + a_1 x)} - \frac{a_2 x}{(1 + a_2 x)} - \cdots, (2.23)$$

其中 $\quad a_0 = c_0, \quad a_i = c_i / c_{i-1} \quad (i = 1, 2, \cdots).$

例 2.1 求 $e^x = \sum_{k=0}^{\infty} \dfrac{x^k}{k!}$ 的连分式展开式.

解 记 $c_k = \dfrac{1}{k!}, \quad a_0 = 1, a_k = \dfrac{c_k}{c_{k-1}} = \dfrac{1}{k}$, 则 e^x 的连分式展开式为

$$e^x = \frac{1}{1} - \frac{x}{(1+x)} - \frac{\frac{1}{2} x}{\left(1 + \frac{1}{2} x\right)} - \quad \cdots\cdots .$$

用连分式函数来逼近分布函数 $F(x)$, 一般可以减少计算量, 下面通过一个简单例子来说明.

例 2.2 计算 $\sin \alpha x = \alpha x - \dfrac{1}{3!}(\alpha x)^3 + \dfrac{1}{5!}(\alpha x)^5 - \cdots.$

解 方法一 用多项式逼近.

$$\sin\alpha x \approx \alpha x - \frac{1}{3!}(\alpha x)^3 + \frac{1}{5!}(\alpha x)^5$$
$$= x\left[\alpha + x^2\left(-\frac{\alpha^3}{3!} + \frac{\alpha^5}{5!}x^2\right)\right]$$
$$\triangleq x[A + x^2(B + Cx^2)].\qquad (2.24)$$

必须用四次乘法,二次加法计算.

方法二 化为有理函数式计算.与以上多项式逼近式精度相当的有理函数逼近式为

$$\sin\alpha x \approx \frac{\alpha x - \frac{7}{60}(\alpha x)^3}{1 + \frac{1}{20}(\alpha x)^2} \triangleq \frac{x(a + bx^2)}{1 + cx^2}. \qquad (2.25)$$

必须用四次乘法,二次加法还需一次除法计算.可见用有理函数逼近计算量并没有减少.

方法三 化为连分式计算.把(2.25)化为连分式:

$$\sin\alpha x \approx a_0\left(x - \frac{a_1}{x + \frac{a_2}{x}}\right), \qquad (2.26)$$

其中

$$a_0 = -\frac{7}{3}\alpha, \quad a_1 = \frac{200}{7\alpha^2}, \quad a_2 = \frac{20}{\alpha^2}.$$

只需用两次除法,两次加法还有一次乘法.可见三种方法中用连分式逼近方法计算量最少.

用连分式逼近法是计算分布函数的一种常用算法.

2.3 利用分布函数之间的关系

利用分布函数之间的联系,只要用前面介绍的积分近似算法或函数逼近方法计算几类基本分布的分布函数,就能得到另一些分布的分布函数值.例如一般正态分布函数可利用标准正态分布函数计算;F 分布的分布函数、t 分布的分布函数、二项分布的分布函数均可用 Beta 分布的分布函数计算等.

§3 计算分位数的一般方法

设连续型随机变量 X 的分布函数为 $F(x)$，对任给 $p \in (0,1)$，若存在数值 x_p 使得

$$F(x_p) = p,$$

则称 x_p 为 X 的 p 分位数（或 p 分位点）。

记 $f(x) = F(x) - p$，求 p 分位数的问题就是求方程 $f(x) = 0$ 的根的问题。本节我们将介绍计算方法中方程求根的几种常用的迭代算法，以及专用于计算 p 分位数的一些算法。

3.1 方程求根的迭代算法

计算 p 分位数 x_p 的问题，实质上就是求方程 $f(x) = F(x) - p = 0$ 的根的问题。下面我们介绍计算方法中常见的方程求根的迭代算法，如二分法、牛顿法、割线法等。

（一）二分法

二分法实际上是一种求方程 $f(x) = 0$ 的根的搜索方法。设 $f(x)$ 在给定区间 $[a, b]$ 上连续，且 $f(a)f(b) < 0$；这表明 $f(x) = 0$ 在区间内必有一实根。区间 (a, b) 称为 $f(x) = 0$ 的有根区间。取区间 (a, b) 的中点 $x_0 = \dfrac{a+b}{2}$，计算 $f(x_0)$；若 $f(x_0) = 0$，则 x_0 就是 $f(x) = 0$ 的一个根。否则检查 $f(x_0)$ 的符号；由中点 x_0 分成的这两个区间中必有一个是有根区间，记为 $[a_1, b_1]$，它的长度是原区间的一半。对 $[a_1, b_1]$，令 $x_1 = \dfrac{a_1 + b_1}{2}$，再施以同样的方法，可得到新的有根区间 $[a_2, b_2]$，它的长度是 $[a_1, b_1]$ 的一半。如此反复进行下去，可得到一系列有根区间：

$$[a, b] \supset [a_1, b_1] \supset \cdots \supset [a_n, b_n] \supset \cdots.$$

一般地对区间 $[a_n, b_n]$，取中点为

$$x_n = (a_n + b_n)/2, \tag{3.1}$$

对给定的精度 ε,当 $|x_n - a_n| = \dfrac{b-a}{2^{n+1}} < \varepsilon$ 时,停止迭代,即得 $f(x) = 0$ 的近似解 x_n.

二分法要求给定两个初始点 x_0, x_1,且满足 $f(x_0)f(x_1) < 0$. 此方法简单,计算量也少,但收敛速度慢. 当能够估计出方程的根所在的一个较小范围时,此法是有效的. 贝塔分布的分位数计算就常用二分法.

(二)牛顿法(或切线法)

求解非线性方程 $f(x) = 0$ 的牛顿法是非线性函数在小区间内用线性函数近似的方法.

取初值 $x = x_0$,由泰勒展开式知非线性函数 $f(x)$ 在 $x = x_0$ 附近有线性近似公式:

$$f(x) \approx f(x_0) + f'(x_0)(x - x_0).$$

令 $f(x_0) + f'(x_0)(x - x_0) = 0$,得

$$x_1 = x_0 - \frac{f(x_0)}{f'(x_0)}. \tag{3.2}$$

用 x_1 代替(3.2)式右端中的 x_0,经计算得 x_2(见图2-2). 如此下去,即可得用牛顿法求根的一般迭代公式:

$$x_{n+1} = x_n - \frac{f(x_n)}{f'(x_n)}. \tag{3.3}$$

对给定的精度 ε,当 $|x_{n+1} - x_n| < \varepsilon$ 时,停止迭代,并用 x_{n+1} 作为 $f(x)$ 零点 x^* 的近似值.

牛顿法的直观思想是:当某步得到零点的近似值 x_n 后,在 $(x_n, f(x_n))$ 处作 $f(x)$ 的切线 l_n,切线 l_n 和 X 轴的交

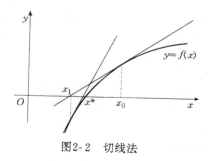

图2-2 切线法

点 x_{n+1}（即切线的零点）一般更靠近 $f(x)$ 的零点. 因牛顿法有这一明显的几何意义，所以也叫切线法.

牛顿法具有收敛速度快，可用于求复根等优点. 只要初值 x_0 选得好，用牛顿法一定可得 $f(x) = 0$ 的根.

（三）割线法（或弦截法）

牛顿法是用 $f(x)$ 在点 x_n 的切线近似曲线 $y = f(x)$ 来求得新的近似值 x_{n+1}. 用牛顿法要求计算导数 $f'(x)$；而且要求初值点 x_0 选得好. 这里介绍的方法是用非线性函数 $f(x)$ 上两个点的连线（割线）近似曲线求得方程的根的迭代方法，称为割线法.

设曲线 $y = f(x)$ 上两点 $(x_0, f(x_0))$，$(x_1, f(x_1))$ 已知，通过这两个点的直线方程为

$$y = f(x_1) + \frac{f(x_1) - f(x_0)}{x_1 - x_0}(x - x_1),$$

直线与 X 轴 $(y = 0)$ 的交点为

$$x_2 = x_1 - \frac{f(x_1)}{f(x_1) - f(x_0)}(x_1 - x_0).$$

用 x_2 作为新的近似点，再由 $(x_2, f(x_2))$ 与 $(x_1, f(x_1))$ 两点求出 x_3（见图 2-3），依此类推，一般地，若两点 $(x_n, f(x_n))$，$(x_{n-1}, f(x_{n-1}))$ 已知，在 $f(x_n) \neq f(x_{n-1})$ 时，可得到用割线法的一般迭代公式：

$$x_{n+1} = x_n - \frac{f(x_n)}{f(x_n) - f(x_{n-1})}(x_n - x_{n-1}). \tag{3.4}$$

对给定的精度 ε，当 $|x_{n+1} - x_n| < \varepsilon$ 时停止迭代. x_{n+1} 就是 $f(x) = 0$ 的根的近似值.

当初值 x_0, x_1 选取不当，如 x_0, x_1 使得 $f(x_0)f(x_1) > 0$，由（3.4）得到的 x_2 可能离 $f(x)$ 的零点比 x_0 或 x_1 更远. 这样势必增加迭代过程，以至于不收敛. 为使迭代过程更快收敛，经常使用改进的割线法.

算法 3.1（改进的割线法） 已知函数 $f(x)$，并给出精度 ε.

① 选取初始点 x_0, x_1, 使 $f(x_0)f(x_1) < 0$(即 x_0, x_1 在 $f(x) = 0$ 的根 x^* 两边). 置 $n = 1$;

② 按(3.4)计算 x_{n+1};

③ 若 $|x_{n+1} - x_n| < \varepsilon$(或 $|f(x_{n+1})| < \varepsilon$), 停止迭代. x_{n+1} 就是 $f(x) = 0$ 的根的近似值; 否则继续执行 ④;

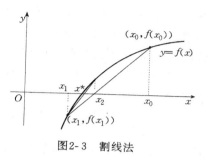

图 2-3　割线法

④ 如果 $f(x_n)f(x_{n+1}) < 0$, 以 x_n, x_{n+1} 作为新的初值, 置 $n = n + 1$ 继续迭代(即重复 ② ~ ④). 如果 $f(x_n)f(x_{n+1}) > 0$, 则在 (3.4) 中用 $(x_{n-1}, f(x_{n-1})/2)$ 替代 $(x_{n-1}, f(x_{n-1}))$; 用 $(x_{n+1}, f(x_{n+1}))$ 替代 $(x_n, f(x_n))$, 得到的值记为 x_{n+2}; 置 $n = n + 1$, 重复 ③ ~ ④.

方程求根的迭代算法很多, 如还有抛物线法, 劈因子法等, 这里不一一介绍. 有兴趣的读者请参阅文献[4], [5].

3.2　分位数的迭代算法

（一）分位数的一个展开式

设分布函数 $F(x) = \int_{-\infty}^{x} f(t)\mathrm{d}t$, 对给定的 $p \in (0,1)$, 求 x_p 使得 $F(x_p) = p$ 的计算问题, 就等价于求 $F(x)$ 的反函数的问题: $x_p = F^{-1}(p)$.

例 3.1　求指数分布 $e(\lambda)$ 的 p 分位数.

解　指数分布的分布函数为　$F(x) = 1 - \mathrm{e}^{-\lambda x}$. 由 $1 - \mathrm{e}^{-\lambda x} = p$ 可得 p 分位数为

$$x_p = F^{-1}(p) = -\frac{1}{\lambda}\ln(1 - p).$$

上例通过求指数分布 $e(\lambda)$ 的分布函数的反函数, 即得 p 分位数. 一般分布函数 $F(x)$ 很复杂, 有的不能用初等函数表示, 更不易求出其反函数. 是否可导出反函数 $F^{-1}(p)$ 的展开式, 从而计算分位数 x_p 的值呢? 回答是肯定的.

给定初值 x_0, 记 $p_0 = F(x_0)$, 下面来求 $F^{-1}(p)$ 在 $p = p_0$ 的展开式. 考虑

$$F(x) - F(x_0) = \int_{x_0}^{x} f(t)\mathrm{d}t.$$

记 $\xi = F(x) - F(x_0)$, 则由 $\xi = \int_{x_0}^{x} f(t)\mathrm{d}t = \xi(x)$, 可确定其反函数 $x = x(\xi)$, 且有 $x(0) = x_0$.

利用 $\xi(x) = \int_{x_0}^{x} f(t)\mathrm{d}t$, 可以求得 $x = x(\xi)$ 在 $\xi = 0$ 的泰勒展开式. 事实上

$$\frac{\mathrm{d}x}{\mathrm{d}\xi} = 1 \Big/ \frac{\mathrm{d}\xi}{\mathrm{d}x} = \frac{1}{f(x)} \triangleq \frac{C_1(x)}{f(x)} \text{ (其中 } C_1(x) = 1),$$

$$\frac{\mathrm{d}^2 x}{\mathrm{d}\xi^2} = -\frac{1}{f^3(x)} \cdot f'(x) = \frac{C_1'(x) + C_1(x)g(x)}{f^2(x)}$$

$$\triangleq \frac{C_2(x)}{f^2(x)} \quad \left(\text{其中 } g(x) = -\frac{f'(x)}{f(x)}\right),$$

$$\frac{\mathrm{d}^3 x}{\mathrm{d}\xi^3} = \frac{1}{f^4(x)}\left[C_2'(x)f^2(x) - 2f(x)f'(x)C_2(x)\right]\frac{1}{f(x)}$$

$$= \frac{1}{f^3(x)}(C_2'(x) + 2C_2(x)g(x)) \triangleq \frac{C_3(x)}{f^3(x)},$$

一般地 $\dfrac{\mathrm{d}^k x}{\mathrm{d}\xi^k} = \dfrac{C_k(x)}{f^k(x)}$, 其中 $C_k(x)$ 有递推公式:

$$C_{k+1}(x) = kC_k(x)g(x) + \frac{\mathrm{d}C_k(x)}{\mathrm{d}x} \quad (k = 1,2,\cdots), \quad (3.5)$$

且

$$\left.\frac{\mathrm{d}^k x}{\mathrm{d}\xi^k}\right|_{\xi=0} = \frac{C_k(x_0)}{f^k(x_0)}.$$

故 $x = x(\xi)$ 在 $\xi = 0$ 的泰勒展开式为

$$x = x_0 + \sum_{k=1}^{\infty} \frac{C_k(x_0)}{k! f^k(x_0)}\xi^k \quad (\text{其中 } \xi = F(x) - F(x_0)).$$

若 x_p 满足 $F(x_p) = p$, 记 $\xi = p - p_0$, 则分位数 x_p 有以下展开式:

$$x_p = x_0 + \sum_{k=1}^{\infty} \frac{C_k(x_0)}{k! f^k(x_0)} (p - p_0)^k. \tag{3.6}$$

取(3.6)式的有限项,得分位数 x_p 的近似公式:

$$x_p \approx x_0 + \sum_{k=1}^{m} \frac{C_k(x_0)}{k! f^k(x_0)} (p - F(x_0))^k. \tag{3.7}$$

利用分位数展开式的近似式(3.7),可以计算分位数 x_p 的近似值. 为了提高精度,常把由(3.7)计算所得 x_p 作为新的初值 x_0,用(3.7)式重复计算,直至 $|x_p - x_0| < \varepsilon$ (用户要求的精度)为止.

由分位数的展开式,还可以利用其他分布的分位数计算所求分布的分位数.

设 $X \sim F(x)$,任给 $p \in (0,1)$,求 X 的 p 分位数 x_p,即求 x_p,使 $F(x_p) = p$.

已知 u_p 是标准正态分布的 p 分位数,即 $\Phi(u_p) = p$. 利用 u_p 及(3.7)式可以计算 x_p. 事实上

$$\Phi(u_p) - F(u_p) = p - F(u_p) = \int_{u_p}^{x_p} f(t) \mathrm{d}t.$$

记 $\xi = p - F(u_p)$,由(3.7)可得

$$x_p \approx u_p + \sum_{k=1}^{m} \frac{C_k(u_p)}{k! f^k(u_p)} (p - F(u_p))^k. \tag{3.8}$$

由正态分布的分位数 u_p 及(3.8)式可以计算 X 的 p 分位数 x_p. 在这里我们把(3.7)中的初值 x_0 取为 u_p. 有一些分布其尾部与正态是相似的,取 u_p 作为初值 x_0,可以提高计算的精度.

(二)基于二阶展开的迭代算法

设求解的方程为

$$f(x) = 0. \tag{3.9}$$

记 x_0 是方程(3.9)的一个近似解,并记 $x = x_0 + \Delta$. 在 x_0 附近对 $f(x)$ 作二阶泰勒展开:

$$0 = f(x) \approx f(x_0) + f'(x_0)\Delta + \frac{1}{2} f''(x_0)\Delta^2.$$

把 Δ 看成未知量求解以上二次方程,得

$$\Delta = \frac{-f'(x_0) \pm \sqrt{(f'(x_0))^2 - 2f(x_0)f''(x_0)}}{f''(x_0)}$$

$$\overset{(\text{或})}{=} \frac{2f(x_0)}{-f'(x_0) \mp \sqrt{(f'(x_0))^2 - 2f(x_0)f''(x_0)}}. \qquad (3.10)$$

当 $(f'(x_0))^2 - 2f(x_0)f''(x_0) \leqslant 0$ 时,由问题的意义,Δ 应为实数. 这时令

$$\Delta = -f'(x_0)/f''(x_0), \text{或} \Delta = -2f(x_0)/f'(x_0);$$

当 $(f'(x_0))^2 - 2f(x_0)f''(x_0) > 0$ 时,由 (3.10) 可得两个实根 Δ_1 和 Δ_2. 这时选取 Δ,使 $|\Delta| = \min(|\Delta_1|, |\Delta_2|)$.

例如,当 $f'(x_0) > 0$ 时,取

$$\Delta = \frac{-f'(x_0) + \sqrt{(f'(x_0))^2 - 2f(x_0)f''(x_0)}}{f''(x_0)};$$

当 $f'(x_0) < 0$ 时,取

$$\Delta = \frac{-f'(x_0) - \sqrt{(f'(x_0))^2 - 2f(x_0)f''(x_0)}}{f''(x_0)}.$$

求出 Δ 后,用 $x_0 + \Delta$ 代替原来的 x_0,并重复上述过程,直至 $|\Delta|$ 小于允许误差.

用基于二阶展开的迭代算法求分位数时,方程为 $f(x) = F(x) - p = 0$,求根公式 (3.10) 中 $f'(x) = F'(x)$ 恰好是分布密度函数,而 $F''(x)$ 是密度函数的一阶导数. 一般情况下,密度函数是已知的. 故此算法在统计计算中是有效的算法,且能得到用户要求的精度.

3.3 利用分布函数之间的关系

利用分布函数之间的联系,只要用前面介绍的迭代算法计算几类基本分布的分位数,就能得到另一些分布的分位数值. 例如一般正态分位数可利用标准正态分位数计算;F 分布的分位数、t 分布的分位数均可用 Beta 分布的分位数计算等.

§4 正态分布的分布函数和分位数的计算

设 $X \sim N(\mu, \sigma^2)$，则 X 的分布函数为：$F(x) = \Phi\left(\dfrac{x-\mu}{\sigma}\right)$；
$\Phi(x) = \dfrac{1}{\sqrt{2\pi}} \displaystyle\int_{-\infty}^{x} e^{-\frac{t^2}{2}} dt$ 是标准正态分布函数.

X 的 p 分位数为：$x_p = \sigma u_p + \mu$. 其中 u_p 为标准正态分布的 p 分位数. 故本节只需讨论标准正态分布的分布函数 $\Phi(x)$ 和分位数 u_p 的计算方法.

（一）几个基本公式

讨论 $\Phi(x)$ 的计算问题时用到以下几个关系式.

定义 4.1　称函数 $\mathrm{erf}(x) = \dfrac{2}{\sqrt{\pi}} \displaystyle\int_0^x e^{-t^2} dt \ (x > 0)$ 为**误差函数**；函数 $\mathrm{erfc}(x) = 1 - \mathrm{erf}(x) = \dfrac{2}{\sqrt{\pi}} \displaystyle\int_x^{\infty} e^{-t^2} dt$ 为**余误差函数**.

$\Phi(x)$ 与误差函数有以下关系：

$$\Phi(x) = \begin{cases} 0.5\left(1 + \mathrm{erf}\left(\dfrac{x}{\sqrt{2}}\right)\right), & x \geqslant 0, \\[2mm] 0.5\left(1 - \mathrm{erf}\left(\dfrac{|x|}{\sqrt{2}}\right)\right), & x < 0. \end{cases} \tag{4.1}$$

利用分部积分法可以得出 $\Phi(x)$ 的两个级数展开式：

$$\Phi(x) = \frac{1}{2} + \varphi(x)\left[x + \frac{x^3}{3} + \frac{x^5}{3 \cdot 5} + \cdots + \frac{x^{2k+1}}{(2k+1)!!} + \cdots\right]; \tag{4.2}$$

$$\Phi(x) = 1 - \varphi(x)\left[\frac{1}{x} - \frac{1}{x^3} + \frac{3}{x^5} + \cdots + (-1)^k \frac{(2k-1)!!}{x^{2k+1}} + \cdots\right]. \tag{4.3}$$

其中 $\varphi(x) = \dfrac{1}{\sqrt{2\pi}} e^{-\frac{x^2}{2}}$ 是标准正态分布的密度函数.

利用分部积分法可以得出误差函数 $\mathrm{erf}(x)$ 的级数展开式：

$$\mathrm{erf}(x) = \frac{2}{\sqrt{\pi}} e^{-x^2}\left[x + \frac{2}{3}x^3 + \frac{2^2}{3 \cdot 5}x^5 + \cdots\right.$$

$$+ \frac{2^k}{(2k+1)!!}x^{2k+1} + \cdots \Big]. \qquad (4.4)$$

（二）$\Phi(x)$ 的计算方法

因 $\varphi(x)$ 是对称函数,只需给出 $x > 0$ 时 $\Phi(x)$ 的计算方法. 当 $x < 0$ 时,利用 $\Phi(x) = 1 - \Phi(-x)$ 计算.

（1）$\Phi(x)$ 的连分式逼近法

根据基本关系式(4.2)和(4.3),利用化函数为连分式的一般方法可得 $\Phi(x)$ 的两个连分式展开式:

$$\Phi(x) = \frac{1}{2} + \frac{\varphi(x)x}{1} - \frac{x^2}{3} + \frac{2x^2}{5} - \cdots$$
$$+ (-1)^k \frac{kx^2}{(2k+1)} + (-1)^{k-1} \cdots, \qquad (4.5)$$

$$\Phi(x) = 1 - \frac{\varphi(x)}{x} + \frac{1}{x} + \frac{2}{x} + \cdots + \frac{k}{x} + \cdots, \qquad (4.6)$$

其中 $\varphi(x) = \frac{1}{\sqrt{2\pi}}e^{-\frac{x^2}{2}}$. 截有限节连分式作为 $\Phi(x)$ 的近似式:

$$\Phi(x) \approx \begin{cases} \dfrac{1}{2} + \dfrac{\varphi(x)x}{1} - \dfrac{x^2}{3} + \dfrac{2x^2}{5} - \cdots \dfrac{nx^2}{(2n+1)} & (0 \leqslant x \leqslant 3), \\ 1 - \dfrac{\varphi(x)}{x} + \dfrac{1}{x} + \dfrac{2}{x} + \cdots + \dfrac{n}{x} & (x > 3). \end{cases} \qquad (4.7)$$

以上连分式近似式(4.7),当取 $n = 28$ 时,精度可达 10^{-12}.

（2）利用误差函数的幂级数近似式计算

由基本关系式(4.4)可得

$$\operatorname{erf}(u) = \frac{2}{\sqrt{\pi}}e^{-u^2}\sum_{k=0}^{\infty}\frac{2^k}{(2k+1)!!}u^{2k+1}$$
$$= 1 - \frac{e^{-u^2}}{\sqrt{\pi}u}\Big[1 + \sum_{k=1}^{\infty}(-1)^k\frac{(2k-1)!!}{(2u^2)^k}\Big].$$

取以上展开式的前 n 项,得

$$\operatorname{erf}(u) \approx 1 - \frac{e^{-u^2}}{\sqrt{\pi}u}\Big[1 + \sum_{k=1}^{n}(-1)^k\frac{(2k-1)!!}{(2u^2)^k}\Big]. \qquad (4.8)$$

由以上近似式(4.8)可计算 $\operatorname{erf}(u)$ 的值,再由(4.1)式即可得 $\Phi(x)$ 的近似值.

（3）用误差函数的近似公式计算[29]

导出误差函数的近似计算公式的方法很多，下面我们介绍两个常用的计算公式：

$$\text{erf}(x) \approx 1 - \left(1 + \sum_{i=1}^{6} a_i x^i\right)^{-16}, \qquad (4.9)$$

其中

$a_1 = 0.0705230784$, $a_2 = 0.0422820123$, $a_3 = 0.0092705272$,
$a_4 = 0.0001520143$, $a_5 = 0.0002765672$, $a_6 = 0.0000430638$.

以上近似公式的最大绝对误差是 1.3×10^{-7}.

$$\text{erf}\left(\frac{x}{\sqrt{2}}\right) \approx 1 - \left(1 + \sum_{i=1}^{4} b_i x^i\right)^{-4}, \qquad (4.10)$$

其中
$$b_1 = 0.196854, \quad b_2 = 0.115194,$$
$$b_3 = 0.000344, \quad b_4 = 0.019527.$$

以上近似公式的最大绝对误差是 2.5×10^{-4}. 这是最简单且实用的近似公式，在精度要求不高时使用起来比较方便.

（三）分位数 u_p 的计算

（1）用 u_p 的近似计算公式

由分位数的定义，u_p 满足：$\Phi(u_p) = p$. 令 $u_\alpha^* = u_{1-\alpha}$，并称 u_α^* 为上侧概率分位数. 对给定的 $\alpha \in (0, 0.5)$，$u_\alpha^* > 0$，且 p 分位数与上侧概率分位数有以下关系式：

$$u_p = \begin{cases} -u_\alpha^*, & \text{当 } 0 < p < 0.5, \alpha = p, \\ 0, & \text{当 } p = 0.5, \\ u_\alpha^*, & \text{当 } 0.5 < p < 1, \alpha = 1 - p. \end{cases} \qquad (4.11)$$

以下只需给出 $0 < \alpha < 0.5$ 时，u_α^* 的近似计算公式.

① Hastings 有理近似式（1955 年）[29]

$$u_\alpha^* \approx y - \sum_{i=0}^{2} c_i y^i \bigg/ \left(\sum_{i=1}^{3} d_i y^i + 1\right), \quad y = (-2\ln\alpha)^{\frac{1}{2}}, \qquad (4.12)$$

其中
$c_0 = 2.515517,$ $\qquad d_1 = 1.432788,$
$c_1 = 0.802853,$ $\qquad d_2 = 0.189269,$
$c_2 = 0.010328,$ $\qquad d_3 = 0.001308.$

以上近似公式的最大绝对误差是 4.4×10^{-4}. 如果要求精度高，请用以下双精度的近似公式.

② Toda 近似公式(1967 年)[30]

$$u_\alpha^* \approx \left(y \sum_{i=0}^{10} b_i y^i\right)^{1/2}, \quad y = -\ln[4\alpha(1-\alpha)], \tag{4.13}$$

其中

$b_0 = 0.1570796288 \times 10,$ $b_1 = 0.3706987906 \times 10^{-1},$

$b_2 = -0.8364353589 \times 10^{-3},$ $b_3 = -0.2250947176 \times 10^{-3},$

$b_4 = 0.6841218299 \times 10^{-5},$ $b_5 = 0.5824238515 \times 10^{-5},$

$b_6 = -0.1045274970 \times 10^{-5},$ $b_7 = 0.8360937017 \times 10^{-7},$

$b_8 = -0.3231081277 \times 10^{-8},$ $b_9 = 0.3657763036 \times 10^{-10},$

$b_{10} = 0.6936233982 \times 10^{-12}.$

以上公式的最大相对误差为 1.2×10^{-8}.

③ 山内的近似式(1965 年)

$$u_\alpha^* \approx \sqrt{y\left(2.0611786 - \frac{5.7262204}{y + 11.640595}\right)}, \tag{4.14}$$

$$y = -\ln(4\alpha(1-\alpha)).$$

以上公式的相对误差小于 4.9×10^{-4}.

(2)用二阶展开的迭代求根法

初值 u_0 取为(4.14)给出的 p 分位数的近似值:

$$u_0 = \text{sing}\left(p - \frac{1}{2}\right) \sqrt{y\left(2.0611786 - \frac{5.7262204}{y + 11.640595}\right)},$$

$$y = -\ln(4p(1-p)).$$

用二阶展开的迭代求根公式(3.10)计算 Δ 后,得 $u_1 = u_0 + \Delta$,用 u_1 作为新的初值 u_0 重复迭代,就可以得到用户所要求精度的分位数近似值.

(3)利用分位数展开式的算法

取初值 u_0(一般取为分位数的近似值),根据精度要求取分位数展开式的 n 项进行计算:

$$u_p \approx u_0 + \sum_{k=1}^{n} \frac{C_k(u_0)}{k! \varphi(u_0)} (p - \Phi(u_0))^k$$

$$= u_0 + \sum_{k=1}^{n} \frac{C_k(u_0)}{k!} Z_0{}^k \quad \left(Z_0 = \frac{p - \Phi(u_0)}{\varphi(u_0)} \right), \qquad (4.15)$$

其中 $\quad C_1(u_0) = 1, C_{k+1}(u_0) = C_k'(u_0) - k C_k(u_0) \left(\frac{\varphi'(u_0)}{\varphi(u_0)} \right),$

$$(k = 1, 2, \cdots).$$

因为(4.15)的右边可表为：

$$u_0 + Z_0 \Big\{ C_1(u_0) + \frac{Z_0}{2} \Big[C_2(u_0) + \frac{Z_0}{3} \Big[C_3(u_0) + \cdots$$
$$+ \frac{Z_0}{n-1} \Big(C_{n-1}(u_0) + \frac{Z_0}{n} C_n(u_0) \Big) \cdots \Big] \Big] \Big\},$$

用递推算法，令

$$\begin{cases} g_n = \dfrac{Z_0}{n} C_n(u_0), \\[2mm] g_{k-1} = \dfrac{Z_0}{k-1} (C_{k-1}(u_0) + g_k) \ (k = n, n-1, \cdots, 2), \end{cases} \qquad (4.16)$$

则 $u_p = u_0 + g_1$.

如果希望得到更高精度的 p 分位数值，可把以上得到的 u_p 作为新的初始值，用近似公式(4.15)反复迭代，直至满足用户要求的精度为止.

§5　Beta 分布的分布函数和分位数的计算

由 §1 知道，t 分布、F 分布、二项分布等分布的分布函数和分位数的计算都可以利用 Beta 分布给出. 本节介绍 Beta 分布的分布函数 $I_x(a,b)$ 和分位数 $\beta_p(a,b)$ 的算法.

(一) $I_x(a,b)$ 的递推算法

Beta 分布的分布函数 $I_x(a,b)$ 有以下递推公式

$$\begin{cases} I_x(a+1,b) = I_x(a,b) - \dfrac{1}{a} U_x(a,b), \\[2mm] I_x(a,b+1) = I_x(a,b) + \dfrac{1}{b} U_x(a,b), \\[2mm] U_x(a+1,b) = \dfrac{a+b}{a} x U_x(a,b), \\[2mm] U_x(a,b+1) = \dfrac{a+b}{b} (1-x) U_x(a,b), \end{cases} \qquad (5.1)$$

其中 $U_x(a,b) = \dfrac{1}{B(a,b)} x^a (1-x)^b.$

利用 Beta 分布的分布函数计算 t 分布，F 分布，二项分布时，参数 a,b 的值或者是正整数，或者是 1/2 的倍数，故先考虑参数 a，b 是正整数或 1/2 倍数的情况下 $I_x(a,b)$ 的计算问题. 这时递推公式(5.1)的初值选取只有以下四种情况：

(1) 当 $a = \dfrac{1}{2}, b = \dfrac{1}{2}$ 时，
$$U_x\left(\frac{1}{2}, \frac{1}{2}\right) = \frac{1}{\pi} \sqrt{x(1-x)},$$
$$I_x\left(\frac{1}{2}, \frac{1}{2}\right) = 1 - \frac{2}{\pi}\tan^{-1}\sqrt{\frac{1-x}{x}}.$$

(2) 当 $a = \dfrac{1}{2}, b = 1$ 时，
$$U_x\left(\frac{1}{2}, 1\right) = \frac{1}{2} \sqrt{x}(1-x), \quad I_x\left(\frac{1}{2}, 1\right) = \sqrt{x}.$$

(3) 当 $a = 1, b = \dfrac{1}{2}$ 时，
$$U_x\left(1, \frac{1}{2}\right) = \frac{1}{2}x \sqrt{1-x}, \quad I_x\left(1, \frac{1}{2}\right) = 1 - \sqrt{1-x}.$$

(4) 当 $a = 1, b = 1$ 时，
$$U_x(1,1) = x(1-x), \quad I_x(1,1) = x.$$

例 5.1   试用框图法给出计算 $I_x(1.5, 3)$ 的步骤.

解   见图 2-4.

(二) $I_x(a,b)$ 的连分式逼近法

当 a,b 为大于 0 的一般实数时，用连分式逼近算法计算 $I_x(a,b)$ 的值.

利用分部积分法，可化 $I_x(a,b)$ 为级数形式：
$$\begin{aligned}
I_x(a,b) &= \frac{1}{B(a,b)}\int_0^x t^{a-1}(1-t)^{b-1}\mathrm{d}t \\
&= \frac{1}{B(a,b)}\Big[\frac{1}{a}x^a(1-x)^{b-1} \\
&\qquad + \frac{b-1}{a(a+1)}\int_0^x (1-t)^{b-2}\mathrm{d}t^{a+1}\Big]
\end{aligned}$$

$$= \cdots\cdots$$

$$= \frac{x^a(1-x)^{b-1}}{\mathrm{B}(a,b)a}\left(1 + \sum_{k=1}^{\infty} \frac{(b-1)\cdots(b-k)}{(a+1)\cdots(a+k)}\left(\frac{x}{1-x}\right)^k\right). \quad (5.2)$$

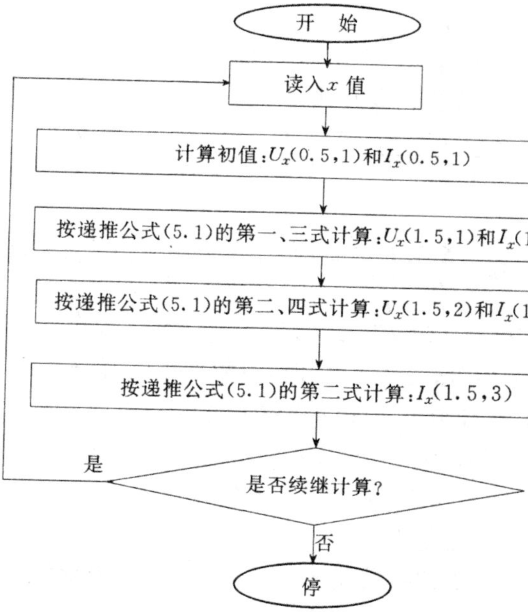

图2-4 计算 $I_x(1.5,3)$ 的框图

下面我们把级数展式化为连分式,由连分式的不同形式可得不同的逼近式.

记 $\quad P(x) = 1 + \frac{b-1}{a+1}\frac{x}{1-x} + \cdots$

$$+ \frac{(b-1)\cdots(b-k)}{(a+1)\cdots(a+k)}\left(\frac{x}{1-x}\right)^k + \cdots,$$

级数 $P(x)$ 可化为连分式展开式:

$$P(x) = \cfrac{1}{1 + \left(\cfrac{1}{P(x)} - 1\right)}$$

63

$$= \frac{1}{1} + \cfrac{b_2\left[1 + \dfrac{b-2}{a+2}\dfrac{x}{1-x} + \cdots\right]}{P(x)}$$

$$= \cdots\cdots \left(\text{其中 } b_2 = -\frac{b-1}{a+1}\frac{x}{1-x}\right)$$

$$= \frac{1}{1} + \frac{b_2}{1} + \frac{b_3}{1} + \cdots\cdots,$$

故而 $I_x(a,b)$ 有以下连分式展开式：

$$I_x(a,b) = \frac{\Gamma(a+b)x^a(1-x)^{b-1}}{\Gamma(a+1)\Gamma(b)}\left(\frac{1}{1} + \frac{b_2}{1} + \frac{b_3}{1} + \frac{b_4}{1} + \cdots\right),$$

$$\tag{5.3}$$

其中 $b_{2k} = \dfrac{-(a+k-1)(b-k)}{(a+2k-2)(a+2k-1)}\dfrac{x}{1-x}\ (k=1,2,\cdots)$,

$$b_{2k+1} = \frac{k(a+b+k-1)}{(a+2k-1)(a+2k)}\frac{x}{1-x}\ (k=1,2,\cdots).$$

当 $x < (a-1)/(a+b-2)$ 时,可用连分式展开式(5.3)的前 n 项进行计算. 比如取 $n = 30$ 时,精度可达 10^{-6}.

当 $x \geqslant (a-1)/(a+b-2)$,利用

$$I_{1-x}(b,a) = 1 - I_x(a,b)$$

先计算 $I_{1-x}(b,a)$,然后得 $I_x(a,b)$.

分布函数 $I_x(a,b)$ 的级数展开式(5.2)还可以表示为：

$$I_x(a,b) = \frac{x^a(1-x)^b}{a\mathrm{B}(a,b)}\left(1 + \frac{a+b}{a+1}y + \frac{(a+b)(b-1)}{(a+1)(a+2)}y^2 + \cdots\right)$$

$$\left(\text{其中 } y = \frac{x}{1-x},\ 1+y = \frac{1}{1-x}\right).$$

利用上式类似可化 $I_x(a,b)$ 为另一连分式展开式：

$$I_x(a,b) = \frac{\Gamma(a+b)x^a(1-x)^b}{\Gamma(a+1)\Gamma(b)}\left[\frac{1}{1} + \frac{c_1}{1} + \frac{c_2}{1} + \cdots\right], \tag{5.4}$$

其中 $c_{2k} = \dfrac{k(b-k)x}{(a+2k-1)(a+2k)}\quad (k=1,2,\cdots)$,

$$c_{2k+1} = -\frac{(a+k)(a+b+k)x}{(a+2k)(a+2k+1)}\quad (k=0,1,2,\cdots).$$

当 $x < (a-1)/(a+b-2)$ 时,用连分式展开式(5.4)的前 n 项进行计算. 当 $x \geqslant (a-1)/(a+b-2)$,利用 $I_{1-x}(b,a) = 1 -$

$I_x(a,b)$ 计算. 当 $\max(a,b) \leqslant 7000$ 时,此算法可得到较好的结果.

(三) 分位数的求法

贝塔分布的 p 分位数记为 $\beta_p(a,b)$(或简记为 β_p),下面介绍 β_p 的求法.

(1) 特殊参数下的反函数法

当 $a = \dfrac{1}{2}$ 或 1,且 $b = \dfrac{1}{2}$ 或 1 时,贝塔分布的分布函数的反函数容易求得,从而 p 分位数由下式直接计算:

$$\begin{cases} \beta_p\left(\dfrac{1}{2},\dfrac{1}{2}\right) = \left(1 + \operatorname{tg}^2\left(\dfrac{\pi}{2}(1-p)\right)\right)^{-1}, \\[2mm] \beta_p\left(\dfrac{1}{2},1\right) = p^2, \\[2mm] \beta_p\left(1,\dfrac{1}{2}\right) = 1 - (1-p)^2, \\[2mm] \beta_p(1,1) = p. \end{cases} \tag{5.5}$$

事实上,当 $a = b = \dfrac{1}{2}$ 时,由于 $I_x\left(\dfrac{1}{2},\dfrac{1}{2}\right) = 1 - \dfrac{2}{\pi}\operatorname{arctg}\sqrt{\dfrac{1-x}{x}}$,

令 $1 - \dfrac{2}{\pi}\operatorname{arctg}\sqrt{\dfrac{1-x}{x}} = p$,可解出 $I_x\left(\dfrac{1}{2},\dfrac{1}{2}\right)$ 的反函数:

$$x = \left(1 + \operatorname{tg}^2\left(\dfrac{\pi}{2}(1-p)\right)\right)^{-1}.$$

其他情况类似可得.

(2) 二分法

方程迭代求根的二分法很适用于求贝塔分布的分位数. 显然 $\beta_p(a,b) \in (0,1)$,故 $(0,1)$ 就是方程 $f(x) = I_x(a,b) - p = 0$ 的有根区间. 把有根区间逐次二等分,最终总可以得出所要求精度的 p 分位数的近似值. 此算法简单,且不必给出初始值.

(3) 其他迭代算法

用方程求根的其他迭代算法[①],都可以用来计算 $\beta_p(a,b)$. 关

[①] 本章所说的迭代算法,是指牛顿法、割线法、基于二阶展开的迭代法,或者基于分位数展开式的迭代法.

键是初始值 x_0 的选取方法. 下面给出两种选法:

① 初值可按国家标准 GB4086 — 83《统计分布数值表》中提供的方法选择, 即

$$x_0 = \frac{a}{a + bF}. \tag{5.6}$$

F 值的计算分两种情况:

(i) 若 $a = \frac{1}{2}$ 或 $b = \frac{1}{2}$ 时, 定义 $t = u_{p^*} + \sum_{i=1}^{5} Y_i(u_{p^*})/v^i$, 其中 u_{p^*} 是标准正态分布的 p^* 分位数,

$$\begin{cases} p^* = \frac{1-p}{2}, \ v = 2b, \ F = \frac{1}{t^2} \left(\text{当 } a = \frac{1}{2}, b = \frac{3}{2}, \frac{4}{2}, \cdots\right), \\ p^* = \frac{p}{2}, \ v = 2a, \ F = t^2 \left(\text{当 } b = \frac{1}{2}, a = \frac{3}{2}, \frac{4}{2}, \frac{5}{2}, \cdots\right). \end{cases}$$

$$Y_1(u) = \frac{1}{2^2}(u^3 + u),$$

$$Y_2(u) = \frac{1}{2^5 \cdot 3}(5u^5 + 16u^3 + 3u),$$

$$Y_3(u) = \frac{1}{2^7 \cdot 3}(3u^7 + 19u^5 + 17u^3 - 15u),$$

$$Y_4(u) = \frac{1}{2^{11} \cdot 3^2 \cdot 5}(79u^9 + 776u^7 + 1482u^5 - 1920u^3 \\ - 945u),$$

$$Y_5(u) = \frac{1}{2^{13} \cdot 3^2 \cdot 5}(27u^{11} + 339u^9 + 930u^7 - 1782u^5 \\ - 765u^3 + 17955u).$$

(ii) 其他场合

$$F = \left[\frac{(1-c)(1-d) + u_{p^*}\sqrt{(1-c)^2 d + (1-d)^2 c - cd u_{p^*}^2}}{(1-d)^2 - d u_{p^*}^2}\right]^3$$

$$\left(p^* = 1 - p, c = \frac{1}{9b}, d = \frac{1}{9a}\right).$$

初值 x_0 也是 β_p 的近似值. 如 $p = 0.95, a = b = 10$ 时, 其绝对误差小于 6×10^{-2}.

② 初值 x_0 也可以选择为:

66

$$\frac{1+x_0}{1-x_0} = \frac{4a+2b-2}{\chi_p^2},$$ (5.7)

其中 χ_p^2 为自由度为 $2b$ 的 χ^2 分布的 p 分位数,它可用以下近似公式计算:

$$\chi_p^2 = 2b\left[1 - \frac{2}{18b} + u_p\sqrt{\frac{2}{18b}}\right]^3 \ (u_p \text{ 是标准正态的 } p \text{ 分位数}).$$

当 $\dfrac{4a+2b-2}{\chi_p^2} \leqslant 1$ 时,取 $x_0 = \sqrt[b]{ap\mathrm{B}(a,b)}$.

§6 χ^2 分布的分布函数和分位数的计算

（一）$H(x|n)$ 的递推算法

由分部积分法易得卡方分布($\chi^2(n)$ 分布)分布函数 $H(x|n)$ 的递推计算公式:

$$\begin{cases} H(x|n) = H(x|n-2) - 2f(x|n), \\ f(x|n) = \dfrac{x}{n-2}f(x|n-2) \end{cases} (n = 3, 4, \cdots),$$ (6.1)

其中 $f(x|n) = \dfrac{1}{2\Gamma\left(\frac{n}{2}\right)}\left(\dfrac{x}{2}\right)^{\frac{n}{2}-1}\mathrm{e}^{-\frac{x}{2}}$. 递推初值为

$$\begin{cases} H(x|1) = 2\Phi(\sqrt{x}) - 1, f(x|1) = \dfrac{1}{\sqrt{2\pi x}}\mathrm{e}^{-\frac{x}{2}}, \\ H(x|2) = 1 - \mathrm{e}^{-\frac{x}{2}}, f(x|2) = \dfrac{1}{2}\mathrm{e}^{-\frac{x}{2}}. \end{cases}$$ (6.2)

（二）利用 Gamma 分布的连分式逼近法

因卡方分布是特殊的 Gamma 分布:

$$H(x|n) = G\left(x \ \middle| \ \frac{n}{2}, \frac{1}{2}\right) = G\left(\frac{x}{2} \ \middle| \ \frac{n}{2}, 1\right),$$

利用标准 Gamma 分布的分布函数 $G(x|a)$ 的连分式逼近法可以计算卡方分布的分布函数. 具体算法见 §7 有关部分.

例 6.1 试用框图描述 $H(x|n)$ 的计算步骤.

解

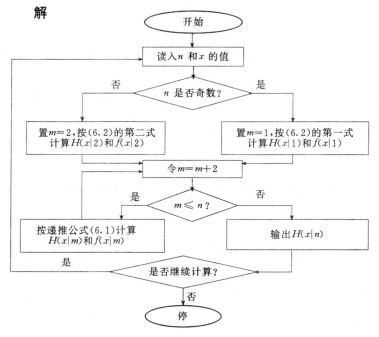

（三）分位数的计算

卡方分布的 p 分位数记为 $\chi_p^2(n)$（或简记为 χ_p^2）. 下面介绍 χ_p^2 的算法.

（1）特殊参数的反函数法

当 $n=1$ 时，由 $H(x|1)=2\Phi(\sqrt{x})-1=p$，得

$$\chi_p^2(1)=[u_{p^*}]^2 \quad \left(p^*=\frac{p+1}{2}\right).$$

当 $n=2$ 时（这时 $\chi^2(2)$ 分布就是 $\lambda=\dfrac{1}{2}$ 的指数分布 $e\left(\dfrac{1}{2}\right)$），由

$$H(x|2)=1-e^{-\frac{x}{2}}=p, \quad 得$$

$$\chi_p^2(2)=-2\ln(1-p).$$

（2）利用近似公式计算

下面给出 $\chi_p^2(n)$ 的几个近似计算公式：

68

① 当 n 充分大 $(n > 30)$ 时,

$$\chi_p^2(n) \approx \frac{1}{2}(u_p + \sqrt{2n-1})^2,\qquad (6.3)$$

其中 u_p 是标准正态分布的 p 分位数. 这个近似式利用正态分布 $N(0,1)$ 与 $\chi^2(n)$ 分布的关系即可得出.

② 当 $n \geqslant 3$ 时,

$$\chi_p^2(n) \approx n\left[1 - \frac{2}{9n} + u_p\sqrt{\frac{2}{9n}}\right]^3,\qquad (6.4)$$

其中 u_p 是标准正态分布的 p 分位数.

③ Gampbell(1923) 的近似多项式

$$\chi_p^2(n) \approx n\sum_{i=0}^{k}C_i(u_p)\left(\frac{2}{n}\right)^{\frac{i}{2}},\qquad (6.5)$$

其中　$C_0(u) = 1$,

$C_1(u) = u$,

$C_2(u) = \dfrac{1}{3}(u^2 - 1)$,

$C_3(u) = \dfrac{1}{2^2 \cdot 3^2}(u^3 - 7u)$,

$C_4(u) = \dfrac{1}{2 \cdot 3^4 \cdot 5}(-3u^4 - 7u^2 + 16)$,

$C_5(u) = \dfrac{1}{2^5 \cdot 3^5 \cdot 5}(9u^5 + 256u^3 - 433u)$,

$C_6(u) = \dfrac{1}{2^3 \cdot 3^6 \cdot 5 \cdot 7}(12u^6 - 243u^4 - 923u^2 + 1472)$,

$C_7(u) = \dfrac{1}{2^7 \cdot 3^8 \cdot 5^2 \cdot 7}(-3753u^7 - 4353u^5 + 289517u^3 + 289717u)$,

$C_8(u) = \dfrac{1}{2^4 \cdot 3^9 \cdot 5^2 \cdot 7}(270u^8 + 4614u^6 - 9513u^4 - 104989u^2 + 35968)$,

$C_9(u) = \dfrac{1}{2^{11} \cdot 3^{10} \cdot 5^2 \cdot 7}(-5139u^9 - 547848u^7 - 2742210u^5 + 7016224u^3 + 37501325u)$,

$$C_{10}(u) = \frac{1}{2^7 \cdot 3^{13} \cdot 5^3 \cdot 7 \cdot 11}(-364176u^{10}$$
$$+ 6208146u^8 + 125735778u^6 + 303753831u^4$$
$$- 672186949u^2 - 2432820224),$$
$$C_{11}(u) = \frac{1}{2^{13} \cdot 3^{14} \cdot 5^3 \cdot 7^2 \cdot 11}(199112985u^{11}$$
$$+ 1885396761u^9 - 31857434154u^7$$
$$- 287542736226u^5 - 556030221167u^3$$
$$+ 487855454729u),$$

…….

利用以上公式取 $k = 11$ 计算 χ_p^2 时,绝对误差一般小于 10^{-2}.

(3) 迭代算法

用方程求根的迭代算法,都可以用来计算 $\chi_p^2(n)$. 初始值 x_0 可用以上近似公式计算. 迭代算法可得到用户要求的任意精度的结果.

§7 Gamma 分布的分布函数和分位数的计算

设随机变量 $X \sim \Gamma(a,b)$,则 $Y = bX \sim \Gamma(a,1)$. 一般称 $\Gamma(a,1)$ 为标准伽玛分布. 本节只讨论标准伽玛分布(Gamma 分布) 的分布函数和分位数的计算. $\Gamma(a,1)$ 的分布函数记为

$$G(x|a) = \frac{1}{\Gamma(a)} \int_0^x t^{a-1} \mathrm{e}^{-t} \mathrm{d}t \quad (a > 0; x > 0).$$

(一)分布函数 $G(x|a)$ 的算法

(1) a 为整数时使用递推算法

记 $V(x|a) = \frac{1}{\Gamma(a)} x^a \mathrm{e}^{-x}$,由分部积分法易得 $G(x|a)$ 的递推计算公式:

$$\begin{cases} G(x|a+1) = G(x|a) - \frac{1}{a}V(x|a), \\ V(x|a+1) = \frac{x}{a}V(x|a), \end{cases} \quad (7.1)$$

初值为

$$G(x \mid 1) = 1 - \mathrm{e}^{-x}, \ V(x \mid 1) = x\mathrm{e}^{-x}. \qquad (7.2)$$

(2) $G(x \mid a)$ 的幂级数近似算法

对 $\int_0^x t^{a-1}\mathrm{e}^{-t}\mathrm{d}t$ 用分部积分法即得 $G(x \mid a)$ 的幂级数展开式:

$$G(x \mid a) = \frac{\mathrm{e}^{-x}}{a\Gamma(a)}x^a\left[1 + \sum_{k=1}^{\infty}\frac{x^k}{(a+1)\cdots(a+k)}\right]. \qquad (7.3)$$

当 $a > 1$,且 $x < a$ 时,或者当 $a < 1$,且 $a \leqslant x < 1$ 时,按精度要求取前 n 项作为 $G(x \mid a)$ 的幂级数近似公式.

(3) $G(x \mid a)$ 的连分式逼近算法

对 $\int_x^{\infty} t^{a-1}\mathrm{e}^{-t}\mathrm{d}t$ 用分部积分法还可以把 $G(x \mid a)$ 展为:

$$G(x \mid a) = 1 - \frac{\mathrm{e}^{-x}}{\Gamma(a)}x^a\left[\frac{1}{x} + \frac{a-1}{x^2} + \cdots \right.$$
$$\left. + \frac{(a-1)(a-2)\cdots(a-k+1)}{x^k} + \cdots\right]. \qquad (7.4)$$

记 $P(x) = \dfrac{1}{x} + \dfrac{a-1}{x^2} + \cdots + \dfrac{(a-1)\cdots(a-k+1)}{x^k} + \cdots$,

采用化函数为连分式的一般方法,化 $P(x)$ 为连分式:

$$P(x) = \frac{1}{x} + \frac{1-a}{1} + \frac{1}{x} + \frac{2-a}{1} + \frac{2}{x} + \cdots + \frac{k-a}{1} + \frac{k}{x} + \cdots.$$

因此 $G(x \mid a)$ 有以下连分式近似式:

$$G(x \mid a) \approx 1 - \frac{\mathrm{e}^{-x}}{\Gamma(a)}x^a\left[\frac{1}{x} + \frac{1-a}{1} + \frac{1}{x} + \frac{2-a}{1} + \frac{2}{x} + \cdots \right.$$
$$\left. + \frac{n-a}{1} + \frac{n}{x}\right]. \qquad (7.5)$$

当 $a > 1$,且 $x > a$ 时,或者当 $a < 1$,且 $x \leqslant a$ 或 $x > 1$ 时,取前 n 节连分式作为 $G(x \mid a)$ 的近似公式.

(二) 分位数的计算

标准伽玛分布的 p 分位数记为 $G_p(a)$. 下面介绍 $G_p(a)$ 的算法.

(1) 特殊参数的反函数法

当 $a = \dfrac{1}{2}$ 时,由 $G\left(x\,\middle|\,\dfrac{1}{2}\right) = 2\varPhi(\sqrt{2x}) - 1 = p$,得

$$G_p\left(\dfrac{1}{2}\right) = \dfrac{1}{2}[u_{p^*}]^2 \quad \left(p^* = \dfrac{p+1}{2}\right).$$

当 $a = 1$ 时(这时 $\varGamma(1,1)$ 分布就是指数分布 $e(1)$),由

$$G(x|1) = 1 - \mathrm{e}^{-x} = p,$$

得 $\qquad\qquad G_p(1) = -\ln(1-p).$

(2)改进的割线法

记 $f(x) = G(x|a) - p$,求分位数 $G_p(a)$ 就是求方程 $f(x) = 0$ 的根. 用方程求根的迭代算法,都可以计算 $G_p(a)$. 但因初始值 x_0 的选取比较困难,一般可使用改进的割线法迭代计算,具体步骤如下:

① 用搜寻法确定分位数 $G_p(a)$ 所在的区间 $[x_0,x_1]$. 置 $n=1$;令 $c_k = c_0 + kh$,计算 $f(c_k)$ 的值,并判断相邻两点函数 f 值的符号;出现反号的相邻两点取为 x_0 和 x_1. 为了更快地确定有根区间,应适当地选择 c_0 和步长 h 的值.

② 按以下迭代公式计算 x_{n+1}:

$$x_{n+1} = x_n - \dfrac{f(x_n)}{f(x_n) - f(x_{n-1})}(x_n - x_{n-1}).$$

③ 若 $|x_{n+1} - x_n| < \varepsilon$(或 $|f(x_{n+1})| < \varepsilon$),停止迭代. x_{n+1} 就是 $f(x) = 0$ 的根的近似值;否则继续执行 ④.

④ 如果 $f(x_n)f(x_{n+1}) < 0$,以 x_n,x_{n+1} 作为新的初值,置 $n = n+1$ 继续迭代(即重复 ②～④). 如果 $f(x_n)f(x_{n+1}) > 0$,则在迭代公式中用 $(x_{n-1},f(x_{n-1})/2)$ 替代 $(x_{n-1},f(x_{n-1}))$;用 $(x_{n+1}, f(x_{n+1}))$ 替代 $(x_n,f(x_n))$,得到的值记为 x_{n+2};置 $n = n+1$,重复 ③～④.

§8　t 分布和 F 分布分位数的计算

t 分布和 F 分布的分布函数的计算可由 Beta 分布的分布函数

给出,本节介绍分位数的计算方法.

（一）t 分布分位数的计算

t 分布的 p 分位数记为 $t_p(n)$,简记为 t_p,即 $T(t_p|n) = p$. 利用 t 分布密度的对称性有:$t_p(n) = - t_{1-p}(n)$;当 $p = 0.5$ 时,$t_p = 0$. 只需讨论 $p \in (0.5, 1)$ 时 $t_p(n)$ 的算法.

（1）特殊参数下的反函数法

当 $n = 1$ 或 $n = 2$ 时,t 分布的分布函数的反函数容易求得,从而 p 分位数由下式直接计算:

$$\begin{cases} t_p(1) = \operatorname{tg}\left[\pi\left(p - \frac{1}{2}\right)\right], \\ t_p(2) = \dfrac{\sqrt{2}\,(2p - 1)}{\sqrt{1 - (2p - 1)^2}}. \end{cases} \tag{8.1}$$

（2）利用 Beat 分位数 β_p 计算

由 t 分布的分布函数与 $I_x(a, b)$ 的关系式(1.15) 知:

当 $\frac{1}{2} < p < 1$ 时,$t_p > 0$,且 t_p 满足:

$$T(t_p|n) = 1 - \frac{1}{2} I_x\left(\frac{n}{2}, \frac{1}{2}\right) = p, \tag{8.2}$$

由此得 $\qquad I_x\left(\dfrac{n}{2}, \dfrac{1}{2}\right) = 2(1 - p) \triangleq p^*.$

故贝塔分位数 β_{p^*} 和 t 分布的分位数 t_p 满足关系式:

$$\frac{n}{n + t_p^2} = \beta_{p^*}\left(\frac{n}{2}, \frac{1}{2}\right).$$

于是 $\qquad t_p(n) = \sqrt{\dfrac{n}{\beta_{p^*}\left(\dfrac{n}{2}, \dfrac{1}{2}\right)} - n}.$

当 $0 < p < \frac{1}{2}$ 时,$t_p < 0$,可由 $t_p(n) = - t_{1-p}(n)$ 计算.

综合之

$$t_p(n) = \operatorname{sign}\left(p - \frac{1}{2}\right) \sqrt{\frac{n}{\beta_{p^*}\left(\dfrac{n}{2}, \dfrac{1}{2}\right)} - n}, \tag{8.3}$$

其中 $\quad p^* = \begin{cases} 2p, & \text{当 } 0 < p < \dfrac{1}{2}, \\ 2(1-p), & \text{当 } \dfrac{1}{2} \leqslant p < 1. \end{cases}$

（3）$t_p(n)$ 的近似公式

① 当 $n > 30$ 时 $\quad t_p(n) \approx u_p.$ $\qquad\qquad$ (8.4)

② 当 $n \geqslant 3$ 时，记 $A = \left(1 - \dfrac{1}{4n}\right)^2 - \dfrac{u_p^2}{2n}$，并设 $p \in (0.5, 1)$，则分位数 t_p 有以下近似公式：

$$t_p(n) \approx \begin{cases} A^{-\frac{1}{2}} u_p, & \text{当 } A > 0.5, \\ \sqrt{n}\left[\dfrac{\Gamma\left(\dfrac{n+1}{2}\right)}{\sqrt{\pi}\,(1-p)\Gamma\left(\dfrac{n}{2}\right)n}\right]^{\frac{1}{n}}, & \text{当 } A \leqslant 0.5. \end{cases} \quad (8.5)$$

（4）迭代算法

当 $n \geqslant 3$ 时用 p 分位数的近似公式(8.4)或(8.5)计算的值作为初值，利用方程求根的迭代算法，都可以用来计算 $t_p(n)$. 迭代算法可得到用户要求的任意精度的结果.

（二）F 分布分位数的计算

F 分布的 p 分位数记为 $F_p(m, n)$，简记为 F_p，即 F_p 满足：
$$F(F_p | m, n) = p.$$

（1）利用 Beta 分位数 β_p 计算

由 F 分布函数与 Beta 分布函数的关系，可知 F_p 满足：

$F(F_p | m, n) = I_y\left(\dfrac{m}{2}, \dfrac{n}{2}\right) = p$，从而 F_p 与 β_p 满足关系式：

$$\frac{mF_p}{n + mF_p} = \beta_p\left(\frac{m}{2}, \frac{n}{2}\right).$$

故 $\qquad F_p(m, n) = \dfrac{n\beta_p(m/2, n/2)}{m(1 - \beta_p(m/2, n/2))}.$ $\qquad$ (8.6)

当 $n \to \infty$ 时，$F(m, \infty)$ 分布为 $\chi^2(m)$ 分布. 且有
$$F_p(m, \infty) = \chi_p^2(m)/m.$$

当 $m \to \infty$ 时，$F_p(\infty, n) = n/\chi_{1-p}^2(n)$，$F_p(\infty, \infty) = 1.$

(2) $F_p(m,n)$ 的近似公式

记 $B = (1-b)^2 - bu_p^2$，当 $B > 0.8$ 时有以下近似公式：

$$F_p \approx \left(\frac{(1-a)(1-b) + u_p \sqrt{(1-a)^2 b + (1-b)^2 a - abu_p^2}}{(1-b)^2 - bu_p^2} \right)^3, \quad (8.7)$$

其中 $a = 2/(9m)$, $b = 2/(9n)$.

当 $B \leqslant 0.8$ 时用以下近似公式：

$$F_p \approx \left[\frac{1}{B\left(\dfrac{m}{2}, \dfrac{n}{2}\right)} \frac{2n^{\frac{n}{2}-1}}{m^{\frac{n}{2}}} \frac{1}{1-p} \right]^{\frac{2}{n}}. \quad (8.8)$$

设 $F \sim F(m,n)$，可以证明

$$U = \frac{(1-b)F^{\frac{1}{3}} - (1-a)}{(bF^{\frac{2}{3}} + a)^{\frac{1}{2}}} \overset{\sim}{\sim} N(0,1)^{①},$$

其中 $a = 2/(9m)$, $b = 2/(9n)$.

利用 U 的近似分布为 $N(0,1)$，可得 F_p 的近似公式(8.7). 公式(8.7)要求 $B = (1-b)^2 - bu_p^2 > 0$. 实际计算时，当条件 $B > 0.8$ 不成立时(即当 p 较大，n 较小时)，我们取另一近似公式(8.8)作为 F_p 的近似值.

(3) 迭代算法

利用方程求根的迭代算法，都可以计算 $F_p(m,n)$. 迭代的初值可利用以上 F_p 的近似公式计算；迭代算法可得到用户要求的任意精度的结果.

§9 二项分布和泊松分布分布函数的计算

(一)二项分布分布函数的计算

设 $X \sim B(n,p)$，分布函数记为 $B(x|n,p)$. 下面给出二项分

---

① $\sim N(0,1)$ 表示近似服从标准正态分布. 记号"$\sim$"表示"近似服从"，下同.

布分布函数的几种算法.

（1）直接计算

由二项分布分布函数的定义：

$$B(x|n,p) = \begin{cases} 0, & \text{当 } x < 0, \\ \sum_{k=0}^{[x]} \binom{n}{k} p^k (1-p)^{n-k}, & \text{当 } 0 \leqslant x < n, \\ 1, & \text{当 } x \geqslant n \text{ 时.} \end{cases} \quad (9.1)$$

（2）利用 Beta 分布函数 $I_x(a,b)$ 计算

$$B(x|n,p) = I_{1-p}(n-[x],[x]+1) \ (0 \leqslant x < n). \quad (9.2)$$

（3）用正态分布函数近似计算

当 n 充分大时，有如下几种正态近似公式：

① 简单近似：利用中心极限定理有

$$B(x|n,p) \approx \Phi\left(\frac{x-np}{\sqrt{np(1-p)}}\right). \quad (9.3)$$

② 修正的近似公式

$$B(x|n,p) \approx \Phi\left(\frac{x+0.5-np}{\sqrt{np(1-p)}}\right). \quad (9.4)$$

③ 较精确的近似公式

$$B(x|n,p) \approx 1 - \Phi(u), \quad (9.5)$$

其中

$$u = \frac{\left[1 - \frac{1}{9(n-x)}\right] F^{\frac{1}{3}} - \left[1 - \frac{1}{9(x+1)}\right]}{\left[\frac{F^{\frac{2}{3}}}{9(n-x)} + \frac{1}{9(x+1)}\right]^{\frac{1}{2}}},$$

$$F = \frac{(n-x)p}{(x+1)(1-p)}.$$

当 np 越大，用(9.5)式计算，误差越小．在实际计算中，当 n 较小时，用(9.1)直接计算；n 较大时用(9.5)计算，n 非常大时，可用(9.4)或(9.3)计算．

（二）泊松分布分布函数的计算

设 $X \sim P(\lambda)$，其分布函数记为 $P(x|\lambda)$，分布函数的算法有如

下几种：

(1) 直接计算

由泊松分布的分布函数定义：

$$P(x|\lambda) = \begin{cases} \sum_{k=0}^{[x]} \dfrac{\lambda^k}{k!} \mathrm{e}^{-\lambda}, & \text{当 } x \geqslant 0, \\ 0, & \text{当 } x < 0. \end{cases} \tag{9.6}$$

(2) 利用 χ^2 分布函数计算

泊松分布的分布函数与 χ^2 分布的分布函数有如下关系：

$$P(x|\lambda) = 1 - H(2\lambda|2([x]+1)) \quad (x \geqslant 0). \tag{9.7}$$

令 $n = 2([x]+1), x^* = 2\lambda$，通过计算 $H(x^*|n)$ 可以得到 $P(x|\lambda)$ 的值.

(3) 正态近似

当 x 充分大时

$$P(x|\lambda) \approx \Phi(u), \tag{9.8}$$

其中
$$u = \frac{d}{|x^* - \lambda|} \left[2x^* \ln \frac{x^*}{\lambda} + 2(\lambda - x^*) \right]^{\frac{1}{2}},$$

$$x^* = x + \frac{1}{2}, \quad d = x^* + \frac{1}{6} - \lambda + \frac{0.02}{x+1}.$$

习 题 二

2.1 试证明 F 分布函数与 Beta 分布函数的关系式(1.14).

2.2 试证明 t 分布函数与 Beta 分布函数的关系式(1.15).

2.3 试用分部积分法证明

$$\sum_{k=0}^{x} C_n^k p^k (1-p)^{n-k} = \frac{n!}{x!(n-x-1)!} \int_p^1 t^x (1-t)^{n-x-1} \mathrm{d}t.$$

2.4 试证明二项分布与 Beta 分布的分布函数有关系式(1.16).

2.5 试证明泊松分布与 $\chi^2(n)$ 分布的分布函数有关系式(1.17).

2.6 写出计算 $\int_a^b f(x)\mathrm{d}x$ 的复合梯形求积公式.

2.7 试用梯形求积公式和抛物线求积公式计算 $\int_{0.5}^{1} \sqrt{x}\,\mathrm{d}x$，并将此定积分值与精确值比较.

2.8 验证化函数为连分式的一般公式(2.22).

2.9 证明分位数展开式中的递推公式(3.5).

2.10 试证明 $\Phi(x)$ 与误差函数 erf(x) 的关系式(4.1).

2.11 用分部积分法证明误差函数 erf(x) 的展开式(4.4).

2.12 试用框图描述利用连分式逼近方法计算 $\Phi(x)$ 在 $x = 1.344$ 和 $x = -3.024$ 的值的步骤.

2.13 对标准正态分布 $N(0,1)$，求出其分位数展开式中的前三项.

2.14 试证明 Beta 分布分布函数 $I_x(a,b)$ 的递推公式(5.1).

2.15 试证明 $\chi^2(n)$ 分布函数的递推公式(6.1).

2.16 试证明 Gamma 分布函数 $G(x|a)$ 的递推公式(7.1).

2.17 用分部积分方法证明 Gamma 分布的分布函数 $G(x|a)$ 的两个级数展开式(7.3) 和(7.4).

2.18 试用框图法描述利用 Beta 分布函数 $I_x(a,b)$ 计算自由度为 5,4 的 F 分布的分布函数 $F(t|5,4)$ 的步骤；并写出 $F(t|5,4)$ 的表达式.

上 机 实 习 二

1. 用梯形求积公式和 Simpson 求积公式计算积分

$$\int_{0}^{1} \frac{x}{4 + x^2}\,\mathrm{d}x \quad (n = 8).$$

2. 编制用连分式逼近法求标准正态分布函数 $\Phi(x)$（当 $0 \leqslant x \leqslant 3$）的程序.

3. 编制用连分式逼近法求标准正态分布函数 $\Phi(x)$（当 $x > 3$）的程序.

4. 编制用误差函数的近似公式(4.9)计算标准正态分布函数 $\Phi(x)(-\infty < x < \infty)$ 的程序.

5. 编制用误差函数的近似公式(4.10)计算标准正态分布函数 $\Phi(x)(-\infty < x < \infty)$ 的程序.

6. 编制用 Hastings 有理分式逼近法求标准正态分布的分位数 u_p 的程序.

7. 编制用二阶展开式迭代算法求标准正态分布的分位数 u_p 的程序.

8. 编制用分位数展开公式(取前两项)迭代计算标准正态分布的分位数 u_p 的程序.

9. 当 a,b 为正整数或 1/2 的倍数时,编制用递推算法求 Beta 分布的分布函数 $I_x(a,b)$ 的程序.

10. 当 a,b 为大于 0 的实数时,编制用连分式逼近法计算 Beta 分布的分布函数 $I_x(a,b)$ 的程序.

11. 编制用二分法求 Beta 分布的分位数 β_p 的程序.

12. 编制用两种近似公式(5.6)和(5.7)求 $\beta_p(a,b)$ 的程序.

13. 编制用递推算法求 $\chi^2(n)$ 分布函数 $H(x|n)$ 的程序.

14. 编制用牛顿法求 $\chi^2(n)$ 分布的分位数 χ_p^2 的程序.

15. 编制用 Gampbell 近似多项式(6.5)计算 χ_p^2 的的程序.

16. 当参数 a 为整数时编制用递推算法求 Gamma 分布的分布函数 $G(x|a)$ 的程序.

17. 当参数 a 为实数时编制用幂级数或连分式逼近法计算 $G(x|a)$ 的程序.

18. 编制用修正的割线法求 Gamma 分布的分位数 $G_p(a)$ 的程序.

19. 编制利用 Beta 分布与 F 分布的关系计算 $F(m,n)$ 分布的分布函数 $F(x|m,n)$ 和分位数 F_p 的程序.

20. 编制利用 Beta 分布与 t 分布的关系计算 $t(n)$ 分布的分布函数 $T(t|n)$ 和分位数 t_p 的程序.

21. 编制用(8.7)或(8.8)计算 F 分布的分位数 F_p 的程序;并估计精度.

第三章 随机数的产生与检验

本章的参考文献有[1],[2],[12],[14],[21],[26]~[28],[31],[33],[35],[36],[38],[39].

§1 概 论

用随机模拟方法解决实际问题时,首先要解决的是随机数的产生方法,或者称随机变量的抽样方法.

(一) 基本概念和定理

定义 1.1 设随机变量 $\eta \sim F(x)$,则称随机变量 η 的随机抽样序列 $\{\eta_i\}$ 为分布 $F(x)$ 的**随机数**.

若 $\eta \sim N(\mu, \sigma^2)$,则称来自 η 的随机抽样序列 $\eta_1, \eta_2, \cdots$ 为正态分布随机数;若 $\eta \sim$ 指数分布,则称 $\eta_1, \eta_2, \cdots$ 为指数分布随机数;若 $\eta \sim [a, b]$ 区间均匀分布,则称 $\eta_1, \eta_2, \cdots$ 为 $[a, b]$ 区间上均匀分布随机数.

本章重点介绍 $[0, 1]$ 区间上均匀分布随机数的产生和检验方法.虽然 $[0, 1]$ 区间上均匀分布是最简单的连续分布,但产生大量相互独立的 $U(0, 1)$ 随机数对用随机模拟方法解决实际问题是至关重要的;同时很多其他形式分布(如正态分布、指数分布、Gamma 分布等)的随机数都可以用 $U(0, 1)$ 随机数经变换得到.下面的基本定理是本章的理论依据.

定理 1.1 设 $F(x)$ 是连续且严格单调上升的分布函数,它的反函数存在,且记为 $F^{-1}(x)$,即 $F[F^{-1}(x)] = x$.

① 若随机变量 ζ 的分布函数为 $F(x)$,则 $F(\zeta) \sim U(0, 1)$;

② 若随机变量 $R \sim U(0,1)$，则 $F^{-1}(R)$ 的分布函数为 $F(x)$.

证明　设随机变量 $F(\zeta)$ 的分布函数为 $F_1(u)$. 当 $u \in [0,1]$ 时
$$F_1(u) = P\{F(\zeta) \leqslant u\} = P\{\zeta \leqslant F^{-1}(u)\}$$
$$= F[F^{-1}(u)] = u;$$

当 $u < 0$ 时，$F_1(u) = 0$；当 $u > 1$ 时，$F_1(u) = 1$. 所以
$$F(\zeta) \sim U(0,1).$$

设随机变量 $F^{-1}(R)$ 的分布函数为 $F_2(x)$，则
$$F_2(x) = P\{F^{-1}(R) \leqslant x\} = P\{R \leqslant F(x)\}$$
$$= F_R[F(x)] = F(x).$$

因为 $R \sim U(0,1)$，对任意 $F(x) \in [0,1]$ 有 $F_R(F(x)) = F(x)$. 所以 $F^{-1}(R)$ 的分布函数为 $F(x)$.　　　　　　　　　　［证毕］

定理 1.1 给出构造分布函数为 $F(x)$ 的随机数的方法：取 $U(0,1)$ 随机数 $\eta_i (i = 1, 2, \cdots)$，令 $\zeta_i = F^{-1}(\eta_i)$，则 $\zeta_i (i = 1, 2, \cdots)$ 就是 $F(x)$ 随机数. 如果 $\eta_1, \eta_2, \cdots$ 相互独立，则 $\zeta_1, \zeta_2, \cdots$ 也相互独立.

为方便计，以下简称 $U(0,1)$ 随机数为均匀随机数.

推论　已知 $\xi \sim G(x)$，设 $F(x)$ 是一个分布函数，且反函数 $F^{-1}(x)$ 存在，则 $\eta = F^{-1}(G(\xi)) \sim F(x)$.

证明　由定理 1.1 的 ① 知，若 $\xi \sim G(x)$，则
$$R = G(\xi) \sim U(0,1);$$

由定理 1.1 的 ② 知
$$\eta = F^{-1}(R) = F^{-1}(G(\xi)) \sim F(x).　　［证毕］$$

推论说明由已知分布 $G(x)$ 的随机数可以得到任意分布 $F(x)$ 的随机数. 由于均匀分布随机数是最简单的分布，我们经常是从均匀随机数来产生其他分布随机数.

定理 1.2　设 $X_i \sim$ 二点分布 $(i = 1, 2, \cdots)$，相互独立，且 $P\{X_i = 0\} = P\{X_i = 1\} = 0.5$，令
$$\eta = \frac{X_1}{2} + \frac{X_2}{2^2} + \cdots + \frac{X_k}{2^k} + \cdots$$
$$\triangleq 0.X_1 X_2 \cdots X_k \cdots \quad （用二进制表示法），$$

则 $\eta \sim U(0,1)$.

证明　显然 $\eta \in [0,1)$；以下证明 η 在 $[0,1)$ 中均匀分布. 即任给 $[a,b) \subset [0,1)$，证明 $P\{a \leqslant \eta < b\} = b - a$.

不妨设 $[a,b) = \left[\dfrac{1}{4}, \dfrac{3}{4}\right)$，$\eta = 0. X_1 X_2 \cdots X_k \cdots$. 因

$$\left[\dfrac{1}{4}, \dfrac{3}{4}\right) = \left[\dfrac{1}{4}, \dfrac{2}{4}\right) \cup \left[\dfrac{2}{4}, \dfrac{3}{4}\right)$$
$$= [0.01, 0.0111\cdots) \cup [0.10, 0.10111\cdots),$$

故 $P\left\{\dfrac{1}{4} \leqslant \eta < \dfrac{3}{4}\right\} = P\left\{\dfrac{1}{4} \leqslant \eta < \dfrac{2}{4}\right\} + P\left\{\dfrac{2}{4} \leqslant \eta < \dfrac{3}{4}\right\}$

$= P\{X_1 = 0 \text{ 且 } X_2 = 1\} + P\{X_1 = 1 \text{ 且 } X_2 = 0\}$

$= \dfrac{1}{2} \times \dfrac{1}{2} + \dfrac{1}{4} = \dfrac{1}{2} \triangleq \dfrac{3}{4} - \dfrac{1}{4}$.

对一般的 $[a,b)$，因 a,b 可由有限位小数逼近，而对有限位小数的情况，可用类似于 $[1/4, 3/4)$ 的方法证明. 故对任意 $[a,b) \subset [0,1)$ 均有 $P\{a \leqslant \eta < b\} = b - a$. 即 $\eta \sim U(0,1)$.　　**[证毕]**

此定理给出产生 $U(0,1)$ 随机数的方法，即只需产生一系列 0-1 二点分布的随机数列 $\{X_i\}$，则 $\eta = 0. X_1 X_2 \cdots X_k \cdots$ 就是均匀随机数.

严格地说，利用计算机根本得不到均匀随机数. 因数字计算机提供的二进制数，其位数总是有限的. $[0,1]$ 区间上的实数有无穷多，但在计算机内，用来表示 $[0,1]$ 区间上的数是有限的；设 k 为表示一个整数值的二进制位数（即整数的尾数字长），则用计算机表示 $[0,1]$ 范围内的数共有 2^k 个. 利用计算机产生的均匀随机数是用含有 2^k 个数的离散总体来代替均匀分布的连续总体.

定义 1.2（准均匀分布）　设离散随机变量 η^* 的概率密度为

$$P\{\eta^* = u_i\} = P\left\{\eta^* = \dfrac{i}{2^k - 1}\right\} = \dfrac{1}{2^k} \ (i = 0, 1, \cdots, 2^k - 1),$$

则称 η^* 为**准均匀分布**；且 $\mathrm{E}(\eta^*) = \dfrac{1}{2}$，$\mathrm{Var}(\eta^*) = \dfrac{1}{12} \dfrac{2^k + 1}{2^k - 1}$.

显然用计算机只能产生准均匀分布随机数. 但当 $k \geqslant 15$ 时，η^* 和均匀随机变量的统计性质差异极小，可把准均匀随机数作为

均匀随机数,以下仍称为均匀随机数.

(二)产生随机数的一般方法

随机数产生方法的研究已有较长的历史.至今仍有统计学者继续研究随机数产生的方法和理论.

随机数产生的最早方法称为手工方法.即采用抽签、掷骰子、抽牌、摇号或从搅乱的罐中取带数字的球等方法,许多彩票的发行至今仍采用这种方法.

随着随机模拟方法(或称 Monte-Carlo 方法)的出现,需要大量的随机数.显然用手工方法不能满足模拟计算的需要.1927 年 Tippett 造出了具有 4 万个随机数字的表;1939 年 Kendell 和 Babington-Smith 用高速转盘建立了有十万个数字的随机数表;兰德(Rand)公司利用电子装置产生了含有一百万个数字的随机数表.在电子计算机产生之前人们就是利用这些随机数表进行统计模拟计算.

随着计算机和模拟方法的广泛应用,用计算机来产生随机数成为新的课题.

开始人们还是沿用查表方式产生随机数列,其办法是将随机数表记在磁带上(或磁盘上),使用时将随机数表输入计算机内存.此方法因随机数表要占用相当大的内存空间,再加上随机数表的长度有限等约束,目前已很少使用了.

利用计算机产生随机数的第二种方法是物理方法.在计算机上安装一台物理随机数发生器,把具有随机性质的物理过程变换为随机数,使用物理随机数发生器,在计算机上可以得到真正的随机数,随机性和均匀性都是很好的,而且是取之不尽用之不竭的.但此方法也有一些缺点,其中最重要的是我们不能产生与原来完全相同的随机数,对计算结果不能进行复算检查;加上物理随机数发生器的稳定性经常需进行检查和维修.因而大大降低了这种方法的使用价值.

利用计算机产生随机数的第三种方法是数学方法,也是目前使用最广、发展很快的一类方法. 它的特点是占用的内存少、速度快又便于复算.

本章介绍用数学方法产生随机数的常见算法,即各种随机数发生器.

(三) 伪随机数

在计算机上用数学方法产生均匀随机数是指按照一定的计算方法而产生的数列,它们具有类似于均匀随机变量的独立抽样序列的性质,这些数既然是依照确定算法产生的,便不可能是真正的随机数,因此常把用数学方法产生的随机数称为伪随机数. 虽然如此,如果计算方法经过细心的设计,可以产生看起来是相互独立在 [0,1] 区间上均匀分布的随机数,并且可以通过一系列的统计检验 (如独立性、均匀性等). 也就是说,只要具有真正均匀随机数的一些统计性质,我们就可以把伪随机数作为真正随机数使用.

按照某一递推公式 $\eta_n = f(\eta_{n-1}, \eta_{n-2}, \cdots, \eta_{n-k})$ 产生数列 η_1, $\eta_2, \cdots, \eta_n, \cdots$. 使得当 n 充分大时,这一数列具有均匀分布随机变量的独立抽样序列的性质,这一数列就称为伪随机数列.

最常用的方法取 $k = 1$(单步递推公式):$\eta_n = f(\eta_{n-1})$. 给定 η_0,逐个产生 $\eta_1, \eta_2, \cdots, \eta_n, \cdots$. 如 1946 年冯·诺依曼等首次提出的平方取中法就是用单步递推公式. "平方取中法" 即是从一个 s 位正整数开始,如 4 位正整数 η_0 开始,平方后得 8 位数. 取出 8 位数中间的 4 位作为 η_1,重复以上过程可得均匀随机数列:$\left\{ \dfrac{\eta_i}{10000}; i = 1, 2, \cdots \right\}$. 例如初值 η_0 为 6031,将它平方得 36372961,再取中间四位作为 η_1,即 3729. 依次类推,可得 9054,9749,0430,1849,$\cdots$. 此方法虽简单,但均匀性不好,且数列很快趋于 0,数列的长度也难以确定,故目前已没有使用价值了.

显然按照递推公式计算产生的伪随机数,到一定长度之后或者退化为零或者周而复始地出现周期现象;同时按照递推公式进行递推计算,如果我们确定了初始值,整个序列就可以精确地给出．可见，这些与随机数应具有基本统计性质是矛盾的．一个用递推公式产生具有均匀分布随机变量的独立抽样序列性质的数学方法，即一个好的随机数发生器应当具备以下几点：

① 产生的数列要具有均匀总体随机样本的统计性质，如分布的均匀性，抽样的随机性、数列间的独立性等；

② 产生的数列要有足够长的周期，以满足模拟计算的需要；

③ 产生数列的速度快，占用计算机的内存少，具有完全可重复性．

随着计算机运算速度的不断提高，存储容量和字长的不断扩大，②，③ 两点一般都能满足．关键是如何构造满足 ① 的随机数发生器．

本章第二节将介绍几种目前最流行的随机数发生器．随机数发生器的研究十分复杂，它涉及到许多其他学科，如抽象代数，数论及计算机、程序设计等很多方面的知识．本章重点是介绍产生随机数的方法，理论部分只作些简单介绍．

§2 均匀随机数的产生

在计算机上利用数学方法产生随机数的第一个随机数发生器是 20 世纪 40 年代出现的"平方取中法"；以后又出现"乘积取中法"、位移法、线性同余法、组合同余法、反馈位移寄存器方法等等．目前较流行的也是多数统计学家认为较好的随机数发生器为后三种，这也是本节要介绍的方法．

2.1 线性同余发生器（LCG）

目前应用最广泛的随机数发生器之一是线性同余发生器，简称 LCG（Linear Congruence Generator）或称 LCG 方法．它是由 Lehmer 在 1951 年提出的．此方法利用数论中的同余运算来产生随机数，故称为同余发生器．它包括混合同余发生器和乘同余发生器. 它是目前使用最普遍、发展迅速的产生随机数的数学方法.

（一）同余与线性同余法

首先介绍与 同余有关的一些概念.

定义 2.1 设 a, b, M 为整数, $M > 0$, 若 $b - a$ 为 M 的倍数, 则称为 a 与 b 关于**模 M 同余**; 记为 $a \equiv b \pmod{M}$; 否则 称为 a 与 b 关于模 M 不同余. 记为 $a \not\equiv b \pmod{M}$.

显然 $a \equiv b \pmod{M}$ 表示两个整数 a, b 分别除以正整数 M 后所得余数相同.

例 2.1 $11 \equiv 1 \pmod{10}, 1 \equiv 11 \pmod{10},$
$\qquad -9 \equiv 11 \pmod{10}.$

同余具有以下性质:

① 对称性: 若 $a \equiv b \pmod{M}$, 则 $b \equiv a \pmod{M}$.

② 传递性: 若 $a \equiv b \pmod{M}, b \equiv c \pmod{M}$, 则
$$a \equiv c \pmod{M}.$$

③ 若 $a_i \equiv b_i \pmod{M} \ (i = 1, 2)$, 则
$$a_1 \pm a_2 \equiv b_1 \pm b_2 \pmod{M}, \quad a_1 a_2 \equiv b_1 b_2 \pmod{M}.$$

证明 下面只证明 $a_1 a_2 \equiv b_1 b_2 \pmod{M}$.

由条件知: $b_i - a_i = q_i M$ (q_i 为整数, $i = 1, 2$), 故

$$\begin{aligned}
(b_1 b_2 - a_1 a_2) &= b_1 b_2 - b_1 a_2 + b_1 a_2 - a_1 a_2 \\
&= b_1 (b_2 - a_2) + a_2 (b_1 - a_1) \\
&= b_1 q_2 M + a_2 q_1 M = (b_1 q_2 + a_2 q_1) M.
\end{aligned}$$

所以 $\quad a_1 a_2 \equiv b_1 b_2 \pmod{M}$. [证毕]

④ 若 $aC \equiv bC \pmod{M}$, 则 $a \equiv b \left(\bmod \dfrac{M}{(M, C)} \right)$, 其中 (M, C) 表示 M 和 C 的最大公因子.

证明 由条件得 $bC - aC = qM$, 即 $b - a = qM/C$. 若令 $M^* = M/(M, C)$, 可记 $M = M^*(M, C), C = \alpha(M, C)$, 则

$$(b - a) = \frac{qM}{C} = \frac{qM^*}{\alpha} = \frac{q}{\alpha} M^*.$$

因为 (M,C) 表示 M 和 C 的最大公因子,故 α 和 M^* 互素,又上式中左边为整数,故 $\dfrac{q}{\alpha}$ 必为整数. 所以

$$a \equiv b \left(\mathrm{mod}\ \frac{M}{(M,C)} \right).$$ 　　[证毕]

例如,已知 $12 \equiv 60\ (\mathrm{mod}\ 16)$, $M = 16$, 取 $C = 6$, 因为 $(M,C) = 2$, 则有 $2 \equiv 10\ (\mathrm{mod}\ 8)$ $\left(\text{其中}\ \dfrac{M}{(M,C)} = \dfrac{16}{2} = 8\right)$. 取 $C = 12$, 因为 $(M,C) = 4$, 故有 $1 \equiv 5\ (\mathrm{mod}\ 4)$.

求余运算的式子 $A(\mathrm{mod}\ M)$ 定义为:

$$
\begin{aligned}
A(\mathrm{mod}\ M) &= A - \left[\frac{A}{M} \right] \times M \\
&= \begin{cases} A, & \text{当 } A < M, \\ A - \left[\dfrac{A}{M} \right] \times M, & \text{当 } A \geqslant M. \end{cases}
\end{aligned}
$$

$\left(\text{其中}\ \left[\dfrac{A}{M}\right]\ \text{表示求}\ \dfrac{A}{M}\ \text{的整数部分}\right)$

上式所表达的运算是先将 A 除以 M,取其商的整数部分乘以 M,然后从 A 中减去该乘积. 称这种运算为求余运算.

LCG 方法的一般递推公式为

$$
\begin{cases}
x_n = (a x_{n-1} + c)(\mathrm{mod}\ M), \\
r_n = x_n / M, & (n = 1, 2, \cdots), \quad (2.1) \\
\text{初值 } x_0
\end{cases}
$$

其中 M 为模数,a 为乘子(乘数),c 为增量(加数),且 x_n, M, a, c 均为非负整数.

显然由 (2.1) 式得到的 $x_n (n = 1, 2, \cdots)$ 满足:$0 \leqslant x_n < M$. 从而 $r_n \in [0,1)$. 应用递推公式 (2.1) 产生均匀随机数时,式中参数 a, c, x_0, M 的选取十分关键. 请看下面例子.

例 2.2　取 $M = 10, a = c = x_0 = 7$, 利用 (2.1) 式得到数列 $\{x_n\}$ 为: $6, 9, 0, 7, 6, 9, 0, 7, \cdots$.

易见 $x_1 = x_5 = 6$, 且从 $n = 5$ 开始到 $n = 8$, 我们将得到与

$n = 1$ 到 $n = 4$ 完全相同的 x_n (及 r_n),顺序也完全相同. $T = 4$ 称为数列的周期.

例 2.3   设 $\begin{cases} x_n = (5x_{n-1} + 1) \pmod{10}, \\ x_0 = 1. \end{cases}$ 由此递推公式我们得到数列 $\{x_n\}$ 为:$6,1,6,1,6,1,\cdots\cdots,T = 2$.

例 2.4   设 $\begin{cases} x_n = (5x_{n-1} + 1) \pmod 8, \\ x_0 = 1. \end{cases}$ 由此递推公式我们得到数列 $\{x_n\}$ 为:$6,7,4,5,2,3,0,1,6,7,\cdots\cdots,T = 8$.

由以上例子可见,产生的数列 $\{x_n\}$ 的周期 T 与 a,b 和 M 有关系.当参数 a,b 和 M 取得合适,周期 T 可达到最大值;若进一步要求 $\{x_n\}$ 的统计性质优时,也与参数 a,b 和 M 的选取有关.

定义 2.2(周期)   对初值 x_0,同余法 $x_n = (ax_{n-1} + c) \pmod M$ 产生的数列 $\{x_n\}(n = 1,2,\cdots)$,其重复数之间的最短长度(循环长度)称为此初值下 LCG 的**周期**,记为 T.若 $T = M$,则称为**满周期**.

显然由(2.1)产生的数列,它的周期 $T \leqslant M$,例 2.2 中 $T = 4$ $< M$;例 2.3 中 $T = 2 < M$;例 2.4 中 $T = 8 = M$,它达到满周期.

例 2.5   取 $M = 2^6 = 64,a = 5,c = 0,x_0 = 17$,利用(2.1)式得到数列 $\{x_n\}$ 为:$21,41,13,1,5,25,61,49,53,9,45,33,37,57,$ $29,17,21,\cdots$,数列的周期 $T = 16 < M$.

例 2.6   取 $M = 16,a = 5,c = 3,x_0 = 7$,利用(2.1)式得到数列 $\{x_n\}$ 为:$6,1,8,11,10,5,12,15,14,9,0,3,2,13,4,7,6,1,\cdots$,数列 $\{x_n\}$ 的周期 $T = 16 = M$,故称由以上参数决定的 LCG 具有满周期.

易见,为了得到大量不重复的均匀随机数,M 取越大越好,同时由以上几个例子可知,应适当选取参数 a,c,x_0 及 M 才能得到周期长且均匀性、随机性好的数列.以下分别讨论如何选取参数,使得由此产生的数列周期长、统计性质优且产生的速度快.

(二)混合同余法(混合式 LCG)

当(2.1)式中参数 $c > 0$ 时的 LCG 方法称为混合同余法,或称

为混合式 LCG. 如例 2.4 和例 2.6 都是混合式发生器,且 $T = M$;
例 2.2 和例 2.3 也是混合式发生器,但参数选得不好,使得所产生
数列的周期 $T < M$,且随机性差. 以下讨论如何选取 a, c, x_0 及 M,
使所得混合发生器为满周期.

(1) 满周期混合式 LCG 中 a, c, x_0 及 M 的选取准则

定理 2.1　　如果下列三个条件都满足,由(2.1)式定义的
LCG 可达到满周期.

① c 与 M 互素(即可以同时整除 c 和 M 的正整数只有 1);

② 对 M 的任一个素因子 P,$a \equiv 1(\mathrm{mod}\ P)$(即 $a - 1$ 应被 P
整除);

③ 如果 4 是 M 的因子,则 $a \equiv 1(\mathrm{mod}\ 4)$.

定理 2.1 给出了混合式 LCG 取到满周期时,a, c, x_0 及 M 应满
足的条件. 经常取 $M = 2^L$,其中 L 是计算机中存放一个整数值的
二进制位数(称为整数的尾数字长). 这种取法有两个优点:一是可
使随机数的周期尽可能地大,适当选取 a, c, x_0,使周期 $T = M$ 取
到最大值;二是算法上利用计算机的"整数溢出"原理,可简化计
算(详细内容在下面介绍).

$M = 2^L$ 取定后,由定理 2.1 的条件①,取 $c = 2\beta + 1$(奇数);
又 4 显然是 M 的因子,由条件③应取 $a = 4\alpha + 1$;当 $M = 2^L$ 时,
$P = 2$ 是 M 的唯一素因子,当取 $a = 4\alpha + 1$ 时,条件②也满足.

为使混合 LCG 达到满周期,参数可取为:

$$\begin{cases} M = 2^L & (L \text{ 为整数的尾数字长}), \\ a = 4\alpha + 1, \alpha \text{ 为任意正整数}, \\ c = 2\beta + 1, \beta \text{ 为任意正整数}, \\ x_0 \text{ 为任意非负整数}. \end{cases} \quad (2.2)$$

此时混合式 LCG 的递推公式可写为:

$$\begin{cases} x_n = ((4\alpha + 1)x_{n-1} + (2\beta + 1))\ (\mathrm{mod}\ 2^L), \\ r_n = x_n / 2^L \quad (n = 1, 2, \cdots), \\ x_0 \text{ 为任意非负整数}. \end{cases} \quad (2.3)$$

（2）为使统计性质优，参数 a, c, x_0 的选取准则

一个好的随机数发生器产生的随机变量序列 $\{X_n\}$（或 $\{R_n\}$）除周期长外，还要求统计性质优，如要求 $E(R_n) = 1/2$，$Var(R_n) = 1/12$，且 $R_1, R_2, \cdots$ 独立等.

设混合式 LCG 的参数满足（2.2），则由此产生的数列 $\{X_n\}$ 周期 $T = M$，因初值 X_0 是小于 M 的任意非负整数，一般可假定 X_n 是随机变量，且 X_n 取得 0 到 $M-1$ 之间任一个数的机会是均等的，即

$$P\{X_n = i\} = \frac{1}{M} \quad (i = 0, 1, \cdots, M-1).$$

则 X_n 有如下性质：

$$E(X_n) = \sum_{i=0}^{M-1} iP\{X_n = i\} = \frac{M-1}{2},$$

$$Var(X_n) = E(X_n^2) - (E(X_n))^2 = \frac{1}{12}(M^2 - 1).$$

从而　$E(R_n) = E\left(\frac{X_n}{M}\right) = \frac{1}{2} - \frac{1}{2M} \to \frac{1}{2}$　（当 $M \to \infty$ 时），

$$Var(R_n) = \frac{1}{12} - \frac{1}{12M^2} \to \frac{1}{12} \quad （当 M \to \infty 时）.$$

可见当 M 充分大时，由混合式 LCG 产生的数列 $\{R_n\}$ 的特征量与均匀随机数列的特征量差异很小，它们与 a, c 的选取无关.

用混合式 LCG 产生的数列 $\{X_n\}$，其中 $X_n = f(X_{n-1})$，数列 $\{X_n\}(n = 1, 2, \cdots)$ 不可能独立. 定义 j 阶自相关系数：

$$\rho(j) = \rho(X_n, X_{n+j}) = \frac{E[(X_n - E(X_n))(X_{n+j} - E(X_{n+j}))]}{\sqrt{Var(X_n)}\sqrt{Var(X_{n+j})}}.$$

记 $E(X_n) = \dfrac{M-1}{2} \triangleq \mu$；$Var(X_n) = \dfrac{1}{12}(M^2 - 1) \triangleq \sigma^2$，则

$$\rho(j) = \frac{E[(X_n - \mu)(X_{n+j} - \mu)]}{\sigma^2} \quad (j = 1, 2, \cdots).$$

为简单计，一般只讨论一阶自相关系数 $\rho(1)$，我们希望选择适当的 a, c，使 $\rho(1) \approx 0$.

可以证明,对于满周期的混合式 LCG 有

$$\rho(1) = \frac{S_{0,c}^{(M)}(a,M) - \frac{1}{2}\left(\left(\frac{C}{M}\right)\right) + \frac{1}{2}\left(\left(\frac{C}{aM}\right)\right) - \frac{1}{4M}}{\frac{M}{12}\left(1 - \frac{1}{M^2}\right)},$$

其中 $S_{g,h}^{(f)}(a,b) = \sum_{i=0}^{b-1}\left(\left(\frac{i}{b} + \frac{g}{bf}\right)\right)\cdot\left(\left(\frac{ai}{b} + \frac{ag+bh}{bf}\right)\right),$

$$((x)) = \begin{cases} x - [x] - \frac{1}{2}, & \text{当 } x \text{ 非整数时,} \\ 0, & \text{当 } x \text{ 为整数时.} \end{cases}$$

近似地,有 $\rho(1) \approx \frac{1}{a} - \frac{6c}{aM}\left(1 - \frac{c}{M}\right).$

为使 $\rho(1) \approx 0$,一般选取 a 值大 $(a < M)$,且数值 a 在二进制表示中 $0,1$ 排列无明显规律性,如取 $a = \sqrt{M}$ 或 $a = 2^{L-3}(\sqrt{5} - 1)$($L$ 为整数的尾数字长).Kunth 在 1969 年概括出混合同余法参数的选择准则:

① x_0 为任意非负整数;

② a 满足:(i) $a(\text{mod } 8) \equiv 5$,   (ii) $\frac{M}{100} < a < M - \sqrt{M}$,

(iii) a 的二进制表示没有明显规律;

③ c 为奇数,且 $\frac{c}{M} = \frac{1}{2} - \frac{\sqrt{3}}{6} \approx 0.211324865.$

根据以上准则,具体地可给出参数 a,c,M 的计算公式:

$$\begin{cases} M = 2^L, \ x_0 \text{ 为任意非负整数;} \\ a = 8 \times \left[\frac{M}{64} \times \pi\right] + 5; \\ c = 2 \times \left[\frac{M}{2} \times 0.211324865\right] + 1. \end{cases} \quad (2.4)$$

(3) 两个混合式发生器

下面介绍两个经前人检验认为是满意的混合式发生器:

当 $L = 35$ 时,Coveyou 和 Macpherson 给出了下面的 LCG:

$$x_n = (5^{15}x_{n-1} + 1)(\text{mod } 2^{35});$$

当 $L = 31$ 时,Kobayashi 提出了下面的 LCG:

$$x_n = (314159269x_{n-1} + 453806245)(\text{mod } 2^{31}).$$

从后面的讨论我们将看到,混合式 LCG 并不是最佳发生器,更简单和易理解的积式 LCG 与混合式 LCG 具有同样的性能,更广泛地被应用. 常见的统计软件包中均匀随机数发生器多数使用素数模积式 LCG.

(三)乘同余法(积式发生器)

在(2.1)式中当 $c = 0$ 时的 LCG 方法称为乘同余法,或称积式发生器.

(1)乘同余法的周期 T

当 $c = 0$ 时,定理 2.1 中条件 ① 不能满足,乘同余法不可能取到满周期. 我们来讨论乘同余法的最大周期 $T =?$,如何选取参数可使得乘同余法达到最大周期.

引理 2.1 设乘同余发生器:

$$\begin{cases} x_n = ax_{n-1}(\text{mod } M), \\ (x_0, M) = 1, \end{cases} \qquad (2.5)$$

则使得 $a^V \equiv 1 (\text{mod } M)$ 成立的最小正整数 V 为乘同余发生器 (2.5) 的周期.

证明 设乘同余发生器的周期为 T. 由同余的传递性得

$$x_V \equiv a^V x_0 (\text{mod } M).$$

因 V 为满足 $a^V \equiv 1 (\text{mod } M)$ 的最小正整数,对任给初值 $x_0 (x_0 < M)$,有 $x_V \equiv x_0 (\text{mod } M)$,即 $x_V = x_0$. 所以 $T \leqslant V$.

假定 $T < V$,由周期的定义,必存在 $0 < i < j < V$,使 $x_j \equiv x_i (\text{mod } M)$,由同余的传递性知 $a^j x_0 \equiv a^i x_0 (\text{mod } M)$;由于 $(x_0, M) = 1$,由同余的性质 ④ 得 $a^j \equiv a^i (\text{mod } M)$;再利用同余的性质 ③ 有 $a^V = a^j a^{V-j} \equiv a^i a^{V-j} (\text{mod } M)$;已知 $a^V \equiv 1 (\text{mod } M)$,故 $a^{V-(j-i)} \equiv 1 (\text{mod } M)$. 显然 $V - (j - i) < V$,这与 V 是满足 $a^V \equiv 1(\text{mod } M)$ 的最小正整数相矛盾.综合之,必有 $T = V$. [**证毕**]

注意,在积式发生器中,参数 M 与 a 要求互素. 否则由此产生的数列在若干步后可能退化为 0. 这种退化情况没有研究的价值. 这一点在下面的讨论中一般不重述.

以上引理说明了乘同余法的周期 T 由参数 a, M 确定,如何选取 a, M,使周期达最大?以下通过例子先来看看乘同余法与混合同余法的联系.

例 2.7 设乘同余发生器为

$$\begin{cases} x_n = (8a + 5)x_{n-1}(\bmod\ 2^L), \\ x_0 = 4b + 1, \end{cases} \tag{2.6}$$

则 $x_n = 4x_n^* + 1$ (x_n^* 为整数,$n = 0, 1, 2, \cdots$). 其中 x_n^* 满足:

$$\begin{cases} x_n^* = (8a + 5)x_{n-1}^* + (2a + 1)(\bmod\ 2^{L-2}), \\ x_0^* = b. \end{cases} \tag{2.7}$$

证明 用归纳法. 当 $n = 0$,显然有 $x_0 = 4x_0^* + 1$($x_0^* = b$);

假设 $x_n = 4x_n^* + 1$ 成立,因 $x_{n+1} = (8a + 5)x_n(\bmod\ 2^L)$,而

$$(8a + 5)x_n = (8a + 5)(4x_n^* + 1)$$
$$= 4[(8a + 5)x_n^* + (2a + 1)] + 1 = 4\beta + 1$$
$$\triangleq q2^L + r \quad (0 < r < M = 2^L),$$

故有 $\qquad x_{n+1} = r = 4(\beta - q2^{L-2}) + 1 = 4x_{n+1}^* + 1.$

另一方面,因

$$4x_n^* + 1 = x_n = (8a + 5)x_{n-1}(\bmod\ 2^L)$$
$$= (8a + 5)(4x_{n-1}^* + 1)\ (\bmod\ 2^L)$$
$$= 4[(8a + 5)x_{n-1}^* + (2a + 1)] + 1\ (\bmod\ 2^L),$$

由同余的性质及 $2^L/(2^L, 4) = 2^{L-2}$,可得:

$$\begin{cases} x_n^* = (8a + 5)x_{n-1}^* + (2a + 1)\ (\bmod\ 2^{L-2}), \\ x_0^* = b. \end{cases} \qquad [\text{证毕}]$$

由此例产生的数列 $x_n \in \{4m + 1 | m = 0, 1, 2, \cdots, 2^{L-2} - 1\}$,而满足 $4m + 1 < 2^L$ 的整数共 2^{L-2} 个. 故周期 $T = 2^{L-2}$. 且整数列 $\{x_n\}$ 是由 0 到 $2^L - 1$ 之间仅 $\frac{1}{4}$ 的数集合 $\{1, 5, 9, 13, \cdots, 2^L - 3\}$ 重

新排列而成. 可以证明,选不同的 a, x_0 可以得到不同的奇数集合.

由例 2.7 可见,取参数 $a = 8\alpha + 5, c = 2\alpha + 1, M = 2^{L-2}$,用混合同余法产生的数列 $\{x_n^*\}$ 和取 $a = 8\alpha + 5, x_0 = 4b + 1, M = 2^L$ 用乘同余法产生的数集合 $\{x_n\}$ 之间存在一一对应关系. 因此当参数 $a = 8\alpha + 5 < 2^{L-2}$ 时,可把乘同余法看作混合同余法的一个特例.

(2.7) 所确定的混合式发生器的最大周期 $T = 2^{L-2}$. 可见当取 $M = 2^L$ 时乘同余法的最大周期为 2^{L-2}. 如何选 a, x_0 使乘同余法的周期 T 达最大呢?例 2.7 给出一种选法,一般情况有如下定理.

定理 2.2 乘同余法达到最大周期的充要条件为:

① 当 $M = 2^L (L \geqslant 4), x_0$ 为奇数时,则取 $a \equiv 3$ 或 $5 \pmod 8$,且最大周期 $T = 2^{L-2}$;

② 当 $M = 10^s (s \geqslant 5), x_0$ 不是 2 或 5 的倍数时,则取 $a \pmod{200}$ 等于以下 32 个值之一:3,11,13,17,21,27,29,37,53,59,61,67,69,77,83,91,109,117,123,131,133,139,141,147,163,171,173,179,181,187,189,197 且 $T = 5 \times 10^{s-2}$;

③ 当 $M = p$(p 为素数)时,则取 a 为 M 的素元(见第 98 页),且可得最大周期 $T = M - 1$.

(2) 乘同余法生成数列的自相关系数

由乘同余法产生的随机变量序列 $\{X_n\}$,类似地有

$$\begin{cases} \mathrm{E}(X_n) = \dfrac{1}{2}(M - 2), \\ \mathrm{Var}(X_n) = \dfrac{1}{12}(M^2 - 16); \end{cases}$$

从而 $\quad \begin{cases} \mathrm{E}(R_n) = \dfrac{1}{2} - \dfrac{1}{M} \to \dfrac{1}{2}, \\ \mathrm{Var}(R_n) = \dfrac{1}{12} - \dfrac{4}{3M^2} \to \dfrac{1}{12} \end{cases} \quad$ (当 $M \to \infty$ 时).

随机变量列 $\{R_n\}$ 的特征量(均值、方差)与参数 a, x_0 的选取无关.

可以证明,当 $M = 2^L (L \geqslant 3), a = 8\alpha + 5$ 时,一阶自相关系数

为：

$$\rho(1) = \frac{\frac{48}{2^L}\Big[S_{1,0}^{(8)}(a,2^{L-3}) + S_{5,0}^{(8)}(a,2^{L-3})\Big] - \frac{12}{2^{2L}}}{1 - \frac{16}{2^{2L}}}.$$

还可以验证(当 $a < 2^{L-2}$)：$\left|\rho(1) - \frac{1}{a}\right| < \frac{4a}{M}$,故当 a 比 M 小得多时

$$\rho(1) \approx \frac{1}{a}.$$

为使乘同余法产生的数列 $\{x_n\}$ 统计性质优.应选择参数 a 值大.且由经验知道,若 a 的二进制表示很有规律(如 $1010\cdots10$, $111\cdots101$ 等),则相关系数 $\rho(1)$ 取值较大,序列的统计性质欠佳.

经大量统计检验的结果表明,选取接近模数 M,二进制表示中 $0,1$ 排列无明显规律的参数 a,一般都可以得到统计意义上满意的随机数.经验表明取 $a = 5^{2s+1}$ 是可行的一种;其中正整数 s 满足：$5^{2s+1} < 2^L < 5^{2s+3}$.

下面列出常用的 L,s 与 a 的值,供参考.

L	s	$a = 5^{2s+1}$
$12 \sim 16$	2	3125
$17 \sim 20$	3	78125
$21 \sim 25$	4	1953125
$26 \sim 30$	5	48828125
$31 \sim 34$	6	1220703125
$35 \sim 39$	7	30517578125
$40 \sim 44$	8	762939453125
$45 \sim 48$	9	19073486328125

(3)算法

在线性同余发生器中,选取 a,c,M 后得一确定的 LCG 发生器,任意给定初值 x_0,数列 $\{x_n\}$ 完全确定.下面我们以乘同余法为例从算法上来考虑如何更快地产生数列 $\{x_n\}$.

① 溢出原理

当模 $M = 2^L$ 时,利用乘同余法产生数列 $\{x_n\}$ 时,需要计算以 M 为模的余数：$x_n = (ax_{n-1})(\text{mod } M)$. 若 $ax_{n-1} < M$,则 $x_n =$

ax_{n-1}；若 $ax_{n-1} \geqslant M$，记 $ax_{n-1} = \sum_{i=0}^{k} \alpha_i 2^i (\alpha_k = 1, k \geqslant L)$，这时

$$ax_{n-1} = \sum_{i=0}^{L-1} \alpha_i 2^i + 2^L \sum_{i=L}^{k} \alpha_i 2^{i-L} = r + Mq，$$

故 $$x_n = r = \sum_{i=0}^{L-1} \alpha_i 2^i.$$

如果取 L 为计算机中整数的尾数字长，比如 $L = 31$ 或 $L = 15$ 等. 因计算机可存放的最大整数为 $2^L - 1$. 当整数相乘后如果 $ax_{n-1} = \sum_{i=0}^{k} \alpha_i 2^i > 2^L - 1$（即 $k \geqslant L$），这时将数值 ax_{n-1} 存入计算机的存贮单元时会发生"溢出". 它将导致最左边的 $k - L + 1$ 个二进位丢失（溢出）. 而保留的 L 位数值正好是 x_n. 这就是利用溢出产生余数的原理.

例如取 $L = 5, a = 5, x_0 = 9$ 时，由乘同余法的递推公式 $x_n = (ax_{n-1})(\mod M)$. 利用溢出原理产生数列 $\{x_n\}$ 的过程为：

二 进 制   十 进 制

00101 × 01001 = (1)01101   — 19 ≡ 13 (mod 2^5)

00101 × 01101 = (0)00001   1

00101 × 00001 = (0)00101   5

00101 × 00101 = (0)11001   25

00101 × 11001 = (1)11101   — 3 ≡ 29 (mod 2^5)

00101 × 11101 = (0)10001   17

∙∙

上式中括号（）位是符号位，符号位为 0 表示正数，符号位为 1 表示负数. 由于"溢出"，符号位若变为 1，得到的 x_n 是一个负数. 对此种情况应加以控制，根据数值在计算机内存的存贮方式，当 $x_n < 0$ 时，只需令 $x_n = x_n + 2^5$ 即可.

我们经常取 $M = 2^L$（L 是计算机中整数的尾数字长），正是利用了溢出原理来减少除法运算；并使周期达到了可能的最大值. 但请注意，利用溢出原理时，符号位可能发生变化. 另外溢出后的处

理与计算机型号及所用算法语言有关. 很多计算机具有整数相乘后溢出的功能,但也有些计算机当发生"溢出"时判运行错或者置存贮单元的值为 0 或最大整数. 这时溢出原理无效.

算法 2.1(利用溢出原理的乘同余法) 设计算机中整数尾数字长 $L = 31, M = 2^{31} = 2147483648$,乘同余发生器为

$$x_n = 1220703125\, x_{n-1} (\mathrm{mod}\ M).$$

设 x_n 存放在整变量 IX 中,$a = 1220703125$ 存放在整变量 IA 中. 下面是这一算法相应的 FORTRAN 函数段:

```
FUNCTION RAND1(IX)
INTEGER*4 IA,IX
DATA IA/1220703125/
BM = 4.6566128E − 10
IX = IA * IX
IF (IX.LT.0) IX = IX + 2 ** 30 + 2 ** 30
RAND1 = IX * BM
RETURN
END
```

当 $L = 31$ 时,可表示的最大整数为 $2147483647(= 2^{31} − 1)$,当溢出后符号位变成 1(表示负值)时,取 x_n 为 $x_n + M$,此时 M 应写成 $2^{30} + 2^{30}$ 或者 $2147483647 + 1$(见函数段中的 IF 语句).

② 归一运算

由整数列 $\{x_n\}$ 产生均匀随机数列 $\{r_n\}$ 时,令 $r_n = x_n/M$. 我们称这种把整数列 $\{x_n\}$ 化为 $[0,1]$ 区间上随机数列 $\{r_n\}$ 的运算为归一运算.

若 $x_n = \sum_{i=0}^{k} a_i 2^i (k < L)$, 则 $r_n = \dfrac{x_n}{2^L} = \sum_{i=0}^{k} a_i 2^{i-L}$. 归一运算就相当于把小数点移到最左边位置. 用汇编语言编写程序时运算速度将是很快的.

(三)素数模乘同余法

在以上的乘同余发生器中,适当选取 a,可使周期 $T = 2^{L-2}$. 值得提醒的是此种取法并不是最佳的,它与满周期相差较大;且可

能出现较差的统计特性. 可见在乘同余发生器中, 取 $M = 2^L$ 并不见得是最好的取法. 我们将看到, 如果细心选取 M 和 a, 比如取 M 为小于 2^L 的最大素数, 将得到 $T = M - 1$ 且统计性能优的乘同余发生器. 这样选取的发生器, 称之为素数模乘同余发生器.

素数模乘同余发生器 (也称为素数模积式 LCG, 记为 PMMLCG) 是 Hutchinson 提出的一个十分成功的方法. 它是目前使用最广的一种均匀随机数发生器.

(1) 概念

设 M, a 为正整数, $(a, M) = 1$ (互素).

[**a 对模 M 的阶数 (或次数)**] 称满足 $a^V \equiv 1 \pmod M$ 的最小整数 V 为 a 对模 M 的阶数 (或次数), 简称为 a 的**阶数 (或次数)**.

由引理 2.1, 可知以 M 为模, a 为乘子的乘同余法中, a 的次数 V 就是该乘同余法的周期 T.

[**素数 M 的素元 (或原根)**] 若 a 对素数模 M 的阶数 V 满足: $V = M - 1$, 则称 a 为 M 的**素元 (或原根)**.

例 2.8   已知 $M = 2^3 - 1 = 7$ 是一个素数; 取 $a = 3$. 因为

$$3^1 = 3 \not\equiv 1 \pmod 7, \qquad 3^2 = 9 \not\equiv 1 \pmod 7,$$
$$3^3 = 27 \not\equiv 1 \pmod 7, \qquad 3^4 = 81 \not\equiv 1 \pmod 7,$$
$$3^5 = 243 \not\equiv 1 \pmod 7, \qquad 3^6 = 729 \equiv 1 \pmod 7,$$

故 $a = 3$ 对模 7 的阶数 $V = 6 = M - 1$; 且 $M - 1 = 6$ 是乘同余发生器

$$\begin{cases} x_n = 3x_{n-1} \pmod 7, \\ x_0 \text{ 为任意非负整数} \end{cases}$$

的周期 T. 因此 $a = 3$ 是素数 $M = 7$ 的素元. 类似地可以验证, $a = 5$ 也是素数 $M = 7$ 的素元. 素元存在但可以不唯一.

(2) 素数模乘同余发生器中参数的选择

在乘同余发生器中, 参数 M 和 a 的选取方法如下:

① 取 M 为小于 2^L 的最大素数;

② 选取 a 为 M 的素元, 这样可保证周期 $T = M - 1$;

③ 为使 $\{x_n\}$ 的统计性能优,要求 a 值适当取大;且 a 的二进制表示尽可能无规律.

这样选取 M 和 a 后,我们就可以在每一循环周期内确切地得到 $1,2,\cdots,M-1$ 中的每一个整数. 初值 x_0 可以取 1 到 $M-1$ 间任何一个整数,且保证周期 $T=M-1$. 这样的乘同余发生器就称为素数模乘同余发生器.

对于素数模乘同余法也有两个问题产生:① 如何求得对素数模 M 的素元 a 呢?比如 $M=31$ 时,$a=?$② 因模 M 不是 2^L 的形式,不能利用计算机的"溢出原理"来减少除法运算,即在算法上如何解决对模数 M 的除法运算. 问题 ① 涉及到数论的很多知识,我们不讨论它. 在这里我们向读者推荐使用以下两组经检验统计性质是良好的 PMMLCG 发生器.

当 $L=35$ 时,小于 2^{35} 的最大素数 $M=2^{35}-31=34359738337$,取 $a=5^5=3125(5^5$ 是 M 的一个素元),则素数模积式发生器为

$$\begin{cases} x_n = 3125x_{n-1}(\text{mod } 2^{35}-31), \\ r_n = x_n/(2^{35}-31), \\ x_0 \text{ 为} < M \text{ 的任意正整数}, \end{cases} \tag{2.8}$$

式中 $n=1,2,3,\cdots$.

当 $L=31$ 时,小于 2^{31} 的最大素数 $M=2^{31}-1=2147483647$,取以下 $a_i(i=1,2,3,4)$ 中任一个作为乘子 a ,x_0 为任意正整数.

$$a_1 = 7^5 = 16807, \quad a_2 = 397204094,$$
$$a_3 = 764261123, \quad a_4 = 630360016.$$

(3) 算法

为了避免显除运算,Payne,Rabang 和 Bogyo 在 1969 年给出了一种算法,称为"模拟式除法",仍利用"溢出原理".

算法 2.2(利用"溢出原理"的模拟式除法) 设 $M=2^L-g$ 为小于 2^L 的最大素数,递推公式为

$$x_n = ax_{n-1}(\text{mod } 2^L-g).$$

令 $z_n = ax_{n-1}(\bmod\ 2^L)$,计算 z_n 时可利用溢出原理,从而避免了显除运算.记 $k = [ax_{n-1}/2^L]$,则

$$x_n = \begin{cases} z_n + kg, & \text{当 } z_n + kg < 2^L - g \text{ 时}; \\ z_n + kg - (2^L - g), & \text{当 } z_n + kg \geqslant 2^L - g \text{ 时}. \end{cases}$$

在字长为 32 位的计算机上,取 $M = 2^{31} - 1$ 的素数模 LCG 为

$$x_n = 7^5 x_{n-1}(\bmod\ M).$$

以下程序是采用模拟式除法,且便于移植的 FORTRAN 函数段. 它适用于所有字长大于等于 32 的计算机.

```
FUNCTION RAND2(IX)
INTEGER*4 IA,I15,I16,K,M
INTEGER*4 IX,IX0,IX1,IX2,IXX
DATA IA,I15,I16/16807,32768,65536/
DATA M/2147483647/
IX0 = IX/I16
IX1 = (IX-IX0*I16)*IA
IX2 = IX1/I16              计算 K = [ax_{n-1}/2^31]
IXX = IX0*IA+IX2
K = IXX/I15
IX = IX*IA                利用溢出原理计算 z_n
IF (IX.LT.0) IX=IX+M+1
M0 = M-K
IF (IX.LT.M0) THEN
    IX = IX+K
ELSE
    IX = IX-M0
ENDIF
RAND2 = IX*4.656612875E-10
RETURN
END
```

以上函数段当输入初值 $x_0 = 1$(即第一次引用时取 IX = 1)时,则 $x_{1000} = 522329230$(即调用函数段 1000 次后,IX 的返回值). 如果用户使用的计算机字长为 16 位(或大于 16 位),可以通过引入双精度变量来实现.

在素数模乘同余法中,ax_{n-1} 的结果具有最大的位数,经常出现溢出. 如果不能使用溢出原理,可以采用以下的算法.

100

算法 2.3(不利用溢出原理的素数模乘同余法)　设 $M = ab + c$,a 是乘子,$b = \left[\dfrac{M}{a}\right]$,$c = M \pmod a$.

记 $k_0 = \left[\dfrac{ax_{n-1}}{M}\right]$, $k_1 = \left[\dfrac{x_{n-1}}{b}\right]$,显然 $k_1 \geqslant k_0$,则

$$
\begin{aligned}
x_n &= ax_{n-1} - k_0 M \\
&= ax_{n-1} - k_1(ab + c) + (k_1 - k_0)M \\
&= a[x_{n-1}(\bmod b)] - k_1 c + (k_1 - k_0)M \\
&= \begin{cases} a[x_{n-1}(\bmod b)] - k_1 c, & \text{当 } k_1 = k_0; \\ a[x_{n-1}(\bmod b)] - k_1 c + M, & \text{当 } k_1 - k_0 = 1. \end{cases}
\end{aligned}
$$

下面是这一算法相应的 FORTRAN 函数段.它适用于所有字长大于等于 32 位的计算机.

```
FUNCTION UNIF(IX)
INTEGER*4 IA,IB,IC,K,M
DATA IA,IB,IC/16807,127773,2836/
DATA M/2147483647/
K1 = IX/IB
IY = IX−K1 * IB
IX = IA * IY−K1 * IC
IF (IX.LT.0) IX=IX+M
UNIF = IX * 4.656612875E−10
RETURN
END
```

目前,素数模乘同余法应用最广泛,在一些有名的统计软件包中,给出的均匀随机数发生器多数是素数模积式发生器.

2.2　反馈位移寄存器法(FSR 方法)

用线性同余法产生均匀随机数,几十年来发展迅速,应用普遍.但在大量使用过程中,也发现 LCG 方法的一些缺点,主要是用 LCG 方法产生的均匀随机数作为 $m(m > 1)$ 维均匀随机向量时相关性大;其次是用 LCG 方法产生的均匀随机数列的周期 T 与计算机的字长有关.在整数的尾数字长为 L 位的计算机上,不可能得到 $T > 2^L$ 的均匀随机数列.因此,在 1965 年,以 Tausworthe(陶思沃

思）发表的论文为基础的几种十分有趣又很有希望的发生器出现了.它们是通过对寄存器进行位移（递推），直接在存储单元中形成随机数.我们称这类方法为反馈位移寄存器法（Feedback Shift Register Methods），简称 FSR 方法或 FSR 发生器.

（一）FSR 方法

Tausworthe（1965）提出的 FSR 方法,用线性反馈递推公式：

$$\alpha_k = (c_p\alpha_{k-p} + c_{p-1}\alpha_{k-p+1} + \cdots + c_1\alpha_{k-1})(\mathrm{mod}\ 2) \qquad (2.9)$$

对寄存器中的二进制数码 α_k 作递推运算,其中 p 是给定正整数,$c_p = 1, c_i = 0$ 或 $1(i = 1,\cdots,p-1)$ 为给定常数.

给定初值 $(\alpha_{-p}, \alpha_{-p+1}, \cdots, \alpha_{-1})$,由(2.9)式产生的 0 或 1 值组成二进制数列 $\{\alpha_n\}$.截取数列 $\{\alpha_n\}$ 中连续的 L 位构成一个 L 位二进制整数；接着截取 L 位又形成一个整数,以此类推,即得：

$$x_1 = (\alpha_1, \alpha_2, \cdots, \alpha_L)_2,$$
$$x_2 = (\alpha_{L+1}, \alpha_{L+2}, \cdots, \alpha_{2L})_2,$$
$$\cdots\cdots\cdots\cdots\cdots\cdots\cdots\cdots\cdots$$

一般地

$$x_n = (\alpha_{(n-1)L+1}, \alpha_{(n-1)L+2}, \cdots, \alpha_{nL})_2 \quad (n = 1,2,\cdots).$$

令

$$r_n = x_n/2^L \quad (n = 1,2,\cdots),$$

则 $\{r_n\}$ 即为 FSR 方法产生的均匀随机数列.

Tausworthe 在 1965 年证明了有关 FSR 方法的一些结论：如果 L 与 $2^p - 1$ 互素,且初值 x_0 取自 0 到 $2^L - 1$ 间任一整数的概率相等；则用 FSR 方法产生的随机数列 $\{r_n\}$ 具有性质：① 期望近似为 $\frac{1}{2}$；② 方差近似为 $\frac{1}{12}$；③ 自相关系数近似为 0；④ 当 $mL \leqslant p$,且 mL 与 $2^p - 1$ 互素时,可构成 m 维均匀随机数.

例 2.9　取 $p = 5$,已知 $c_1 = c_2 = c_4 = 0, c_3 = c_5 = 1$,初值为

$$(\alpha_{-5}, \alpha_{-4}, \alpha_{-3}, \alpha_{-2}, \alpha_{-1}) = (1,0,1,0,0),$$

则用递推公式(2.9)可得二进制数列 $\{\alpha_k\}(k = 0,1,2,\cdots)$.表 3-1 列出了 $\{\alpha_k\}$ 的产生过程.

表 3-1   二进制数列 $\{\alpha_k\}$ 的产生过程

$c_5 = 1$	$c_4 = 0$	$c_3 = 1$	$c_2 = 0$	$c_1 = 0$		
α_{k-5}	α_{k-4}	α_{k-3}	α_{k-2}	α_{k-1}	α_k	k
1	0	1	0	0	0	0
0	1	0	0	0	0	1
1	0	0	0	0	1	2
0	0	0	0	1	0	3
0	0	0	1	0	0	4
0	0	1	0	0	1	5
0	1	0	0	1	0	6
1	0	0	1	0	1	7
0	0	1	0	1	1	8
0	1	0	1	1	0	9
⋮	⋮	⋮	⋮	⋮	⋮	⋮

其实当 $c_1 = c_2 = c_4 = 0, c_3 = c_5 = 1$ 时, (2.9) 式可简化为

$$\alpha_k = (\alpha_{k-5} + \alpha_{k-3})(\mathrm{mod}\ 2).$$

或

$$\alpha_k = \begin{cases} 0, & 当\ \alpha_{k-3} = \alpha_{k-5}\ 时, \\ 1, & 当\ \alpha_{k-3} \neq \alpha_{k-5}\ 时. \end{cases}$$

这时产生的序列 $\{\alpha_k\}(k = 0,1,2,\cdots)$ 为   0010 0101 1001 1111 0001 1011 1010 100|0 0100 1011 0011 1110 0011 0111 0101 00|00 1001 0110 0111 1100 0110 1110 1010 0$\cdots$.

易见该二进制数列的周期为 $2^p - 1 = 31$.

取 $L = 4$, 由 $\{\alpha_k\}$ 可得整数列 $\{x_n\}$ 为: 2,5,9,15,1,11,10, 8,4,11,3,14,3,7,5,0,9,6,7,12,6,14,10,$\cdots$. 从而得均匀随机数列 $\{r_n\}$ 为: 0.125,0.3125,0.5625,0.9375,0.0625,0.6875, 0.625,0.5,0.25,0.6875,0.1875,0.875,0.1875,0.4375,0.3125, 0.0,0.5625,0.375,0.4375,0.75,0.375,0.875,0.625,$\cdots\cdots$.

通过改变 p 及 $c_1,c_2,\cdots,c_p$ 的值; 将得到不同的 FSR 发生器.

人们通过对 FSR 发生器的反复使用中发现, 当系数 $c_j(j = 1, 2,\cdots,p)$ 中仅有两个为 1, 其余全为 0 的情况下, FSR 发生器不仅变得简单, 而且效果好. 这时递推公式 (2.9) 为

$$\alpha_k = (\alpha_{k-p} + \alpha_{k-r})(\bmod 2),$$

整数 r,p 满足 $0 < r < p$. 由模数 2 同余运算的特点, 递推公式还可写成:

$$\alpha_k = \begin{cases} 0, & \text{若 } \alpha_{k-p} = \alpha_{k-r}, \\ 1, & \text{若 } \alpha_{k-p} \neq \alpha_{k-r}. \end{cases}$$

这时 FSR 方法可以用另一种形式来表示.

（二）FSR 方法的另一递推公式

1971 年 Toothill, Robinson 和 Adams 给出 FSR 方法另一个表达式:

$$\begin{cases} u_0 = 1, \\ u_k = xu_{k-1}(\bmod \ x^p + x^q + 1), \end{cases} \tag{2.10}$$

其中 u_k 是次数 $< p$ 且系数为 0 或 1 的多项式. 而且 $p > q > 0$ 为正整数. 例如 $p = 5, q = 2$ 时, 有

$u_0 = 1,$
$u_1 = x,$
$u_2 = x^2,$
$u_3 = x^3,$
$u_4 = x^4,$
$u_5 = x^2 + 1$ （因 $x^5(\bmod \ x^5 + x^2 + 1) = x^2 + 1$）,
$u_6 = x^3 + x,$
....

多项式 u_k 可用系数 $(\alpha_0^{(k)}, \alpha_1^{(k)}, \cdots, \alpha_{p-1}^{(k)})$ 表示:

$$u_k = \alpha_0^{(k)} + \alpha_1^{(k)}x + \cdots + \alpha_{p-1}^{(k)}x^{p-1},$$

其中 $\alpha_i^{(k)}(i = 0, 1, \cdots, p-1)$ 为 0 或 1. 如果把多项式的系数按次序: $x^{q-1}, \cdots, x, 1, x^{p-1}, \cdots, x^q$ 排列, 则 u_k 的系数与 (2.9) 式中 $(\alpha_{k-p}, \cdots, \alpha_{k-2}, \alpha_{k-1})$ 之间可建立一一对应关系.

例如 $p = 5, q = 2$ 时, 多项式 u_k 的系数按规定次序排列后记为 w_k, 表 3-2 列出 u_k 的系数表示法。对照表 3-1 和表 3-2 易见, 它们之间是一一对应的(u_k 的系数 w_k 与 (2.9) 式中 α_{k+1} 的组合系数). 这说明 (2.9) 和 (2.10) 两种递推公式此时是等价的.

表 3-2 u_k 的系数表示

	x	1	x^4	x^3	x^2
w_0	0	1	0	0	0
w_1	1	0	0	0	0
w_2	0	0	0	0	1
w_3	0	0	0	1	0
w_4	0	0	1	0	0
w_5	0	1	0	0	1
w_6	1	0	0	1	0
w_7	0	0	1	0	1
w_8	0	1	0	1	1
$\vdots$	$\vdots$	$\vdots$	$\vdots$	$\vdots$	$\vdots$

多项式 u_k 的系数 w_k 之间满足一定关系,我们将利用这个关系来简化由(2.10)式求 u_k 的计算. 由(2.10)式有:

$$u_{n+p} = xu_{n+p-1} \quad (\mathrm{mod}\ x^p + x^q + 1)$$
$$= x^n u_p \quad (\mathrm{mod}\ x^p + x^q + 1)$$
$$= x^n(u_q + u_0) \quad (\mathrm{mod}\ x^p + x^q + 1)$$
$$= (u_{n+q} + u_n) \quad (\mathrm{mod}\ x^p + x^q + 1),$$

所以系数 w_k 之间有递推关系式:

$$w_{n+p} = w_{n+q} \bigoplus w_n \quad (n = 1, 2, \cdots), \qquad (2.11)$$

其中 $\bigoplus$ 表示按模 2 相加,即

$$0 \bigoplus 0 = 0, \quad 1 \bigoplus 1 = 0, \quad 1 \bigoplus 0 = 0 \bigoplus 1 = 1.$$

例如
$$w_3 \bigoplus w_1 \quad (n = 1, q = 2, p = 5)$$
$$= (00010) \bigoplus (10000)$$
$$= (10010) = w_6.$$

利用(2.11),多项式序列 $\{u_k\}$ 的计算问题转化为系数 w_k 的递推计算. 取 $p = L$,令 $y_n = (w_n)_2$(即多项式 u_n 的系数 w_n 作为 L 位的二进制整数记为 y_n),则 $y_{n+1} = (w_{n+p})_2 = (w_{n+q} \bigoplus w_n)_2$;即利用 w_n 和 w_{n+q} 的模 2 加运算可得 w_{n+p},也就是得到 y_{n+1}. 记

$$w_n = (a_n, a_{n+1}, \cdots, a_{n+p-1}),$$
$$w_{n+q} = (a_{n+q}, a_{n+q+1}, \cdots, a_{n+q+p-1}),$$
$$w_{n+p} = (a_{n+p}, a_{n+p+1}, \cdots, a_{n+2p-1}),$$

则 w_n, w_{n+q}, w_{n+p} 之间有如下关系：

$$\underbrace{\alpha_n\ \alpha_{n+1}\ \cdots\ \overbrace{\alpha_{n+q}\cdots\ \alpha_{n+p-1}}^{w_{n+q}}\ \underbrace{\alpha_{n+p}\cdots\alpha_{n+p+q-1}\cdots\alpha_{n+2p-1}}_{w_{n+p}}}_{w_n}\cdot$$

利用递推关系式 $w_{n+p} = w_n \oplus w_{n+q}$（设 $p > 2q$）有

① 由 w_n 计算 w_{n+p} 的前面 $p-q$ 个元素（因 $p-q > q$，w_{n+p} 的前 q 个元素正是 w_{n+q} 后面的元素）：

$$\alpha_{n+p} = \alpha_n \oplus \alpha_{n+q},$$

$$\alpha_{n+p+1} = \alpha_{n+1} \oplus \alpha_{n+q+1},$$

$$\cdots\cdots\cdots\cdots\cdots\cdots$$

$$\alpha_{n+p+(p-q-1)} = \alpha_{n+p-q-1} \oplus \alpha_{n+p-1}.$$

② 由 w_n 和 w_{n+q} 计算 w_{n+p} 的后面 q 个元素：

$$\alpha_{n+p+(p-q)} = \alpha_{n+p-q} \oplus \alpha_{n+p} = \alpha_{n+p-q} \oplus [\alpha_n \oplus \alpha_{n+q}],$$

$$\cdots\cdots\cdots\cdots\cdots\cdots$$

$$\alpha_{n+2p-1} = \alpha_{n+p-1} \oplus \alpha_{n+p+q-1} = \alpha_{n+p-1} \oplus [\alpha_{n+q-1} \oplus \alpha_{n+2q-1}].$$

这表明 w_{n+p} 的元素通过（2.11）式可以由 w_n 的元素经模 2 加运算得到. 也就是由整数 y_n 得到下一个整数 y_{n+1}，以此类推，可得整数序列 $\{y_n\}$，然后令 $r_n = y_n/2^L$，即得均匀随机数序列 $\{r_n\}$.

改变 p, q 的值，可得到不同的 FSR 方法.

算法 2.4（**FSR 方法**）　设寄存器字长为 $p+1$（取 $L = p$，另符号占一位），且 $q < \dfrac{p}{2}$（为了用（2.11）式由 y_n 计算 y_{n+1} 所要求的），A, B 为寄存器.

① $A \Leftarrow w_n(y_n = (w_n)_2)$，得 $A = (\alpha_n, \cdots, \alpha_{n+p-1})$（不包含符号位）.

② $B \Leftarrow A$，将 B 左移 q 位，右边 q 位充以 0，得

$$B = (\underbrace{\alpha_{n+q}, \cdots, \alpha_{n+p-1}}_{p-q\text{位}}, \underbrace{0, \cdots, 0}_{q\uparrow}).$$

③ $A \Leftarrow A \oplus B$，得

$$A = (\alpha_{n+p}, \cdots, \alpha_{n+p+(p-q)-1}, \alpha_{n+p-q}, \cdots, \alpha_{n+p-1}).$$

106

④ $B \Leftarrow A$,将 B 右移 $p-q$ 位,左边 $p-q$ 位充 0,得

$$B = (\underbrace{0,0\cdots0}_{p-q\uparrow},\underbrace{\alpha_{n+p},\cdots,\alpha_{n+p+q-1}}_{q位}).$$

⑤ $A \Leftarrow A \oplus B$,得

$$A = (\alpha_{n+p},\cdots,\alpha_{n+2p-q-1},\alpha_{n+2p-q},\cdots,\alpha_{n+2p-1}),$$

即在寄存器 A 中存放的数就是 $y_{n+1} = (w_{n+p})_2$.

⑥ 重复 ② ～ ⑤,得数列 $\{y_n\}$,令 $r_n = \dfrac{y_n}{2^p}$,则 $\{r_n\}$ 为所求均匀随机数列.

以上算法若用汇编语言编写,运算速度是很快的. 如果用 FORTRAN 语言编写,第 ② 步的左移运算,可用语句:$B = A * 2^q$ 实现;第 ④ 步的右移运算可用语句:$B = A/2^{p-q}$ 实现;第 ③ 和 ⑤ 步的模 2 加运算,在一些型号的计算机上可通过逻辑变量与整型变量的等价关系而由逻辑运算来实现.

（三）GFSR 方法

对以上的 FSR 方法进行简化,寄存器中的二进制数直接用递推公式:

$$\alpha_{n+p} = \alpha_n \oplus \alpha_{n+q} \quad (n = 1,2,\cdots)$$

计算,这种改进的方法称为 GFSR 方法. GFSR 方法对整数列 $\{y_n\}$ 有以下递推公式:

$$y_{n+p} = y_n \oplus y_{n+q} \quad (n = 1,2,\cdots). \tag{2.12}$$

用 GFSR 方法的递推公式(2.12)产生随机数的步骤如下:

① 先产生 p 个随机整数(初值):$y_1,y_2,\cdots,y_p$. 这 p 个取值在 $(0,2^p - 1)$ 范围内的随机数可查随机数表或用同余法产生;

② 由 $y_{n+p} = y_n \oplus y_{n+q}$ 依次产生 $y_{n+p}(n = 1,2,\cdots)$;

③ 令 $r_n = y_n/2^p$,则 $\{r_n\}$ 即为均匀随机数列.

Tausworthe 在 1965 年证明了,当 $y_1,y_2,\cdots,y_p$ 相互独立时, $\{y_n\}$ 的周期可达到 $2^p - 1$. GFSR 方法有如下优点:速度快;与计算机字长无关;m 维均匀性好;周期较长.

2.3 组合发生器

在实际应用中,如果希望得到周期更长,随机性更好地均匀随机数,常常先用一个随机数发生器产生的随机数列为基础,再用另一个发生器对随机数列进行重新排列得到的新数列作为实际使用的 随机数. 这种把多个独立的发生器以某种方式组合在一起来产生 随机数,希望能够比任何一个单独的随机数发生器得到周期更长、统计性质更优的随机数,这就是组合发生器.

最著名的组合发生器是组合同余发生器. 用第二个 LCG "搅乱" 由第一个 LCG 产生的随机数. 它是由 Maclaren 和 Marsaglia 在 1965 年提出的. 该算法的具体步骤如下:

算法 2.5(线性同余组合发生器)   已知两个 LCG.

① 用第一个 LCG 产生 k 个随机数,一般取 $k = 128$. 这 k 个数被顺序地存放在矢量 $T = (t_1, t_2, \cdots, t_k)$ 中. 置 $n = 1$;

② 用第二个 LCG 产生一个随机整数 j,要求 $1 \leqslant j \leqslant k$;

③ 令 $x_n = t_j$,然后再用第一个 LCG 产生一个随机数 y,令 $t_j = y$;置 $n = n + 1$;

④ 重复 ② ～ ③,得随机数列 $\{x_n\}$,即为组合同余发生器产生的数列. 若第一个 LCG 的模为 M,令 $r_n = x_n/M$,则 $\{r_n\}$ 为均匀随机数.

Gebhardt 1976 年证明了这种组合同余发生器具有随机性增强,周期增大的性质. Greenwood 在 1976 年用两个满周期的混合同余发生器构成组合同余发生器,两个混合式发生器的周期都为 2^p 时,组合同余发生器的周期达到 $2^p(2^p - 1)$.

Nance 和 Overstreet 在 1978 年证明了用一个差的 LCG 搅乱另一个差的 LCG,可以得到好的效果. 但是要搅乱一个好的 LCG,则效果不明显. 他们还发现,长度 $k = 2$ 的矢量 T 与长度更大的矢量具有相同的功能.

还有一些其他的组合发生器,如 Westlake 组合发生器、n 个发生器的组合、Bays 和 Durham 提出的一个发生器的组合及用一个 LCG 和一个 FSR 发生器组合起来的发生器等等,这里不一一介绍了. 请见参考文献[1],[2],[14].

§3 均匀随机数的检验

从 §2 可知,所有随机数发生器产生的随机数当初值给定时实际上都是完全确定了的. 我们只是希望由这些发生器产生的随机数看起来好像是相互独立同 $U(0,1)$ 分布的随机变量. 本节介绍几种检验方法,可用来检验产生的随机数序列 $\{r_i\}$ 与真正 $U(0,1)$ 的独立同分布随机变量抽样值的相似程度.

一般有两种不同的检验方法. 经验检验是一种统计检验,它是以发生器产生的均匀随机数列 $\{r_i\}$ 为基础的,根据 $[0,1]$ 上均匀总体简单随机样本 $\{u_i\}$ 的性质,如特征量、均匀性、随机性和组合规律性等,研究我们产生的随机数列 $\{r_i\}$ 的相应性质,进行比较、鉴别、视其差异是否显著,决定取舍. 若各类统计检验的差异并不显著,则可接受 $\{r_i\}$ 为均匀随机变量的简单子样. 还有一种为理论检验,理论检验从统计意义上说并不是一种检验,它是用一种综合的方法来评估发生器的数值参数,而根本不必产生任何随机数 $\{r_i\}$. 例如对 LCG 发生器通过分析参数 M,a,c 的方法,指出某个 LCG 的性能如何. 与经验检验的另一个不同点是:理论检验是全面的,亦即它检验了发生器的整个周期的性质. 但这并不是说全面检验就比局部检验好,全面检验故然需要,但它并不能指出一个周期中某个特定段的实际情况如何.

由于理论检验方法需要专门学科的知识,数学上又相当难,我们这里只讨论经验检验的几种常见的方法,经验检验习惯上称为统计检验.

统计检验的一般方法 首先假设总体具有某种统计特性,然后由样本值检验这个假设是否可信,这种方法称为假设检验,或称

统计检验,具体步骤如下:

① 提出假设 H_0:总体分布为 $u(0,1)$;

② 选取适当的统计量 $T = T(x_1, \cdots, x_n)$,其中 $x_1, \cdots x_n$ 为样本,并求出 T 在 H_0 成立时的分布;

③ 给定显著水平 α,确定检验法,即给出否定域 $W:W$ 使 $P\{T(x_1, \cdots, x_n) \in W\} = \alpha$;

④ 由观测值(样本值)计算 T 值;

⑤ 作统计推断,当 $T \in W$ 时否定 H_0;当 $T \overline{\in} W$ 时,H_0 相容.

在均匀随机数的检验中,根据均匀总体所具有的种种性质,可提出不同的假设 H_0,这时统计检验的步骤是类似的,只是对不同的 H_0,选取的统计量不同,在均匀随机数的统计检验中,主要用到两类常用的统计量.

(1) 根据中心极限定理得到近似正态分布统计量

设 $\eta_1, \eta_2, \cdots, \eta_n, \cdots$ 是相互独立同 $F(x)$ 分布,且 $\mathrm{E}(\eta_i) = \mu$,$\mathrm{Var}(\eta_i) = \sigma^2$,记 $\bar{\eta} = \dfrac{1}{n} \sum\limits_{i=1}^{n} \eta_i$,则

$$U = \frac{(\bar{\eta} - \mu)\sqrt{n}}{\sigma} \tag{3.1}$$

以 $N(0,1)$ 为极限分布.

(2) χ^2 统计量

将总体 η 的简单子样 $\eta_1, \eta_2, \cdots, \eta_n$ 按一定规则分为互不相交的 m 个组,记第 i 组的观测频数为 $n_i(i = 1, 2, \cdots, m)$.若随机变量 η 属第 i 组的概率为 p_i,记理论频数 $\mu_i = np_i$,由 n_i, μ_i 构造统计量

$$V = \sum_{i=1}^{m} \frac{(n_i - \mu_i)^2}{\mu_i} \tag{3.2}$$

渐近服从 $\chi^2(f)$,其中 $f = m - l - 1, l$ 是附加在概率分布 $\{p_i\}$ 上独立约束条件的个数(即确定概率 p_i 时利用样本估计总体参数的个数).当 $f > 30$ 时,$U = \sqrt{2V} - \sqrt{2f - 1} \sim N(0,1)$.

110

3.1 参数检验

均匀随机数的参数检验是检验由某个发生器产生的随机数序列 $\{r_i\}$ 的均值、方差或各阶矩等与均匀分布的理论值是否有显著的差异.

若随机变量 $R \sim U(0,1)$，则 $\mathrm{E}(R) = \dfrac{1}{2}$，$\mathrm{Var}(R) = \dfrac{1}{12}$，$\mathrm{E}(R^2) = \dfrac{1}{3}$. 若 $R_1, R_2, \cdots, R_n$ 是均匀总体 R 的简单随机样本，即 $R_1, R_2, \cdots, R_n$ 相互独立同 $U(0,1)$ 分布. 记

$$\overline{R} = \frac{1}{n}\sum_{i=1}^{n}R_i, \quad \overline{R^2} = \frac{1}{n}\sum_{i=1}^{n}R_i^2, \quad s^2 = \frac{1}{n}\sum_{i=1}^{n}\left(R_i - \frac{1}{2}\right)^2.$$

则有：
$$\mathrm{E}(\overline{R}) = \frac{1}{2}, \quad \mathrm{Var}(\overline{R}) = \frac{1}{12n};$$
$$\mathrm{E}(\overline{R^2}) = \frac{1}{3}, \quad \mathrm{Var}(\overline{R^2}) = \frac{4}{45n};$$
$$\mathrm{E}(s^2) = \frac{1}{12}, \quad \mathrm{Var}(s^2) = \frac{1}{180n}.$$

设 $r_1, r_2, \cdots, r_n$ 是某个发生器产生的随机数. 首先对特征量作统计检验. 在 $\{r_i\}$ 是均匀总体的简单随机样本的假设下，统计量

$$u_1 = \frac{\overline{r} - \mathrm{E}(\overline{r})}{\sqrt{\mathrm{Var}(\overline{r})}} = \sqrt{12n}\left(\overline{r} - \frac{1}{2}\right), \tag{3.3}$$

$$u_2 = \frac{\overline{r^2} - \dfrac{1}{3}}{\sqrt{\dfrac{4}{45n}}} = \frac{1}{2}\sqrt{45n}\left(\overline{r^2} - \frac{1}{3}\right), \tag{3.4}$$

$$u_3 = \frac{s^2 - \dfrac{1}{12}}{\sqrt{\dfrac{1}{180n}}} = \sqrt{180n}\left(s^2 - \frac{1}{12}\right) \tag{3.5}$$

渐近服从 $N(0,1)$. 给定显著性水平 α 后，查标准正态数值表得 λ：$P\{|u_i| > \lambda\} = \alpha(u_i \stackrel{.}{\sim} N(0,1))$，否定域 $W_i = \{|u_i| > \lambda\}(i = 1, 2, 3)$. 由随机数序列 $\{r_i\}$ 计算 u_1, u_2, u_3 的值，若 $|u_i| \leqslant \lambda$，则认为产

111

生的随机数的特征量与均匀总体的特征量没有显著差异；否则，由于$\{r_i\}$的特征量与均匀总体特征量有显著差异，故不能认为$\{r_i\}$是均匀总体的简单样本.

3.2 均匀性检验

随机数的均匀性检验又称为频率检验，它用来检验由某个发生器产生的随机数序列$\{r_i\}$是否均匀地分布在$[0,1]$区间上. 也就是检验经验频率与理论频率的差异是否显著.

（一）χ^2检验

设$r_1,r_2,\cdots r_n$是待检验的一组随机数，假设$H_0: r_1,r_2,\cdots r_n$为均匀总体的简单样本.

将$[0,1]$区间分为m个小区间，以$\left[\dfrac{i-1}{m},\dfrac{i}{m}\right)(i=1,2,\cdots,m)$表示第$i$个小区间，设$\{r_j\}(j=1,2,\cdots,n)$落入第$i$个小区间的数目为$n_i(i=1,2,\cdots,m)$.

根据均匀性假设，r_j落入每个小区间的概率为$\dfrac{1}{m}$，第i个小区间的理论频数$\mu_i=\dfrac{n}{m}(i=1,2,\cdots,m)$，统计量

$$V=\sum_{i=1}^{m}\frac{(n_i-\mu_i)^2}{\mu_i}=\frac{m}{n}\sum_{i=1}^{m}\left(n_i-\frac{n}{m}\right)^2$$

渐近服从$\chi^2(m-1)$. 给定显著性水平α，查χ^2分布表得临界值后，即可对经验频率与理论频率的差异作显著性检验.

（二）K-S检验（柯氏检验）

K-S（柯尔莫哥洛夫-斯米尔诺夫）检验是连续分布的拟合性检验. 它检验样本的经验分布函数与总体的分布函数间的差异是否显著.

设随机数为$r_1,r_2,\cdots,r_n$，从小到大排序后得$r_{(1)},r_{(2)},\cdots,r_{(n)}$，记经验分布函数为$F_n(x)$；将$F_n(x)$与均匀分布的分布函数$F(x)=x(0\leqslant x\leqslant 1)$比较，其最大偏差即K-S检验统计量为：

$$D_n = \max(D_n^+, D_n^-), \tag{3.6}$$

其中 $D_n^+ = \max\limits_{1 \leqslant i \leqslant n} \left[\dfrac{i}{n} - F(r_{(i)}) \right] = \max \left[\dfrac{i}{n} - r_{(i)} \right],$

$D_n^- = \max\limits_{1 \leqslant i \leqslant n} \left[F(r_{(i)}) - \dfrac{i-1}{n} \right] = \max \left[r_{(i)} - \dfrac{i-1}{n} \right].$

利用 D_n 渐近地服从柯尔莫哥洛夫-斯米尔诺夫分布这一事实进行显著性检验.

（三）序列检验(Serial test)

序列检验实际上是用于多维均匀分布的均匀性检验；它也间接地检验序列的独立性.

已知随机数序列 $\{r_i\}(i = 1, 2, \cdots, 2n)$，将容量为 $2n$ 的随机数依次配对为

$$v_1 = (r_1, r_2), v_2 = (r_3, r_4), \cdots, v_n = (r_{2n-1}, r_{2n}).$$

如果 $\{r_i\}$ 是均匀随机数序列，它们应构成平面上正方形内的二维均匀随机向量的样本. 将单位正方形分成 k^2 个等面积的小正方形，n_{ij} 表示 $\{v_t\}$ 落入第 (i, j) 个小正方形的频数；理论频数 $\mu_{ij} = \dfrac{n}{k^2}$. 则检验统计量

$$V = \frac{k^2}{n} \sum_{i=1}^{k} \sum_{j=1}^{k} \left(n_{ij} - \frac{n}{k^2} \right)^2 \tag{3.7}$$

在 $\{r_i\}$ 为均匀分布的独立抽样序列成立时渐近地服从 $\chi^2(k^2 - 1)$.

将以上二维的序列检验可以推广到三维、四维直至一般的 d 维. 即对 $\{r_i\}$，依次用不相交的 d 阶组合(d-tuptes)：

$$v_1 = (r_1, r_2, \cdots, r_d),$$
$$v_2 = (r_{d+1}, r_{d+2}, \cdots, r_{2d}),$$
$$\cdots\cdots\cdots\cdots\cdots\cdots\cdots\cdots$$
$$v_k = (r_{(k-1)d+1}, r_{(k-1)d+2}, \cdots, r_{kd}),$$
$$\cdots\cdots\cdots\cdots\cdots\cdots\cdots\cdots$$

它们应该是在单位 d 维超立方体 $[0,1]^d$ 中均匀分布的独立随机样本. 把 $[0,1]$ 区间分成 m 个相等的小区间，相应地把单位 d 维超立

方体分成 m^d 个小超立方体,用 $n_{j_1 j_2 \cdots j_d}$ 表示 $\{v_k\}$ 落入第 $(j_1, j_2, \cdots, j_d)$ 个超立方体的个数. 统计量

$$V = \frac{m^d}{n} \sum_{j_1=1}^{m} \cdots \sum_{j_d=1}^{m} \left(n_{j_1 j_2 \cdots j_d} - \frac{n}{m^d} \right)^2 \tag{3.8}$$

渐近服从 $\chi^2(m^d - 1)(n \to \infty)$. 这种 d 维均匀分布的检验(序列检验)间接地检验了 $\{r_i\}$ 的独立性.

3.3 独立性检验

独立性检验主要检验随机数列 $r_1, r_2, \cdots, r_n$ 之间的统计相关性是否显著. 检验的方法有多种,下面介绍几种常见的检验法.

(一) 相关系数检验 I

两个随机变量的相关系数反映它们之间线性相关程度,若两个随机变量独立,则它们的相关系数必为零(反之不一定),故可以利用相关系数来检验随机数的独立性.

设 $r_1, r_2, \cdots, r_n$ 是一组待检验的随机数,假设 H_0:相关系数 $\rho = 0$. 考虑样本的 j 阶自相关系数

$$\rho(j) = \frac{\dfrac{1}{n-j} \sum\limits_{i=1}^{n-j} (r_i - \bar{r})(r_{i+j} - \bar{r})}{\dfrac{1}{n} \sum\limits_{i=1}^{n} (r_i - \bar{r})^2} \qquad (j = 1, 2, \cdots, m). \tag{3.9}$$

当 $n - j$ 充分大,且 $\rho = 0$ 成立时,$u_j = \rho(j) \sqrt{n-j}$ 渐近服从 $N(0,1)$ 分布 $(j = 1, 2, \cdots, m$;在实际检验中,常取 $m = 10 \sim 20)$. 利用统计量 u_j 可以进行相关性检验.

(二) 相关系数检验 II

$r_1, r_2, \cdots, r_n$ 的 j 阶自相关系数 $\rho(j)$ 还可以定义为:

$$\rho_j = \frac{1}{n} \sum_{i=1}^{n} (r_i - \bar{r})(r_k - \bar{r}) / s^2 \qquad (j = 1, 2, \cdots, m), \tag{3.10}$$

其中 $k = i + j \pmod{n}$, $s^2 = \dfrac{1}{n} \sum\limits_{i=1}^{n} (r_i - \bar{r})^2$.

114

记 $C_j = \dfrac{1}{n} \sum_{i=1}^{n} r_i r_k$,则

$$\rho_j = (C_j - \bar{r}^2)/s^2 \approx \left(C_j - \frac{1}{4}\right) \Big/ \frac{1}{12}.$$

可以证明（见习题 3.7）：$E(C_j) = \dfrac{1}{4}$ ；$\mathrm{Var}(C_j) = \dfrac{13}{144n}$. 这时检验假设 $H_0: E(\rho_j) = 0$ 可以用检验假设 $H_0: E(C_j) = \dfrac{1}{4}$ 来代替.检验统计量取为

$$T = \frac{C_j - \dfrac{1}{4}}{\sqrt{\dfrac{13}{144n}}} \stackrel{\cdot}{\sim} N(0,1), \qquad (3.11)$$

利用统计量 T 可进行相关性检验.

（三）列联表检验

在平面上，将单位正方形分成 m^2 个相等的小正方形（见图 3-1），把 n 个随机数 $r_1, r_2, \cdots, r_n$ 按先后顺序两两分组，例如取

$$(r_1, r_{1+e}), (r_2, r_{2+e}), \cdots, (r_{n-e}, r_n), (r_{n-e+1}, r_1), \cdots, (r_n, r_e),$$

其中 e 为大于等于 1 的正数. 记这些数对落入第 (i,j) 个小正方形内的数目为 $n_{ij}(i, j = 1, 2, \cdots, m)$ 令

$$n_{i.} = \sum_{j=1}^{m} n_{ij}, \quad n_{.j} = \sum_{i=1}^{m} n_{ij},$$

用 p_{ij} 表示落入第 (i,j) 小正方形的概率. 当独立性假设成立时，

$$p_{ij} = p_{i.} \cdot p_{.j} \quad (i, j = 1, 2, \cdots, m),$$

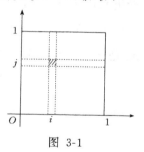

图 3-1

$p_{i.}$ 表示随机数落入第 i 列的概率，$p_{.j}$ 表示落入第 j 行的概率. 用最大似然法可得 $\hat{p}_{i.} = \dfrac{n_{i.}}{n}$ ，$\hat{p}_{.j} = \dfrac{n_{.j}}{n}$ ，检验统计量

$$V = \sum_{i=1}^{m} \sum_{j=1}^{m} \frac{(n_{ij} - n\hat{p}_{i.}\hat{p}_{.j})^2}{n\hat{p}_{i.}\hat{p}_{.j}} = \sum_{i=1}^{m} \sum_{j=1}^{m} \frac{\left(n_{ij} - n \dfrac{n_{i.}}{n} \dfrac{n_{.j}}{n}\right)^2}{n_{i.}n_{.j}/n}$$

$$= n\Big[\sum_{i=1}^{m}\sum_{j=1}^{m}\frac{n_{ij}^2}{n_{i.}n_{.j}}-1\Big] \tag{3.12}$$

渐近服从 $\chi^2(m^2-l-1)$，其中 l 是用样本来估计 $\hat{p}_{i.}$ 和 $\hat{p}_{.j}$ 的个数，故 $l=(m-1)+(m-1)=2m-2$. 所以 $V\sim\chi^2((m-1)^2)$.

（四）游程检验 (runs test)

游程检验是直接检验随机数序列 $\{r_i\}$ 的独立性. 对随机数序列 $\{r_i\}$，把它分为许多个子序列，使得其中每一个子序列内的值都是上升的，则称每个子序列为一个上升游程. 例如以下 10 个随机数： $0.855, | 0.108, 0.226, | 0.032, 0.123, | 0.055, 0.545, 0.642, 0.870, | 0.104, \cdots$，可分为 5 个上升的游程，第一个游程长为 1，其余的上升游程长度分别为 $2, 2, 4, 1$.

首先统计游程长度为 $1, 2, 3, 4, 5$ 和 $\geqslant 6$ 的游程数目，分别记为 g_1, g_2, g_3, g_4, g_5 和 g_6，则检验统计量

$$Q_n=\frac{1}{n}\sum_{i=1}^{6}\sum_{j=1}^{6}a_{ij}(g_i-nb_i)(g_j-nb_j) \tag{3.13}$$

渐近服从 $\chi^2(6)$（当 $n>4000$），其中

$$(b_1,b_2,b_3,b_4,b_5,b_6)=\Big(\frac{1}{6},\frac{5}{24},\frac{11}{120},\frac{19}{720},\frac{29}{5040},\frac{1}{840}\Big),$$

a_{ij} 是下列对称矩阵的元素：

$$(a_{ij})=\begin{pmatrix}4529.4 & 9044.9 & 13568 & 18091 & 22615 & 27892\\ & 18097 & 27139 & 36187 & 45234 & 55789\\ & & 40721 & 54281 & 67852 & 83685\\ & & & 72414 & 90470 & 111580\\ & & & & 113262 & 139476\\ & & & & & 172860\end{pmatrix}.$$

进行游程检验时，要求样本容量 $n>4000$.

以上按上升游程进行游程检验，同样地也可以按下降游程进行检验，检验统计量的形式不变.

下面是由随机数序列 $\{r_k\}(k=1,2,\cdots,n)$ 计算长度为 j 的上升游程数目 $g_j(j=1,2,\cdots,6)$ 的具体步骤：

① 设 $g_j=0(j=1,\cdots,6)$，置 $k=1$；

116

② 对 r_k,置 $A = r_k$,并令 $J = 1$;

③ 置 $k = k + 1$,若 $k > n$,转 ⑨;否则执行 ④;

④ 取 r_k,并置 $B = r_k$;

⑤ 如果 $A < B$(即 $r_k < r_{k+1}$ 是上升的),转 ⑧;否则转 ⑥;

⑥ 如果 $J > 6$,置 $J = 6$;

⑦ 置 $g_J = g_J + 1$;并令 $J = 1$,置 $B = A$,返回 ③;

⑧ 置 $J = J + 1$;$B = A$,返回 ③;

⑨ 如果 $J > 6$,置 $J = 6$;置 $g_J = g_J + 1$;并输出 $g_J(J = 1$,$2,\cdots,6)$,停止.

游程检验比前面介绍的均匀性 χ^2 检验和序列检验更难通过.

3.4 组合规律检验

随机数的组合规律检验,按照随机数列 $\{r_i\}(i = 1, 2, \cdots, n)$ 出现的先后顺序把 n 个随机数按一定规律进行组合,检验观测值的各种组合规律与理论值的差异是否显著,以下介绍两种组合规律检验法.

(一) 扑克检验(Poker test)

扑克检验是模拟扑克牌进行分色游戏对随机数的统计性质进行检验的一种方法. 主要用来检验顺序出现的几个随机数的第一位数字或同一个随机数前面几位随机数字(如 8 进制数字、十进制数字或十六进制数字等) 的统计性质. 具体方法如下:

将随机数列 $\{r_i\}(i = 1, 2, \cdots, N)$ 按顺序分成 8 个一组,如 r_1,$r_2,\cdots,r_8$ 为一组,对每一组检查用八进制表示的各元素其小数点后的第一位数,记 a_i 为 r_i 的第一位八进制数,得到 8 个数字 $A = \{a_1, a_2, \cdots, a_8\}$,$a_i \in (0, 1, 2, \cdots, 7)(i = 1, 2, \cdots 8)$. 8 个不同数字对应 8 种不同颜色或不同花色,A 有如下几种可能:

① $A_1 = \{A \text{ 为一色}\}$(即 a_i 取同一个数字),

② $A_2 = \{A \text{ 为二色}\}$(即 a_i 取两个不同数字),

⑧ $A_8 = \{A$ 为八色$\}$(即 a_i 取 8 种不同数字).

将随机数列 $\{r_i\}(i = 1, 2, \cdots, N)$ 按顺序分成 8 个一组,可分为 n 组. 对每一组的各元素取小数点后的第一位八进制数,得 $u_j = (a_1^{(j)}, a_2^{(j)}, \cdots a_8^{(j)})$ $(j = 1, 2, \cdots, n;$ 设 $N = 8n)$. 若 u_j 恰有 r 个不同数字,则事件 A_r 发生. 记 A_r 出现的频数为 $m_r(r = 1, 2, \cdots, 8)$. 如果 $\{r_i\}$ 为相互独立同 $U(0,1)$ 分布,则 $P\{a_i = k\} = \dfrac{1}{8}(k = 0, 1, \cdots, 7)$. 由此可计算 8 种可能事件发生的理论概率:$p_i = P\{A_i\}(i = 1, 2, \cdots, 8)$,记 $\mu_i = p_i n$,统计量

$$V = \sum_{i=1}^{8} \frac{(\mu_i - m_i)^2}{\mu_i} \stackrel{\cdot}{\sim} \chi^2(7). \qquad (3.14)$$

利用统计量 V 可对这类组合规律作检验.

一般地可以考虑取 m 个随机数为一组;而每个随机数取第一位的 s 进制 $(s \geqslant m)$. 以上我们取 $m = s = 8$. 还可以取 s 为 10 进制或 16 进制;而 m 为 $\leqslant s$ 的正整数.

在(3.14)中,一般要求 $\mu_i \geqslant 5$. 如果出现小概率事件,应该把相邻事件合并. 例如 $m = s = 8$ 时事件 A_r 的概率为

	A_1	A_2	A_3	A_4	A_5	A_6	A_7	A_8
p_i	8^{-7}	0.000424	0.01935	0.1703	0.4206	0.3196	0.0673	0.002403

一般合并为五组,相应的概率如下:

	$A_1 \sim A_3$	A_4	A_5	A_6	$A_7 \sim A_8$
p_i	0.01977	0.1703	0.4206	0.3196	0.0679

(二) 配套检验

从均匀随机数列 $\{r_i\}$ 中的第一个随机数开始,把它小数点后的第一位数字(如取 s 进制数,$s = 8, 10$ 或 16)记下来,略去其第一位数字已经出现过的随机数,直到用 l 个随机数配齐全部 s 个不同的数字 $0, 1, 2, \cdots, s - 1$ 为止,作为一套. 配齐一套所需的随机数的

个数 L 是一个随机变量. L 就是我们进行统计检验的统计量.

如果 $\{r_i\}$ 相互独立, 服从 $U(0,1)$ 分布. 记 X_k 为配完第 k 个数字后, 再配第 $k+1$ 个不同数字时所需的随机数个数; 显然 $X_0 = 1, X_1, X_2, \cdots, X_{s-1}$ 相互独立且服从几何分布. 即

$$P\{X_k = j\} = q_k^{j-1} p_k \quad (j = 1, 2, \cdots),$$

其中 $p_k = \dfrac{s-k}{s}$, $q_k = 1 - p_k = \dfrac{k}{s}$. 从而有

$$\mathrm{E}(X_k) = \frac{1}{p_k} = \frac{s}{s-k}, \quad \mathrm{Var}(X_k) = \frac{q_k}{p_k^2} = \frac{sk}{(s-k)^2}.$$

又 $L = X_0 + X_1 + X_2 + \cdots + X_{s-1}$, 故有

$$\mathrm{E}(L) = s\left(1 + \frac{1}{2} + \cdots + \frac{1}{s}\right),$$

$$\mathrm{Var}(L) = s\left(\frac{1}{(s-1)^2} + \frac{2}{(s-2)^2} + \cdots + \frac{s-2}{2^2} + \frac{s-1}{1}\right).$$

记 n_l 为配齐一套用 l 个随机数的观测频数 $(l = s, s+1, \cdots, s+m)$, $\bar{l} = \dfrac{1}{N} \sum\limits_{l=s}^{s+m} l n_l$, $N = \sum\limits_{l=s}^{s+m} n_l$, 用 $\bar{l}$ 可以构造统计量

$$u = \frac{\bar{l} - \mathrm{E}(L)}{\sqrt{\mathrm{Var}(L)/N}} \overset{\cdot}{\sim} N(0,1).$$

利用概率母函数方法可以求得配齐一套 s 个不同数字需要 l 个随机数的概率:

$$p_s(l) = \frac{1}{s^l} \sum_{i=0}^{s} (-1)^i C_s^i (s-i)^l \quad (l = s, s+1, \cdots).$$

根据随机数列 $\{r_i\}(i = 1, 2, \cdots\cdots)$, 统计得到配齐一套数字用到 l 个随机数的观测频数 $n_l(l = s, s+1, \cdots, l+m)$, 用统计量 u 进行检验. 类似地还可以由概率 $p_s(l)$ 构造 χ^2 统计量, 用来对组合规律进行检验.

3.5　无连贯性检验

设随机数列 $\{r_i\}(i = 1, 2, \cdots, n)$ 按前后顺序排列. 把 n 个数按

119

大小分成两类或 k 类,是否各类数字的出现没有连贯的现象?或者是否数列中各数字有连贯上升或连贯下降的现象?例如把 $\{r_i\}$ 按一定规律分成两类,分别记为 a,b,得到形如:

$$a\,a\,b\,b\,b\,a\,b\,a\,a\,a\,a\,b\cdots\cdots$$

的由两类元素 a,b 组成的序列,我们把位于异类元素之间的同类元素,如"$\cdots a\,b\,b\,b\,a\cdots$"中的 b 类元素称为一个连,连中包含同类元素的个数 L 称为连的长度(简称连长). 在序列中,出现连长为 l 的连数记为 T_l,$T=\sum_l T_l$ 称为总连数. 它们构成进行检验的统计量. 随机数的连检验是按照随机数出现的先后顺序,重点检验它的连贯现象是否异常,以下介绍常见的几种连检验法.

(一)正负连检验

设随机数列为 $\{r_i\}(i=1,2,\cdots,n)$,令 $u_i=r_i-\dfrac{1}{2}$ 得 $\{u_i\}$,把 $\{u_i\}$ 按正负分为两类,组成正负两类连,根据均匀随机数列 $\{r_i\}$ 的均匀性、独立性假设,出现正或负的概率都是 0.5,且统计量 T(总连数)和 L(连长)具有:

$$\mathrm{E}(T)=\frac{n}{2}+1,\quad \mathrm{Var}(T)=\frac{n-1}{4},$$

$$P\{L=k\}=\frac{1}{2^k}\quad(k=1,2,\cdots).$$

由此可构成近似正态统计量 u 或 χ^2 统计量,它们都可用来对随机数列 $\{r_i\}$ 作连检验.

(二)升降连检验

设随机数序列为 $\{r_i\}(i=1,2,\cdots,n)$,令 $u_i=r_i-r_{i-1}$,得序列 $\{u_i\}(i=2,3,\cdots,n)$,把 $\{u_i\}$ 按正负分为两类,表示随机数的增减及其长度的变化规律,组成升降两类连,例如序列

$$2\;8\;9\;4\;3\;2\;5\;6\;7\;4$$
$$+\;+\;-\;-\;-\;+\;+\;+\;-$$

有一个长度为 2 的上升连,接着是长度为 3 的下降连,然后是长度

为 3 的上升连,最后是一个长度为 1 的下降连. 即 $T_1 = 1, T_2 = 1,$
$T_3 = 2, T_4 = 0, \cdots\cdots$. 总连数 $T = \sum_i T_i = 4$.

当 $r_1, \cdots, r_n$ 为独立的均匀随机变量时,有

$$E(T) = \frac{2n-1}{3}, \quad Var(T) = \frac{16n-29}{90}.$$

若记 $p_i = P\{T = T_0 (给定) 时, 出现长度 i 的连\}(i = 1, 2, 3,$
$4); p_5 = P\{T = T_0 (给定) 时, 出现长度 \geqslant 5 的连\}$. 则

$$p_i = \lim_{n \to \infty} \frac{E(T_i)}{E(T)} \quad (i = 1, 2, 3, 4, 5),$$

经计算可得 $p_1 = \frac{5}{8}, p_2 = \frac{11}{40}, p_3 = \frac{19}{240}, p_4 = \frac{29}{1864}, p_5 = \frac{1}{280}$.
由此可构造近似正态统计量 u 和 χ^2 统计量,用以对 $\{r_i\}$ 作连检验.

§4　非均匀随机数的产生

用统计模拟方法解决实际问题时,涉及到的随机现象的分布
规律是各种各样的,这就要求产生对应于该分布规律的随机数. 第
二节介绍了均匀随机数的产生方法,在得到均匀随机数后,必须给
出利用均匀随机数产生非均匀随机数的方法,即产生各种不同分
布(即随机变量)随机数的方法,才能在数字计算机上进行模拟计
算,我们常把产生各种随机变量的随机数这一(步骤)过程称为对
随机变量进行模拟,或称为对随机变量进行抽样,而且称产生某个
随机变量的随机数的方法为抽样法.

4.1　产生非均匀随机数的一般方法

产生非均匀随机数有许多不同的方法,这里介绍几种有效的、
常用的抽样方法.

（一）直接抽样法（反函数法）

（1）连续分布的直接抽样法

由 §1 中定理 1.1 知,如果随机变量 $R \sim U(0,1)$,$F^{-1}(\cdot)$ 是分布函数 $F(x)$ 的反函数,则

$$\xi = F^{-1}(R) \sim F(x). \tag{4.1}$$

如果分布 $F(x)$ 有概率密度函数 $f(x)$,由定理 1.1 的 ① 知

$$R = F(\xi) = \int_{-\infty}^{\xi} f(x) \, \mathrm{d}x. \tag{4.2}$$

利用公式 (4.1) 或 (4.2),由均匀随机数 $\{r_i\}$ 直接产生 $F(x)$ 分布随机数的方法称为直接抽样法或反函数法,公式 (4.1) 和 (4.2) 称为直接抽样公式.

例 4.1 产生 $[a,b]$ 上均匀分布的随机数.

解 已知 $[a,b]$ 上均匀分布的随机变量 ξ 的密度函数为

$$f(x) = \begin{cases} \dfrac{1}{b-a}, & x \in [a,b], \\ 0, & \text{其他}. \end{cases}$$

根据 (4.2) 式,$R = \int_a^{\xi} \dfrac{1}{b-a} \, \mathrm{d}x = \dfrac{\xi - a}{b - a}$.即得抽样公式

$$\xi = (b-a)R + a. \tag{4.3}$$

为了得到 $U(a,b)$ 随机数,先产生均匀随机数 r_i,令 $\xi_i = (b-a)r_i + a$,则 $\{\xi_i\}$ 为 $[a,b]$ 区间上的均匀分布随机数.

例 4.2 产生密度函数为 $f(x)$ 的随机数,其中

$$f(x) = \begin{cases} \lambda \mathrm{e}^{-\lambda x}, & x > 0 \ (\lambda > 0), \\ 0, & x \leqslant 0. \end{cases}$$

解 由 (4.2) 式得

$$R = \int_0^{\xi} \lambda \mathrm{e}^{-\lambda x} \mathrm{d}x = 1 - \mathrm{e}^{-\lambda \xi},$$

由此解出 $\xi = -\dfrac{1}{\lambda} \ln(1-R)$,由于 R 与 $1-R$ 均为 $[0,1]$ 上均匀分布随机变量,抽样公式常取为

$$\xi = -\frac{1}{\lambda} \ln(R). \tag{4.4}$$

(2) 离散分布的直接抽样法

当 ξ 是离散型随机变量时, ξ 的分布函数 $F(x)$ 是阶梯函数, 不连续, 基本定理 1.1 的条件不满足, 但仍有类似的直接抽样法.

设 ξ 的概率分布为 $P\{\xi = x_i\} = p_i (i = 1, 2, \cdots)$, 不妨设 $x_1 < x_2 < x_3 < \cdots$, ξ 的分布函数为

$$F(x) = P\{\xi \leqslant x\} = \sum_{x_i \leqslant x} p_i.$$

$F(x)$ 仅在至多可列个点 $x_1, x_2, \cdots$ 上有正的跳跃值. 产生离散分布 $F(x)$ 随机数的直接抽样法如下:

① 产生 $R \sim U(0, 1)$;

② 取 $\xi = \begin{cases} x_i, & \text{若 } F(x_{i-1}) < R \leqslant F(x_i) (i = 2, 3, \cdots), \\ x_1, & \text{若 } R \leqslant F(x_1), \end{cases}$

则 $\xi \sim F(x)$.

证明　显然 ξ 的可能取值为 $x_1, x_2, \cdots$, 且

$$P(\xi = x_1) = P\{R \leqslant F(x_1)\} = F(x_1) = p_1;$$
$$P\{\xi = x_i\} = P\{F(x_{i-1}) < R \leqslant F(x_i)\}$$
$$= F(x_i) - F(x_{i-1}) = p_i \quad (i = 2, 3, \cdots).$$

所以 $\xi \sim F(x)$.　　　　　　　　　　　　　　　[证毕]

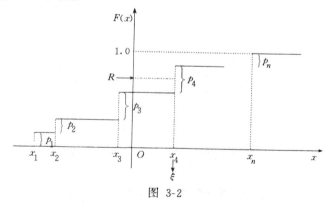

图 3-2

图 3-2 是对离散分布 $F(x)$ 的直接抽样方法的示意图, 由图 3-2 可见, 若给定 $R \in [0, 1]$, 则产生 $\xi = x_4$.

如果知道离散随机变量 ξ 的概率分布: $P\{\xi = x_k\} = p_k (k =$

$1,2,\cdots$),利用直接抽样法产生 ξ 的随机数时其实不必求出 ξ 的分布函数.由图 3-2 直观地得出简化的直接抽样法如下:

① 由 $\{p_k\}(k=1,2,\cdots)$ 把单位长度的区间 $[0,1]$ 依次分为长度为 $p_1,p_2,\cdots$ 的小区间 $\left(\sum p_i=1\right)$;

② 产生 $R\sim U(0,1)$,若 $R\in$ 长度为 p_k 的小区间,令 $\xi=x_k$.重复 ②,即得离散分布 ξ 的随机数序列 $\{\xi_k\}$.

例 4.3　已知离散随机变量 ξ 的概率分布表为

x_k	1	2	3	4	5	6
p_k	0.05	0.05	0.1	0.1	0.6	0.1

试用框图描述用直接抽样方法产生 ξ 随机数的过程.

解　设 $q(i)=\sum\limits_{k=1}^{i}p_k(i=1,2,\cdots,6)$.

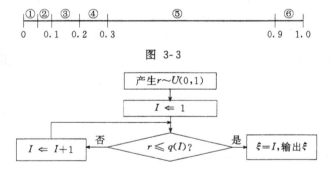

图 3-3

图 3-4

图 3-3 是简化直接抽样法的示意图;产生 ξ 随机数的直接抽样法的框图见图 3-4.

例 4.4　已知离散随机变量 ξ 的概率分布为

$$P\{\xi=k\}=\frac{1}{n}\quad(k=1,2,\cdots,n),$$

试用直接抽样方法产生 ξ 随机数(也称为离散均匀分布).

解 随机变量 ξ 的分布函数为

$$F(k) = P\{\xi \leqslant k\} = \frac{k}{n}.$$

由离散分布的直接抽样法：

$$F(k-1) < R \leqslant F(k) \Longleftrightarrow \frac{k-1}{n} < R \leqslant \frac{k}{n}$$
$$\Longleftrightarrow k-1 < nR \leqslant k.$$

故产生 ξ 随机数的直接抽样方法为：

① 产生 $r \sim U(0,1)$；

② 令 $\xi = [nr] + 1$（$[\cdot]$ 表示取整数部分）；

③ 重复 ① ~ ②，产生的 $\{\xi_i\}$ 即为 ξ 随机数序列.

直接抽样法是一个常用的方法，对连续型分布或离散分布都有效. 对于连续随机变量，应用直接抽样法，首先必须求得其分布函数的反函数 $F^{-1}(x)$，有些分布函数的反函数不能用初等函数表出，如正态分布和 Gamma 分布等. 抽样公式不能精确表出，当然仍可用数值分析的方法求解方程 $r = F(\xi)$，得到 ξ 的随机数，对这类分布我们一般采用以下将介绍的其他方法，这是直接抽样法的局限性；另一方面直接抽样法对某些分布不一定是效率最高的产生随机数的方法，这将从下面其他方法的介绍中看出.

（二）变换抽样法

（1）一维变换抽样公式

在概率论中，讨论随机变量函数的分布时有如下结论：

定理 4.1 设随机变量 X 具有密度函数 $f(x)$，$Y = g(X)$ 是随机变量 X 的函数，又设 $x = g^{-1}(y) \triangleq h(y)$ 存在且有一阶连续导数. 则 $Y = g(X)$ 的密度函数为

$$p(y) = f[h(y)] \cdot |h'(y)|. \tag{4.5}$$

变换抽样法是讨论均匀分布随机变量 R 的各种不同函数 $\xi = g(R)$ 的分布，它为随机变量 ξ 随机数的产生提供了简单可行的方法. 设 $R \sim U(0,1)$，随机变量 $\xi = g(R)$ 的分布函数为 $F(x)$，通过

变换公式 $\xi = g(R)$ 由均匀随机数可得出分布 $F(x)$ 的随机数. 直接抽样法其实也是一种特殊的变换抽样法.

例 4.5 用变换抽样法求 $[a,b]$ 区间上的均匀随机数.

由概率论知, 若 $R \sim U(0,1)$, 则 $(b-a)R+a \sim U(a,b)$. 变换抽样公式:

$$\xi = g(R) = (b-a)R + a. \qquad (4.6)$$

只需产生均匀随机数, 代入变换公式(4.6)可得 $[a,b]$ 区间上的均匀随机数.

表 3-3 给出了均匀分布随机变量 R 的一些简单函数的变换公式.

表 3-3　均匀变量 R 的变换公式

变换公式 $\xi = g(R)$	ξ 的密度函数 $p(x)$	ξ 的取值范围
$\xi = aR + b$	$\dfrac{1}{\|a\|}$ (均匀分布)	$[b, b+a]\ a > 0$ $[b+a, b]\ a < 0$
$\xi = R^n$	$\dfrac{1}{n} x^{\frac{1}{n}-1}\left(\beta\left(\dfrac{1}{n}, 1\right)\right)$	$[0,1]$
$\xi = R^{\frac{1}{n}}$	$nx^{n-1}\quad(\beta(n,1))$	$[0,1]$
$\xi = -\dfrac{1}{\lambda}\ln R$	$\lambda e^{-\lambda x}(\lambda > 0,$ 指数分布$)$	$(0, \infty)$
$\xi = \lambda^R$	$\dfrac{1}{x\ln\lambda}\quad(\lambda > 1)$	$[1, \lambda]$
$\xi = \sin\pi R$	$\dfrac{2}{\pi}\dfrac{1}{\sqrt{1-x^2}}$	$[0,1]$
$\xi = \operatorname{tg}\pi\left(R - \dfrac{1}{2}\right)$	$\dfrac{1}{\pi(1+x^2)}$ (柯西分布)	$(-\infty, \infty)$
$\xi = \arcsin R$	$\cos x$	$\left[0, \dfrac{\pi}{2}\right]$

（2）二维变换抽样公式

定理 4.2 设随机向量 (X, Y) 具有二维联合密度 $f(x,y)$, 令

$$\begin{cases} u = g_1(x,y), \\ v = g_2(x,y). \end{cases}$$

设 g_1, g_2 的反变换存在唯一,记为 $\begin{cases} x = h_1(u,v) \\ y = h_2(u,v) \end{cases}$,并设 h_1, h_2 的一阶偏导数存在;函数变换的 Jacobi 行列式

$$J = \begin{vmatrix} \dfrac{\partial x}{\partial u} & \dfrac{\partial x}{\partial v} \\ \dfrac{\partial y}{\partial u} & \dfrac{\partial y}{\partial v} \end{vmatrix} \neq 0,$$

则随机变量 U, V 的二维联合密度为

$$p(u,v) = f[h_1(u,v), h_2(u,v)] |J|. \tag{4.7}$$

如果 R_1, R_2 是两个独立地均匀随机变量,则 R_1, R_2 的二维函数 $\xi = g_1(R_1, R_2)$ 的随机数可通过二维变换公式由两个均匀随机数产生.

例 4.6　用二维变换抽样法产生标准正态随机数.

解　设 r_1, r_2 为相互独立的均匀分布随机数. 令

$$\begin{cases} u = \sqrt{-2\ln r_1}\, \cos 2\pi r_2, \\ v = \sqrt{-2\ln r_1}\, \sin 2\pi r_2, \end{cases} \tag{4.8}$$

则 u, v 相互独立且为 $N(0,1)$ 随机数.

事实上,由(4.8)式,可解出:

$$\begin{cases} r_1 = \exp\left\{ -\dfrac{1}{2}(u^2 + v^2) \right\}, \\ r_2 = \dfrac{1}{2\pi}\operatorname{arctg} \dfrac{v}{u}, \end{cases}$$

变换的 Jacobi 行列式为

$$J = \begin{vmatrix} \dfrac{\partial r_1}{\partial u} & \dfrac{\partial r_1}{\partial v} \\ \dfrac{\partial r_2}{\partial u} & \dfrac{\partial r_2}{\partial v} \end{vmatrix} = \begin{vmatrix} -u r_1 & -v r_1 \\ -\dfrac{1}{2\pi}\dfrac{v}{u^2+v^2} & \dfrac{1}{2\pi}\dfrac{u}{u^2+v^2} \end{vmatrix}$$

$$= -\dfrac{r_1}{2\pi}\dfrac{u^2}{u^2+v^2} - \dfrac{r_1}{2\pi}\dfrac{v^2}{u^2+v^2}$$

$$= -\dfrac{1}{2\pi}\exp\left\{ -\dfrac{1}{2}(u^2 + v^2) \right\}.$$

由定理 4.2,(4.8)式确定的随机变量 U,V 的二维联合密度为

$$p(u,v) = f[h_1(u,v),h_2(u,v)]|J|$$
$$= \frac{1}{\sqrt{2\pi}}e^{-\frac{u^2}{2}} \cdot \frac{1}{\sqrt{2\pi}}e^{-\frac{v^2}{2}}.$$

显然 U,V 均服从 $N(0,1)$ 分布,且相互独立.

利用变换公式(4.8),产生两个独立地均匀随机数,即可得到两个独立的标准正态随机数.

下面给出几种特殊的二维变换的结果.

① 随机变量和 $Z_1 = X + Y$ 的密度函数为

$$g_1(z) = \int_{-\infty}^{\infty} f(x,z-x)dx;$$

② 随机变量积 $Z_2 = XY$ 的密度函数为

$$g_2(z) = \int_{-\infty}^{\infty} f\left(x,\frac{z}{x}\right)\frac{1}{|x|}dx;$$

③ 随机变量商 $Z_3 = Y/X$ 的密度函数为

$$g_3(z) = \int_{-\infty}^{\infty} f(x,xz)|x|dx.$$

其中 $f(x,y)$ 是 (X,Y) 的联合密度函数.

(3) n 维变换抽样公式

设 $(X_1,X_2,\cdots,X_n)'$ 为 n 维随机向量,令 $\xi = g(X_1,\cdots,X_n)$,若 $\xi \sim F(x)$,则通过 n 维变换公式

$$\xi = g(X_1,\cdots,X_n) \tag{4.9}$$

给出由 $X_1,\cdots,X_n$ 的随机数产生分布为 $F(x)$ 的随机数,常见的 n 维变换函数有:

$$\xi_1 = X_1 + X_2 + \cdots + X_n,$$
$$\xi_2 = X_1^2 + X_2^2 + \cdots + X_n^2,$$
$$\xi_3 = \max(X_1,\cdots,X_n),$$
$$\xi_4 = \min(X_1,\cdots,X_n),\text{等等}.$$

例 4.7 用 n 维变换抽样方法产生 χ^2 分布随机数.

解 可以证明,若 $X_1,X_2,\cdots,X_n$ 独立同 $N(0,1)$ 分布,令 $\xi =$

$\sum\limits_{i=1}^{n} X_i^2$,则 $\xi \sim \chi^2(n)$. 利用 n 维变换公式

$$\xi = \sum_{i=1}^{n} X_i^2$$

产生 n 个标准正态随机数后即可得到 $\chi^2(n)$ 分布随机数.

（三）值序抽样法

将样本 $X_1, X_2, \cdots, X_n$ 按取值由小到大进行重排得到值序统计量（或称次序统计量），记为 $X_{(1)}, X_{(2)}, \cdots, X_{(n)}$. 所谓值序抽样法就是利用值序统计量产生随机数的方法.

定理4.3 设 $X_1, X_2, \cdots, X_n$ 独立同分布函数 $F(x)$（密度函数为 $f(x)$），次序统计量记为 $X_{(1)} \leqslant X_{(2)} \leqslant \cdots \leqslant X_{(n)}$，则 $(X_{(1)}, X_{(2)}, \cdots, X_{(n)})$ 的联合密度函数为

$$g(y_1, \cdots, y_n) = \begin{cases} n! f(y_1) \cdots f(y_n), & -\infty < y_1 < \cdots < y_n < \infty, \\ 0, & \text{其他}. \end{cases}$$

而 $X_{(l)}$ 的密度函数和分布函数分别为

$$f_{nl}(x) = \frac{n!}{(l-1)!(n-l)!} [F(x)]^{l-1} [1 - F(x)]^{n-l} f(x),$$

$$F_{nl}(x) = \frac{n!}{(l-1)!(n-l)!} \int_0^{F(x)} t^{l-1} (1-t)^{n-l} dt.$$

特别当 $X_1, X_2, \cdots, X_n$ 独立同 $U(0,1)$ 分布时，值序统计量 $X_{(l)}$ 的密度函数为

$$f_{nl}(x) = \begin{cases} \dfrac{n!}{(l-1)!(n-l)!} x^{l-1} (1-x)^{n-l}, & 0 < x < 1, \\ 0, & \text{其他}. \end{cases}$$

$$(4.10)$$

由定理4.3，利用均匀分布的值序统计量可产生 Beta 分布随机数.

例4.8 试用值序抽样法产生 Beta 分布随机数.

解 Beta 分布的密度函数为

$$f(x) = \begin{cases} \dfrac{1}{\mathrm{B}(a,b)} x^{a-1} (1-x)^{b-1}, & 0 < x < 1, \\ 0, & \text{其他}. \end{cases}$$

设 $R_1, R_2, \cdots, R_n$ 独立同 $U(0,1)$ 分布,根据(4.10)式有

$$R_{(n)} = \max(R_1, \cdots, R_n) \sim \beta(n,1),$$
$$R_{(1)} = \min(R_1, \cdots, R_n) \sim \beta(1,n),$$

一般地　$R_{(l)} \sim \beta(l, n+1-l)(l = 1, 2, \cdots, n-1, n)$. 适当选择 n, l,就可以得到整参数的 Beta 分布随机数.

例如为产生 $\beta(5,10)$ 随机数,先产生 $n = 14$ 个均匀随机数 $r_1, r_2, \cdots, r_{14}$,按从小到大的次序重新排列. 则 $r_{(5)}$ 为 $\beta(5,10)$ 随机数.

一般地产生 $\beta(a,b)$ 随机数的步骤(a, b 为整数)如下:

① 产生 $n = a + b - 1$ 个均匀随机数 $r_1, r_2, \cdots, r_n$;

② 排序: $r_{(1)} \leqslant r_{(2)} \leqslant \cdots \leqslant r_{(n)}$;

③ 令 $\xi = r_{(a)}$,并输出服从 $\beta(a,b)$ 分布的随机数 ξ.

为了得到值序统计量,把样本 $r_1, r_2, \cdots, r_n$ 按从小到大的次序重新排列. 当 n 很大时,排序的计算量是很大的. 利用以上介绍的值序统计量与 Beta 分布统计量的关系,反过来可用 Beta 随机数来产生 n 个分布为 $F(x)$ 的次序统计量,具体步骤如下:

① 产生 $v \sim \beta(l, n-l+1)$;

② 令 $x = F^{-1}(v)$,

则 x 为 n 个分布为 $F(x)$ 的随机变量 $X_1, \cdots, X_n$ 的值序统计量 $X_{(l)}$ 的抽样值.

（四）舍选抽样法

上述几种抽样法,其实都可统称为"直接法",因它们都是由已知分布的随机数（如均匀随机数）按某个变换公式直接得到 $F(x)$（或密度 $f(x)$）随机数的抽样方法. 这里介绍的舍选抽样法是一种"非直接法",它对已知的随机数,先通过某个检验条件决定取舍,才能得到 $F(x)$ 随机数. 当以上几种方法不适用或效率不高时,它是很有用的.

舍选抽样法不是对所产生的随机数都录用,而是建立一个检验条件,利用这一检验条件进行舍选,得到所需的随机数. 由于舍

选抽样法灵活、计算简单、使用方便而得到较为广泛的应用.

定理 4.4 设 $f(x), g(x)$ 为分布密度函数, $h(\cdot)$ 为给定函数(不必是密度函数). 如果按下述方法进行舍选抽样:

① 生成 $X \sim f(x)$;

② 生成 $Y \sim g(x)$, 且 X 与 Y 独立;

③ 如果随机数 X, Y 满足: $Y \leqslant h(X)$, 令 $Z = X$; 否则转到①, 则 Z 的分布密度为

$$p(z) = \frac{f(z)G(h(z))}{\displaystyle\int_{-\infty}^{\infty} f(y)G(h(y))\mathrm{d}y}, \qquad (4.11)$$

其中 $G(y) = \displaystyle\int_{-\infty}^{y} g(x)\mathrm{d}x.$

证明 由抽样过程知

$$P(Z \leqslant z) = P\{X \leqslant z \,|\, Y \leqslant h(X)\}$$

$$= \frac{P\{X \leqslant z, Y \leqslant h(X)\}}{P\{Y \leqslant h(X)\}} = \frac{\displaystyle\int_{-\infty}^{z}\int_{-\infty}^{h(x)} f(x)g(y)\mathrm{d}y\mathrm{d}x}{\displaystyle\int_{-\infty}^{\infty}\int_{-\infty}^{h(x)} f(x)g(y)\mathrm{d}y\mathrm{d}x}$$

$$= \frac{\displaystyle\int_{-\infty}^{z} f(x) \cdot G(h(x))\mathrm{d}x}{\displaystyle\int_{-\infty}^{\infty} f(x) \cdot G(h(x))\mathrm{d}x}$$

$$= \int_{-\infty}^{z} \frac{f(x)G(h(x))}{\displaystyle\int_{-\infty}^{\infty} f(x)G(h(x))\mathrm{d}x}\,\mathrm{d}x\,.$$

故 Z 的密度函数为 $p(z) = \dfrac{f(z)G(h(z))}{\displaystyle\int_{-\infty}^{\infty} f(x)G(h(x))\mathrm{d}x}.$ ［证毕］

由定理 4.4 易见, 舍选法产生的随机数, 其密度函数的形式为 $Cf(z)G(h(z))$. 一般地设 $(X, Y) \sim g(x, y)$, 则舍选法产生的随机数, 其密度函数的形式为 $C\displaystyle\int_{-\infty}^{h(z)} g(z, y)\mathrm{d}y.$

下面我们由简到繁具体介绍几种常用的舍选抽样方法.

（1）舍选抽样方法 I

设随机变量 Z 的分布密度 $p(z)$ 有上界函数 $M(z)$：

$$p(z) \leqslant M(z) \quad (\text{对一切 } z),$$

且 $C = \int_{-\infty}^{\infty} M(x)\mathrm{d}x < \infty$. 令 $f(x) = M(x)/C$；取 $g(y)$ 为均匀分布密度. 则用舍选抽样方法产生 Z 随机数的抽样过程为：

① 生成 $X \sim f(x)$；

② 生成 $R \sim g(y)$（即产生 $U(0,1)$ 随机数 R），且 X 与 R 独立；

③ 如果 $R \leqslant p(X)/M(X)$，令 $Z = X$；否则转到①重新抽样，则 $Z \sim p(z)$.

证明　由定理 4.4，取 $h(x) = p(x)/M(x)$，它满足 $0 \leqslant h(x) \leqslant 1$，故均匀分布的分布函数 $G(h(x)) = h(x)$. 以上步骤产生的随机数 Z 的密度函数为

$$\frac{f(z)G(h(z))}{\int_{-\infty}^{\infty} f(x)G(h(x))\mathrm{d}x} = \frac{\dfrac{M(z)}{C}\dfrac{p(z)}{M(z)}}{\int_{-\infty}^{\infty} \dfrac{p(x)}{C}\mathrm{d}x} = p(z). \qquad [\text{证毕}]$$

上述算法连续在①～③步中循环，直到第①，②步产生的一对数 (X,R) 满足 $R \leqslant p(X)/M(X)$，从而得 $Z = X$ 为止. 上界函数 $M(\cdot)$ 的选取除满足 $p(x) \leqslant M(x)$（对一切 x）外，希望由此得到密度 $f(x) = M(x)/C$ 的随机数容易生成；故对有限区间 $[a,b]$ 上的密度函数 $p(x)$，常取 $M(x)$ 恒为常数，$f(x)$ 就是 $[a,b]$ 上均匀分布的密度函数.

例 4.9　试产生 $\beta(a,b)$ 的随机数 ξ.

解　$\beta(a,b)$ 的密度函数为

$$p(x) = \frac{1}{\mathrm{B}(a,b)} x^{a-1}(1-x)^{b-1} \quad (0 < x < 1).$$

当 $x = \dfrac{a-1}{a+b-2}$ 时，$p(x)$ 取最大值 D：

$$D = \frac{1}{\mathrm{B}(a,b)} \left(\frac{a-1}{a+b-2}\right)^{a-1} \left(\frac{b-1}{a+b-2}\right)^{b-1}.$$

由舍选抽样 I 的抽样过程如下：

① 生成 $X \sim U(0,1)$；

② 生成 $R \sim U(0,1)$，且与 X 独立；

③ 如果 $R \leqslant p(X)/D \triangleq h(X)$ 时，令 $Z = X$，并输出密度为 $p(x)$ 的随机数 Z；否则转到 ① 重新抽样.

例 4.10 试产生密度函数为 $p(x)$ 的随机数 ξ，其中 ξ 的取值在有限区间 $[a,b]$ 上，且 $\sup\limits_{x \in [a,b]} p(x) = f_0 < \infty$.

解 取 $M(x) = \begin{cases} f_0, & x \in [a,b], \\ 0, & \text{其他,} \end{cases}$ 则

$$f(x) = \frac{M(x)}{\int_a^b f_0 \mathrm{d}x} = \begin{cases} \dfrac{1}{b-a}, & x \in [a,b], \\ 0, & \text{其他;} \end{cases}$$

$$h(x) = p(x)/M(x).$$

抽样过程为：

① 产生 $[a,b]$ 上均匀随机数 X；

② 产生均匀随机数 R，且与 X 独立；

③ 若 $R \leqslant p(X)/f_0$，令 $Z = X$；否则重新产生均匀随机数（转①），直至一对随机数 (X,R) 满足 $R \leqslant p(X)/f_0$ 时为止. 图 3-5 是以上抽样过程的框图表示.

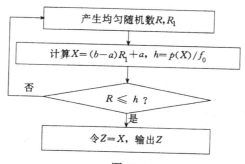

图 3-5

当随机变量 Z 在有限区间 $[a,b]$ 上取值，且 Z 的密度函数 $p(x)$ 有上界 f_0，这时总可以像例 4.10 那样来产生 $p(x)$ 随机数. 这类密度函数的抽样法也称为简单舍选抽样法. 它是舍选抽样 I

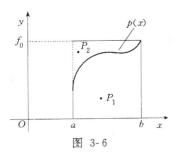

图 3-6

的特例. 只需产生两个均匀随机数即有可能得到 $p(x)$ 的随机数, 可见舍选法的应用是很广泛的.

例 4.10 的舍选抽样法的直观意义可用图 3-6 说明. 在边长为 $b-a$ 和高为 f_0 的矩形内任投一点 P, 若随机点 P (如 P_1) 位于曲线 $p(x)$ 下面, 则该点的横坐标 X 作为 $p(x)$ 的一个抽样值; 否则 (如 P_2), 舍去该点再重新产生随机数, 直至随机点在 $p(x)$ 下面为止. 随机点 P 位于曲线 $p(x)$ 下面的概率为

$$p_0 = P\{R \leqslant p(X)/f_0\} = \int_a^b \int_0^{p(x)/f_0} \frac{1}{b-a} \mathrm{d}r \mathrm{d}x$$
$$= \int_a^b \frac{p(x)}{f_0} \frac{1}{b-a} \mathrm{d}x = \frac{1}{f_0(b-a)},$$

并称 p_0 为舍选抽样方法的效率. 引入随机变量 T, 它表示产生一个密度函数为 $p(x)$ 的随机数 Z, 需执行步骤 ① $\sim$ ③ 的次数, 则

$$P\{T=k\} = P\{\text{前 } k-1 \text{ 次检验条件不成立, 第 } k \text{ 次成立}\}$$
$$= [P\{R > h(X)\}]^{k-1}[P\{R \leqslant h(X)\}]$$
$$= (1-p_0)^{k-1}p_0.$$

即 $T \sim$ 几何分布 $G(p_0)$; 且 $\mathrm{E}(T) = \dfrac{1}{p_0}$.

在例 4.9 中产生一个 $\beta(a,b)$ 随机数的平均抽样次数为 D. 如 $\beta(a,b)$ 中参数 $a=4, b=5$, 则 $D = p\left(\dfrac{3}{7}\right) \approx 2.35$; 故舍选抽样方法的效率 $p_0 = \dfrac{1}{2.35} = 0.4255$; 而产生一个 $\beta(4,5)$ 随机数的平均抽样次数为 2.35.

例 4.11 设 $Z \sim p(z)$, $z \in (0,2)$; 已知

$$0.3 \leqslant p(z) \leqslant \frac{z+1}{2}, \quad z \in (0,2).$$

试用舍选抽样方法 I 产生密度为 $p(z)$ 的随机数 Z.

134

解 取上界函数 $M(x) = \dfrac{x+1}{2}$，则 $\int_0^2 M(x)\mathrm{d}x = 2$. 令

$f(x) = \dfrac{M(x)}{2} = \dfrac{x+1}{4}$，则改进的舍选抽样 I 的抽样过程如下：

① 生成 $R_1 \sim U(0,1)$，则 $X = \sqrt{1 + 8R_1} - 1 \sim f(x)$；

② 生成 $R_2 \sim U(0,1)$，且与 R_1 独立；

③ 如果 $R_2 \leqslant 0.3/M(X)$ 时，令 $Z = X$；否则转到 ④；

④ 如果 $R_2 \leqslant p(X)/M(X) \triangleq h(X)$ 时，令 $Z = X$；否则转 ①，则 $Z \sim p(z)$.

在一般的舍选抽样 I 中判断不等式：$R_2 \leqslant p(X)/M(X)$ 时，必须计算 $p(X)$ 和 $M(X)$，通常 $p(X)$ 比较复杂，为减少计算量，当 $p(x)$ 存在某个简单的下界函数 $m(x)$（如例 4.11 中，$m(x) = 0.3$），可以采用类似例 4.11 的改进舍选抽样方法.

例 4.12 近似线性密度的抽样法

已知密度函数 $g(x)$ 在 $(s, s+h)$ 范围取值，且近似线性，即可以用两条平行线作为 $g(x)$ 的界（见图 3-7）：

$$a - \frac{b(x-s)}{h} \leqslant g(x) \leqslant b - \frac{b(x-s)}{h}.$$

产生 $g(x)$ 随机数的算法如下：

① 产生 $R_1, R_2 \sim U(0,1)$；令 $U = \min(R_1, R_2)$；$V = \max(R_1, R_2)$；

② 如果 $V \leqslant a/b$，转 ④；

③ 如果 $V > U + \dfrac{1}{b}g(s + hU)$，转 ①；

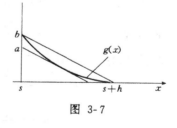

图 3-7

④ 令 $X = s + hU$，则 X 为所求密度函数 $g(x)$ 的随机数.

（2）舍选抽样方法 II

设随机变量 Z 的密度函数 $p(z)$ 可表示为

$$p(z) = Lh(z)f(z)，\tag{4.12}$$

其中 $L > 1, 0 \leqslant h(z) \leqslant 1$，$f(z)$ 为随机变量 X 的密度. 则 Z 的抽

样过程可表示为：

① 产生 $X \sim f(z)$；

② 产生 $R \sim U(0,1)$，且与 X 独立；

③ 如果 (X,R) 满足条件 $R \leqslant h(X)$，令 $Z = X$；否则转到①，则 $Z \sim p(z)$.

证明　由定理 4.4，Z 的密度为

$$p(z) = \frac{f(z)G(h(z))}{\int_{-\infty}^{\infty} f(x)G(h(x))\mathrm{d}x} = \frac{f(z) \cdot h(z)}{\int_{-\infty}^{\infty} f(x)h(x)\mathrm{d}x}$$

$$= Lf(z)h(z),$$

其中 $L = \left(\int_{-\infty}^{\infty} f(x)h(x)\mathrm{d}x \right)^{-1}$.　　　　　　　[证毕]

例 4.13　试用舍选法产生半正态分布的随机数 Z，Z 的密度函数为：

$$p(x) = \begin{cases} \sqrt{\dfrac{2}{\pi}}\ \mathrm{e}^{-\frac{x^2}{2}}, & x \geqslant 0, \\ 0, & x < 0. \end{cases}$$

解　因 $p(x) = \sqrt{\dfrac{2}{\pi}}\ \mathrm{e}^{-\frac{x^2}{2}} = \sqrt{\dfrac{2\mathrm{e}}{\pi}} \cdot \mathrm{e}^{-\frac{(x-1)^2}{2}} \cdot \mathrm{e}^{-x}$

$$\triangleq L \cdot h(x) \cdot f(x),$$

其中 $f(x) = \mathrm{e}^{-x}\ (x > 0)$ 为指数分布的密度函数；$h(x) = \mathrm{e}^{-\frac{(x-1)^2}{2}}$ 的值域 $\in [0,1]$；$L = \sqrt{\dfrac{2\mathrm{e}}{\pi}} > 1$. 则舍选抽样过程可用图 3-8 的框图描述. 注意：检验条件

$$R \leqslant h(X) = \mathrm{e}^{-\frac{(X-1)^2}{2}} \Longleftrightarrow -\ln R \geqslant \frac{(X-1)^2}{2}$$

$$\Longleftrightarrow \frac{(X-1)^2}{2} \leqslant Y \quad (\text{记 } Y = -\ln R).$$

舍选抽样 Ⅱ 给出了当密度函数可表示为容易抽样的密度函数 $f(x)$ 和取值在 $[0,1]$ 之间的函数 $h(x)$ 及常数 L 的乘积时的抽样方法. 舍选抽样 Ⅱ 的效率：

$$p_0 = P\{R \leqslant h(X)\} = \frac{1}{L},\text{其中 } L = \left(\int_{-\infty}^{\infty} h(x)f(x)\mathrm{d}x \right)^{-1}.$$

在例 4.13 中,因 $L = \sqrt{\dfrac{2e}{\pi}}$,故效率 $p_0 = \sqrt{\dfrac{\pi}{2e}} = 0.760.$

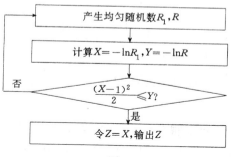

图 3-8

(3) 舍选抽样方法 Ⅲ

设随机变量 Z 的密度函数 $p(z)$ 可表为

$$p(z) = L \int_{-\infty}^{h(z)} g(z,y)\mathrm{d}y, \qquad (4.13)$$

其中 $g(z,y)$ 为随机向量 (X,Y) 的联合密度函数;$h(z)$ 在 Y 的定义域上取值;L 为规格化常量. 则随机变量 Z 的抽样过程可用图 3-9 的框图表示.

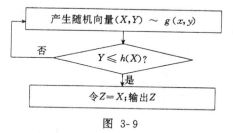

图 3-9

证明 Z 的分布函数

$$
\begin{aligned}
P\{Z \leqslant z\} &= P\{X \leqslant z \mid Y \leqslant h(X)\} \\
&= \frac{P\{X \leqslant z, Y \leqslant h(X)\}}{P\{Y \leqslant h(X)\}}
\end{aligned}
$$

137

$$= \frac{\int_{-\infty}^{z} \left(\int_{-\infty}^{h(x)} g(x,y) \mathrm{d}y \right) \mathrm{d}x}{\int_{-\infty}^{\infty} \int_{-\infty}^{h(x)} g(x,y) \mathrm{d}y \mathrm{d}x}$$

$$= \int_{-\infty}^{z} \left[L \cdot \int_{-\infty}^{h(x)} g(x,y) \mathrm{d}y \right] \mathrm{d}x.$$

故 Z 的密度函数为

$$p(z) = L \cdot \int_{-\infty}^{h(z)} g(z,y) \mathrm{d}y, \text{其中} L = \left(\int_{-\infty}^{\infty} \int_{-\infty}^{h(x)} g(x,y) \mathrm{d}y \mathrm{d}x \right)^{-1}.$$

[证毕]

(4.13)式表示了很广的一类密度函数. 设 X,Y 独立,这时 $g(x,y) = f(x) \cdot \varphi(y)$. 当随机变量 $Y \sim U(0,1)$ 时,(4.13)式化为 $p(x) = Lf(x)h(x)$,正是舍选抽样方法 II 所讨论的情况;当 $Y \sim U(0,1)$,且 $X \sim f(x) = \dfrac{M(x)}{L}$,其中 $M(x)$ 是 $p(x)$ 的上界函数,这时(4.13)化为 $p(x) = M(x) \cdot h(x)$,这正是舍选抽样 I 所讨论的情况;若 $X \sim [a,b]$ 上均匀分布,而 $p(x)$ 在有限区间 $[a,b]$ 上取值,这时(4.13)式化为

$$p(x) = L \cdot \frac{1}{b-a} \cdot h(x) = f_0 h(x)$$

(其中 $L = f_0(b-a)$, $f_0 = \sup_{x} p(x)$),这正是舍选抽样 I 的特例(简单舍选抽样法)所讨论的情况. 总之,舍选抽样 I,II 都是舍选抽样 III 的特例.

例 4.14 试用舍选抽样法产生密度为 $p(x)$ 的随机数,其中

$$p(x) = \begin{cases} \dfrac{1}{\pi \sqrt{1-x^2}}, & |x| < 1, \\ 0, & \text{其他.} \end{cases}$$

解 由表 3-3 知,若 $R \sim U(0,1)$,则 $\xi = \sin 2\pi R$(或 $\xi = \cos 2\pi R$)$\sim p(x)$. 可以用变换抽样法产生 $p(x)$ 随机数,但变换抽样法必须计算三角函数值,运算速度慢. 以下用舍选法,可以得到效率更高的抽样法.

设 $R_1, R_2 \sim U(0,1)$ 且独立,令

$$\begin{cases} X = \dfrac{R_1^2 - R_2^2}{R_1^2 + R_2^2}, \\ Y = R_1^2 + R_2^2, \end{cases}$$

则 (X,Y) 的联合密度函数为

$$g(x,y) = \begin{cases} \dfrac{1}{4\sqrt{1-x^2}}, & |x| < 1,\ 0 < y < \dfrac{2}{1+|x|}, \\ 0, & \text{其他}, \end{cases}$$

这时 $p(x) = L\displaystyle\int_{-\infty}^{1} g(x,y)\mathrm{d}y = \dfrac{L}{4\sqrt{1-x^2}}$ （$|x|<1$）,其中 $L = 4/\pi$. 根据舍选抽样Ⅲ 可得 $p(x)$ 的抽样过程（见图 3-10 的框图）.

在此例中,$h(x) = 1$；当 $R_1, R_2 \sim U(0,1)$ 时,有 $U = R_1 \sim U(0,1), V = 2R_2 - 1 \sim U(-1,1)$.

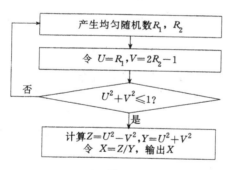

图 3-10

（五）复合抽样法（合成法）

复合抽样法是 1961 年 Marsaglia 提出的. 当我们要抽取的分布函数 $F(x)$ 可以表成几个其他分布函数：$F_1(x), F_2(x), F_3(x),$ … 的线性组合,且 $F_j(x)$ 随机数容易得到时,我们不是直接产生 $F(x)$ 随机数,而是采用复合抽样法由 $F_j(x)$ 的随机数来产生 $F(x)$ 随机数.假设对所有 x,随机变量 ξ 的分布函数 $F(x)$ 可写成

$$F(x) = \sum_j p_j F_j(x). \tag{4.14}$$

若 ξ 是连续型随机变量,密度函数 $f(x)$ 可写成：

139

$$f(x) = \sum_j p_j f_j(x), \qquad (4.15)$$

其中 $p_j \geqslant 0$, $\sum_j p_j = 1$. 每个 $F_j(x)$（或 $f_j(x)$）都是分布函数（或密度函数）. 公式(4.14)或(4.15)就是复合抽样公式,它们给出的抽样方法如下:

① 产生一个正的随机整数 J,使得:
$$P\{J = j\} = p_j \quad (j = 1, 2, \cdots).$$

② 产生分布为 $F_J(x)$（或 $f_J(x)$）的随机数,即为 ξ 的随机数.

重复①～②步骤,即可产生 ξ 的随机数序列. 可以证明由①,② 两步得到的随机数 $\xi \sim F(x)$. 事实上,

$$\begin{aligned}
P\{\xi \leqslant x\} &= P\Big\{(\xi \leqslant x) \bigcap \sum_j (J = j)\Big\} \\
&= \sum_j P\{\xi \leqslant x | J = j\} \cdot P\{J = j\} \\
&= \sum_j F_j(x) \cdot p_j = F(x).
\end{aligned}$$

例 4.15 设 $0 < a < 1$ 时梯形分布的密度函数为
$$f(x) = \begin{cases} a + 2(1-a)x, & x \in [0,1], \\ 0, & \text{其他}. \end{cases}$$

试用复合抽样法产生密度为 $f(x)$ 的随机数.

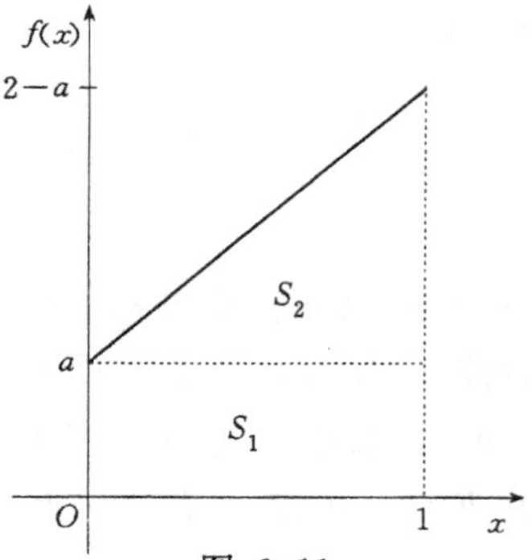

解 首先把 $f(x)$ 下的面积分为 S_1 和 S_2 两部分(见图 3-11),长方形的面积 $S_1 = a$,三角形的面积 $S_2 = 1 - a(S_1 + S_2 = 1)$. 设
$$f_1(x) = \begin{cases} 1, & x \in [0,1], \\ 0, & \text{其他} \end{cases}$$

为 $[0,1]$ 区间上均匀分布的密度函数;

图 3-11

$$f_2(x) = \begin{cases} 2x, & x \in [0,1], \\ 0, & \text{其他} \end{cases}$$
为三角形分布密度(或 $\beta(2,1)$ 分布).

140

则复合抽样公式为：

$$f(x) = af_1(x) + (1-a)f_2(x).$$

三角形分布的随机数可用变换抽样法（或值序抽样法）产生，若 U, V 独立且 $\sim U(0,1)$，则 $\max(U,V) \sim f_2(x)$. 图 3-12 的是复合抽样法的框图.

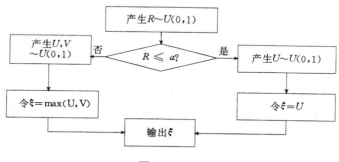

图 3-12

此例用复合抽样法产生密度为 $f(x)$ 的随机数，其中密度为 $f_2(x)$ 的随机数是用变换抽样法产生. 实际应用中经常把几种不同的抽样法组合起来，最后获得所希望的随机数. 上例中，为了产生梯形分布随机数需要两个或三个均匀随机数. 一般采用复合抽样法，至少需要两个均匀随机数. 尽管如此，有些分布的随机数用复合法还是比其他方法的效率高，因分解后产生 $F_j(x)$ 分布随机数的速度快的优点可以补偿必须用两个或两个以上均匀随机数产生一个 $F(x)$ 随机数的缺点.

（六）近似抽样方法

以上介绍的几类抽样法从理论上讲都是精确的，即除了用伪随机数代替随机数形成的误差外，不含系统误差. 当分布 $F(x)$ 比较复杂，以上介绍的方法难以实现时，还可以用近似方法. 这里介绍的近似抽样法除含上述误差外，选取的方法中还含有系统性误差. 当然在实际应用中，这些误差与模拟计算的误差相比较可忽略不计.

（1）利用中心极限定理

例 4.16 试用近似抽样法产生 $N(0,1)$ 随机数.

解 根据中心极限定理,产生均匀随机数 $r_1, r_2, r_3, \cdots, r_n$,

记 $\bar{r} = \frac{1}{n} \sum_{i=1}^{n} r_i$,则 $\mathrm{E}(\bar{r}) = \frac{1}{2}$,$\mathrm{Var}(\bar{r}) = \frac{1}{12n}$. $N(0,1)$ 随机数的近似抽样公式为:

$$u = \sqrt{12n}\left(\bar{r} - \frac{1}{2}\right). \tag{4.16}$$

在实际应用中,常取 $n = 6$ 或 $n = 12$. 特别在 $n = 12$ 时,

$$u = \sum_{i=1}^{12} r_i - 6.$$

利用以上公式,产生 12 个均匀随机数,即可得到一个标准正态随机数. 若注意到 r_i 和 $1 - r_i$ 同为均匀随机数,则产生 $N(0,1)$ 随机数的近似公式可化为

$$u = \sum_{i=1}^{6} (r_{2i} - r_{2i-1}).$$

（2）Butler 抽样法（复合近似抽样法）

Butler 抽样法（1970）是复合抽样法和近似抽样法的综合. Butler 抽样法的思想是在密度函数 $f(x)$ 的分解公式中让权系数 $p_j = \frac{1}{m}$ $(j = 1, 2, \cdots, m)$;而 $f_j(x)$ 用最简单的线性函数近似. 具体做法如下（设总体分布函数为 $F(x)$）:

① 确定分点 x_j $(j = 0, 1, \cdots, m)$ 使

$$\int_{x_{j-1}}^{x_j} f(x) \mathrm{d}x = \frac{1}{m} \quad (j = 1, 2, \cdots, m).$$

② 对密度函数 $f(x)$ 进行分解:

$$f(x) = \sum_{i=1}^{m} p_i f_i(x),$$

其中 $p_i = \frac{1}{m}$ $(i = 1, 2, \cdots, m)$,

$$f_i(x) = \begin{cases} mf(x), & x \in (x_{i-1}, x_i], \\ 0, & \text{其他} \end{cases} \quad (i = 1, 2, \cdots, m).$$

③ 在小区间 $(x_{i-1}, x_i]$ 上用直线作为曲线 $f_i(x)$ 的近似,然后对线性函数构成的分布密度 $f_i^*(x)$ 下的面积分解为两部分(见图 3-13),按复合抽样法可得到:

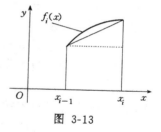

图 3-13

$$f_i(x) \approx f_i^*(x)$$
$$= d_i f_{i1}(x) + (1 - d_i) f_{i2}(x),$$

其中

$$d_i = \frac{三角形面积}{梯形面积} = \frac{|f(x_i) - f(x_{i-1})|}{f(x_i) + f(x_{i-1})};$$

$$f_{i1}(x) = \begin{cases} \dfrac{2}{(x_i - x_{i-1})^2}(x - x_{i-1}), & 当 f(x_i) > f(x_{i-1}), \\[3mm] \dfrac{-2}{(x_i - x_{i-1})^2}(x - x_i), & 当 f(x_i) < f(x_{i-1}), \end{cases}$$
$$x \in (x_{i-1}, x_i];$$

$$f_{i2}(x) = \frac{1}{x_i - x_{i-1}}, \quad x \in (x_{i-1}, x_i].$$

综合之,$f(x)$ 有近似复合抽样公式:

$$f(x) \approx \sum_{i=1}^m \frac{1}{m}[d_i f_{i1}(x) + (1 - d_i) f_{i2}(x)]. \quad (4.17)$$

Butler 抽样法的具体步骤如下:

首先把 $(-\infty, \infty)$ 用分点 $-\infty = x_0, x_1, \cdots, x_m = \infty$ 分为 m 个小区间,使

$$\int_{x_{i-1}}^{x_i} f(x)\mathrm{d}x = \frac{1}{m} \quad (i = 1, 2, \cdots, m).$$

在实际应用中,取 $x_0 = a$,使 $F(a) \approx 0$;取 $x_m = b$,使 $F(b) \approx 1$.

① 产生 $r \sim U(0, 1)$,令 $i = [mr] + 1$;

② 产生 $r_1, r_2 \sim U(0, 1)$,当 $r_2 \leqslant d_i$ 时,令

$$Z = \begin{cases} x_{i-1} + (x_i - x_{i-1})\sqrt{r_1}, & 当 f(x_i) > f(x_{i-1}), \\[3mm] x_i - (x_i - x_{i-1})\sqrt{1 - r_1}, & 当 f(x_i) < f(x_{i-1}); \end{cases}$$

143

否则，令 $Z = x_{i-1} + (x_i - x_{i-1})r_1$，则由此得到的 Z 为近似服从分布 $f(x)$ 的随机数．

（3）一般分布 $F(x)$ 的近似抽样法

设 $F(x)$ 为一般的分布函数，首先把 $(-\infty, \infty)$ 用分点 $-\infty = a_0, a_1, a_2, \cdots, a_{m-1}, a_m = \infty$ 分为 m 个小区间，在第 k 段 $(a_{k-1}, a_k]$ 上由 $F(x)$ 定义分布函数 $F_k(x)$，即令

$$F_k(x) = \begin{cases} \dfrac{F(x) - F(a_{k-1})}{p_k}, & x \in (a_{k-1}, a_k], \\ 0, & x \leqslant a_{k-1}, \\ 1, & x > a_k, \end{cases}$$

其中 $p_k = F(a_k) - F(a_{k-1})$．显然 $F_k(x)$ 是取值在 $(a_{k-1}, a_k]$ 上的分布函数．而且 $F(x)$ 可分解为

$$F(x) = \sum_{i=1}^{m} p_i F_i(x). \tag{4.18}$$

在每一小段上用线性函数作为分布函数的近似，则

$$F_k(x) \approx \frac{x - a_{k-1}}{a_k - a_{k-1}}, \quad x \in (a_{k-1}, a_k].$$

故 $F(x)$ 的近似抽样法的具体步骤如下：

首先把 $(-\infty, \infty)$ 用分点 $-\infty = a_0, a_1, \cdots, a_m = \infty$ 分为 m 个小区间，记

$$p_j = F(a_j) - F(a_{j-1}) \quad (j = 1, 2, \cdots, m).$$

在实际应用中取 $a_0 = a$ 使 $F(a) \approx 0$；取 $a_m = b$ 使 $F(b) \approx 1$.

① 用直接抽样法产生离散分布随机数 J：

$$J \sim P\{J = k\} = p_k \quad (k = 1, 2, \cdots, m);$$

② 产生 $r_1 \sim U(0, 1)$，令 $X = a_{J-1} + (a_J - a_{J-1})r_1$，则 X 为近似地服从分布函数 $F(x)$ 的随机数．

（4）经验分布抽样法

以上介绍的抽样法都是产生给定分布随机数的抽样法．当对实际过程进行模拟计算时，调查得来的数据 $x_1, x_2, \cdots, x_n$ 来自哪类总体分布 $F(x)$ 是未知的．但由观测数据可求出经验分布函数

$F_n(x)$,且 $F_n(x) \approx F(x)$. 这种直接由经验分布函数或观测数据出发,产生总体 $F(x)$ 随机数的方法,称为经验分布函数法.

（Ⅰ）已知原始观测数据

设已知观测数据 $x_1, x_2, \cdots, x_n$ 来自某总体,其分布函数为 $F(x)$. 将 $x_1, x_2, \cdots, x_n$ 排序:$x_{(1)} \leqslant x_{(2)} \leqslant \cdots \leqslant x_{(n)}$. n 个点将 $[x_{(1)}, x_{(n)}]$ 分为 $n-1$ 个小区间,假定数据落入每个小区间的概率均为 $\dfrac{1}{n-1}$,且在每个小区间是均匀分布的. 具体抽样法如下:

① 产生 $r \sim U(0,1)$,记 $p = (n-1)r$,令 $I = [p] + 1$;

② 令 $X = x_{(I)} + (p - [p])(x_{(I+1)} - x_{(I)})$,则 X 为近似地服从分布函数 $F(x)$ 的随机数.

这种方法直接由观测数据构造抽样法,并没有求出经验分布函数 $F_n(x)$,但产生的随机数 X 近似服从总体分布 $F(x)$. 显然此种方法简单,产生的随机数的取值范围为 $[x_{(1)}, x_{(n)}]$.

（Ⅱ）已知分组观测频数

设已知 n 个观测数据在 m 个连续的小区间
$$[a_0, a_1), [a_1, a_2), \cdots, [a_{m-1}, a_m]$$
内的观测频数为 $n_1, n_2, \cdots, n_m (n_1 + n_2 + \cdots + n_m = n)$. 利用这些观测频数可以给出经验分布函数 $F_n(x)$,那么产生总体分布随机数的抽样法如下:

① 产生 $r \sim U(0,1)$,若 $F_n(a_{k-1}) < r \leqslant F_n(a_k)$,则取 $J = k$;

② 令 $X = a_{k-1} + \dfrac{r - F_n(a_{k-1})}{F_n(a_k) - F_n(a_{k-1})} (a_k - a_{k-1})$,则 X 为近似地服从总体分布的随机数.

以上抽样法产生的随机数的取值范围为 $[a_0, a_m]$.

本节介绍了六种非均匀随机数的一般抽样法. 在实际应用中经常是几种抽样法综合使用. 以下我们将介绍几类重要的连续分布或离散分布的具体抽样法.

4.2 常用连续分布的抽样法

本节利用 4.1 中讨论的抽样方法,给出一些常用连续型随机变量的抽样方法.

(一) 正态分布

正态分布是最重要、最常用的一种概率分布.正态随机数还可以用来产生其他分布的随机数.当 $U \sim N(0,1)$ 时,$X = \sigma U + \mu \sim N(\mu, \sigma^2)$.我们只需介绍产生标准正态随机数的方法.

(1) 基于中心极限定理的近似抽样法

(见例 4.16) 设 $r_1, \cdots, r_n$ 为均匀随机数,近似抽样公式为

$$U = \sum_{i=1}^{6} (r_{2i} - r_{2i-1}) \overset{\cdot}{\sim} N(0,1).$$

(2) Box 和 Muller(1958) 提出的变换抽样法

(见例 4.6) 设 r_1, r_2 为均匀随机数,变换抽样公式为

$$\begin{cases} U_1 = \sqrt{-2\ln r_1} \cos 2\pi r_2, \\ U_2 = \sqrt{-2\ln r_1} \sin 2\pi r_2. \end{cases}$$

由两个独立的均匀随机数,利用变换公式可得两个独立的 $N(0,1)$ 随机数.此算法是较常用的抽样法,但计算量较大(因需调用标准函数计算 $\sin x, \cos x$).

(3) 修正变换抽样法

变换抽样法因必须计算 $\sin 2\pi R$ 和 $\cos 2\pi R$,计算量大.修正变换抽样法利用舍选抽样法产生 $\sin 2\pi R$ 和 $\cos 2\pi R$ 随机数.

设 $R \sim U(0,1)$,令 $\begin{cases} \xi = \sin 2\pi R \triangleq \sin 2\alpha, \\ \eta = \cos 2\pi R \triangleq \cos 2\alpha. \end{cases}$ 显然 $\alpha = \pi R \sim U(0,\pi)$,对上半单位圆内的随机点 $P(X, Y)$,它与相应的 α 有以下关系(见图 3-14):

$$\sin \alpha = \frac{Y}{\sqrt{X^2 + Y^2}}, \quad \cos \alpha = \frac{X}{\sqrt{X^2 + Y^2}}.$$

146

故

$$\xi = \sin 2\alpha = 2\sin\alpha\cos\alpha$$
$$= \frac{2XY}{X^2 + Y^2},$$
$$\eta = \cos 2\alpha = \cos^2\alpha - \sin^2\alpha$$
$$= \frac{X^2 - Y^2}{X^2 + Y^2}.$$

产生 ξ, η 随机数可以通过上半单位圆内的随机点得到. 综合之, 产生 $N(0,1)$ 随机数的修正变换抽样法的步骤为:

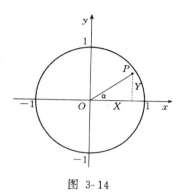

图 3-14

① 产生相互独立的均匀随机数 r_1, r_2, r_3;

② 计算 $u_1 = 2r_2 - 1, u_2 = r_3$, 则 $u_1 \sim U(-1,1)$;

③ 如果 $w = u_1^2 + u_2^2 > 1$, 则转到 ① 重新抽样; 否则令

$$\begin{cases} X_1 = \sqrt{-2\ln r_1}\dfrac{u_1^2 - u_2^2}{w}, \\ X_2 = \sqrt{-2\ln r_1}\dfrac{2u_1 u_2}{w}, \end{cases}$$

则 $(X_1, X_2)' \sim N_2(0, I_2)$ (即产生的 X_1 和 X_2 为相互独立的标准正态分布随机数).

(4) "极坐标"抽样法

这是 Marsaglia(1962) 给出的对变换抽样的改进方法, 它取消了三角函数的运算. 效率可比变换抽样法提高. 极坐标法的具体步骤如下:

① 产生 $r_1, r_2 \sim U(0,1)$; 令 $V_1 = 2r_1 - 1, V_2 = 2r_2 - 1$;

② 如果 $W = V_1^2 + V_2^2 > 1$, 转到 ①; 否则令 $Y = \sqrt{\dfrac{-2\ln W}{W}}$, 则 $X_1 = V_1 Y, X_2 = V_2 Y$ 为相互独立的 $N(0,1)$ 随机数.

事实上, 因 $(V_1, V_2) \sim f(v_1, v_2) = \begin{cases} 1/4, & -1 \leqslant v_1, v_2 \leqslant 1, \\ 0, & \text{其他}, \end{cases}$

147

且 $P\{W = V_1^2 + V_2^2 \leqslant 1\} = \dfrac{\pi}{4}$. 故 (X_1, X_2) 的联合分布函数为

$P\{X_1 \leqslant x_1, X_2 \leqslant x_2 | V_1^2 + V_2^2 \leqslant 1\}$

$\quad = P\{(X_1, X_2) \in D\} \Big/ \dfrac{\pi}{4}$ $(D = \{(X_1, X_2) | X_1 \leqslant x_1, X_2 \leqslant x_2, W \leqslant 1\})$

$\quad = \dfrac{4}{\pi} P\{(V_1, V_2) \in D^*\}$ $\quad (D^*$ 是 D 在 OV_1V_2 平面上对应的区域$)$

$\quad = \dfrac{4}{\pi} \iint\limits_{D} \dfrac{1}{4} \left| \dfrac{\partial(v_1, v_2)}{\partial(x_1, x_2)} \right| \mathrm{d}x_1 \mathrm{d}x_2 = \dfrac{1}{\pi} \iint\limits_{D} \dfrac{w}{2} \mathrm{d}x_1 \mathrm{d}x_2$

$\quad = \dfrac{1}{2\pi} \iint\limits_{D} \mathrm{e}^{-\frac{1}{2}(x_1^2 + x_2^2)} \mathrm{d}x_1 \mathrm{d}x_2$.

所以 $(X_1, X_2)' \sim N_2(0, I_2)$.

此法由两个均匀随机数一般可产生两个 $N(0,1)$ 随机数. 当出现 $W > 1$ 时 $(P\{W > 1\} = 1 - \pi/4)$,重新产生均匀随机数,故得到一对 $N(0,1)$ 随机数所需的 $U(0,1)$ 随机数的数目是随机的(大于 2).

(5) Hasting 有理逼近方法(近似直接抽样法)

由定理 1.1 知,若 $R \sim U(0,1)$,则 $\Phi^{-1}(R) \sim N(0,1)$. 用反函数法产生 $N(0,1)$ 随机数的困难在于 Φ^{-1} 不能用初等函数表示. 但用有理函数可以逼近 $\Phi^{-1}(x)$. Hasting 给出的有理逼近方法是最好的一种. 具体方法如下:

① 产生 $r \sim U(0,1)$;

② 计算 $y = \sqrt{-2\ln\alpha}$,其中 $\alpha = \begin{cases} r, & \text{当 } r \leqslant 0.5, \\ 1-r, & \text{当 } r > 0.5; \end{cases}$

③ 令 $X = \mathrm{sign}\left(r - \dfrac{1}{2}\right)\left(y - \dfrac{c_0 + c_1 y + c_2 y^2}{1 + d_1 y + d_2 y^2 + d_3 y^3}\right)$,

其中 $\quad c_0 = 2.515517, \quad c_1 = 0.802853, \quad c_2 = 0.010328,$

$\qquad d_1 = 1.432788, \quad d_2 = 0.189269, \quad d_3 = 0.001308,$

则 X 是 $N(0,1)$ 随机数.

显然当 $r = 1/2$ 时,$X = 0$. 利用这一方法进行抽样,误差小于 10^{-4}.

（6）Kahn 密度逼近法

Kahn 对半正态密度函数给出了一个渐近函数，即

$$\sqrt{\frac{2}{\pi}}e^{-\frac{x^2}{2}} \approx \sqrt{\frac{2}{\pi}}\frac{4e^{-ax}}{(1+e^{-ax})^2} \triangleq g(x),$$

适当选取 a 使 $g(x)$ 为密度函数. 用直接抽样法对密度为 $g(x)$ 的分布进行抽样，得抽样公式为：

$$u = \sqrt{\frac{\pi}{8}}\ln\frac{1+r}{1-r} \quad (r \sim U(0,1)).$$

u 近似为半正态分布；然后随机地确定符号，即得正态随机数.

（7）复合舍选抽样法

这是 Marsaglia 和 Bray（1964 年）提出复合舍选抽样法. 将正态密度函数 $\varphi(x)$ 分解成 4 个密度函数的概率和：

$$\varphi(x) = p_1 f_1(x) + p_2 f_2(x) + p_3 f_3(x) + p_4 f_4(x).$$

复合抽样的具体抽样步骤如下：

① 以概率 $p_1 = 0.8638$ 产生均匀随机数 r_1, r_2, r_3，则
$$X = 2(r_1 + r_2 + r_3 - 1.5) \quad (X \sim f_1(x)).$$

② 以概率 $p_2 = 0.1107$ 产生均匀随机数 r_1, r_2，则
$$X = 1.5(r_1 + r_2 - 1) \quad (X \sim f_2(x)).$$

③ 以概率 $p_3 = 0.0228002039$ 产生均匀随机数 r_1, r_2，令 $U = 6r_1 - 3, V = 0.358r_2$，当 $V < g(U)$ 时，则 $X = U \quad (X \sim f_3(x))$，其中

$$g(u) = \begin{cases} \begin{aligned} &17.49731196e^{-\frac{u^2}{2}} \\ &+ 2.15787544(|u| - 1.5) \\ &+ 4.73570326(u^2 - 3), & \text{当 } |u| < 1, \\ &17.49731196e^{-\frac{u^2}{2}} \\ &+ 2.15787544(|u| - 1.5) \\ &- 2.36785163(3 - |u|)^2, & \text{当 } 1 \leqslant |u| < 1.5, \\ &17.49731196e^{-\frac{u^2}{2}} \\ &- 2.36785163(3 - |u|)^2, & \text{当 } 1.5 \leqslant |u| < 3, \\ &0, & \text{当 } |u| \geqslant 3. \end{aligned} \end{cases}$$

④ 以概率 $p_4 = 0.0026997961$ 产生随机数 r_i，令 $v_i = 2r_i - 1$ $(i = 1, 2, \cdots)$，直到 $w = v_i^2 + v_{i+1}^2 \leqslant 1$ 时计算

$$S = v_1 \Big(\frac{9 - 2\ln w}{w} \Big)^{\frac{1}{2}}, \quad T = v_2 \Big(\frac{9 - 2\ln w}{w} \Big)^{\frac{1}{2}}.$$

若 $|S| \leqslant 3$ 且 $|T| \leqslant 3$ 时，则重新抽样；否则令

$$X = \begin{cases} S, & \text{当 } |S| > 3 \text{ 时}, \\ T, & \text{当 } |S| \leqslant 3 \text{ 且 } |T| > 3 \text{ 时}, \end{cases}$$

则 $X \overset{\cdot}{\sim} N(0,1)$.

（二）指数分布

指数分布 $e(\lambda)$（λ 为参数）的密度函数为

$$f(x) = \begin{cases} \lambda e^{-\lambda x}, & x \geqslant 0 \ (\lambda > 0), \\ 0, & x < 0. \end{cases}$$

指数分布在随机模拟中有着广泛的应用. 如随机事件发生的时间间隔、机器的寿命、电子元件的寿命、系统的稳定时间以及随机服务系统中顾客到达的时间间隔等等一般都是服从指数分布. 下面介绍几种产生 $e(\lambda)$ 随机数的方法.

（1）变换抽样法（直接抽样法）

设 $R \sim U(0,1)$，产生 $e(\lambda)$ 随机数的变换抽样公式为

$$X = -\frac{1}{\lambda} \ln R.$$

利用以上抽样公式由 R 得到 X，算法很简单，但在计算机上计算自然对数是比较费时间的. 为了提高抽样速度，下面给出两个产生 $e(1)$（$\lambda = 1$）随机数的算法.

（2）Von Neumann 的抽样方法

Von Neumann 巧妙地应用了舍选抽样的技巧，提出了产生 $\lambda = 1$ 的指数分布随机数的方法. 图 3-15 的框图给出该算法.

（3）Marsaglia 的抽样方法

Marsaglia 通过复杂的计算推导，给出了 $\lambda = 1$ 的指数分布随机数 X 的抽样公式：

$$X = M + \min(r_1, r_2, \cdots, r_N),$$

其中 M, N 是离散随机变量,且

$$P\{M = m\} = \frac{e - 1}{e^{m+1}} \quad (m = 0, 1, 2, \cdots),$$

$$P\{N = n\} = \frac{1}{n!(e - 1)} \quad (n = 1, 2, \cdots).$$

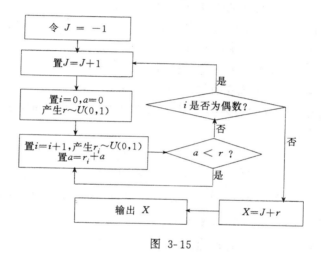

图 3-15

(三) Gamma 分布

Gamma 分布 $\Gamma(a, b)$ 的密度函数为

$$f(t) = \frac{b^a}{\Gamma(a)} t^{a-1} e^{-bt} \quad (t > 0; \text{参数 } a > 0, b > 0).$$

如果 $X \sim \Gamma(a, 1)$,令 $X_1 = X/b$,则 $X_1 \sim \Gamma(a, b)$. 我们以下只需讨论 $\Gamma(a, 1)$ 随机数的抽样方法. 当 $a = 1$ 时,$\Gamma(1, 1)$ 就是参数为 1 的指数分布,它的抽样法在(二)已介绍. 下面我们分别对 $a > 1$ 及 $0 < a < 1$ 两种不同情况讨论 $\Gamma(a, 1)$ 的抽样方法.

(1) $a > 1$ 且 a 为整数情况(即 $a = [a]$)

$a = n$(n 为整数)的 $\Gamma(n, 1)$ 分布常称为爱尔朗(Erlang)分布. 若 $X_1, X_2, \cdots, X_n$ 独立且都遵从指数分布 $e(1)$,令 $X = X_1 + X_2$

151

$+ \cdots + X_n$，则 $X \sim \Gamma(n,1)$. 利用这一性质产生 $\Gamma(n,1)$ 随机数的抽样方法：

① 生成 $r_1, r_2, \cdots, r_n \sim U(0,1)$；

② 计算 $u = r_1 \cdot r_2 \cdots \cdot r_n$；

③ 令 $X = -\ln u$，并输出分布为 $\Gamma(n,1)$ 的随机数 X.

(2) $a > 1$ 但不是整数情况（即 $a \neq [a]$）

方法一　Naylor（1966 年）给出的近似复合抽样法如下：

① 以概率 $p_1 = [a] + 1 - a$ 生成 $\Gamma([a],1)$；

② 以概率 $p_2 = a - [a]$ 生成 $\Gamma([a]+1,1)$.

方法二　舍选变换抽样法（GFI 算法）

这是 Fishman（1976）给出的舍选和变换的综合抽样法. 具体步骤如下：

① 产生 $r \sim U(0,1)$，令 $X = -\ln r$（即 $X \sim e(1)$）；

② 产生 $Y \sim U(0,1)$，且与 X 独立；

③ 如果 $Y \leqslant \left(\dfrac{X}{e^{X+1}} \right)^{a-1}$，取 $\xi = aX$，并输出分布为 $\Gamma(a,1)$ 的随机数 ξ；否则转到 ① 重新抽样.

方法三　修正的舍选抽样法（GB 算法）

Cheng 提出了经过修正的舍选抽样 I，为了得到上界函数 $M(x)$，首先设 $\lambda = \sqrt{(2a-1)}, \mu = a^\lambda, C = 4a^a e^{-a} / [\lambda\Gamma(a)]$. 令

$$M(x) = Cg(x)，其中 \ g(x) = \begin{cases} \dfrac{\lambda\mu x^{\lambda-1}}{(\mu + x^\lambda)^2}, & x > 0, \\ 0, & 其他. \end{cases}$$

利用微积分的知识求以下函数：

$$q(x) = \frac{x^{a-1}e^{-x}(\mu + x^\lambda)^2}{x^{\lambda-1}}$$

极大值的方法可证明 $M(x)$ 是 $\Gamma(a,1)$ 密度函数的上界函数. 显然 $g(x)$ 是密度函数，其相应的分布函数为

$$G(x) = \frac{x^\lambda}{\mu + x^\lambda} \quad (x > 0).$$

利用直接抽样法可得产生 $g(x)$ 随机数的抽样公式为

$$X = \left(\frac{\mu r}{1-r}\right)^{\frac{1}{\lambda}} \quad (r \sim U(0,1)).$$

具体抽样法(GB 算法)如下:

首先计算常数 $\lambda = \sqrt{(2a-1)}, \mu = a^{\lambda}, \theta = 4.5, d = 1 + \ln\theta$.

① 产生 $r_1, r_2 \sim U(0,1)$;

② 计算 $V = \frac{1}{\lambda}\ln\frac{r_1}{1-r_1}, X = ae^V\left(即 X = \left(\frac{\mu r_1}{1-r_1}\right)^{\frac{1}{\lambda}}\right)$, $Z = r_1^2 r_2, W = (a-\lambda)V + a - \ln4 - X$;

③ 若 $W + d - \theta Z \geqslant 0$,令 $\xi = X$;否则转 ④;

④ 若 $\ln Z \leqslant W$,令 $\xi = X$,并输出分布为 $\Gamma(a,1)$ 的随机数 ξ;否则转到 ① 重新抽样.

说明:舍选抽样法的检验条件 $r_2 \leqslant h(X) = \frac{f(X)}{M(X)}$,经整理化简后,它等价于 $\ln Z \leqslant W$;又 $\ln Z$ 满足不等式:$\ln Z \leqslant \theta Z - d$;故当附加条件 $W + d - \theta Z \geqslant 0$ 成立时,必有 $\ln Z \leqslant W$.

(3) $0 < a < 1$ 的情况

Ahrens 和 Dieter 在 1974 年提出的一种舍选算法(也称为 GS 算法). 上界函数取为

$$M(x) = \begin{cases} \dfrac{1}{\Gamma(a)}x^{a-1}, & 0 < x \leqslant 1, \\[2mm] \dfrac{1}{\Gamma(a)}e^{-x}, & x > 1, \\[2mm] 0, & x \leqslant 0, \end{cases}$$

且 $C = \int_0^{\infty} M(x)\mathrm{d}x = \dfrac{b}{a\Gamma(a)}$,其中 $b = \dfrac{e+a}{e} > 1$.

从而得密度函数

$$g(x) = \frac{M(x)}{C} = \begin{cases} \dfrac{ax^{a-1}}{b}, & 0 < x \leqslant 1, \\[2mm] \dfrac{ae^{-x}}{b}, & x > 1, \\[2mm] 0, & x \leqslant 0. \end{cases}$$

$g(x)$ 对应的分布函数为

$$F(x) = \begin{cases} \dfrac{x^a}{b}, & 0 < x \leqslant 1, \\[2mm] 1 - \dfrac{a\mathrm{e}^{-x}}{b}, & x > 1. \end{cases}$$

产生 $g(x)$ 随机数的直接抽样公式：

$$F^{-1}(r) = \begin{cases} (br)^{\frac{1}{a}}, & r \leqslant \dfrac{1}{b}, \\[2mm] -\ln \dfrac{b(1-r)}{a}, & \text{其他} \end{cases} \qquad (r \sim U(0,1)).$$

综合之,产生 $\Gamma(a,1)$ 随机数的 GS 算法可用图 3-16 的框图表示.

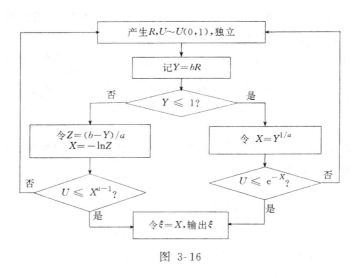

图 3-16

（四）Beta 分布

Beta 分布（$\beta(a,b)$）的密度函数为

$$f(x) = \frac{1}{\mathrm{B}(a,b)} x^{a-1}(1-x)^{b-1} \quad (x \in (0,1); a > 0, b > 0).$$

产生 $\beta(a,b)$ 随机数,可利用 $\beta(a,b)$ 的一些简单性质：(i)$\beta(1,1)$ 是 $[0,1]$ 上均匀分布；(ii) 若 $X \sim \beta(a,b)$,则 $1-X \sim \beta(b,a)$；(iii) 若

154

$Y_1 \sim \Gamma(a,1), Y_2 \sim \Gamma(b,1)$, 且 Y_1 与 Y_2 独立, 则 $X = Y_1/(Y_2+Y_1)$ $\sim \beta(a,b)$. 下面介绍产生 $\beta(a,b)$ 的几种抽样法:

(1) 当 $a = 1$ 或 $b = 1$ 时的直接抽样法

当 $a = 1$ 或 $b = 1$ 时 $\beta(a,b)$ 分布为幂函数分布, 用直接抽样法得抽样公式如下:

$$X = \begin{cases} \sqrt[a]{r}, & \text{当 } b = 1, \\ 1 - \sqrt[b]{1-r}, & \text{当 } a = 1. \end{cases}$$

(2) a,b 为正整数时的值序抽样法

当 a,b 为正整数情况可以用值序抽样法产生 $\beta(a,b)$ 随机数 (见 4.1(三) 中的例 4.8).

(3) 变换抽样法

根据 $\beta(a,b)$ 的简单性质(iii), 由 Gamma 分布随机数产生 Beta 分布随机数的具体算法如下:

① 产生 $Y_1 \sim \Gamma(a,1)$, $Y_2 \sim \Gamma(b,1)$, 且 Y_1 与 Y_2 独立;

② 令 $X = \dfrac{Y_1}{Y_1 + Y_2}$, 并输出分布为 $\beta(a,b)$ 的随机数 X.

此法很简便, 只要我们有 Gamma 分布随机数发生器就行了. 此方法的效率当然是取决于 Gamma 随机数发生器的速度.

(4) 舍选抽样法

Ahrens 和 Dieter 在 1974 年给出舍选抽样 I 的算法(常称为 BN 算法). 利用以下不等式:

$$\left(\frac{x}{A}\right)^A \left(\frac{1-x}{B}\right)^B C^C \leqslant \exp\left[-2C\left(x - \frac{A}{C}\right)^2\right]$$

$$(\text{对一切 } x \in (0,1)),$$

其中 $A = a - 1, B = b - 1, C = A + B$. 可知

$$f(x) = \left(\frac{x}{A}\right)^A \left(\frac{1-x}{B}\right)^B C^C \cdot D \leqslant \exp\left[-2C\left(x - \frac{A}{C}\right)^2\right] \cdot D,$$

其中 $D = \dfrac{A^A B^B}{C^C B(a,b)}$. 上界函数 $M(x) = \exp\left[-2C\left(x - \frac{A}{C}\right)^2\right] \cdot D$ 归一化为 $N\left(\dfrac{A}{C}, \dfrac{1}{4C}\right)$ 的密度函数. 具体算法如下:

① 计算 $A = a - 1, B = b - 1, C = A + B, E = C\ln C, \mu = \dfrac{A}{C}, \sigma = \dfrac{1}{2\sqrt{C}}$；

② 生成 $Y \sim N(0,1)$，令 $X = \sigma Y + \mu$；

③ 如果 $X < 0$ 或 $X > 1$，转到 ② 重新抽样；

④ 生成 $R \sim U(0,1)$，且与 Y 独立；

⑤ 如果 (X,R) 满足：$\ln R \leqslant A\ln\dfrac{X}{A} + B\ln\dfrac{1-X}{B} + E + 0.5Y^2$，令 $Z = X$，并输出分布为 $\beta(a,b)$ 的随机数 Z；否则转到 ② 重新抽样.

下面我们来计算这一抽样法的效率. 舍选抽样 I 的效率为

$$p_0 = \left(\int_0^1 M(x)\mathrm{d}x \right)^{-1} = \left[D\sqrt{\dfrac{\pi}{2C}} \, P\{0 < X < 1\} \right]^{-1}.$$

舍去 $(0,1)$ 区间以外的正态随机数后的效率为

$$p_1 = P\{0 < X < 1\}.$$

综合之，BN 算法的效率为　　$p = p_0 p_1 = \dfrac{1}{D}\sqrt{2C/\pi}.$

当 $a = 4, b = 5$ 时 $p_1 = 0.9870, p_0 = 0.9101$；故 $p = 0.8983$. 它大于简单舍选抽样法的效率 0.4255（见例 4.9）.

（五）$\chi^2(n)$ 分布、$F(m,n)$ 分布与 $t(n)$ 分布

（1）$\chi^2(n)$ 分布

利用 χ^2 分布的性质可得两种产生 $\chi^2(n)$ 随机数的方法.

方法一　　变换抽样法（见例 4.7）.

利用 $\chi^2(n)$ 分布与标准正态分布的关系有以下抽样法：

① 产生 $X_1, X_2, \cdots, X_n \sim N(0,1)$，相互独立；

② 令 $X = X_1^2 + X_2^2 + \cdots + X_n^2$，并输出分布为 $\chi^2(n)$ 的随机数 X.

方法二　　由 Gamma 随机数产生.

根据 $\chi^2(n)$ 与 $\Gamma\left(\dfrac{n}{2}, 1\right)$ 有如下关系：若 $Y \sim \Gamma\left(\dfrac{n}{2}, 1\right)$，则 $X = 2Y \sim \chi^2(n)$. 特别当 $n =$ 偶数时，抽样法更为简单. 具体算法如下：

① 产生 $r_1, r_2, \cdots, r_k \sim U(0,1)$，其中

$$k = \begin{cases} \dfrac{n}{2}, & \text{当 } n \text{ 为偶数时}, \\ \dfrac{n-1}{2}, & \text{当 } n \text{ 为奇数时}, \end{cases} \quad (k \text{ 为整数});$$

② 计算 $Y = -\ln(r_1 \cdot r_2 \cdots r_k)$；

③ 当 n 为偶数时，令 $X = 2Y$；当 n 为奇数时，产生 $Z \sim N(0,1)$，令 $X = 2Y + Z^2$，那么由此得到的 X 为 $\chi^2(n)$ 随机数.

（2）$F(m,n)$ 随机数的变换抽样法

方法一　利用 F 分布与 χ^2 分布的关系，具体算法如下：

① 产生 $Y_1 \sim \chi^2(m)$，$Y_2 \sim \chi^2(n)$，且 Y_1 与 Y_2 独立；

② 令 $X = \dfrac{Y_1/m}{Y_2/n}$，并输出分布为 $F(m,n)$ 的随机数 X.

方法二　利用 F 分布与 $\beta(a,b)$ 的关系：若 $Y \sim \beta\left(\dfrac{m}{2}, \dfrac{n}{2}\right)$，则 $X = \dfrac{n}{m} \dfrac{Y}{1-Y} \sim F(m,n)$. 使用变换抽样法的具体步骤如下：

① 产生 $Y \sim \beta\left(\dfrac{m}{2}, \dfrac{n}{2}\right)$；

② 令 $X = \dfrac{n}{m} \dfrac{Y}{1-Y}$，并输出分布为 $F(m,n)$ 的随机数 X.

（3）$t(n)$ 随机数的变换抽样法

t 分布随机数一般是利用 $N(0,1)$ 随机数和 $\chi^2(n)$ 随机数经变换公式产生，具体算法如下：

① 产生 $u \sim N(0,1)$；

② 产生 $Y \sim \chi^2(n)$，且 Y 与 u 独立；

③ 令 $X = \dfrac{u}{\sqrt{Y/n}}$，并输出分布为 $t(n)$ 的随机数 X.

（六）其他连续分布

（1）三角形分布的直接抽样法

三角形分布（$\text{triang}(a,b,m)$）的概率密度函数（见图 3-17）为

$$
f(x) = \begin{cases} \dfrac{2(x-a)}{(b-a)(m-a)}, & a < x \leqslant m, \\[2mm] \dfrac{2(b-x)}{(b-a)(b-m)}, & m < x \leqslant b, \\[2mm] 0, & \text{其他}. \end{cases}
$$

当 $a = 0, b = 1$ 时的三角形分布称为标准三角形分布. 若 $X_1 \sim \text{triang}(0, 1, c)(0 \leqslant c \leqslant 1)$, 令 $X = a + (b - a)X_1$, 则 $X \sim \text{triang}(a, b, m)$ (其中 $m = a + (b - a)c$). 我们以下只讨论 $\text{triang}(0, 1, c)$ 随机数的产生方法.

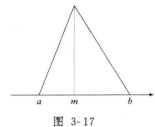

图 3-17

$\text{triang}(0, 1, c)$ 的分布函数为

$$
F(x) = \begin{cases} 0, & x < 0, \\[1mm] \dfrac{x^2}{c}, & 0 \leqslant x < c, \\[2mm] 1 - \dfrac{(1-x)^2}{(1-c)}, & c \leqslant x < 1, \\[2mm] 1, & x \geqslant 1. \end{cases}
$$

其反函数为

$$
F^{-1}(r) = \begin{cases} (cr)^{\frac{1}{2}}, & 0 \leqslant r < c, \\[1mm] 1 - \sqrt{(1-c)(1-r)}, & c \leqslant r \leqslant 1. \end{cases}
$$

故 $\text{triang}(0, 1, c)$ 随机数的反函数抽样法为:

① 产生 $r \sim U(0, 1)$;

② 若 $r \leqslant c$, 令 $X = (cr)^{\frac{1}{2}}$; 否则令

$$
X = 1 - \sqrt{(1-c)(1-r)},
$$

那么由此产生的 X 为 $\text{triang}(0, 1, c)$ 随机数.

(2) 威布尔(Weibull)分布的直接抽样法

Weibull 分布 $(W(m, a))$ 的密度函数为

$$
f(x) = \frac{m}{a} x^{m-1} \mathrm{e}^{-\frac{x^m}{a}} \quad (x > 0; m > 0, a > 0),
$$

分布函数为 $\quad F(x) = 1 - \mathrm{e}^{-\frac{x^m}{a}} \quad (x > 0)$; 其反函数 $F^{-1}(r) =$

$[-a\ln(1-r)]^{\frac{1}{m}}$. 故威布尔分布的直接抽样法如下：

① 生成 $r \sim U(0,1)$；

② 令 $X = [-a\ln r]^{\frac{1}{m}}$，并输出服从 $W(m,a)$ 分布的随机数 X.

（3）对数正态分布的变换抽样法

利用对数正态分布与正态分布的关系，具体算法如下：

① 产生 $U \sim N(0,1)$；

② 计算 $Y = \sigma U + \mu$；

③ 令 $X = \mathrm{e}^Y$，并输出服从对数正态分布（记为 $LN(\mu,\sigma^2)$）的随机数 X.

注意：参数 μ,σ^2 并不是对数正态随机变量 X 的均值和方差. 经计算可知 $\mathrm{E}(X) = \mathrm{e}^{\mu + \frac{\sigma^2}{2}} \triangleq \mu_*$，$\mathrm{Var}(X) = \mathrm{e}^{2\mu + \sigma^2}(\mathrm{e}^{\sigma^2} - 1) \triangleq \sigma_*^2$.

如果我们希望得到以 μ_* 和 σ_*^2 为均值和方差的对数正态随机数，首先应从

$$\begin{cases} \mathrm{e}^{\mu + \frac{\sigma^2}{2}} \triangleq \mu_*, \\ \mathrm{e}^{2\mu + \sigma^2}(\mathrm{e}^{\sigma^2} - 1) \triangleq \sigma_*^2 \end{cases}$$

中解出 $\mu = \ln\left[\dfrac{\mu_*^2}{\sqrt{\sigma_*^2 + \mu_*^2}}\right]$，$\sigma^2 = \ln\left[\dfrac{\sigma_*^2 + \mu_*^2}{\mu_*^2}\right]$，然后产生 $Y \sim N(\mu,\sigma^2)$，则 $X = \mathrm{e}^Y \sim LN(\mu,\sigma^2)$；且 $\mathrm{E}(X) = \mu_*$，$\mathrm{Var}(X) = \sigma_*^2$.

（4）柯西分布

柯西分布（$C(0,1)$）的密度函数为

$$f(x) = \frac{1}{\pi(1 + x^2)}, \quad x \in (-\infty,\infty).$$

方法一 柯西分布的直接抽样法.

柯西分布的分布函数为 $F(x) = \dfrac{1}{\pi}\mathrm{arctg}x + \dfrac{1}{2}$，其反函数 $F^{-1}(r) = \mathrm{tg}[\pi r - \pi/2]$. 故柯西分布的直接抽样法如下：

① 生成 $r \sim U(0,1)$；

② 令 $X = \mathrm{tg}[\pi r - \pi/2]$，并输出服从 $C(0,1)$ 分布的随机数

X.

方法二　柯西分布的变换抽样法.

利用柯西分布与正态分布的关系有以下抽样法：

① 生成 $X_1, X_2 \sim N(0,1)$；

② 令 $X = X_1/X_2$，并输出服从 $C(0,1)$ 分布的随机数 X.

4.3　常用离散分布的抽样法

本节讨论在随机模拟计算中常用的几类离散型随机变量的抽样方法. 在 4.1 中介绍的对离散分布随机数的直接抽样法可应用于任何离散型随机变量. 这一节将针对各种不同的离散分布介绍相应的有效抽样法.

（一）二项分布 $B(n,p)$

二项分布的概率密度为

$$f(k) = P\{X = k\} = \binom{n}{k} p^k (1 - p)^{n-k} \quad (k = 0,1,\cdots,n).$$

（1）0-1 分布的抽样法

当 $n = 1$ 时的二项分布就是 0-1 分布. 算法为：

① 产生 $r \sim U(0,1)$；

② 若 $r \leqslant p$，令 $X = 1$；否则令 $X = 0$，那么由此产生的 X 为 0-1 分布随机数.

（2）二项分布的变换抽样法（称为 BU 算法）

若 $X_1, X_2, \cdots, X_n \sim$ 0-1 分布，且相互独立，则 $X = \sum_{i=1}^{n} X_i \sim B(n,p)$. 利用这一性质的 BU 算法的框图见图 3-18.

该算法虽简单；但当 n 大时，计算量大，计算时间与 n 成正比. 一般当 $n < 38$ 时，可以使用 BU 算法.

（3）利用 Beta 随机数产生 $B(n,p)$ 随机数的方法（BB 算法）

Ahrens 和 Dieter 在 1974 年对 n 很大时给出另一有效的算法. 该算法的理论基础是以下引理.

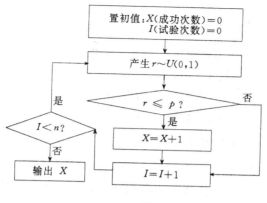

置初值：X(成功次数)$=0$
I(试验次数)$=0$

产生 $r \sim U(0,1)$

$r \leqslant p$ ？

$X = X + 1$

$I = I + 1$

$I < n$ ？

输出 X

是 否 是 否

图 3-18

引理 4.1　设 a, b 为正整数，且 $a + b - 1 = n$. 又设 S 是服从 $\beta(a, b)$ 的随机变量 $(0 < S < 1)$，

① 如果 $S \leqslant p$，设 $Y \sim B\left(b - 1, \dfrac{p - S}{1 - S}\right)$，令 $X = Y + a$；

② 如果 $S > p$，设 $Y \sim B\left(a - 1, \dfrac{p}{S}\right)$，令 $X = Y$，

则 $X \sim B(n, p)$.

利用引理 4.1，当 $B(n, p)$ 分布中的 n 很大时，先分解 $n = a + b - 1$，并且产生 Beta 分布随机数 S；然后根据 S 是否小于 p，按引理中的 ① 或 ② 产生 $B\left(b - 1, \dfrac{p - S}{1 - S}\right)$ 或 $B\left(a - 1, \dfrac{p}{S}\right)$ 随机数. 若 a, b 还大，再分解，直至 a(或 b) 的大小允许用算法 BU 产生 $B(a, p)$ 随机数为止. 假设当 $n < N$(如 $N = 38$) 允许用算法 BU 产生 $B(n, p)$. 则 Ahrens 提出的算法(称为 BB 算法) 的具体步骤如下：

① 赋初值：$m = n, q = p, k = 0, y = 0, h = 1$；

② 若 $m \leqslant N$(如取 $N = 38$)，则利用 BU 算法产生 $J \sim B(m, q)$，令 $X = k + J$，并输出服从 $B(n, p)$ 分布的随机数 X，结束；否则续继执行下一步骤 ③；

③ 若 m 是偶数，则置 $m = m - 1$，且产生 $r \sim U(0,1)$；若 $r \leqslant$

161

q,则置 $k = k + 1$;

④ 记 $a = \dfrac{m+1}{2}$,产生 $S \sim \beta(a, a)$,令 $g = hS$,$z = y + g$;

⑤ 如果 $z \leqslant p$,则更新 $y = z$,$h = h - g$,$q = (p - z)/h$,并置 $k = k + a$;否则置 $h = g$,$q = (p - y)/h$;

⑥ 置 $m = a - 1$,并转到 ② 续继进行.

(二) 泊松(Poisson)分布

泊松分布($P(\lambda)$)的概率密度为

$$f(x) = \frac{\lambda^x \mathrm{e}^{-\lambda}}{x!} \quad (\lambda > 0; x = 0, 1, 2, \cdots).$$

利用泊松分布的某些性质给出 $P(\lambda)$ 随机数的两种抽样方法.

(1) 算法 PQ

可以证明:若 $R_1, R_2, \cdots, R_n$ 独立同分布 $U(0, 1)$,令 $X_n = R_1 R_2 \cdots R_n = \prod\limits_{i=1}^{n} R_i$,则 X_n 的密度函数为

$$f(x) = \frac{(-\ln x)^{n-1}}{(n-1)!} \quad (0 < x < 1).$$

利用这一性质得算法 PQ:

① 产生 $r_1, r_2, \cdots \sim U(0, 1)$;

② 若 $r_1 < \mathrm{e}^{-\lambda}$,令 $X = 0$;

③ 若整数 k 满足:

$$r_1 r_2 \cdots r_k \geqslant \mathrm{e}^{-\lambda} > r_1 r_2 \cdots r_k r_{k+1}, \quad \text{令 } X = k,$$

则 $X \sim P(\lambda)$.

证明 $\quad P\{X = k\} = P\left\{ \prod\limits_{i=1}^{k} r_i \geqslant \mathrm{e}^{-\lambda} > \prod\limits_{i=1}^{k+1} r_i \right\}$

$$= P\left\{ \mathrm{e}^{-\lambda} \leqslant \prod_{i=1}^{k} r_i \right\} - P\left\{ \mathrm{e}^{-\lambda} \leqslant \prod_{i=1}^{k+1} r_i \right\}$$

$$= \int_{\mathrm{e}^{-\lambda}}^{1} \frac{(-\ln x)^{k-1}}{(k-1)!} \mathrm{d}x - \int_{\mathrm{e}^{-\lambda}}^{1} \frac{(-\ln x)^k}{k!} \mathrm{d}x$$

$$= -\left[x \frac{(-\ln x)^k}{k!} \right]_{\mathrm{e}^{-\lambda}}^{1} = \frac{\lambda^k}{k!} \mathrm{e}^{-\lambda}.$$

所以 $X \sim p(\lambda)$.　　　　　　　　　　　　　　　　　　　[证毕]

算法 PQ 的框图见图 3-19.

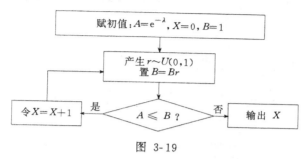

图 3-19

此算法的缺点是当 λ 很大时(即 $A = \mathrm{e}^{-\lambda}$ 很小),产生一个 $P(\lambda)$ 随机数需多次循环运算,计算量大. 故当 λ 大时,PQ 算法不适用.

(2) 利用 Gamma 随机数的算法 PG

Ahrens 和 Dieter 在 1974 年证明了以下引理：

引理 4.2　设 $Y \sim \Gamma(n,1)$,参数 $\lambda > 0$.

① 如果 $Y > \lambda$,令 $X \sim B\left(n - 1, \dfrac{\lambda}{Y}\right)$;

② 如果 $Y \leqslant \lambda$,设 $Z \sim P(\lambda - Y)$,令 $X = Z + n$,

则 $X \sim p(\lambda)$.

由引理 4.2 得出算法 PG 的粗略的框图见图 3-20.

图 3-20 中的 C 和 d 都是取定常数,当 $\lambda < C$ 时可以用算法 PQ 产生 $P(\lambda)$ 随机数;用 FORTRAN 语言计算时,常取 $C = 16$,用汇编语言时取 $C = 24$. 常数 d 最好取为 $\dfrac{7}{8}$.

（三）几何分布与负二项分布

(1) 几何分布

几何分布($G(P)$)的概率分布为

$$P\{X = k\} = p(1 - p)^{k-1} \quad (k = 1, 2, \cdots).$$

用直接抽样法可得算法如下：

① 产生 $r \sim U(0,1)$;

② 令 $X = \left[\dfrac{\ln r}{\ln(1-p)} \right]$,并输出服从 $G(P)$ 分布的随机数 X.

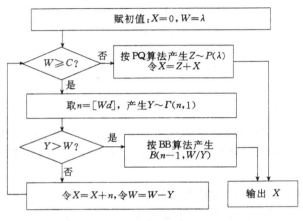

图 3-20

（2）负二项分布

负二项分布 $(B^-(r,p))$ 的概率分布为

$$P\{X = k\} = \binom{r+k-1}{r-1} p^r (1-p)^k \quad (k=0,1,2,\cdots).$$

设 $X \sim B^-(r,p)$,令 $Y = X + r$,则 $P\{Y = m\} = \binom{m-1}{r-1} p^r$ $\times (1-p)^{m-r} (m=r, r+1,\cdots)$,称 Y 服从帕斯卡分布.如果 Y_1, $Y_2,\cdots,Y_r \sim$ 几何分布且相互独立,则 $Y = \sum\limits_{i=1}^{r} Y_i \sim$ 帕斯卡分布;从而 $Y - r = X \sim B^-(r,p)$.利用这一性质,得负二项分布 $B^-(r,p)$ 的抽样法:

① 产生 $Y_1, Y_2, \cdots, Y_r \sim G(p)$（几何分布）,相互独立;

② 令 $X = \sum\limits_{i=1}^{r} Y_i - r$,并输出服从 $B^-(r,p)$ 分布的随机数 X.

164

§5 随机向量的抽样法

设随机向量 $X = (X_1, X_2, \cdots, X_n)'$ 具有联合密度函数 $f(x_1, x_2, \cdots, x_n)$, 若 X 的各分量相互独立, 可以利用 §4 中给出的各种不同抽样法, 对分量 $X_1, X_2, \cdots, X_n$ 分别独立的进行抽样. 但在实际问题中, X 的各个分量经常是相关的, 它们的抽样方法要复杂一些. 下面我们分别讨论随机向量的一般抽样方法和多维正态分布的抽样方法.

(一) 随机向量的一般抽样方法

在随机向量的抽样中, 常用的方法有条件分布法, 舍选法和函数变换法等. 它们大都是 §4 中随机变量抽样方法的推广. 为简单计, 下面以二维或三维随机向量为例讨论随机向量的一般抽样方法, 往更高维推广时, 方法是类似的.

(1) 条件分布法

设随机向量 $X = (X_1, \cdots, X_n)'$ 的联合密度函数为 $f(x_1, x_2, \cdots, x_n)$, 则有

$$f(x_1, x_2, \cdots, x_n) = f_1(x_1) f_2(x_2 | x_1) \cdots f_n(x_n | x_1, \cdots, x_{n-1}),$$

其中 $f_2(x_2 | x_1), \cdots, f_n(x_n | x_1, \cdots, x_{n-1})$ 均为条件密度. 如 $n = 3$ 时,

$$f_2(x_2 | x_1) = \int_{-\infty}^{\infty} \frac{f(x_1, x_2, x_3)}{f_1(x_1)} \mathrm{d}x_3,$$

$$f_3(x_3 | x_1, x_2) = \frac{f(x_1, x_2, x_3)}{f_1(x_1) \cdot f_2(x_2 | x_1)}.$$

随机向量 X 的抽样方法如下:

① 产生 $x_1 \sim f_1(x_1)$;

② 以 x_1 为已知参数, 产生 $x_2 \sim f_2(x_2 | x_1)$;

③ 以 x_1, x_2 为已知参数, 产生 $x_3 \sim f_3(x_3 | x_1, x_2)$;

④ 一般地以 $x_1, x_2, \cdots, x_{n-1}$ 为已知参数, 产生 $x_n \sim f_n(x_n | x_1, \cdots, x_{n-1})$;

⑤ 令 $X = (x_1, x_2, \cdots, x_n)'$，并输出联合密度为 $f(x_1, x_2, \cdots, x_n)$ 的随机向量 X.

（2）舍选法

随机向量的舍选法是随机变量舍选法的直接推广. 下面讨论最简单的情况.

设随机向量 X 在平行多面体 $a_i \leqslant x_i \leqslant b_i (i = 1, \cdots, n)$ 上具有密度函数 $f(x_1, x_2, \cdots, x_n)$，且上界：$f_0 = \sup\limits_{a_i \leqslant x_i \leqslant b_i} f(x_1, x_2, \cdots x_n)$ 取有限值. 产生 $n + 1$ 个均匀随机数 $r_0, r_1, \cdots, r_n \sim U(0,1)$；若

$$f_0 r_0 \leqslant f[(b_1 - a_1)r_1 + a_1, \cdots, (b_n - a_n)r_n + a_n]$$

成立，则有

$$X = ((b_1 - a_1)r_1 + a_1, \cdots, (b_n - a_n)r_n + a_n)' \sim f(x_1, x_2, \cdots, x_n).$$

舍选抽样的效率 p_0 为

$$p_0 = \left[f_0 \prod_{i=1}^{n} (b_i - a_i) \right]^{-1}.$$

p_0 随维数 n 的增加而急速下降，一般都是低效率的.

（二）多维正态随机向量的抽样法

n 维正态随机向量 X 的密度函数为

$$f(x_1, \cdots, x_n) = \frac{1}{(2\pi)^{\frac{n}{2}} |\Sigma|^{\frac{1}{2}}} \exp\left[-\frac{1}{2}(x - \mu)' \Sigma^{-1} (x - \mu) \right],$$

其中 $x = (x_1, \cdots, x_n)'$；$\mu = (\mu_1, \cdots, \mu_n)'$ 是 X 的均值向量；$\Sigma = (\sigma_{ij})_{n \times n}$ 是 X 的协差阵，这里 $\sigma_{ij} = E[(X_i - \mu_i)(X_j - \mu_j)]$.

对于多维正态随机数 X 的产生方法，除了采用一般方法外，还有更简便的方法. 由于 Σ 是对称正定阵，存在下三角形阵 C，使 $\Sigma = CC'$. 设 $U = (u_1, u_2, \cdots, u_n)'$，$U$ 的各分量相互独立且服从 $N(0,1)$ 分布. 则

$$X = \mu + CU$$

是以 μ 为均值向量，$CC' = \Sigma$ 为协差阵的 n 维随机向量. 由此可得 n 维正态随机数的抽样方法如下：

① 产生 $u_1, u_2, \cdots, u_n \sim N(0,1)$,相互独立;

② 对正定阵 Σ 作 Cholesky 分解(见第五章),得

$$\Sigma = CC', \quad 其中 \ C = \begin{bmatrix} c_{11} & 0 & \cdots & 0 \\ c_{21} & c_{22} & \cdots & 0 \\ \cdots & \cdots & \ddots & 0 \\ c_{n1} & c_{n2} & \cdots & c_{nn} \end{bmatrix}.$$

③ 令 $X_k = \mu_k + \sum\limits_{i=1}^{k} c_{ki} u_i \quad (k = 1, 2, \cdots n)$,并输出多维正态 $N_n(\mu, \Sigma)$ 的随机数 $X = (X_1, \cdots, X_n)'$.

习 题 三

3.1 设线性同余发生器 LCG 中,取 $M = 16, a = 5, c = 3$, $x_0 = 7$.试写出一个周期 $\{x_i\}$ 的值;并问 $x_{500} = ?$

3.2 计算下列积式发生器 LCG 中一个周期 $\{x_i\}$ 的值:

(1) $x_i = 11 x_{i-1} (\mathrm{mod} \ 16)$, $x_0 = 1$;

(2) $x_i = 11 x_{i-1} (\mathrm{mod} \ 16)$, $x_0 = 2$;

(3) $x_i = 2 x_{i-1} (\mathrm{mod} \ 13)$, $x_0 = 1$;

(4) $x_i = 3 x_{i-1} (\mathrm{mod} \ 13)$, $x_0 = 1$.

3.3 指出下列混合式发生器 LCG 中哪一个是满周期:

(1) $x_i = (13 x_{i-1} + 13) (\mathrm{mod} \ 16)$;

(2) $x_i = (12 x_{i-1} + 12) (\mathrm{mod} \ 16)$;

(3) $x_i = (13 x_{i-1} + 12) (\mathrm{mod} \ 16)$;

(4) $x_i = (x_{i-1} + 12) (\mathrm{mod} \ 13)$.

3.4 对 3.3 中的四个混合式 LCG,计算当 $x_0 = 1$ 时各个 LCG 的全周期 $\{x_i, i \geqslant 1\}$,并对其结果加以说明.

3.5 利用 3.2(1) 的积式发生器来"搅拌"3.3(4) 的混合式 LCG 得到组合发生器.采用长度为 2 的向量 $T = (t_1, t_2)$,设两个发生器的初值 x_0 都为 1,请给出前 100 个 T, j 及 t_j;并对结果进行简单说明.

3.6 试证明 3.1 节参数检验中 $\overline{R}, \overline{R^2}$ 和 s^2 的均值和方差的公式.

3.7 试证明在 3.3 节相关系数检验 II 中的统计量 C_1 的均值和方差为：$E(C_1) = \dfrac{1}{4}$，$Var(C_1) = \dfrac{13}{144n}$.

3.8 试计算在 3.4 节的扑克检验中当取 $m = s = 4$ 时，事件 A_r 的概率 $p_r = P\{A_r\}$ $(r = 1, 2, 3, 4)$.

3.9 在例 4.3 中，用 L 表示产生一个 ξ 随机数，需判断不等式 "$r \leqslant q(I)$" 是否成立的次数，显然 L 是随机变量，求 $E(L)$.

3.10 对例 4.3，你是否能重新设计一个效率更高（即 $E(L)$ 小）的直接抽样法.

3.11 试用直接抽样法产生以下分布随机数：

（1）密度函数 $f(x) = \dfrac{3x^2}{2}$ $(-1 \leqslant x \leqslant 1)$；

（2）柯西分布 $f(x) = \dfrac{1}{\pi(1 + x^2)}$ $(-\infty < x < \infty)$；

（3）逻辑斯蒂（Logistic）分布
$$f(x) = \frac{e^{-(x-a)/b}}{b(1 + e^{-(x-a)/b})^2} \quad (-\infty < x < \infty),$$
其中 $a \in (-\infty, \infty)$，$b > 0$；

（4）极值分布
$$f(x) = ab \exp[-(be^{-ax} + ax)] \quad (-\infty < x < \infty).$$

3.12 在一般三角形分布 triang(a, b, m) 中，当 $b = m$ 时称为右三角形分布，记为 $X \sim RT(a, b)$，相应的密度函数为
$$f_R(x) = \frac{2(x - a)}{(b - a)^2}, \quad x \in (a, b).$$
当 $a = m$ 时称为左三角形分布，记为 $X \sim LT(a, b)$，相应的密度函数为
$$f_L(x) = \frac{2(b - x)}{(b - a)^2}, \quad x \in (a, b).$$

（1）试证明：若 $X \sim RT(0,1)$（或 $LT(0,1)$），则 $Y = a + (b - a)X \sim RT(a, b)$（或 $LT(a, b)$）；

（2）试证明：若 $X \sim RT(0,1)$，则 $1 - X \sim LT(0,1)$；

（3）试产生 $RT(a,b)$ 和 $LT(a,b)$ 随机数；

（4）试证明：若 $R_1, R_2 \sim U(0,1)$ 且独立，则 $X = \max(R_1, R_2)$ $\sim RT(0,1)$；给出产生 $RT(0,1)$ 分布的直接抽样法与变换抽样法，并比较之.

3.13 已知双指数分布（或称 Laplace 分布）的密度函数为：
$$f(x) = 0.5 \mathrm{e}^{-|x|} \quad (-\infty < x < \infty).$$
试用复合抽样法或直接抽样法产生双指数分布随机数.

3.14 设随机变量 ξ 的密度为
$$f(x) = \begin{cases} 2 - 2x, & 0 \leqslant x \leqslant 1, \\ 0, & \text{其他}. \end{cases}$$
试用复合抽样法产生 ξ 随机数.

3.15 试证明产生 Gamma 分布随机数（当 $a > 1$ 非整数）的方法二.

3.16 设连续型随机变量 X 的密度函数和分布函数分别记为 $f(x)$ 和 $F(x), x \in (-\infty, \infty)$. 令
$$f^*(x) = \begin{cases} \dfrac{f(x)}{F(b) - F(a)}, & x \in [a,b], \\ 0, & \text{其他}, \end{cases}$$
则称 $f^*(x)$ 为由 $f(x)$ 定义在区间 $[a,b]$ 上的截断分布. 试给出产生截断分布随机数的抽样法.

3.17 设 $R \sim U(0,1)$，令 $U = R^{\frac{1}{n}}$，$V = 1 - R^{\frac{1}{n}}$，试证明 $U \sim \beta(n,1), V \sim \beta(1,n)$.

3.18 试给出产生 $\beta(4,3)$ 分布的随机数三种以上抽样法，$\beta(4,3)$ 的密度为 $f(x) = 60x^3(1-x)^2, x \in (0,1)$.

3.19 试用直接抽样法、复合抽样法、舍选抽样法产生密度为
$$f(x) = \frac{3x^2}{2}, \quad x \in (-1,1)$$
的随机数；并比较哪种好？

3.20 试给出产生瑞利分布 $R(\mu)$ 随机数的三种以上抽样法,$R(\mu)$ 的密度函数为 $f(x) = \dfrac{x}{\mu^2} \mathrm{e}^{-\frac{x^2}{2\mu^2}}(x > 0)$.

3.21 试证明产生 $\chi^2(n)$ 分布的一个抽样公式为:

$$\xi = -2\ln\prod_{i=1}^{k} R_i,$$

其中 $n = 2k$;$R_1, R_2, \cdots, R_k \sim U(0,1)$ 且相互独立.

3.22 试证明:若 $X_1, X_2, \cdots, X_n \sim e(1)$ 且相互独立,则

$$\xi = \sum_{i=1}^{n} X_i \sim \Gamma(n,1).$$

3.23 试证明:若 $X_1, X_2, \cdots, X_n, X_{n+1} \sim e(1)$ 且相互独立,令 $U_i = \dfrac{X_i}{X_1 + X_2 + \cdots + X_{n+1}}$,则 U_i 与 $D_{(i)} = R_{(i)} - R_{(i-1)}(i = 1, 2, \cdots, n+1; R_{(0)} = 0)$ 具有相同的分布,其中 $R_{(i)}$ 是 n 个 $U(0,1)$ 随机变量的次序统计量.

3.24 试证明例 4.12 中给出的近似线性密度函数抽样法的正确性.

3.25 证明 导出产生二项分布的 BB 算法的引理 4.1.

3.26 证明 导出产生泊松分布的 PG 算法的引理 4.2.

3.27 设 $X = \begin{bmatrix} X_1 \\ X_2 \end{bmatrix} \sim N\left(\begin{bmatrix} \mu_1 \\ \mu_2 \end{bmatrix}, \begin{bmatrix} \sigma_{11} & \sigma_{12} \\ \sigma_{21} & \sigma_{22} \end{bmatrix}\right)$,

(1) 写出用条件密度法产生二维正态随机数的算法;

(2) 写出用变换法 $X = \mu + CU$ 产生 X 的算法.

上 机 实 习 三

1. 用混合同余法设计两个随机数发生器,然后构造一个组合同余发生器;并进行 χ^2 检验和游程检验.

2. 用乘同余法设计两个随机数发生器,然后构造一个组合同余发生器;并进行 χ^2 检验和游程检验.

3. 用 FSR 方法产生均匀随机数;并进行 χ^2 检验和序列检验.

4. 用 GFSR 方法产生均匀随机数,并进行 χ^2 检验和和正负连检验.

5. 用素数模乘同余法的两种算法产生均匀随机数 $\{r_i\}$,并比较之;然后进行 χ^2 检验、相关系数的检验(用统计量 C_j)和正负连检验.

6. 由 (2.4) 式给出的准则,用混合同余法产生均匀随机数 $\{r_i\}$(取模 $M = 2^{12}$ 或 2^{16}),并进行参数检验、χ^2 检验和列联表检验.

7. 用乘同余法产生均匀随机数 $\{r_i\}$(取模 $M = 2^{14}$ 或 2^{20}),并进行扑克检验和 χ^2 检验.

8. 用乘同余法产生均匀随机数 $\{r_i\}$(取模 $M = 2^{18}$ 或 2^{24}),并进行配套检验和 χ^2 检验.

9. 用近似抽样法和 Hasting 有理逼近法产生 $N(0,1)$ 随机数.

10. 用变换抽样法和 Kahn 密度逼近法产生 $N(0,1)$ 随机数.

11. 用修正变换抽样法和"极坐标"抽样法产生 $N(0,1)$ 随机数.

12. 用复合舍选抽样法产生 $N(0,1)$ 随机数.

13. 用 Von Neumann 的抽样方法产生 $e(1)$ 随机数;对参数 $a > 1$ 但非整数的情况,用近似复合抽样法产生 $\Gamma(a,1)$ 随机数.

14. 用 Marsaglia 的抽样方法产生 $e(1)$ 随机数;对参数 $a > 1$ 但非整数的情况,用变换抽样法产生 $\Gamma(a,1)$ 随机数.

15. 用变换抽样法产生 $e(\lambda)$ 随机数;对参数 a 为整数的情况,用变换抽样法产生 $\Gamma(a,1)$ 随机数.

16. 对参数 $a > 1$ 且非整数的情况,用舍选法产生 $\Gamma(a,1)$ 随机数(GFI 算法).

17. 对参数 $0 < a < 1$ 且非整数的情况,用舍选法产生 $\Gamma(a,1)$ 随机数(GS 算法).

18. 当 a,b 为整数时,用值序抽样法产生 $\beta(a,b)$ 随机数.

19. 用简单舍选法和舍选抽样 I 产生 $\beta(a,b)$ 随机数,并比较之.

20. 用变换抽样法由 $N(0,1)$ 随机数产生 $\chi^2(n)$ 随机数.

21. 用变换抽样法由 Gamma 随机数产生 $\chi^2(n)$ 随机数.

22. 用变换抽样法产生 $F(m,n)$ 随机数.

23. 用变换抽样法产生 $t(n)$ 随机数.

24. 用算法 BB 产生二项分布 $B(n,p)$ 随机数.

25. 用算法 PG 产生 Poisson 分布 $P(\lambda)$ 随机数.

26. 试用条件分布法和变换抽样法设计产生二维正态分布 $N_2(\mu,\Sigma)$ 随机数的算法.

注　对以上各种方法产生的随机数都要求进行分布的拟合性检验(χ^2 检验).

第四章　随机模拟方法

随机模拟方法是利用计算机进行数值计算的一类特殊风格的方法. 该方法的应用范围非常广泛, 本章介绍随机模拟方法的概念, 特点及一些应用.

本章的参考文献有[1], [12]~[16], [26], [34].

§1　概　　述

"模拟"的概念是指把某一现实的或抽象的系统的某种特征或部分状态, 用另一系统(称为模拟模型)来代替或模仿. 例如某工厂计划进行大规模地扩建, 扩建前工厂决策人希望了解扩建的成本和扩建后效益的提高情况, 那么只要对没有扩建的工厂和假定扩建后的工厂的运营情况进行模拟计算, 就能完满地解答工厂决策人的问题. 这里的现实系统就是目前工厂的营运系统或扩建后工厂的营运系统, 把这一复杂的现实系统用经过验证的模拟模型来代替; 并利用构造的模拟模型进行模拟试验, 从而了解工厂目前及扩建后的营运情况和效益情况. 模拟的结果对工厂决策人将提供很有用的信息.

因为模拟方法是利用随机数进行模拟计算, 故此方法称为随机模拟方法; 又因它是利用计算机进行数值计算的一种具有特殊风格的方法, 又称为计算机模拟方法; 该方法也是对构造的模拟模型作统计试验, 来研究、分析原有的系统或设计的新系统, 故此方法也称为统计试验法或统计模拟法; 该方法还有一个更新颖的名字——"蒙特卡罗(Monte Carlo)方法". 蒙特卡罗是摩纳哥国的世界闻名赌城. 1946 年物理学家冯·诺伊曼(Von Neumar)等人在电子计算机上用随机抽样方法模拟了裂变物质的中子连锁反应，因为此项研究工作是与研制原子弹有关的秘密工作，他们把此方法称为蒙特卡罗方法. 以赌城的名字作为随机模拟方法的代号，既风趣又贴切，此名字很快得到人们普遍的接受，目前国内外出版的一些介绍随机模拟方法的书籍也常以《蒙特卡罗方法》命名.

随机模拟方法的来源及方法的发展始于 20 世纪 40 年代. 但如果从方法特征的角度来说，可以一直追溯到 18 世纪后半叶的蒲丰(Buffon)随机投针试验，即著名的所谓蒲丰问题.

1777 年法国学者蒲丰提出用投针试验求圆周率 π 的问题. 在平面上画一些间距均为 a 的平行线，向此平面随机地投掷一枚长为 $l(l < a)$ 的针，试求此针与任一平行线相交的概率 p.

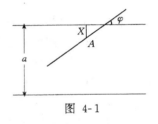

图 4-1

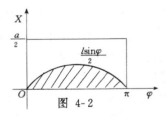

图 4-2

针的位置可由中点 A 与最近一平行线的距离 X 及针与平行线的夹角 φ 来确定(见图 4-1). 随机投针的概率含义是：针的中点 A 与平行线的距离 X 均匀地分布在 $[0, a/2]$ 区间内；针与平行线的夹角 φ 均匀地分布在 $[0, \pi]$ 区间内；且 X 与 φ 是相互独立的. 很显然，针与平行线相交的充分必要条件是

$$X \leqslant \frac{l\sin\varphi}{2}, \tag{1.1}$$

故相交的概率为

$$p = P\left\{X \leqslant \frac{l\sin\varphi}{2}\right\} = \frac{2}{a\pi}\int_0^\pi\left(\int_0^{\frac{l\sin\varphi}{2}}\mathrm{d}x\right)\mathrm{d}\varphi = \frac{2l}{\pi a}. \tag{1.2}$$

从图 4-2 亦可看出，相交的概率 p 是曲线 $x = \frac{l}{2}\sin\varphi$ 下的面积与矩

形面积之比.

由(1.2)式可以利用投针试验计算 π 值. 设随机投针 N 次,其中 M 次针线相交,当 N 充分大时,可用频率 M/N 作为概率 p 的估计值,从而求得 π 的估计值为

$$\hat{\pi} = \frac{2lN}{aM}. \tag{1.3}$$

根据以上公式,历史上曾有一些学者作了随机投针试验,并得到 π 的估计值. 表 4-1 列出部分试验结果.

表 4-1　(设平行线之间距离 $a = 1$)

实验者	时间	针长 l	投针次数	相交次数	π 的估值
Wolf	1850	0.8	5000	2532	3.15956
Smith	1855	0.6	3204	1218.5	3.1554
Fox	1884	0.75	1030	489	3.1595
Lazzarini	1901	0.83333	3408	1808	3.14159292

以上介绍的 Buffon 随机投针试验可以视为随机模拟方法的雏型. 无疑,利用真正的随机投针方法进行大量试验是十分困难的. 随着计算机的出现和发展,可以把真正的随机投针试验利用统计模拟试验方法来代替,即把蒲丰的投针试验在计算机上实现. 具体步骤如下:

① 产生随机数. 首先产生相互独立的随机变量 X, φ 的抽样序列:$\{x_i, \varphi_i (i = 1, \cdots, N)\}$,其中 $X \sim U(0, a/2), \varphi \sim U(0, \pi)$.

② 模拟试验. 检验不等式

$$x_i \leqslant \frac{l}{2} \sin \varphi_i \tag{1.4}$$

是否成立. 若(1.4)式成立,表示第 i 次试验成功(即针与平行线相交). 设 N 次试验中成功次数为 M 次,则 π 的估值为

$$\hat{\pi} = \frac{2lN}{aM} \quad (a > l,\text{均为预先给定}).$$

从蒲丰问题可以看出,用蒙特卡罗方法(即随机模拟方法)求解实际问题的基本步骤包括:

（1）建模

对所求解的问题构造一个简单而又便于实现的概率统计模型，使所求的解恰好是所建模型的参数或特征量或有关量.

（2）改进模型

根据概率统计模型的特点和计算实践的需要，尽量改进模型，以便减少误差和降低成本，提高计算效率. 如随机投针试验中，$(X, \varphi) \sim$ 二维均匀分布，针与平行线是否相交的检验条件为 $X \leqslant \frac{l}{2}\sin\varphi$，为提高计算效率，可以改用舍选法直接产生 $\sin\varphi$ 随机数.

（3）模拟试验

从已知的概率分布产生随机数 x_i 和 $\sin\varphi_i$；判断是否相交（$x_i \leqslant \frac{l}{2}\sin\varphi_i$ 是否成立）；统计试验次数 N 和相交次数 M.

（4）求解

对模拟结果进行统计处理，给出所求问题的近似解. 如随机投针试验，由试验结果，先给出相交概率的估计值 $\hat{p}$，然后给出 π 的估计值.

随机模拟方法的基本思想是，为了求解数学、物理、工程技术或随机服务系统等方面的问题，首先构造一个模型（概率模型或模拟系统模型），使所求问题的解正好是该模型的参数或特征量或有关量. 然后通过模拟——统计试验，给出模型参数或特征量的估计值，最后得出所求问题的近似解.

随机模拟方法属于试验数学的一个分支. 它是一种具有独特风格的数值计算方法；此方法是以概率统计理论为主要基础理论，以随机抽样作为主要手段的广义的数值计算方法. 它们用随机数进行统计试验，把得到的统计特征值（均值、概率等）作为所求问题的数值解.

随机模拟方法适用的范围非常之广泛，它既能求解确定性的问题，也能求解随机性的问题以及科学研究中理论性的问题. 下面各节分别介绍随机模拟方法的特点及应用.

§2 随机模拟方法的特点

随机模拟方法是一种具有独特风格的广义的数值计算方法，它也是求解实际问题近似数值解的一种方法(工具). 对一个给定的实际问题，是否适宜应用随机模拟方法进行求解，是由问题的实际背景和随机模拟方法的基本特点决定的. 因此必须了解随机模拟方法的一些基本特点，才能不致于错用或误用而取得合理的使用效果.

从蒲丰投针试验可以看出，随机模拟方法是模拟所构造模型的某个或某组随机变量或随机变量的函数

$$\eta = \eta(X_1, \cdots, X_m),$$

在这里，随机变量 $X_1, \cdots, X_m$ 的概率分布是已知的，但函数 η 的结构可能极其复杂以致无法以显式给出.

随机模拟方法是通过对随机变量的函数 η 的数字模拟，产生抽样值 $\eta_1, \eta_2, \cdots, \eta_N$，经分析处理后，得到 η 的概率分布或参数或特征量的估计值，从而给出所求问题的近似解. 从随机模拟方法求解实际问题的过程，可以看出它的几个特点.

(一)方法新颖、应用面广、适用性强

随机模拟方法是一类广义的数值计算方法. 它在计算机上模拟实际过程，然后加以统计处理并求得实际问题的解. 与传统的数学方法比较，具有思想新颖、直观性强，简便易行的优点，它能够处理其他数学方法不能解决的问题.

随着计算机的普及和发展，随机模拟方法的发展和普及也很快. 从尖端科学(如原子弹、导弹)到一般的技术；从自然科学到社会科学等领域都可以使用随机模拟方法. 当前计算机特别是 PC 机已非常普及，几乎每个人都可以在不同的程度上方便地用随机模拟方法解决面临的一些问题. 在商业、经济、管理等部门也越来

越普遍地采用随机模拟方法. 经验证明, 随机模拟方法是企业管理使用的最有效的方法之一.

据资料介绍, 惠斯通(Weston)对美国 1000 家大公司作了统计, 在公司计划中采用随机模拟方法的频率占 29%, 大于其他各种数学方法的使用频率.

（二）随机模拟方法的算法简单, 但计算量大

随机模拟试验是通过大量的简单重复抽样实现的, 故算法及程序设计一般都较简单, 但计算量大. 特别是用此方法模拟实际问题时, 对所构造的模型必须反复验证, 有时还必须不断修改甚至重新建立模型, 故花费的机时及人力较多.

（三）模拟结果具有随机性, 且精度较低

显然随机模拟方法是通过随机抽样对随机函数 η 进行模拟试验, 每次得到的抽样值 η_i 是随机的, 分析整理后求得问题的解也是随机的. 比如用投针试验求 π 值, 从表 4-1 可以看出不同人得到不同的估计值; 就是同一个人, 取相同的 a 和 l 值; 再重复做投针试验, 得到的 π 的估值也不会相同. 这就是模拟结果的随机性.

下面我们来估计一下模拟结果的精度. 以投针试验为例, N 次试验中相交（成功）次数 X 服从二项分布（即 $B(N, p)$, p 是每次投针时相交的概率）, 且

$$\mathrm{E}(X) = Np, \quad \mathrm{Var}(X) = Np(1 - p).$$

当 N 充分大时, 由中心极限定理知

$$\frac{X - Np}{\sqrt{Np(1 - p)}} \dot{\sim} N(0, 1),$$

利用标准正态分布的 3σ 原则可得:

$$P\{|X - Np| < 3\sqrt{Np(1 - p)}\} \approx 0.9974.$$

用频率 X/N 作为 p 的估值产生的误差为

$$\varepsilon = 3\sqrt{\frac{Np(1 - p)}{N^2}} = 3\sqrt{\frac{p(1 - p)}{N}} \leqslant \frac{3}{2\sqrt{N}}, \tag{2.1}$$

当要求误差 $\varepsilon \leqslant 0.01$ 时, 试验次数 $N \geqslant 22500$; 若精度提高一位,

试验次数将增加 100 倍.

(四)模拟结果的收敛过程服从概率规律性

用随机模拟方法求解实际问题时,如模拟随机函数 $\eta(X_1, \cdots, X_N)$,经常用随机变量 η 的抽样值 $\eta_1, \cdots, \eta_N$ 的均值

$$\bar{\eta} = \frac{1}{N} \sum_{i=1}^{N} \eta_i \qquad (2.2)$$

作为所求解 η 的近似值. 显然 $\bar{\eta}$ 是 $E(\eta)$ 的估计值,η 的标准差 σ_η 的估计值取为

$$s_\eta = \sqrt{\frac{1}{N} \sum_{i=1}^{N} (\eta_i - \bar{\eta})^2} \,.$$

由中心极限定理知,当 N 充分大时,对给定显著水平 $\alpha > 0$,存在 λ_α 使得

$$P\left\{ |\bar{\eta} - E(\eta)| < \frac{\lambda_\alpha \sigma_\eta}{\sqrt{N}} \right\} \approx \int_{-\lambda_\alpha}^{\lambda_\alpha} \frac{1}{\sqrt{2\pi}} e^{-\frac{t^2}{2}} dt = 1 - \alpha. \qquad (2.3)$$

这表明 $|\bar{\eta} - E(\eta)| < \frac{\lambda_\alpha \sigma_\eta}{\sqrt{N}} \triangleq \varepsilon$ 近似地以概率 $1 - \alpha$ 成立. 当 $1 - \alpha = 0.9544$ 时,$\lambda_\alpha = 2$. 这时随机模拟方法的误差 ε 为

$$\varepsilon = \frac{2\sigma_\eta}{\sqrt{N}} \approx \frac{2s_\eta}{\sqrt{N}}. \qquad (2.4)$$

可见随机模拟方法的解 $\bar{\eta}$ 随试验次数 N 的增加按统计规律(2.3)逐步收敛于问题的解. 收敛的速度是 $O\left(\frac{1}{\sqrt{N}}\right)$,和一般数值计算方法 相比是比较慢的. 这样的收敛速度当要求把模拟结果的精度提高一位,就要增加 100 倍的模拟工作量,因而随机模拟方法比较适宜于求解一些精度要求不太高的问题.

模拟结果的精度及收敛速度与实际问题的维数无关. 由误差公式(2.4)可见,随机模拟方法的误差只与标准差 s_η 和试验次数 N 有关,而与样本空间的维数(即问题的维数)无关,而其他数值方法则不然. 因此,随机模拟方法特别适用于求解高维问题,而这些问题正是确定性算法感到为难、精度要求一般不太高的问题.

§3 用蒙特卡罗方法求解确定性问题

随机模拟方法应用广泛,可以用来求解各种类型的问题,既可用来求解随机性问题,也可以求解确定性问题. 在求解的确定性问题中因不包含时间因素,这类问题相应的模拟模型常称为静态模型. 求解确定性静态模型的模拟方法习惯上称为蒙特卡罗方法;而称求解随机性的动态模型的模拟方法称为随机模拟方法.

本节介绍几个用蒙特卡罗方法求解的确定性问题.

(一) 计算定积分

$$I = \int_0^1 f(x)\,\mathrm{d}x. \tag{3.1}$$

计算定积分值也就是求曲边梯形的面积 S(见图 4-3). 常用方法有以下几种.

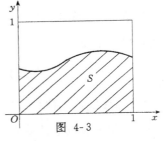

图 4-3

(1) 随机投点法

设 $0 \leqslant f(x) \leqslant 1$,积分值 I 就是曲线 $f(x)$ 下方 $x = 0$ 和 $x = 1$ 之间的曲边梯形的面积. 为求积分值 I,我们首先构造随机投点概型,即向正方形 $\{0 \leqslant x \leqslant 1, 0 \leqslant y \leqslant 1\}$ 内随机投点 $\{\xi_i, \eta_i\}$ $(i = 1, 2, \cdots)$,其中 $\xi_i \sim U(0,1)$,$\eta_i \sim U(0,1)$,且相互独立.

若第 i 个点 $\{\xi_i, \eta_i\}$ 落入曲边梯形内,即满足条件 $\eta_i \leqslant f(\xi_i)$,则称第 i 次试验成功. 随机投点试验成功的概率 p 为:

$$p = P\{\eta \leqslant f(\xi)\} = \int_0^1 \int_0^{f(x)} \mathrm{d}y\mathrm{d}x = \int_0^1 f(x)\mathrm{d}x = I.$$

因此 $I = \int_0^1 f(x)\mathrm{d}x = p$. 在随机投点试验的概型下,定积分值 I 就是试验成功的概率 p.

重复进行随机投点试验,记录试验次数 N 和成功次数 M,用

180

频率 M/N 作为概率 p 的估计值,即可得出定积分值 I 的近似解:

$$I \approx M/N. \qquad (3.2)$$

记 $\theta_1 = M/N$,它是成功概率 p 的估计量.在 N 次试验中,成功次数 M 服从二项分布 $B(N,p)$,故有

$$\mathrm{E}(M) = Np, \quad \mathrm{Var}(M) = Np(1-p);$$

因此

$$\mathrm{E}(\theta_1) = p, \quad \mathrm{Var}(\theta_1) = \frac{1}{N}p(1-p). \qquad (3.3)$$

可见 θ_1 是 p 的无偏估计量.

算法 3.1(随机投点法)

① 赋初值:试验次数 $n = 0$,成功次数 $m = 0$;规定投点试验的总次数 N;

② 产生两个相互独立的均匀随机数 ξ, η;置 $n = n + 1$;

③ 判断 $n \leqslant N$ 是否成立,若成立转 ④,否则停止试验,转 ⑤;

④ 判断条件 $\eta \leqslant f(\xi)$ 是否成立,若成立置 $m = m + 1$,然后转 ②;否则转 ②;

⑤ 计算 $\theta_1 = m/N$,则 θ_1 为 I 的近似解.

对一般区间 $[a,b]$ 上定积分 $I = \int_a^b f(x)\mathrm{d}x$ 的计算,只需做线性变换,即可化为 $[0,1]$ 区间上的积分.设 $f(x)$ 在 $[a,b]$ 上有界:$c \leqslant f(x) \leqslant d$,为了化一般区间上的积分为 $[0,1]$ 区间上的积分,且被积函数值在 $[0,1]$ 之间,令 $x = (b-a)u + a$,则有

$$\int_a^b f(x)\mathrm{d}x = \int_0^1 [f(a + (b-a)u) - c + c](b-a)\mathrm{d}u$$

$$= \int_0^1 (b-a)(d-c)\frac{f(a + (b-a)u) - c}{d-c}\mathrm{d}u + c(b-a)$$

$$= S_0 \int_0^1 \varphi(u)\mathrm{d}u + c(b-a),$$

其中 $\varphi(u) = \dfrac{1}{d-c}[f(a + (b-a)u) - c], S_0 = (b-a)(d-c)$.

因 $c \leqslant f(x) \leqslant d$,故有 $0 \leqslant \varphi(u) \leqslant 1$(当 $u \in (0,1)$ 时).故只需求解 $[0,1]$ 区间上的标准定积分值,即可得到一般区间 $[a,b]$ 上的定

积分值. 或者直接构造向长方形区域 $\{a \leqslant x \leqslant b, c \leqslant y \leqslant d\}$ 随机投点的试验概型. 这时定积分值 I 为

$$I = \int_a^b f(x)\mathrm{d}x = pS_0 + c(b-a),$$

其中 $S_0 = (b-a)(d-c)$ 是长方形的面积.

为了便于比较不同随机模拟方法的精度, 以下只讨论 $[0,1]$ 区间上定积分的计算问题.

(2) 平均值估计法

设随机变量 $R \sim U(0,1)$, 则 $Y = f(R)$ 的数学期望为

$$\mathrm{E}(f(R)) = \int_0^1 f(x)\mathrm{d}x = I. \tag{3.4}$$

这表明积分值 I 是随机变量 $Y = f(R)$ 的数学期望. 可以用数学期望的估计值作为 I 的近似解. 这时只需产生均匀随机数 $r_1, r_2, \cdots, r_N$, 则

$$I = \mathrm{E}(f(R)) \approx \frac{1}{N}\sum_{i=1}^N f(r_i) \triangleq \theta_2, \tag{3.5}$$

θ_2 是数学期望 $\mathrm{E}(f(R))$ 的无偏估计量. 随机变量 $Y = f(R)$ 的方差为 $\mathrm{Var}(Y) = \int_0^1 (f(x) - I)^2\mathrm{d}x$, 故而

$$\mathrm{Var}(\theta_2) = \mathrm{Var}(\overline{Y}) = \frac{1}{N}\mathrm{Var}(Y).$$

可以证明: $\mathrm{Var}(\theta_2) \leqslant \mathrm{Var}(\theta_1)$.

事实上, 由于有 $\quad \mathrm{Var}(\theta_1) = \frac{1}{N}p(1-p) = \frac{1}{N}I(1-I)$,

而且有 $\mathrm{Var}(\theta_2) = \frac{1}{N}\int_0^1 (f(x) - I)^2\mathrm{d}x = \frac{1}{N}\left[\int_0^1 f^2(x)\mathrm{d}x - I^2\right]$,

因此 $\quad \mathrm{Var}(\theta_2) - \mathrm{Var}(\theta_1) = \frac{1}{N}\left[\int_0^1 f^2(x)\mathrm{d}x - I\right]$. 因为已假设 $0 \leqslant f(x) \leqslant 1$, 且 $\int_0^1 f(x)\mathrm{d}x = I$, 所以 $I \geqslant \int_0^1 f^2(x)\mathrm{d}x$, 可见

$$\mathrm{Var}(\theta_2) - \mathrm{Var}(\theta_1) \leqslant 0.$$

算法 3.2 (平均值估计法)

① 产生 $[0,1]$ 区间的均匀随机数 $r_1, r_2, \cdots, r_N$；

② 计算 $f(r_i)(i = 1, 2, \cdots, N)$；

③ 令 $\theta_2 = \dfrac{1}{N} \displaystyle\sum_{i=1}^{N} f(r_i)$，则 θ_2 为积分值 I 的近似解.

(3) 减少方差的重要抽样法(或称相似密度抽样法)

随机模拟结果的误差与试验次数 N 和随机变量 η 的方差有关，为了降低误差，只能增加模拟试验的次数 N 或减少 η 的方差. 以上介绍的两种计算积分值 I 的方法中，在试验次数 N 固定的情况下，平均值估计法比随机投点法的误差小. 下面介绍求定积分 I 的另两种减少方差的模拟方法.

从数学上看，定积分值(3.1)可写成

$$I = \int_0^1 g(x) \frac{f(x)}{g(x)} \mathrm{d}x, \qquad (3.6)$$

其中 $g(x)$ 是某个随机变量 X 的密度函数. 显然应有

$$g(x) \geqslant 0; \quad \int_0^1 g(x)\mathrm{d}x = 1.$$

因此积分值 I 可看成随机变量 $Z = f(X)/g(X)$ 的数学期望值. 我们取 Z 的样本均值 θ_3 作为 I 的近似值：

$$I = \mathrm{E}(Z) \approx \frac{1}{N} \sum_{i=1}^{N} z_i = \frac{1}{N} \sum_{i=1}^{N} \frac{f(x_i)}{g(x_i)} \triangleq \theta_3, \qquad (3.7)$$

上式中 x_i 是密度函数为 $g(x)$ 的随机数，$z_i = f(x_i)/g(x_i)$. (3.7)式就是重要抽样法的估计公式. (3.7)式还可写成

$$\theta_3 = \frac{1}{N} \sum_{i=1}^{N} f(x_i)w(x_i), \qquad (3.8)$$

其中 $w(x_i) = \dfrac{1}{g(x_i)}$ 称为重要抽样的权因子. 将(3.8)式与平均值估计公式(3.5)相比较，可以看出，当不是从均匀分布抽样产生 r_i，而是从分布密度 $g(x)$ 抽样产生 x_i 时，估计公式必须用权因子 $w(x_i)$ 修正，其值是均匀分布密度 1 与分布密度 $g(x)$ 之比.

直观地看，用平均值估计法时，r_i 为 $[0,1]$ 区间均匀随机数，由

(3.5)式可知,不同的 r_i 对 θ_2 的贡献是不同的,当 $f(r_i)$ 大时,对 θ_2 的贡献大. 采用均匀抽样时,使贡献不同的 r_i 出现的机会均等,其抽样效率是不高的(即达到同样精度需要的抽样次数增多). 重要抽样法把积分区域上的均匀抽样改为按对积分值 I 贡献大的某个密度 $g(x)$ 抽样,这就是重要抽样法的基本思想,也是减少随机模拟试验的误差,加快收敛速度的技巧.

容易看出,重要抽样法的估计量 θ_3 是定积分 I 的无偏估计量,即 $\mathrm{E}(\theta_3) = I$. 因 θ_3 是随机变量 Z 的样本均值,故有

$$\mathrm{Var}(\theta_3) = \frac{1}{N}\mathrm{Var}(Z),$$

$$\mathrm{Var}(Z) = \int_0^1 \Big(\frac{f(x)}{g(x)} - I\Big)^2 g(x)\mathrm{d}x \quad (X \sim g(x))$$

$$= \int_0^1 \frac{f^2(x)}{g(x)}\mathrm{d}x - I^2.$$

如果取密度 $g(x)$,使 $\dfrac{f(x)}{g(x)} = I$,则

$$\mathrm{Var}(\theta_3) = \frac{1}{N}\Big[\int_0^1 I^2 g(x)\mathrm{d}x - I^2\Big] = 0.$$

这说明若取 $g(x) = \dfrac{1}{I}f(x)$,则模拟试验结果的方差 $\mathrm{Var}(\theta_3) = 0$. 但实际上 I 是未知量,无法选取 $g(x)$,使 $\mathrm{Var}(\theta_3) = 0$.

在积分值 I 的近似公式(3.7)中,只要求 $g(x)$ 是 $[0,1]$ 区间上的某个密度函数. 当 $g(x)$ 是 $[0,1]$ 上的均匀密度(即 $g(x) = 1$)时,(3.7)式就是平均值估计公式. 我们的目的是减少模拟试验的方差,应适当选取 $g(x)$,使 $\mathrm{Var}(\theta_3)$ 尽可能小. 如果被积函数 $f(x) > 0$,可取 $g(x) = cf(x)$,当 $c = 1/I$ 时就有 $\mathrm{Var}(\theta_3) = 0$. 一般应选取与 $f(x)$ 尽可能相近似的密度函数 $g(x)$,使 $\dfrac{f(x)}{g(x)}$ 接近于常数,故而 $\mathrm{Var}(\theta_3)$ 接近于 0,以达到降低模拟试验的方差. 我们称这种减少方差的模拟试验法为重要抽样法,也称为相似密度抽样法.

例 3.1 用重要抽样法计算积分 $I = \int_0^1 \mathrm{e}^x\mathrm{d}x$ 的估计值.

解 由于 $e^x = 1 + x + \dfrac{x^2}{2!} + \dfrac{x^3}{3!} + \cdots$，取 $g(x) = \dfrac{2}{3}(1 + x)$，$x \in [0,1]$（用 e^x 展开式的前二项 $1 + x$ 作为 e^x 的近似式，$(1 + x)$ 前面的系数是归一化常数）.

$$Z = \frac{3e^X}{2(1 + X)} \quad (\text{其中 } X \sim g(x)),$$

则 I 的估计量为

$$\theta_3 = \frac{1}{N} \sum_{i=1}^{N} z_i = \frac{3}{2N} \sum_{i=1}^{N} \frac{e^{x_i}}{1 + x_i},$$

上式中 x_i 是密度为 $g(x)$ 的随机数.

算法 3.3（重要抽样法）

① 产生均匀随机数 $r_i(i = 1, 2, \cdots, N)$；

② 用直接抽样法产生 $g(x)$ 随机数，即由 r_i 计算

$$x_i = \sqrt{3r_i + 1} - 1, \text{则 } x_i \sim g(x);$$

③ 计算 $\theta_3 = \dfrac{3}{2N} \sum_{i=1}^{N} \dfrac{e^{x_i}}{1 + x_i}$，则 θ_3 是 I 的估计量.

下面我们计算估计量 θ_3 的方差 $\text{Var}(\theta_3)$. 显然 $I = \displaystyle\int_0^1 e^x \mathrm{d}x = e - 1$ 是积分的真值. 而

$$\int_0^1 \frac{f^2(x)}{g(x)} \mathrm{d}x = \frac{3}{2} \int_0^1 \frac{e^{2x}}{1 + x} \mathrm{d}x = \frac{3}{2e^2} \int_0^1 \frac{e^{2(x+1)}}{1 + x} \mathrm{d}x = \frac{3}{2e^2} \int_2^4 \frac{e^t}{t} \mathrm{d}t.$$

记 $E(x) = \displaystyle\int_0^x \frac{e^t}{t} \mathrm{d}t$，故有

$$\text{Var}(\theta_3) = \frac{1}{N} \left[\frac{3}{2e^2}(E(4) - E(2)) - (e - 1)^2 \right] = \frac{0.0269}{N}.$$

如果用平均值估计法，估计量 θ_2 的方差为

$$\text{Var}(\theta_2) = \frac{1}{N} \left[\int_0^1 e^{2x} \mathrm{d}x - I^2 \right] = \frac{0.2420}{N}.$$

显然有 $\text{Var}(\theta_3) < \text{Var}(\theta_2)$.

（4）减少方差的分层抽样法

分层抽样法的基本想法与重要抽样法相似，它们都是使得对积分值贡献大的抽样更多的出现. 但分层抽样法的作法与重要抽

样法不同,它并不改变原来的概率分布,而是将抽样区间分成一些小区间,在各小区间内的抽样点数根据贡献大小决定,使得对积分值贡献大的抽样更多地出现,以便提高抽样效率.

考虑积分 $I = \int_0^1 f(x)\mathrm{d}x$,将积分区间 $[0,1]$ 用分点 $a_i(i = 0,1,\cdots,m)$ 分成 m 个互不相交的子区间,其长度分别为

$$l_i = a_i - a_{i-1} \quad (i = 1,2,\cdots,m;a_0 = 0,a_m = 1),$$

于是
$$I = \int_0^1 f(x)\mathrm{d}x = \sum_{i=1}^m \int_{a_{i-1}}^{a_i} f(x)\mathrm{d}x = \sum_{i=1}^m I_i.$$

用平均值估计法求每个小区间 $[a_{i-1},a_i]$ 的积分值 $I_i(i = 1,2,\cdots,m)$. 具体作法是首先产生 n_i 个 $[a_{i-1},a_i]$ 区间上的均匀随机数:$r_j^{(i)} = a_{i-1} + l_i r_j(j = 1,2,\cdots,n_i;r_j \sim U(0,1))$,于是有

$$I_i = \int_{a_{i-1}}^{a_i} f(x)\mathrm{d}x = l_i \int_{a_{i-1}}^{a_i} \frac{f(x)}{l_i}\mathrm{d}x \approx \frac{l_i}{n_i} \sum_{j=1}^{n_i} f(r_j^{(i)}) \triangleq \theta^{(i)};$$

$$I \approx \sum_{i=1}^m \theta^{(i)} = \sum_{i=1}^m \frac{l_i}{n_i} \sum_{j=1}^{n_i} f(r_j^{(i)}) \triangleq \theta_4. \qquad (3.9)$$

显然容易验证:$\mathrm{E}(\theta_4) = \sum_{i=1}^m \frac{l_i}{n_i} \sum_{j=1}^{n_i} \mathrm{E}(f(r_j^{(i)})) = \sum_{i=1}^m \frac{l_i}{n_i} \sum_{j=1}^{n_i} \frac{I_i}{l_i}$

$= \sum_{i=1}^m I_i = I$. 这表明 θ_4 是积分值 I 的无偏估计量,且估计量 θ_4 的方差为

$$\mathrm{Var}(\theta_4) = \mathrm{Var}\left(\sum_{i=1}^m \frac{l_i}{n_i} \sum_{j=1}^{n_i} f(r_j^{(i)})\right) = \sum_{i=1}^m \frac{l_i^2}{n_i^2} \sum_{j=1}^{n_i} \mathrm{Var}(f(r_j^{(i)}))$$

$$= \sum_{i=1}^m \frac{l_i^2}{n_i} \mathrm{Var}(f(r^{(i)})) \quad (r^{(i)} \sim U(a_{i-1},a_i)),$$

其中

$$\mathrm{Var}(f(r^{(i)})) = \mathrm{E}[f^2(r^{(i)})] - [\mathrm{E}(f(r^{(i)}))]^2$$
$$= \int_{a_{i-1}}^{a_i} \frac{1}{l_i} f^2(x)\mathrm{d}x - \left(\frac{I_i}{l_i}\right)^2.$$

例 3.2 用分层抽样法求 $I = \int_0^1 \mathrm{e}^x \mathrm{d}x$.

186

解 由 e^x 在 $[0,1]$ 上的图形可知,靠近 1 的区域对积分值的贡献大,而靠近 0 的区域对积分值的贡献小. 我们将积分区间 $[0,1]$ 等分成两个子区间. 在 $[0,0.5]$ 上抽样 4 次,得 $r_j^{(1)} = 0.5 r_j$ $(r_j \sim U(0,1); j = 1,2,3,4)$. 在 $[0.5,1]$ 上抽样 6 次,得 $r_k^{(2)} = 0.5 + 0.5 r_k (r_k \sim U(0,1); k = 1,2,\cdots,6)$,共抽样 $n = 10$ 次,由分层抽样公式得

$$\theta_4 = \frac{1}{8} \sum_{j=1}^{4} e^{r_j^{(1)}} + \frac{1}{12} \sum_{j=1}^{6} e^{r_j^{(2)}}.$$

估计量 θ_4 的方差为

$$\mathrm{Var}(\theta_4) = \frac{1}{16} \mathrm{Var}(e^{r^{(1)}}) + \frac{1}{24} \mathrm{Var}(e^{r^{(2)}}),$$

其中

$$\mathrm{Var}(e^{r^{(1)}}) = \mathrm{E}(e^{2r^{(1)}}) - [\mathrm{E}(e^{r^{(1)}})]^2 \quad (r^{(1)} \sim U(0,0.5))$$

$$= \int_0^{0.5} 2 \cdot e^{2r} \mathrm{d}r - \left[\int_0^{0.5} 2 \cdot e^r \mathrm{d}r \right]^2$$

$$= (e - 1) - 4(\sqrt{e} - 1)^2 = 0.03492;$$

类似可得:$\mathrm{Var}(e^{r^{(2)}}) = 0.09493$. 因此

$$\mathrm{Var}(\theta_4) = \frac{1}{16} \times 0.03492 + \frac{1}{24} \times 0.09493 = 0.006138.$$

当抽样次数 $N = 10$ 的情况下,用重要抽样法求得 I 的估计量 θ_3,其方差 $\mathrm{Var}(\theta_3) = 0.00269$;用平均值抽样法求得 I 的估计量 θ_2,其方差 $\mathrm{Var}(\theta_2) = 0.0242$;可见对于此例,当 $N = 10$ 时,各估计量的方差有以下关系:

$$\mathrm{Var}(\theta_3) < \mathrm{Var}(\theta_4) < \mathrm{Var}(\theta_2).$$

(二)计算多重积分

$$I_k = \int_0^1 \cdots \int_0^1 f(x_1, \cdots, x_k) \mathrm{d}x_1 \cdots \mathrm{d}x_k. \tag{3.10}$$

计算多重积分(3.10)也有随机投点法和平均值估计法两种. 它们都可以看成定积分(3.1)式相应算法的推广.

(1)随机投点法

记 D 为 k 维单位立方体：$\{0 \leqslant x_i \leqslant 1, i = 1, \cdots, k\}$. 不妨设在 D 上有：$0 \leqslant f(x_1, \cdots, x_k) \leqslant 1$. 多重积分 I_k 可写成

$$I_k = \int \cdots \iint_0^{f(x_1, \cdots, x_k)} \mathrm{d}y \mathrm{d}x_1 \cdots \mathrm{d}x_k,$$

即多重积分 I_k 可看成 $k + 1$ 维区域 $V: D \times \{0, f(x_1, \cdots, x_k)\}$ 的体积. 类似于求定积分 I 的随机投点法，可以计算一般的多重积分 I_k.

算法 3.4（多重积分的随机投点法）

① 赋初值：试验次数 $n = 0$，成功次数 $m = 0$；规定随机投点试验的总次数 N；

② 向 $k + 1$ 维立方体 $\{0 \leqslant x_i \leqslant 1 (i = 1, \cdots, k), 0 \leqslant y \leqslant 1\}$ 内随机投点，即产生 $k + 1$ 个相互独立的均匀随机数 $(\xi_1, \cdots, \xi_k, \eta) \triangleq \xi$，置 $n = n + 1$；

③ 判断 $n \leqslant N$ 是否成立，若成立则转 ④；否则停止模拟试验，然后转 ⑤；

④ 检验 $k + 1$ 维空间的点 ξ 是否落入 V 中，即检验条件 $\eta \leqslant f(\xi_1, \cdots, \xi_k)$ 是否成立，若成立即试验成功，置 $m = m + 1$，然后转 ②；否则转 ②；

⑤ 计算 $\theta_1 = \dfrac{m}{N}$，其中 m 是 N 次试验中成功的总次数，则 $I_k \approx \theta_1$.

对于一般的多重积分，积分区域和被积函数可能不满足以上假设的条件，那么类似于定积分的情况，可通过变换使之满足假设条件.

（2）平均值估计法

从定积分的平均值估计法中可以看到一个基本规则，即任何一个积分都可以看成某个随机变量的期望值. 故而我们可以用这个随机变量的平均值来计算积分的近似值. 这个规则同样可用来计算多重积分.

考虑 k 重积分

$$I_k = \int \cdots \int_D f(x_1, \cdots, x_k) \, \mathrm{d}x_1 \cdots \mathrm{d}x_k, \qquad (3.11)$$

其中 D 是 k 维积分区域. 设 $g(x_1, \cdots, x_k)$ 是 D 上一个概率密度函数. 令函数

$$Z(x_1, \cdots, x_k) = \begin{cases} \dfrac{f(x_1, \cdots, x_k)}{g(x_1, \cdots, x_k)}, & \text{当 } g(x_1, \cdots, x_k) \neq 0, \\ 0, & \text{当 } g(x_1, \cdots, x_k) = 0. \end{cases}$$

则 k 重积分(3.11)可改写成:

$$\begin{aligned} I_k &= \int \cdots \int_D Z(x_1, \cdots, x_k) g(x_1, \cdots, x_k) \, \mathrm{d}x_1 \cdots \mathrm{d}x_k \\ &= \mathrm{E}(Z(X_1, \cdots, X_k)), \end{aligned}$$

即 I_k 是随机变量 $\eta = Z(X_1, \cdots, X_k)$ 的数学期望. 从联合密度为 $g(x_1, \cdots, x_k)$ 的分布中随机抽取 N 个点 $(x_{i1}, \cdots, x_{ik})(i = 1, \cdots, N)$,并计算 N 个函数值 $\eta_i = Z(x_{i1}, \cdots, x_{ik})$ $(i = 1, 2, \cdots, N)$,那么其平均值为

$$\bar{\eta} = \frac{1}{N} \sum_{i=1}^{N} Z(x_{i1}, \cdots, x_{ik}). \qquad (3.12)$$

(3.12)式就是 I_k 的估计公式.

特别地,若选取 $g(x_1, \cdots, x_k)$ 为 D 上的均匀分布:

$$g(x_1, \cdots, x_k) = \begin{cases} \dfrac{1}{V_D}, & (x_1, \cdots, x_k) \in D, \\ 0, & \text{其他}, \end{cases}$$

其中 V_D 是区域 D 的体积. 这时有

$$Z(x_1, \cdots, x_k) = \frac{f(x_1, \cdots, x_k)}{g(x_1, \cdots, x_k)} = V_D f(x_1, \cdots, x_k).$$

首先产生区域 D 上的 k 维均匀随机数 $(r_{i1}, \cdots, r_{ik})$ $(i = 1, \cdots, N)$,计算函数值 $f(r_{i1}, \cdots, r_{ik})$,及 $\dfrac{1}{N} \sum_{i=1}^{N} f(r_{i1}, \cdots, r_{ik})$,则有

$$I_k \approx \frac{V_D}{N} \sum_{i=1}^{N} f(r_{i1}, \cdots, r_{ik}). \qquad (3.13)$$

在实际问题中,积分区域 D 可以是很一般的 k 维区域,产生 D 上均匀随机数及计算体积 V_D 都是一件不易的事情. 处理的办法是

取一充分大的一维区间 $[a,b]$，使得 $D \subset [a,b] \times [a,b] \times \cdots \times [a,b] = [a,b]^k$，即长为 $b-a$ 的 k 维正方体区域把 D 包含在其中. 只需产生 k 个在 $[a,b]$ 区间上相互独立的均匀随机数 $\xi_1, \cdots, \xi_k$，记 $\xi = (\xi_1, \cdots, \xi_k)$，可以证明，当 $\xi \in D$ 的条件下，ξ 在 D 内服从均匀分布. 事实上，对 D 内任一子区域 G，有

$$P\{\xi \in G \mid \xi \in D\} = P\{\xi \in G\}/P\{\xi \in D\}$$
$$= \frac{V_G}{(b-a)^k} \Big/ \frac{V_D}{(b-a)^k} = \frac{V_G}{V_D},$$

其中 V_G 表示子区域 G 的体积. 这说明在 $\xi \in D$ 的条件下，ξ 服从 D 内均匀分布. 由此可以推出：

$$\mathrm{E}[f(\xi) \mid \xi \in D] = \frac{1}{V_D} \int \cdots \int_D f(x_1, \cdots, x_k)\, \mathrm{d}x_1 \cdots \mathrm{d}x_k = \frac{I_k}{V_D},$$
$$I_k = V_D \mathrm{E}[f(\xi) \mid \xi \in D]. \tag{3.14}$$

由 (3.14) 式可以给出计算一般区域 D 上多重积分 I_k 的方法.

算法 3.5（多重积分的平均值法） 首先赋初值：ξ 落入 D 的次数 $m=0$，试验次数 $n=0$，并规定试验总次数 N.

① 产生 k 个相互独立服从 $[a,b]$ 区间上的均匀随机数 $\xi = (\xi_1, \cdots, \xi_k)$，置 $n=n+1$；

② 判 $n \leqslant N$ 是否成立；若成立转 ③；否则停止抽样，转 ④；

③ 检验 k 维空间的点 ξ 是否落入积分区域 D，若 $\xi \in D$，置 $m=m+1$，并令 $\eta_m = \xi$，计算 $f(\eta_m)$，转 ①；否则舍去 ξ，转 ①，重新产生 k 维均匀随机数；

④ 计算 $V_D \approx \frac{m}{N}(b-a)^k$，$\mathrm{E}[f(\xi) \mid \xi \in D] \approx \frac{1}{m} \sum_{i=1}^{m} f(\eta_i)$，则

$$I_k \approx \frac{1}{N}(b-a)^k \sum_{i=1}^{m} f(\eta_i).$$

用蒙特卡罗方法计算积分值时，误差的阶数为 $O\left(\frac{1}{\sqrt{N}}\right)$，它与多重积分的重数 k 无关. 而用其他数值方法计算多重积分时，其误差与重数 k 是有关的，可见当 $k>3$ 时，使用蒙特卡罗方法计算多

重积分将显示出优越性.

用蒙特卡罗方法还可以求解其他确定性的问题,如求解非线性方程组等问题.有兴趣的读者请看参考文献[1],[12]等.

§4 随机模拟方法在随机服务系统中的应用

上一节介绍了随机模拟方法求解确定性问题的一些例子.事实上,这些确定性的问题都有一些行之有效的算法,一般并不用随机模拟方法求解.随机模拟方法更多地用于求解随机性的复杂系统.随机服务系统就是其中一类.

随机服务系统研究的对象是服务系统.服务系统在日常生活、工业生产、科学技术、军事领域等方面比比皆是.

在日常生活中,如上下班乘汽车,汽车司机、售票员与乘客构成一个服务系统;到商店买东西,售货员与顾客构成一个服务系统;到理发馆理发,理发员与顾客构成一个服务系统等等.

在工业生产与管理中,如在工厂中,工人与等待维修的机器构成一个服务系统;还有公共交通系统,铁路运输系统、港口设施、设备维修系统等等都是一些服务系统.

在科学技术中,如对计算机的性能分析与设计的研究,就是对一个庞大的、复杂的、网络式的服务系统的研究.在这里,输入、存储、处理与输出构成服务系统的的各个服务阶段,到达的信息在各个服务阶段中往返地接受服务.

可见在上述这些服务系统中,随机因素起着根本性的影响,不论是顾客的到达,还是服务时间的长短,都是随机的.因此,为了充分强调系统的随机性,我们称这类服务系统为随机服务系统.

从上面的例子还可以看出,各种随机服务系统具有下面三个共同的组成部分.

第一,输入过程,即各种类型的"顾客"按照各种规律到达,准备接受服务;

第二,排队规则,即到达的顾客按照一定的次序接受服务;

第三,服务机构,即同一时刻有多少服务设备可接纳顾客,每一设备可接纳多少顾客以及每位顾客接受多长的服务时间.

由于各种服务系统都有上述共同组成部分,因此才有可能建立统一理论来处理它们,这种统一的理论就是随机服务系统理论(又名排队论),见参考文献[16].

设置服务机构的目的是提供完善的服务.从方便顾客的角度考虑,自然是服务机构越大,服务效率越高越方便.但服务机构若过大,设备过多,人力物力的开支相应增加,将造成不必要的浪费,因此又必须同时考虑机构的经济效益.特别是对有些服务系统,如电话局的设计,机场跑道的设计,计算机的设计等系统.必须在服务机构设置之前就根据顾客的输入过程与服务过程对系统未来的进程作出正确的估计,以便使设计工作有所依据.那么,究竟应该如何来设计和控制随机服务系统,使得在充分满足顾客需要的条件下,保证服务机构的花费最为经济? 这就是随机服务系统研究的目的.

随机服务系统包含种种随机因素,各种不同的实际系统也是错综复杂的,所以有大量实际问题无法用确定性的数学理论求得解答.对于这种数学理论无能为力的情况,模拟方法正好提供最为有效的工具.不论是多么复杂的服务系统,模拟方法都能给出便于应用的解答.同时对于理论研究中的某些假设条件是否合理,以及在这些假设下所得的结论是否合乎实际,也都能够采用模拟的方法来进行验证.

(一)单服务台排队系统的模拟

假设只有一个服务员的服务机构,如只有一个理发师的理发店或只有一个工作人员的机场问讯处等.我们关心的事是顾客到达后的平均等待时间(或平均逗留时间).

顾客到达的时刻是随机的,或者说顾客到达的间隔时间是随机变量;每个顾客的服务时间(如理发时间)也是一个随机变量.顾客到达后若服务员正闲着,马上可接受服务;若服务员的状态是忙着,则顾客必须先排队,并按先到先服务的原则等待服务.这类单服务台排队系统的模型可见图 4-4.

为了给出平均等待时间 $E(D)$ 的估计值.我们用随机模拟方法来求解.

第一步　实地调查并收集和处理调查数据.即记录每个顾客到达时刻、等待时间及服务时间等,经分析处理,估计出这些随机因素的统计规律性,比如顾客到达的间隔时间服从指数分布(均值为 10 分);每个顾客的服务时间 ~ $[10,15]$ 区间上的均匀分布.

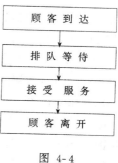

图 4-4

第二步　构造模拟模型.根据图 4-4 可给出单服务台排队系统的模拟模型.在此模型中,有两个输入的因素:顾客的到达间隔时间和服务时间;排队规则是按先到先服务的次序接受服务;服务机构只有一个,即一个服务员每次只能为一个顾客服务.

第三步　模拟试验.我们模拟的模型包含时间因素,即我们要模拟的是服务系统在 8 小时工作时间内的运行情况,这类模型也称为动态模拟模型.并给出记录模拟时间当前值的变量——模拟时钟及模拟时间的推进原则.推进原则有两种,即下次事件推进原则和均匀间隔(模拟步长)推进原则.

下面就单服务台排队系统的模拟试验,引入几个记号:

x_i——第 i 个顾客到达的时刻($x_0 = 0$);

$t_i = x_i - x_{i-1}$——第 $i-1$ 顾客至第 i 个顾客的到达时间间隔;

s_i——第 i 个顾客接受服务的时间;

D_i——第 i 个顾客的排队等待时间;

$C_i = x_i + s_i + D_i$——第 i 个顾客接受服务后离开的时刻.

假设服务机构上午 8 点开门服务(如理发店 8 点上班),模拟时钟从 $T = 0$ 分开始.产生指数分布 $e(0.1)$ 随机数,比如得 10,

$13, 8, 11, 7, 15, \cdots$. $T = 10$ 分时,第一个顾客到达,因没有人排队,马上接受服务,即 $D_1 = 0$ 分;服务时间 $s \sim U(10, 15)$,产生均匀随机数 s,比如得 $11, 13, 14, 12, \cdots$;第一个顾客接受服务时间为 11 分,计算 $C_1 = (10 + 11 + 0)$ 分 $= 21$ 分,即第一个顾客于开门后 21 分离开(即 $T = 21$ 分时离开).第二个顾客是 $T = 23$ 分 $= (10 + 13)$ 分时到达,因第一位顾客已被服务完毕离开了,不必等待,$D_2 = 0$ 分,服务时间 $s_1 = 13$ 分,第二个顾客于 $C_2 = (23 + 13 + 0)$ 分 $= 36$ 分离开.第三个顾客到达时间 $x_3 = 31$ 分 $= (10 + 13 + 8)$ 分,时钟 $T = 31$ 分的时候,第二个顾客正在接受服务,故第三位先排队,等待时间 $D_3 = 5$ 分 $= (36 - 31)$ 分,第二位离开后第三位接受服务,服务时间 $s_3 = 14$ 分,第三位离开时刻 $C_3 = (31 + 14 + 5)$ 分 $= 50$ 分;第四位到达时刻 $x_4 = (10 + 13 + 8 + 11)$ 分 $= 42$ 分;等待时间 $D_4 = (50 - 42)$ 分 $= 8$ 分,服务时间 $s_4 = 12$ 分,离开时刻 $C_4 = (42 + 12 + 8)$ 分 $= 62$ 分;$\cdots$ 表 4-2 列出模拟试验的部分结果.

表 4-2 **单服务员系统的模拟过程** (单位:分)

顾客序号	输入过程		模拟试验过程的输出结果			
	到达间隔 $e(0.1)$	服务时间 $U(10,15)$	到达时刻	服务时间	等待时间 (D_i)	离开时刻
1	10	11	10	11	0	21
2	13	13	23	13	0	36
3	8	14	31	14	5	50
4	11	12	42	12	8	62
5	7	15	49	15	13	77
6	15	10	64	10	13	87
$\vdots$	$\vdots$	$\vdots$	$\vdots$	$\vdots$	$\vdots$	$\vdots$

模拟时钟从 $T = 0$ 分到 $T = 480$ 分(8 小时),模拟试验结束后,统计平均等待时间 $\bar{D}$:

$$\bar{D} = \frac{1}{N} \sum_{i=1}^{N} D_i,$$

其中 N 为一天中服务的顾客数目.用 $\bar{D}$ 作为 $E(D)$ 的估计值,即可得出该服务系统平均等待时间的近似解.

如果改变输入参数,比如提高服务效率,服务员的水平提高了,服务时间 $s \sim U(5,10)$,那么等待时间 $E(D)$ 必然会减少.增加服务人员,同样也可以减少等待时间.

(二)多服务台排队系统的模拟

在很多实际问题中,服务机构一般是多服务台的,如理发店的理发师有多位;供乘客使用的汽车有多辆,机场跑道有多条,码头的泊位有多个等等.这类系统比起单服务台系统就复杂了.但用随机模拟方法求解这类问题的基本思想和作法是类似的.

我们以有 M 个理发员的多服务台排队系统为例.某理发店为满足附近居民的需要,安排了 M 个理发员,人数 M 越多,对居民理发越方便(少排队等待),但理发员越多,理发店经济上的开支越大,效益低.一个很实际的问题是 M 取多少最合适?具体地说,如果按一般习惯,假定顾客在理发店等待时间 $\leqslant 10$ 分是可以接受的,而在10分以上就会有意见了.问取 $M \geqslant ?$ 可使平均等待时 $E(D) \leqslant 10$ 分.

此问题是多服务台排队系统问题,同样可用随机模拟方法加以解决.问题化为求最小的 M,使平均等待时间 $E(D) \leqslant 10$ 分.模拟的模型仍可用图4-4描述.在接受服务这一部分,有 M 个理发员,只要有一位理发员空闲,就为排队中先到的顾客服务;服务时间可根据 M 个理发员的水平不同,给出 $s^{(k)}$ 的统计规律 $(k = 1, \cdots, M)$.

模拟试验开始时,先取定 M 值,如从 $M = 2$ 开始,模拟2个服务员情况下,平均等待时间 $E(D)$ 的估值 $\overline{D}$ 是否小于10分;若大于10分,考虑 $M = 3$,一直进行,直到找出使平均等待时间 $\leqslant 10$ 分的最小 M 值,这个值就是最合适的理发员人数.

(三)库存系统的模拟

在销售部门、工厂等领域中都存在库存问题,库存太多造成浪费,库存少了不能满足需求也造成损失,部门决策人如何决定何时该进货了,进多少,使得平均费用最少,而收益最大.这就是所谓的库存问题.

假设某部门销售一种产品. 由多年的经销经验知道, 顾客到达购货的间隔时间是服从指数分布(平均值为 0.1 月); 每次购货量 D 服从以下离散分布:

D	1	2	3	4
p_i	$\frac{1}{6}$	$\frac{1}{3}$	$\frac{1}{3}$	$\frac{1}{6}$

每月初, 该部门都要盘点库存量 $I(t)$, 然后决定是否进货. 假设订货量为 Z, 该公司要承担的有关费用为 $(K + iZ)$ 元, 其中 $K = 32$ 元为订货手续费, $i = 3$ 元为每件产品订货价格. 发出订货单后, 产品到达的时间是一个在 0.5 月 ~ 1 个月间的均匀分布随机变量.

该公司按一种稳定的 (s, S) 策略决定订货量, 即

$$Z = \begin{cases} S - I, & \text{当 } I < s, \\ 0, & \text{当 } I \geqslant s, \end{cases}$$

其中 I 为库存量, S 表示容许的最大库存量, s 是临界库存量(或称订货点).

当顾客来购货时, 如果库存量大于等于需求量, 顾客的需求立即得到满足. 如果需求量大于库存量, 不足的数量被作为缺货额, 这时库存量是负值, 该公司发出订货单, 货到后首先应补足缺货, 其余作为库存.

上面我们仅说明了订货费用, 实际上大多数库存系统还要考虑保管费和缺货损失费. 设 $I(t)$ 表示 t 时刻的库存量($I(t)$ 可以为正、零或负值), 令

$I^+(t) = \max(I(t), 0)$, 表示 t 时刻的实际库存量;

$I^-(t) = \max(-I(t), 0)$, 表示 t 时刻的实际缺货量.

假设在 n 个月中公司要承担的平均保管费用(库存费用)为

$$c_h = h \cdot \frac{\int_0^n I^+(t) \mathrm{d}t}{n},$$

其中 h 为每月每件产品的保管费,如 $h = 1$ 元.

假设公司也要承担 n 个月的平均缺货损失费为

$$c_k = k \cdot \frac{\int_0^n I^-(t)\mathrm{d}t}{n},$$

式中 k 为每月每件缺货的损失费,如 $k = 5$ 元.

假定开始时 $I(0) = 60$ 件,并且没有欠付的订货. 我们来模拟 $n = 120$ 个月(10 年)的库存系统. 考虑的性能指标为每月平均总费用(它是月平均订货费,月平均保管费和月平均缺货损失费的总和),比较九种库存订货策略(见表 4-3),并从中找出最佳者.

表 4-3　九种库存订货策略 (s, S)

s	20	20	20	20	40	40	40	60	60
S	40	60	80	100	60	80	100	80	100

每次模拟时,首先输入有关参数,如订货策略 (s, S),开始的库存量 $I(0)$,每件产品的订货费 i,每月每件的保管费 h,每月每件的缺货损失费 k 及用户到达公司购货的时间间隔和每次购货量 D 的统计规律. 还有发出订单后,货到公司的统计规律等.

该库存系统模拟的主要状态变量是库存量 $I(t)$,排队规则是用户先到先供货,货的库存量不足就排队等待;服务机构是仓库及订货的策略.

库存系统的模拟模型见图 4-5. 模拟时钟从 $T = 0$ 月到 $T = 120$ 月. 对九种订货决策分别进行模拟计算,根据月平均总费用最小的准则,来决定那种订货决策是最佳的. 从模拟计算的数据(见表 4-4),$(20, 80)$ 的订货策略是较可取的.

表 4-4 的模拟结果是对九种策略各做一次模拟运算的结果. 在相同的输入参数下重复运算时,得到的数据不一定相同(模拟结果的随机性),也可能最佳的策略不是 $(20, 80)$,因此一次模拟结果所得结论是不充分的. 在实际应用中,应模拟多次,由得到的平均值作为所求解的估计值.

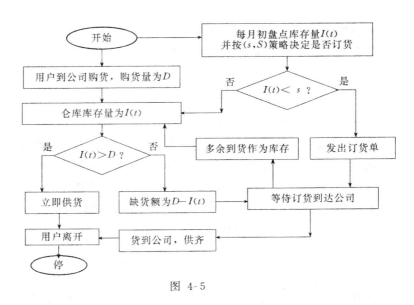

图 4-5

表 4-4   模拟结果　　（单位：元）

策略	月平均总费用	月平均订货费	月平均库存费	月平均缺货损失费
(20,40)	123.92	98.80	8.91	16.21
(20,60)	125.58	92.77	15.98	16.82
(20,80)	118.24	82.95	27.04	8.25
(20,100)	126.13	82.07	35.96	8.10
(40,60)	125.71	98.13	26.24	1.34
(40,80)	123.58	86.72	35.98	0.87
(40,100)	134.35	87.68	45.15	1.52
(60,80)	145.69	101.20	44.29	0.20
(60,100)	144.08	89.16	54.93	0.00

§5　集装箱专用码头装卸系统的随机模拟

这是北京大学数学系和概率统计系参加完成的"六五"攻关项目中的实际课题. 集装箱专用码头装卸系统是一个复杂的随机服务系统，我们想通过介绍这一实例说明随机模拟方法怎样用于解决随机系统的实际问题.

（一）问题的提出

为大力发展我国的集装箱运输事业,一方面要改造现有码头,提高其经济效益;另一方面要建设新的具有先进装卸工艺系统的港口.为此,必须找出影响港口吞吐量、船舶在港停泊时间、泊位利用率和堆场堆存量等重要经济指标的主要因素.还必须对装卸工艺进行比较研究.由于制造新的集装箱专用码头装卸机械和建设新的集装箱码头都是投资额巨大、工期长的复杂工程,因此不可能进行实际营运比较.又由于集装箱的装卸系统的营运过程是一个很复杂的过程,其中包含许多的随机因素,因此也不可能用一组可以获得解析解的方程式来描述它.在这里应用随机模拟方法对集装箱专用码头的装卸系统进行模拟计算是一种行之有效的、经济的研究方法.

具体地说对集装箱专用码头装卸系统进行随机模拟计算希望能回答以下几方面问题:① 评价我国有代表性的现有装卸系统的营运状况,如年吞吐量、年装卸船数、泊位利用率等;② 比较现有装卸系统和新设计的装卸系统的性能;③ 预测现有装卸系统及新设计的装卸中可达到的指标;④ 分析哪些因素对装卸系统性能的影响最大;⑤ 找出使系统的性能达最佳的条件(因素状态).

（二）构造模拟的模型

模拟的模型是集装箱码头的整个装卸系统.它包括到港船舶、港口、泊位、装卸机械、水平输送机械、堆场、气候、管理因素等.一般集装箱专用码头的装卸流程如下:集装箱船到达锚地等候泊位;当码头的泊位和航道有空时,船舶可进入码头泊位等待装卸;当码头的装卸机械空闲且没有故障时,对在泊位的船只进行装卸作业,进口箱从船上卸下并由水平运输机械送到堆场的指定位置,而后用运输机械由货主从堆场拉走.对出口箱的装船过程是卸船过程的逆过程.在集装箱船卸完进口箱且装好出口箱后,当航道有空时,该集装箱船即离开泊位.

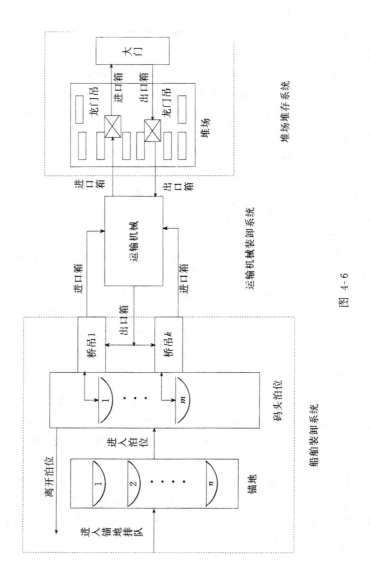

图 4-6

200

我们将集装箱专用码头装卸系统的营运过程看成一个随机系统,并分成以下三个部分:船舶装卸系统、运输机械装卸系统和堆场堆存系统(见图 4-6).模拟的模型由以下三部分构成:

(1)船舶装卸系统模型

此模型模拟船舶到港、泊位、船舶靠泊、装卸桥吊的作业、集装箱船的卸货和装货以及船舶离泊.这里假定港口的泊位数为 m,装卸桥吊数为 k 个.

(2)运输机械的装卸系统模型

此模型模拟在船舶上和堆场上的集装箱的装卸作业.包括桥吊、拖车、龙门吊等运输机械的工作情况及气候、管理因素的影响.

(3)堆场堆存系统模型

此模型模拟堆场日堆存量的变化情况.日堆存量是日进口箱数、日出口箱数、日送进箱数和日拉走箱数的代数和,它是个随机变量.

(三)数据的收集与处理

为了验证以上构造的模型及模拟程序.我们选择了我国有代表性的某集装箱码头作为实例.收集并整理了该港口集装箱专用码头 1984 年营运情况的全部原始资料,得出模拟模型中各种随机因素(即随机变量)的统计规律性如下:

(1)集装箱船到达锚地的时间间隔

这是一个服从指数分布 $e(\mu, \lambda)$ 的随机变量,且 $\mu = 2.7243$ 小时,$\lambda = 0.0335$ 小时$^{-1}$;即平均间隔 $\mu + 1/\lambda = 32.575$ 小时(1.3573 天)有一艘集装箱船到达锚地等待进港装卸货物.

(2)在锚地的集装箱船等待航道的时间

已知某港口的泊位数 $m = 2$.当在泊船数小于 2 时,在锚地的船可进入泊位.又因某港口是单航道多码头港口,必须等待航道空出后在锚地排队的船方可进入泊位.等待航道的时间也是一服从指数分布 $e(0, \lambda)$ 的随机变量,其中 $\lambda = 0.5$ 小时$^{-1}$.即平均等航道的时间为 2 小时.

（3）每只集装箱船的进、出口箱数

某港口集装箱码头 1984 年的年吞吐量为 8.58 万箱，其中 54% 为进口箱；全年装卸的船只有 12.6% 没有进口箱.其余船只的进口箱数近似服从正态分布 $N(207,195^2)$.全年装卸的船只有 18.3% 没有出口箱，其余船只的出口箱数近似服从正态分布 $N(193,173^2)$.

（4）桥吊发生故障的间隔时间及维修时间

装卸桥吊在作业期间可能发生故障，有了故障，桥吊只好中断作业，等待修复.某港口两台桥吊作业期间发生故障的间隔时间近似服从指数分布 $e(0.33,0.1176)$，即一台桥吊平均约 17 小时发生一次故障.而每次故障维修时间的规律如下：

时间	1 小时内	1～2 小时	2～5 小时	5 小时以上
比例	0.48	0.28	0.16	0.08

（5）船舶等待装卸作业的时间

船舶进入泊位后一般不能马上进行装卸作业，如卸船前要等单证、等船舶配载图，…；卸完货一般也要有一些准备时间才能装船.装卸期间因一些特殊原因（如等机械、等工人、等出口货箱等）有时不得不中断作业.装卸期间的中断、等待时间是由于管理、调度等原因造成的，它们遵从一定的比例规则.如某港口在 1984 年船舶平均总停泊时间中有 70% 是这类非作业时间.

（6）进出口箱在堆场的存放时间

经对某港口堆场中进出口箱的追踪整理，可得出进口箱在堆场的存放天数近似为三角形分布，平均 18.9 天；出口箱在堆场的存放天数也近似三角形分布，平均为 7 天.还可以利用概率母函数方法从理论上导出堆场日堆存量的分布规律，并给出计算平均日堆存量及最大日堆存量的公式（见参考文献[15]）.

还有气候的影响、到港口的船舶的类型、运输机械的配备等等随机因素对装卸系统的影响也应考虑.

(四) 模拟框图和模拟程序

每次模拟一年(8760 小时)中港口的营运情况,模拟时钟的步长为 1 小时.模拟框图见图 4-7.

模拟程序有两大部分.主要部分是模拟港口一年的营运情况;另一部分的功能是打印输入参数和模拟结果中输出的各指标值.模拟程序这里省略了.

(五) 模拟模型正确性的确认

集装箱专用码头现实的装卸系统是一个很复杂的随机系统,我们用图 4-6 给出的三部分模拟模型来描述整个装卸系统.这其中我们作了很多假定和理想化,比如到达锚地的船舶间隔时间假定服从指数分布;在泊船的等待、中断作业时间在现实过程中有时受复杂的人为因素的影响,这类因素在我们的模拟模型中没有具体考虑,而只是把等待时间抽象为服从一定规律的随机变量等.经过抽象并作了一些假定的模拟模型是否能够替代现实系统,这是人们都十分关注的问题.故而提出模拟模型正确性的确认问题.

模拟模型正确性的确认包括两方面内容:验证(Verification)和确认(Validation).模拟模型的验证是检验模型是否正确地实现,即验证计算机模拟程序的正确性.模拟模型的确认是要确定模拟模型是否是所研究的现实系统的准确描述.

应当指出,虽然模拟模型的确认问题是随机模拟方法当前重点研究的课题之一,但尚未建立比较完整的理论和方法.这里简要叙述一些常用的经验性的确认模型正确性的方法.

(1) 模拟模型的验证

调试模拟程序并验证模拟程序是否正确性可以从以下五方面考虑:

① 用子程序(模块)编写和调试模拟程序.模拟实际过程的程序是一庞大复杂的模拟程序,应该首先编写并调试验证模拟模型的主程序和关键子程序,在确保它们是正确的时候再陆续附加上

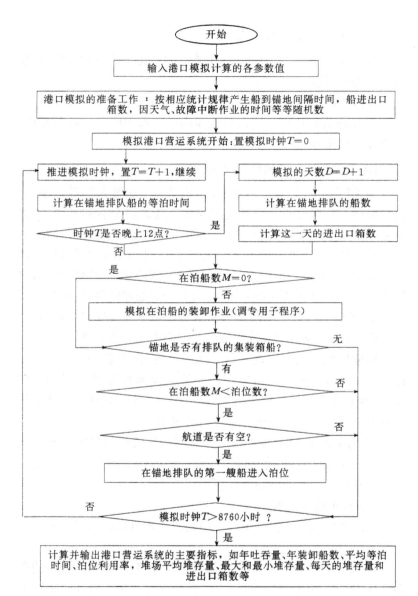

图 4-7

其他子程序及一些细节内容,逐步地进行程序设计和验证,直至最后完成完整地模拟程序设计.

② 模拟程序要求经多人检查. 经验表明,编写程序的人员往往自己查不出错误,对一个复杂的模拟程序,有必要组织多人对同一个模拟程序进行检查和验证,只有当他们都认为该程序正确时,才承认它是正确的.

③ 模拟程序运行时的跟踪检查. 跟踪检查是调试程序的一种很有用的技术. 在跟踪中模拟系统的状态(即事件表的内容、状态变量值、统计计数器的记录值等)都能打印出来,以便检查模拟程序的运行是否正确,判断出错程序在何处等.

④ 用模拟程序进行模拟试验前,应在已知模型真实特征值的简化模型下进行运行验证.

⑤ 模拟结果输出的图形显示检查. 有些模拟程序如果把模拟结果在终端上用图形显示出来,则容易验证其正确性.

(2) 模拟模型的确认

关于模型的确认问题有以下几点值得注意:

① 构造模拟模型的目的是要通过对模拟模型的模拟试验来替代对现实系统的试验. 因此进行确认就是要保证被研究的模拟模型是可供实际使用的、方便的、费用较低的模拟模型.

② 模拟模型只是实际系统的近似,因此不应追求模型的绝对准确,而是研究模型逼近实际系统的程度.

③ 模拟模型总是为一个特定目标而研究的. 因此一个模型对某一个目标是有效的,而对另一种目标它可能是不正确的. 在确认模型时应注意这种情况.

④ 确认模拟模型时总是对一组判断准则而言的,应当认真选择这些准则.

⑤ 模拟模型的确认工作不是在模拟模型已经建立之后才进行,而是在整个计算机模拟过程中交替进行建模和确认工作.

⑥ 标准的统计验证只是确认过程的一部分,因模拟模型输出

的数据通常不是独立同分布,所以大多数经典的统计分析方法不能直接用于模型的确认.

下面我们来介绍关于模型确认的三步法:

第一步 从直观考察模型的有效性.

模拟的模型从直观上看应是正确的、合理的,符合人们对所研究的现实系统的了解. 为了构造这样的模型,应使用所有现存信息,以及以下几方面的资料:① 向熟悉所研究系统的"专家"学习,从中了解有用的信息. 比如我们为了了解港口装卸系统到某港口实地考察多日,向港口营运过程中各环节的"专家"们请教、学习.② 利用现有的理论,例如随机服务系统中顾客到达的时间间隔从理论上知道是服从指数分布的随机变量.③ 收集整理数据,如收集港口记录的资料,从中得出船舶到锚地的间隔时间的分布的确是理论上指出的指数分布.④ 利用一般常识,在建模过程中应尽可能利用与所建模型类似的其他模型的知识,避免重复性工作.⑤ 合理的假设,有必要用直观的方法对复杂系统中某些部分的营运情况作合理性假定,当然这些假定在以后的确认步骤应被证实.

第二步 检验模型的假设.

确认过程这一步的目的是定量地检验在建模开始阶段所做的一些假设. 例如船舶到达时间间隔假设服从指数分布,可利用实际数据作拟合性检验(如 χ^2 检验或 K-S 检验等)

在这一确认步骤中,敏感性分析是最有用的工具之一. 敏感分析的目的在于检验随机模拟结果对所选择的分布或者概率分布中的参数是否敏感.

当观测数据很少,不能做拟合性检验,或选择的分布被拟合性检验拒绝时,可进行敏感性分析. 如果模拟结果对选用的几种分布不敏感,当然没有必要去设法进一步选择分布;否则就必须进一步收集更多的数据和有关信息用于选择正确的分布. 如果概率分布的类型是确定的,对其中的参数也可进行敏感性分析,我们可以从参数的置信区间内选其最小值、中间值和最大值进行敏感性分析.

如果模拟结果对它们不敏感,则说明所估计的参数是正确的,否则必须重新估计参数.

利用敏感分析可确定模拟结果对其输入的分布或者参数变化的敏感程度,从而可确定模型对输入分布或这些参数要求的估计精度.利用敏感分析还可以确定模型中一些子系统的模拟精度要求.用这些子系统的简单模型和较精细的模型进行敏感性分析,若模拟结果对它们的精确度不敏感,则可采用简单的子系统模型.

第三步 模型的输出数据与实际数据的比较.

将模型的输出数据与所研究的现实系统的实际数据作比较,可能是模型确认中最决定性的步骤.如果模拟数据与实际数据吻合的很好,我们有理由相信构造的模型是有效的.虽然这种比较并不能确保模型完全正确无误,但我们认为进行比较将使模型有更大的可信度.

进行模拟数据和实际数据的比较时,可以使用数理统计中的假设检验和置信区间的估计方法.但应当注意,经典的统计方法要求数据必须是独立同正态分布的随机变量,而模拟输出数据和实际数据往往都是非正态的且自相关的,严格地说不能直接使用经典的方法.下面我们将介绍进行比较的统计方法.

(3) 比较观测数据和模拟输出数据的统计方法

设 $x_1, x_2, \cdots, x_n$ 是从现实系统中观测得到的数据,而 $y_1, y_2, \cdots y_m$ 是由模拟系统输出的相应的数据,这里 n 和 m 可以不相等.我们要比较这两组数据,以便确定该模拟模型在某种意义上是否确切地代表了这个现实的系统.这里经典的统计检验方法不能直接使用.下面介绍进行比较的几个统计方法.

① 比较样本特征量(观察法).比较两组数据的常用方法是比较它们的样本特征量,比如样本均值、样本方差、样本自相关函数以及直方图等.通过观察两组数据特征量的接近程度来确定用模拟模型代表现实系统的程度.

例如 x_i 代表某港口 1984 年第 i 只在泊船的在泊时间,y_i 是模

拟模型中输出的第 i 只在泊船的在泊时间,由某港口 1984 年的资料整理可得出 $x_i (i = 1, \cdots, n)$,且计算出船舶平均在泊时间为 49.44 小时. 模拟该港口 1984 年营运情况,并输出 y_i,计算其平均在泊时间是 48.10 小时;在泊船平均等单证、等开船及中断时间的总和实际数据的平均值为 26 小时,而模拟数据的平均值为 23.7 小时,可见观测数据和模拟数据的样本均值是基本吻合的.

② 置信区间法. 当观测数据和模拟数据的数据量都较大时,比较观测数据和模拟数据的更可靠的方法是置信区间法.

假设 $X_i (i = 1, \cdots, n)$ 是从现实系统收集到的 n 个独立的数据;$Y_j (j = 1, \cdots, m)$ 是模型输出的 m 个独立的数据. 即 X_i 是具有均值为 μ_x 的独立同分布的随机变量,Y_j 是具有均值为 μ_y 的独立同分布的随机变量. 令 $\mu = \mu_x - \mu_y$,我们将对参数 μ 构造一个置信区间用于比较现实系统和模拟模型. 对 μ 构造置信区间比起检验零假设 $H_0 : \mu_x = \mu_y$ 更为优越.

因为模型只是现实系统的近似,零假设几乎在所有情况下都不为真;另外构造置信区间比检验相应的零假设可提供更多的信息. 若置信区间不包含零点时,则表示 μ_x 和 μ_y 有统计显著差异;且给出 μ_x 不同于 μ_y 的数量表示. 若置信区间包含零点,表示 μ_x 和 μ_y 没有显著性差异. 请注意,当实际数据和模拟数据存在统计显著差异时,并不一定意味着该模型不能使用. 实用中,如果两组数据的差别大到被确认为该模型不能代表实际系统时,则称此差别幅度为实际显著差异. 对每一种模型实际显著差异究意是多大,目前尚无客观标准,它与模拟研究的目的、用途及主观因素有关.

例 5.1 在 §4 的库存模型中,假定我们要比较两个不同的决策,如 (20,40) 和 (20,80). 库存的初始值为 60 件,其余输入参数都相同. 每种决策均作 10 次重复模拟试验,设 X_i 表示决策 (20,40) 第 i 次模拟试验下输出的月平均总费用;Y_j 表示 (20,80) 的月均总费用. 数据见表 4-5. 问两种决策是否有显著差异,哪种决策好?

解 在此例中我们把决策 (20,40) 当成现实系统的决策,$X_i (i$

= 1,…,10) 作为实际观测数据. 采用置信区间法.

表 4-5　两种库存决策的模拟比较　　　（单位：元）

i	X_i	Y_i	i	X_i	Y_i
1	129.351	127.397	6	118.385	118.042
2	127.113	122.524	7	130.170	123.672
3	124.031	123.080	8	129.771	121.593
4	122.131	119.197	9	125.517	127.382
5	120.438	124.460	10	133.754	119.135

令　$\mu = \mu_x - \mu_y$，计算 $Z_j = X_j - Y_j (j = 1, 2, \cdots, 10)$ 及

$$\bar{Z} = \frac{1}{n} \sum_j Z_j = 3.418,$$

$$\sigma^2(\bar{Z}) = \frac{1}{n(n-1)} \sum_{j=1}^{n} (Z_j - \bar{Z})^2 = 2.891.$$

从而可得出 μ 的置信度为 90% 的置信区间（记 $\hat{\sigma} = \sqrt{2.891} \approx$ 1.700，t 分布的上侧概率分位数 $t_{0.05}^* = 1.833$）：

$$[\bar{Z} - t_{0.05}^* \hat{\sigma}, \bar{Z} + t_{0.05}^* \hat{\sigma}] = [0.302, 6.534].$$

因置信区间不包含零点，于是我们有 90% 的把握说两种决策有显著差异，而且决策（20,80）比决策（20,40）好.

（六）模拟试验和模拟结果分析

根据模拟的目的，进行以下几方面模拟计算：

（1）模拟某港口 1984 年的营运情况

根据收集的数据及得出的模拟参数（模拟模型中随机因素的统计分布），模拟某港口一年的营运情况. 并输出年吞吐量，全年装卸的船数，船平均在泊时间，船平均等泊时间，在泊船的平均等待、中断时间，堆场平均堆存量等指标.

用 1984 年收集的资料得出的模型参数估值，再模拟某港口 1984 年的营运情况，目的是验证模拟模型是否正确；模拟的程序设计是否可行，多次模拟试验的结果给出主要指标的平均值与实际营运情况是基本吻合的，这表明我们构造的模拟模型是合理的，正确的；模拟程序是可信的.

（2）模拟一般装卸系统年吞吐量增加到 14 万箱的营运情况

随着我国改革开放政策及经济的发展,集装箱运输任务也会越来越繁重,某港口 1984 年的年吞吐量为 8.58 万箱,以后一定会增加.该港口当前的设施是否能满足需要?故我们来模拟当吞吐量增加到 14 万箱时,港口装卸系统是否能正常营运.

增加吞吐量可从两方面实现,一是增加到港口集装箱船数,二是增加每只船的进出口箱数.另外为了使得现有装卸系统在吞吐量增为 14 万箱时能正常营运,一定要提高管理水平,使得各种等待、中断时间减少,还有进出口箱在堆场的平均存放时间也应压缩(比如由原来的平均 18.9 天和 7 天压缩为 14 天和 6 天).

吞吐量增加为 14 万箱的模型试验中,改变输入的参数,如到港船的平均间隔时间,每艘船只的进出口箱数,还有等单证,等开船及中断时间总和由原来的 20.8 小时压缩为 13.8 小时;等等.模拟结果表明,当码头的管理水平稍有改进,在现有装卸系统下吞吐量可以增加到 14 万箱.如果还想再增加吞吐量,除继续提高管理水平外,可能还需要增加装卸机械,提高装卸机械的效率.比如新设计的装卸系统把桥吊的效率由 25 次/小时提高到 45 次/小时.

（3）模拟新设计的装卸系统的营运情况

为了提高年吞吐量,交通部某研究所设计了新的装卸系统.该系统中桥吊的理论效率为 45 次/小时.我们模拟比较了新设计的装卸系统和一般装卸系统的营运情况.输入的参数除桥吊效率不同外,其余参数都一样(取为某港口 1984 年的参数),12 次模拟结果的平均指标值如下:年吞吐量由 8.5 万箱增加到 13.37 万箱;新设计的装卸系统平均等泊时间和平均停泊时间缩短了;每只集装箱船平均装卸时间由 14 小时减少为 12.9 小时 …… 等等.

若改变输入参数(如提高管理水平,缩短一些等待、中断时间;装卸机械配备取为最佳等).在新设计的装卸系统下,年吞吐量可达到 20 万箱甚至更高.

通过对模拟结果的分析可以看出,随机模拟方法为现有港口装卸系统提供可以采取的改进技术措施；为如何充分发挥原有设备和场地的潜在能力提供依据；并为如何设计新的最佳的装卸系统，选择装卸机械的最佳组合和匹配，堆场的利用等提供依据. 随机模拟方法是集装箱专用码头建设、规划、设计研究中一种行之有效的经济的研究方法.

（七）模拟数据的统计分析

在随机模拟中，人们往往只注重对模型、模拟方法、模拟程序设计等进行研究，而忽视对模拟试验输出的数据进行统计分析. 有些人往往只进行一次模拟试验，并将所得结果作为所求问题的解. 由随机模拟方法的特点，我们知道模拟结果有随机性. 实际上，现实的随机系统中，包含许多随机因素，且相互间有联系，模拟模型的系统变量几乎都是随机变量. 因此用模拟方法得到的结果，必须进行统计分析. 不仅给出所求问题的近似解；还要估计所求解的置信区间. 那种把一次模拟试验所得的结果，当成解的真值，显然带有较大误差.

模拟数据的统计分析方法与随机模拟的类型有关. 我们考虑两类模拟试验：终态模拟和稳态模拟. 终态模拟是在有限时间间隔 $[0, T_E]$ 内进行的模拟试验. 这里 T_E 表示在模拟中指定事件 E 发生的时刻. 它可以是一个固定的常数，也可以是一个随机变量. 一般终态模拟的结果与模拟系统的初始条件有关. 稳态模拟是模拟时间趋于无限长的模拟试验，它没有终止事件，其一次模拟试验应足够长，以便得到所求解的良好估计. 显然稳态模拟的输出数据与系统的初始状态无关.

港口装卸系统的模拟是在 $[0, 8760]$ 时间间隔内（即一年内）进行模拟试验，属终态模拟. 不同类型的模拟试验，加之模拟研究的目的是各式各样的，数据分析的方法也是不同的. 在这里我们只针对装卸系统的模拟（终态模拟）介绍几个常用的数据分析方法.

（1）输出指标的置信区间估计

模拟港口在一年内的营运情况，每次模拟输出的数据有年吞吐量、年装卸的船数、等泊平均时间、在泊平均时间、泊位利用率、桥吊完好率、桥吊维修总时间、堆场平均堆存量、平均等单证时间、中断时间、等开船时间,等等. 共重复模拟 12 次,输入的初始参数值都相同,每次模拟计算时输入产生随机数的种子值(即初值 x_0)不相同. 根据(一)中所提到的研究目的输出的每个指标的数据,我们都可以作区间估计.

设 X_i 表示第 i 次模拟时得到的年吞吐量,数据如下:8.45,8.31,8.42,8.29,8.46,8.70,8.55,8.41,8.36, 8.44, 8.93, 9.05(单位为万箱). 因每次模拟产生随机数的种子值是任给的,$X_i(i = 1, \cdots, 12)$ 可看成相互独立的随机变量.

由中心极限定理可知,当 $X_1, \cdots, X_n$ 是独立同分布的随机变量时,有

$$\frac{\overline{X} - \mathrm{E}(X)}{\sqrt{\sigma^2(X)/n}} \overset{.}{\sim} N(0,1) . \tag{5.1}$$

给定显著水平 $\alpha, u_{\alpha/2}^*$ 表示标准正态分布的上侧概率分位数,则有

$$P\left\{ \left| \frac{\overline{X} - \mathrm{E}(X)}{\sqrt{\sigma^2(X)/n}} \right| < u_{\alpha/2}^* \right\} = 1 - \alpha, \tag{5.2}$$

当 $\sigma^2(X)$ 未知时,用样本方差 s^2 代替 $\sigma^2(X)$,$t_{\alpha/2}^*$ 表示 t 分布的 $\alpha/2$ 上侧概率分位数,这时有

$$P\left\{ \left| \frac{\overline{X} - \mathrm{E}(X)}{\sqrt{s^2/n}} \right| < t_{\alpha/2}^* \right\} = 1 - \alpha,$$

即 $\mathrm{E}(X)$ 的置信度为 $1 - \alpha$ 的置信区间为

$$\left[\overline{X} - t_{\alpha/2}^* \sqrt{\frac{s^2}{n}}, \overline{X} + t_{\alpha/2}^* \sqrt{\frac{s^2}{n}} \right]. \tag{5.3}$$

由模拟数据计算可得:

$$\overline{X} = \frac{1}{n} \sum_{i=1}^{n} X_i = 8.53 \text{ 万箱} \quad (n = 12),$$

$$s^2 = \frac{1}{n-1} \sum_{i=1}^{n} (X_i - \overline{X})^2 = 0.05822 \text{ 万箱}^2.$$

取 $\alpha = 0.10$，查表可知 $t_{\alpha/2}^*(11) = 1.796$，故年吞吐量的置信度为 90% 的置信区间为 $[8.406, 8.656]$；当取 $\alpha = 0.05$ 时，置信度为 0.95 的置信区间为 $[8.378, 8.684]$.

我们知道，某港口 1984 年的年吞吐量为 8.58 万箱，显然真值 8.58 落在置信区间内.

类似的方法可以估计港口装卸系统输出的其他指标数据的置信区间.

（2）根据要求精度确定模拟试验的次数

以上我们计算了 12 次模拟中年吞吐量的置信区间. 置信区间的长度越小，估计的效果（精度）越好. 我们常把置信区间的半径定义为置信区间的绝对精度：

$$\delta = t_{\alpha/2}^* \sqrt{s^2/n} ; \qquad (5.4)$$

而将置信区间的半径与点估计值的比定义为置信区间的相对精度：

$$\gamma = \frac{1}{\overline{X}} t_{\alpha/2}^* \sqrt{s^2/n} . \qquad (5.5)$$

上例中，年吞吐量的置信区间（$\alpha = 0.10$）的绝对精度为 0.125，相对精度为 0.01465. 如果要求提高精度，就必须增加模拟试验的次数.

假设已进行了 n 次独立的终态模拟试验. 得出样本方差为 s^2. 若要求置信区间的绝对精度低于给定的 δ_0，则所需试验的总数近似地为

$$N_\delta = \min \left\{ j \geqslant n, t_{\alpha/2}^*(j-1) \sqrt{s^2/j} \leqslant \delta_0 \right\}, \qquad (5.6)$$

当 j 充分大时，$t_{\alpha/2}^*(j-1) \approx u_{\alpha/2}^*$（标准正态的 $\alpha/2$ 上侧概率分位数），这时（5.6）式可近似为

$$N_\delta = \min \left\{ j \geqslant n, u_{\alpha/2}^* \sqrt{s^2/j} \leqslant \delta_0 \right\}. \qquad (5.7)$$

如果要求置信区间的相对精度低于 γ_0，则所需进行模拟试验的总数近似地为

$$N_\gamma = \min \left\{ j \geqslant n, \frac{u^*_{\alpha/2}}{\overline{X}} \sqrt{s^2/j} \leqslant \gamma_0 \right\}. \tag{5.8}$$

下面我们用年吞吐量的数据为例,已进行了 $n = 12$ 次模拟试验,得 $\overline{X} = 8.53$ 万箱,$s^2 = 0.05822$ 万箱^2,给定 $\delta_0 = 0.05$ 万箱,$\gamma_0 = 0.005$,问模拟试验的次数应为多少?

根据公式(5.7)和(5.8)可得出

$$N_\delta = (u^*_{\alpha/2})^2 \times s^2 / \delta_0^2, \tag{5.9}$$

$$N_\gamma = (u^*_{\alpha/2})^2 \times s^2 / (\overline{X}^2 \times \gamma_0^2). \tag{5.10}$$

当 $\alpha = 0.10$ 时,$u^*_{\alpha/2} = 1.645$,$s^2 = 0.05822$ 万箱^2,$\overline{X} = 8.53$ 万箱,且给定 $\delta_0 = 0.05$ 万箱,$\gamma_0 = 0.005$,代入(5.9)和(5.10),即得 $N_\delta = 63$,$N_\gamma = 87$. 在已试验 12 次的基础上分别再做 $(63 - 12)$ 次 = 51 次(或 $(87 - 12)$ 次 = 75 次)模拟试验验才能使置信区间的绝对精度低于 0.05(或相对精度低于 0.005).

(3) 序贯估计法

以上给出的估计模拟总次数的公式(5.7)和(5.8)中,我们用前 n 次模拟试验的样本方差 s^2 代替总体方差,当 n 增加时,样本方差仍不变. 显然当 n 增大时,样本方差的估计偏高了,故而估计的所需试验总数 N 偏大了. 当有些模拟试验的费用较高时,希望给出 N_δ,N_γ 的较精确的估计值. 这时可采用序贯估计法给出置信区间满足规定精度时试验的总数.

算法 5.1(序贯估计法)

① 设已进行了 n_0 次模拟试验,置 $n = n_0$,并设已得到的模拟输出数据为 $x_1, x_2, \cdots, x_n$;

② 由 n 次模拟试验的数据 $x_i(i = 1, 2, \cdots, n)$ 计算 $\bar{x}(n)$,$s^2(n)$,查表(或计算)得上分位数 $t^*_{\alpha/2}(n-1)$,从而可得置信区间的半径为

$$\Delta(n) = t^*_{\alpha/2}(n-1) \sqrt{\frac{s^2(n)}{n}};$$

③ 如果 $\Delta(n) < \delta_0$ 或 $\frac{\Delta(n)}{\bar{x}} < \gamma_0$，则置信区间取为 $[\bar{x} - \Delta(n), \bar{x} + \Delta(n)]$，并停止模拟试验. 否则置 $n = n + 1$，再进行模拟试验，得一新的模拟数据 x_n，然后重复 ② ～ ③，直至满足精度要求. 这时的 n 值就是模拟试验的总数.

一般地，用序贯估计法估计得到的 N_δ（或 N_γ）值比用公式 (5.9) 或 (5.10) 得到的总次数小. 另外请注意，序贯估计法估计的试验次数 N 是随机变量.

§6　随机模拟方法在理论研究中的应用

随机模拟方法不仅可以求解确定性和随机性复杂系统的问题，它在理论研究方面也是大有可为的. 比如有些问题从理论上已经得出了圆满的结论，但因没有经过实践验证比较，暂没有被应用. 这时若使用随机模拟方法先反复加以比较验证，再用于实践中就更可靠了. 还有些问题，从理论上证明很困难，而科学家从其他方面的知识及经验，对所研究问题有某些猜想，这些猜想是否正确？能否用于实践中？这时随机模拟方法就是一个有效且可行的方法. 它可以帮助科学家们验证一些理论领域中的新想法.

概率统计学是研究随机现象规律性的学科，因而以模拟随机现象为特长的随机模拟方法自然地也成为概率统计学家们一种常用的研究工具和进行数值处理的方法. 下面我们介绍几个这方面的应用例子. 有些例子（见（二）和（三））是我系研究生在完成毕业论文中遇到的，他们用随机模拟方法解决了这些实际问题.

（一）回归方程的模拟检验

回归分析方法是利用对因变量和自变量的观测数据，建立回归模型，按最小二乘准则求出模型中参数的估计量，给出回归方程式. 然后经统计检验，当回归方程和回归系统都是显著时，可以利用回归方程式进行预报和控制. 为了对预报效果的可靠性和稳定性进行检验,常用的方法是将观测数据分成两部分,一部分(多数观测数据)用于建立回归方程,另一部分(少量数据)用来检验回归方程.当观测数据的个数不多时,应用这种检验方法是有困难的.为了克服这种困难,可以利用随机模拟方法来检验回归方程预报效果的有效性.

用全部 n 组观测数据建立回归方程:

$$\hat{y} = \beta_0 + \beta_1 x_1 + \cdots + \beta_m x_m, \tag{6.1}$$

假定经统计检验,回归方程和 m 个回归系数都是显著的.进一步计算复相关系数

$$R^* = \sqrt{\sum_{i=1}^{n} (\hat{y}_i - \overline{y})^2 \Big/ \sum_{i=1}^{n} (y_i - \overline{y})^2}, \tag{6.2}$$

R^* 值越大表示用(6.1)式拟合这组观测数的效果越好.$\hat{y}_i (i = 1, \cdots, n)$ 是用回归方程(6.1)预报第 i 次观测数据的预报值.

为了验证预报效果的可靠性和稳定性,我们来比较回归预报(即用回归方程(6.1)计算得出的预报值)和随机预报(即通过产生 $N(\overline{y}, s_y^2)$ 随机数作为预报值)的差异是否显著.如果显著,表明回归预报的有效性.否则,我们认为回归预报是不可靠且不稳定的.

具体做法如下:

① 由因变量的观测值 y_i 计算 $\overline{y}$ 和 s_y^2:

$$\overline{y} = \frac{1}{n} \sum_{i=1}^{n} y_i, \quad s_y^2 = \frac{1}{n-1} \sum_{i=1}^{n} (y_i - \overline{y})^2.$$

② 重复做 N 次随机模拟试验.即对 $k = 1, 2, \cdots, N$,重复执行以下两个步骤:

(a) 产生 n 个正态分布 $N(\overline{y}, s_y^2)$ 随机数:$y_j^{(k)} (j = 1, 2, \cdots, n)$;

(b) 用 $y_j^{(k)}$ 代替观测值 $y_j (j = 1, \cdots, n)$,并和自变量 $X_1, \cdots, X_m$ 的 n 次观测数据一起建立回归方程,同时计算复相关系数值 $R^{(k)}$.

③ 利用 N 次模拟试验所得复相关系数 $R^{(k)} (k = 1, \cdots, N)$ 的值,给出 R 的经验分布,并估计 $P\{R > R^*\}$ 的值.如果该值大于给

定的显著性水平 α,则认为回归预报的效果和随机预报的效果相比较,差异不显著,这表明回归预报效果不可靠,可以拒绝接受回归方程.如果 $P\{R > R^*\} < \alpha$,表明回归预报的效果是显著的,可以接受回归方程.

(二)几类系统聚类方法的模拟比较

目前常用的系统聚类方法有:最短距离法,最长距离法,中间距离法,重心法,类平均法,可变类平均法,可变法和离差平方和法等八种.对同一组数据用不同系统聚类方法进行分类,一般得到不完全一样的结果,哪种分类结果是可靠的?对这些方法,从理论上虽然也能讨论它们各自的一些性质,但无法说明哪个方法就一定比另一方法好.这就是说,聚类分析在理论上是不完善的,在方法上是粗糙的.但聚类分析的应用很广,为了使实际工作者更好更合理地应用有关的聚类方法解决实际中的分类问题,我们采用随机模拟这一工具,对聚类分析的一些方法进行分析比较.

假定数据来自正态总体,考虑三种类型的数据:A. 球状数据. 设数据来自 $N_2\left(\begin{bmatrix} 0 \\ 0 \end{bmatrix}, I_2\right)$ 和 $N_2\left(\begin{bmatrix} 3 \\ 3 \end{bmatrix}, I_2\right)$ 的总体;B. 条状数据. 设数据来自均值为 $\begin{bmatrix} 0 \\ 0 \end{bmatrix}$ 和 $\begin{bmatrix} 4 \\ 4 \end{bmatrix}$,协差阵均为 $\begin{bmatrix} 16 & 1.5 \\ 1.5 & 0.25 \end{bmatrix}$ 的两个正态总体;C. 混合型数据. 设数据来自 $N_2\left(\begin{bmatrix} 3 \\ 3 \end{bmatrix}, \begin{bmatrix} 9 & 2.7 \\ 2.7 & 1 \end{bmatrix}\right)$ 和 $N_2\left(\begin{bmatrix} -4 \\ 0.5 \end{bmatrix}, I_2\right)$ 的总体. 这里只考虑二维数据,目的是便于把分类结果在平面图上显示出来.

模拟比较的步骤如下(以 A 类数据为例):

① 产生两组来自不同正态总体的数据. 记为 $x_i^{(1)}$ 和 $x_i^{(2)}$ ($i = 1, 2, \cdots, n$),取 $n = 50$;

② 用八种常用的系统聚类方法对容量 $2n = 100$ 个样品的数据进行聚类,计算各种聚类方法的错分率(即判错个数所占的比例)$p(j)$ ($j = 1, 2, \cdots, 8$);

③ 重复①~②,共 N 次(取 $N = 50$),得 $p_i(j)$ ($j = 1, \cdots, 8$;

$i = 1, \cdots, N)$,计算平均错分率:$\bar{p}(j)$ $(j = 1, \cdots, 8)$. $\bar{p}(j)$ 就是对 A 类数据用第 j 种聚类方法的错分率的估计.

对 B 类和 C 类数据同样进行模拟计算,从模拟计算的结果可以得到以下几点结果:

① 对于 A 类(球状)数据,除最短距离法外,其他七种聚类方法的分类效果都是好的;

② 对于条状的 B 类数据,八种聚类方法的分类效果均不好,错分率均在 30% 左右;

③ 对于球状和条状混合的 C 类数据,后四种聚类方法效果较好,错分率均在 10% 以下,最短距离法效果最差,错分率为 42%,另三种方法错分率在 15% 左右.

从模拟的结果表明,除了球状数据外,另二类数据用系统聚类方法分类效果均不佳. 在现实问题中,因类的含义是不同的,存在各种各样不同形式的类,比起以上三种形式的类更复杂. 从以上模拟结果可以得出这样的看法,对于现实世界中形形色色的分类问题,用八种常用的系统聚类方法是不能很客观地对它们进行分类. 我们有必要对聚类分析进行一些研究. 首先引入一些分类统计量,如 n 个样品分为 k 类的分类统计量:

$$L_1(n,k) = \sum_{t=1}^{k} D(G_t) \ (D(G_t) \text{ 表示第 } t \text{ 类 } G_t \text{ 的直径}),$$

$$L_2(n,k) = \sum_{t=1}^{k} |W_t| \ (W_t \text{ 表示第 } t \text{ 类的组内离差阵}),$$

$$L_3(n,k) = \prod_{t=1}^{k} |W_t|^{n_t} (n_t \text{ 是 } G_t \text{ 的样品数}),$$

····························

然后,从理论上用最大似然估计的思想,考虑对于不同类型的类,哪种统计量最能把不同的类区分开,并用模拟方法,验证理论上的结论是否可信. 模拟时,用引入的这些分类统计量为准则,采用分解法进行分类. 模拟结果表明,对于以上三种类型的数据(特别是

218

B、C 两类),都能找出某个分类统计量,以它为准则,按分解法思想分类可得到比系统聚类法好的分类效果. 当然得到的结果还很初步. 但从中可以看出随机模拟方法,对于理论上不完善,但应用又很广的聚类分析的研究是一种有用的工具.

(三)对用于截尾型和区间型数据的参数估计方法—— FLS 方法的模拟比较

设 $X_1,\cdots,X_n$ 是相互独立同分布的随机变量列. 共同分布函数 $F(x,\theta)$ 形式已知,参数 $\theta \in \Theta \subset \mathbf{R}^p (p \geqslant 1)$ 未知. 关于参数 θ 的估计方法有多种,最大似然法研究最多. 这里介绍的 FLS(Method of the Least Square of Distribution Function) 估计方法对以下四种类型的数据给出参数估计:

① 完全数据. n 次观测 $x_1,\cdots,x_n$ 都得到;

② 不完全数据. n 次观测中只得到 m 个:$x_{i_1},\cdots,x_{i_m}(1 \leqslant i_1 < i_2 < \cdots < i_m \leqslant n)$;

③ 截尾数据. n 次观测中只得到开头一部分或最后一部分数据:$x_{n_1},x_{n_1+1},\cdots,x_{n_2},1 \leqslant n_1 < n_2 \leqslant n$ (但 $n_1 = 1$ 和 $n_2 = n$ 不能同时成立);

④ 区间数据. 只得到 n 次观测数据 $x_1,\cdots,x_n$ 落入 m 个区间的频数 $f_i(i = 1,\cdots,m)$.

FLS 法对上述四类数据分别给出参数估计 $\hat{\theta}$ 的公式. 基本想法是求 $\hat{\theta}$ 使

$$\sum_i [F(X_{(i)},\theta) - \mathrm{E}_\theta(F(X_{(i)},\theta))]^2$$
$$= \sum_i \left(F(X_{(i)},\theta) - \frac{i}{n+1} \right)^2$$

为最小,其中 $X_{(i)}$ 是 $X_1,\cdots,X_n$ 的顺序统计量.

可以证明,在很宽松的正则条件下,对于完全数据和截尾型数据,由 FLS 方法得出的估计量有强相合性,渐近正态性和重对数律;对于区间数据 FLS 估计量具有强相合性和渐近正态性.

219

对于完全数据,FLS 估计量从理论上看有类似于最大似然估计量的性质;对于其他三类数据,最大似然(ML)估计量的性质知道很少.FLS 估计量和最大似然估计量的效果是差不多呢,还是哪一个更好些?应用随机模拟的方法可以给出回答.

(1) 指数总体的模拟

对 $\theta = 1$ 的指数分布总体,先考虑完全数据和截尾型数据.

首先产生 $\theta = 1$ 的指数分布随机数 $x_1, \cdots, x_n$,按有关公式计算 FLS 估计量和 ML 估计量.下表是完全数据和截尾型数据的模拟结果(前 4 组 $n = 10$,后 5 组 $n = 20$,共重复模拟 9 次).

表 4-6 FLS 估计和 ML 估计的模拟比较

序号	完全数据		右截尾型数据	
	FLS 估计	ML 估计	FLS 估计值	ML 估计值
1	0.9123	1.0251	0.9554	1.0799
2	0.9526	0.9359	1.0510	1.1422
3	1.2753	1.6423	1.1770	1.3052
4	1.1691	1.4547	1.1702	1.2884
5	1.1396	1.2940	1.0415	1.0804
6	0.9683	0.9210	1.0096	1.0573
7	1.1715	1.1738	1.2009	1.2746
8	1.2320	1.3764	1.2446	1.3272
9	1.1773	1.1033	1.0416	1.0723

因论文中提供的相同容量下的重复模拟次数太少,以下分析模拟数据时把 $n = 10$ 和 $n = 20$ 的重复模拟结果共 9 次放在一起分析.现在来分析模拟结果:

① 对表 4-6 中的 4 组重复模拟的数据给出区间估计,结果如下($\alpha = 0.01$):

FLS 估计(完全):$[0.96355, 1.25822]$,$\hat{\theta} = 1.11089$;

FLS 估计(截尾):$[0.98706, 1.21111]$,$\hat{\theta} = 1.0991$;

ML 估计(完全):$[0.93813, 1,48998]$,$\hat{\theta} = 1.21406$;

ML 估计(截尾):$[1.0520, 1.3096]$,$\hat{\theta} = 1.1808$.

前 3 组估计的置信区间都包含真值 $\theta = 1$,表明参数 θ 的 FLS 估计和完全数据的 ML 估计量与真值 $\theta = 1$ 没有显著差异($\alpha = $

0.01). 而截尾数据的 ML 估计与 $\theta = 1$ 有显著差异, 且 ML 估计值偏大. 从点估计明显可以看出 FLS 估计的效果比 ML 估计稍好些.

② 检验完全数据和截尾数据的 FLS 估计和 ML 估计之间有无显著差异.

利用表 4-6 的数据, 在显著水平 $\alpha = 0.01$ 下, 完全数据的 FLS 估计和 ML 估计无显著差异(t 检验的统计量 $t = 1.10667 < t_{\alpha/2}^*(16) = 2.921$). 右截尾数据的 FLS 估计和 ML 估计也无显著差异(t 检验的统计量 $t = 1.6069 < t_{\alpha/2}^*(16) = 2.921$).

对于指数总体, 论文中还对区间数据进行模拟; 另外对混入一定比例其他指数分布的情况进行模拟, 结果省略.

（2）Weibull 分布中参数 λ 和 α 的模拟

考虑 $\lambda = 1.0, \alpha = 1.0$ 的 Weibull 分布总体. 首先产生 $\lambda = 1$, $\alpha = 1$ 的 Weibull 随机数（完全和截尾型的）, 计算 λ 和 α 的 FLS 估计和 ML 估计. 对重复模拟的结果进行统计分析（用类似于（1）的方法）.

论文中还对区间型的数据及对混入指数分布的 Weibull 总体的情况进行模拟（数据省略）.

从模拟结果可以看出, 在一般情况, FLS 估计和 ML 估计相差不大（FLS 估计稍好些）. 但当总体中混入少量的另一总体观测的情况时, 总体上讲, FLS 估计要比 ML 估计来得好, 这说明 FLS 估计要比 ML 估计稳健.

综合之, 从理论结果和模拟结果可知 FLS 参数估计方法是一种大样本性质好, 比较稳定, 非常实用的方法.

习 题 四

4.1 对下列一般区间的定积分：

$$I = \int_a^b f(x) \mathrm{d}x,$$

导出用随机投点法计算 I 时估计量 θ_1 的估计公式以及试验误差

221

（即 θ_1 的方差）的公式.

4.2　用平均值估计法计算定积分 $I = \int_a^b f(x)\mathrm{d}x$.

(1) 试证明估计量 θ_2 的公式为
$$\theta_2 = \frac{(b-a)}{N}\sum_{i=1}^{N}f(x_i)\ (x_i \sim U(a,b));$$

(2) 导出估计量 θ_2 的试验误差（即 θ_2 的方差）的公式；

(3) 求 $P\{|\theta_2 - I| \leqslant \varepsilon\} = \alpha$ 成立的最小样本容量 N.

4.3　对下列定积分：
$$I = \int_a^b f(x)\mathrm{d}x\ ,$$

试证明当重要抽样密度取为
$$g(x) = \frac{|f(x)|}{\displaystyle\int_a^b |f(x)|\mathrm{d}x}$$

时，估计量 θ_3 的试验误差（即 θ_3 的方差）为最小，其最小值为
$$\mathrm{Var}(\theta_3) = \frac{1}{N}\left\{\left[\int_a^b |f(x)|\mathrm{d}x\right]^2 - I^2\right\}.$$

4.4　设用随机模拟方法计算下列定积分：
$$I = \int_0^1 \frac{\mathrm{e}^x - 1}{\mathrm{e} - 1}\mathrm{d}x.$$

(1) 求用随机投点法计算 I 时估计量 θ_1 的试验误差（即 θ_1 的方差）；并问若要求试验误差不超过 0.05，至少应做多少次试验？

(2) 求用平均值估计法计算 I 时估计量 θ_2 的试验误差（即 θ_2 的方差）；并问若要求试验误差不超过 0.05，至少应做多少次试验？

上 机 实 习 四

1. 试用随机投针试验方法求 π 的近似值；

2. 试用蒙特卡罗方法计算下列定积分（分别用随机投点法、平均值估计法、重要抽样法和分层抽样法）：

$$I = \int_0^1 \frac{e^x - 1}{e - 1} dx,$$

并比较各种算法的误差.

3. 试用蒙特卡罗方法计算下列定积分(分别用随机投点法、平均值估计法、重要抽样法和分层抽样法):

$$I = \int_{-1}^1 e^x dx,$$

并比较各种算法的误差.

4. 设某商店只有一个售货员. 假定该店上午 9 点开门,下午 5 点关门(要求把 5 点前进店现还在排队等待的顾客服务完毕才关店),请模拟这种单服务员排队系统;并估计出顾客平均等待时间、平均服务时间、排队中的顾客平均数(假设顾客到店的时间间隔和服务时间均为指数分布,其参数可以变化).

5. 设有一个由两个服务台串联组成的服务机构(双服务台串联排队系统). 顾客在第一个服务台接受服务后进入第二个服务台,服务完毕后离开. 假定顾客到达第一个服务台的时间间隔是均值为 1 分钟的指数分布,顾客在第一个和第二个服务台的服务时间分别是均值为 0.7 分和 0.9 分的指数分布. 请模拟这种双服务台串联排队系统(分别模拟 600 分和 1000 分的系统);并估计出顾客在两个服务台的平均逗留时间和排队中的顾客平均数.

6. 试模拟 §4 库存系统中的九种订货策略,并指出哪个策略最佳.

7. 在 §4 的库存系统中,假定月初的库存量 I 小于 0 时,公司向供货方发出紧急订货. 紧急订货的费用为 $(48 + 4Z)$ 元(Z 为订货量),紧急订货的交货时间服从为 0.25 月到 0.5 月的均匀分布. 试模拟并比较九种订货策略,估计月平均总费用、发生缺货的时间比例和紧急订货的次数.

第五章　统计计算中常用的矩阵算法

多元统计分析的计算中,观测数据一般用矩阵表示,对数据的分析转化为对数据矩阵的分析计算问题.如线性方程组的求解,矩阵的分解,奇异值分解,特征值和特征向量的计算,广义特征值的计算,广义逆矩阵的计算及扫描变换等.这些常见的矩阵计算问题也是统计计算中经常遇到的问题.本章介绍的算法是多元统计分析计算的基础.

本章参考文献有[2],[4],[5],[7]~[11],[26]~[28],[40],[42]~[46].

§1　矩阵的三角分解

用有回代的消去变换法求解线性方程组 $Ax = b$ 的过程,实质上就是化系数矩阵 A 为上三角形矩阵的过程;系数矩阵为上三角形矩阵的线性方程组用回代法很容易求得方程组的解.将一个矩阵分解为三角形矩阵或其他简单形式的矩阵,是矩阵计算的一种基本的方法.本节讨论将一个矩阵分解为两个三角形矩阵乘积的方法.

矩阵的三角-三角分解一般有四种形式,下面分别介绍.

1.1　矩阵的 LR 分解及其算法

（一）矩阵的 LR 分解（Doolittle 分解）

（1）LR 分解的存在唯一性

用高斯（Gauss）消去变换求解 n 阶线性方程组 $Ax = b$ 时,记增广阵为 $(A \vdots b)$,化 A 为上三角形矩阵的过程为:

$$A \to A^{(1)} = \begin{pmatrix} a_{11} & a_{12} & \cdots & a_{1n} \\ 0 & a_{22}^{(1)} & \cdots & a_{2n}^{(1)} \\ \cdots\cdots\cdots\cdots\cdots\cdots \\ 0 & a_{n2}^{(1)} & \cdots & a_{nn}^{(1)} \end{pmatrix} \to \cdots \to$$

$$\to A^{(n)} = \begin{pmatrix} a_{11} & a_{12} & \cdots & a_{1n} \\ 0 & a_{22}^{(1)} & \cdots & a_{2n}^{(1)} \\ 0 & 0 & \cdots & \cdots \\ \cdots\cdots\cdots\cdots\cdots\cdots \\ 0 & 0 & \cdots & a_{nn}^{(n-1)} \end{pmatrix} \triangleq R,$$

其中 R 为上三角形矩阵. 初等变换的过程可通过初等变换阵 P_i 的运算来表示. 记

$$P_1 = (t_1, e_2, \cdots, e_n),$$

其中 $t_1 = \left(1, -\dfrac{a_{21}}{a_{11}}, \cdots, -\dfrac{a_{n1}}{a_{11}}\right)'$，$e_i = (0, \cdots, 0, 1, 0, \cdots, 0)'$ 是第 i 个元素为 1 其余元素全为 0 的 n 维单位向量 $(i = 1, 2, \cdots, n)$. 则 $A^{(1)} = P_1 A^{(0)} = (a_{ij}^{(1)})$. 一般地记

$$P_i = (e_1, \cdots, e_{i-1}, t_i, e_{i+1}, \cdots, e_n) \ (i = 1, 2, \cdots, n - 1),$$

初等变换阵 P_i 的第 i 列

$$t_i = \left(0, \cdots, 0, 1, -\dfrac{a_{(i+1)i}^{(i-1)}}{a_{ii}^{(i-1)}}, \cdots, -\dfrac{a_{ni}^{(i-1)}}{a_{ii}^{(i-1)}}\right)'$$

是由 $A^{(i-1)}$ 的第 i 列元素定义的向量（前 $i-1$ 个元素为 0），P_i 是单位下三角形矩阵，则

$$R = P_{n-1} P_{n-2} \cdots P_2 P_1 A,$$

故

$$A = P_1^{-1} P_2^{-1} \cdots P_{n-1}^{-1} R \triangleq LR,$$

这里 $L = P_1^{-1} P_2^{-1} \cdots P_{n-1}^{-1}$ 是单位下三角形矩阵. 因此对 n 阶方阵进行 $n-1$ 次高斯消去变换，就实现对 A 的三角分解：$A = LR$.

我们称矩阵 A 分解为单位下三角形矩阵和上三角形矩阵的乘积的分解法为矩阵的 LR 分解或 Doolittle 分解.

线性方程组 $Ax = b$ 的解法可化为：

$$Ax = b \Longleftrightarrow LRx = b$$

$$\Longleftrightarrow \begin{cases} Lb^* = b & \text{—— 求 } b^* = L^{-1}b, \\ Rx = b^* & \text{—— 用逐步回代法求 } x. \end{cases}$$

因此线性方程组的高斯消去法实质上就是系数矩阵的 LR 分解.

矩阵 A 的 LR 分解是否一定存在,若存在是否唯一?

例 1.1 设 $A = \begin{bmatrix} 0 & 1 \\ 2 & 3 \end{bmatrix}$. 显然 $|A| = -2 \neq 0$,方程组 $Ax = b$ 有唯一解,但 A 不存在 LR 分解.

事实上,不存在 L 及 R,使满足:

$$LR = \begin{bmatrix} 1 & 0 \\ l & 1 \end{bmatrix} \begin{bmatrix} r_{11} & r_{12} \\ 0 & r_{22} \end{bmatrix} = \begin{bmatrix} 0 & 1 \\ 2 & 3 \end{bmatrix}.$$

如果把 A 的第一、第二行交换位置,得

$$A_1 = \begin{bmatrix} 2 & 3 \\ 0 & 1 \end{bmatrix},$$

则 A_1 存在 LR 分解

$$\begin{bmatrix} 2 & 3 \\ 0 & 1 \end{bmatrix} = \begin{bmatrix} 1 & 0 \\ 0 & 1 \end{bmatrix} \begin{bmatrix} 2 & 3 \\ 0 & 1 \end{bmatrix}.$$

A 不存在 LR 分解的原因是 $a_{11} = 0$(即 A 的一阶主子式 $= 0$).

定理 1.1 设 A 为 n 阶方阵,A 的 k 阶主子式记为

$$d_k = \begin{vmatrix} a_{11} & \cdots & a_{1k} \\ \cdots\cdots\cdots\cdots \\ a_{k1} & \cdots & a_{kk} \end{vmatrix} \triangleq A\begin{pmatrix} 1,2,\cdots,k \\ 1,2,\cdots,k \end{pmatrix}.$$

则 A 的 LR 分解存在唯一的充分必要条件是

$$d_k \neq 0 \quad (k = 1,2,\cdots,n-1).$$

对更一般的矩阵,如 A 是退化方阵,或者 A 是 $n \times m$ 矩阵,是否仍有 LR 分解?

定理 1.2 设 A 为 $n \times m$ 矩阵,$\mathrm{rank}(A) = r \leqslant \min(n,m)$,如果 $d_k \neq 0$($k = 1,2,\cdots,r$),则 A 存在 LR 分解:$A = LR$(但不一定唯一).

(定理 1.1 和 1.2 的证明请参考计算方法的有关书籍,如参考

226

文献[9],[10]等.)

在矩阵 A 中,当 $n = m = r + 1$ 时,A 的 LR 分解是存在唯一的;当 A 是非奇异矩阵但不满足各阶主子式 $\neq 0$,这时先对 A 作行变换,然后进行三角分解.

定理1.3 设 A 为非奇异的 n 阶方阵,则存在行置换阵 P,使 $PA = LR$,其中 L 为单位下三角形矩阵,R 为上三角形矩阵.

此定理对应于选主元的 Gauss 消去变换,L^{-1} 实际上就是一系列初等变换阵的乘积.

（2）LR 分解的算法

已知矩阵 $A = (a_{ij})_{n \times n}$,设 A 存在 LR 分解,即

$$
\begin{bmatrix}
a_{11} & a_{12} & \cdots & a_{1n} \\
a_{21} & a_{22} & \cdots & a_{2n} \\
\multicolumn{4}{c}{\cdots\cdots\cdots\cdots\cdots} \\
a_{n1} & a_{n2} & \cdots & a_{nn}
\end{bmatrix}
=
\begin{bmatrix}
1 & 0 & \cdots & 0 \\
l_{21} & 1 & \cdots & 0 \\
\multicolumn{4}{c}{\cdots\cdots\cdots\cdots} \\
l_{n1} & l_{n2} & \cdots & 1
\end{bmatrix}
\begin{bmatrix}
r_{11} & r_{12} & \cdots & r_{1n} \\
0 & r_{22} & \cdots & r_{2n} \\
\multicolumn{4}{c}{\cdots\cdots\cdots\cdots\cdots} \\
0 & 0 & \cdots & r_{nn}
\end{bmatrix}
$$

$$
=
\begin{bmatrix}
r_{11} & r_{12} & \cdots & r_{1n} \\
l_{21}r_{11} & l_{21}r_{12} + r_{22} & \cdots & l_{21}r_{1n} + r_{2n} \\
\multicolumn{4}{c}{\cdots\cdots\cdots\cdots\cdots\cdots\cdots\cdots} \\
l_{n1}r_{11} & l_{n1}r_{12} + l_{n2}r_{22} & \cdots & l_{n1}r_{1n} + l_{n2}r_{2n} + \cdots + r_{nn}
\end{bmatrix}.
$$

$$(1.1)$$

利用矩阵相等则其对应元素相等,可以逐一求出 L 和 R 的元素. 计算的次序如下:

首先由(1.1)两边第一行元素相等,可求得 R 的第一行元素:

$$r_{1j} = a_{1j} \quad (j = 1, 2, \cdots, n).$$

再从(1.1)两边的第一列元素对应相等,可求得 L 的第一列元素:

$$l_{j1} = a_{j1}/r_{11} \quad (j = 2, 3, \cdots, n).$$

然后由(1.1)两边的第二行、第二列元素对应相等,可求得 R 的第二行和 L 的第二列元素:

$$
\begin{cases}
r_{2j} = a_{2j} - l_{21}r_{1j} & (j = 2, 3, \cdots, n), \\
l_{i2} = (a_{i2} - l_{i1}r_{12})/r_{22} & (i = 3, 4, \cdots, n).
\end{cases}
$$

以此类推,直至求出 R 和 L 为止.这一过程的递推计算公式如下:

对 $i = 1, 2, \cdots, n$ 计算

$$\begin{cases} r_{ij} = a_{ij} - \sum_{k=1}^{i-1} l_{ik}r_{kj} & (j = i, i+1, \cdots, n), \\ l_{ji} = \left(a_{ji} - \sum_{k=1}^{i-1} l_{jk}r_{ki} \right)\Big/ r_{ii} & (j = i+1, \cdots, n). \end{cases} \tag{1.2}$$

在以上计算过程中由于 A 的元素一旦被用过之后就不再被使用了. 为了节省内存空间, 常将求出的 R (上三角形阵)存放在 A 的上三角位置中; 将 L 的下三角元素(不包括对角线的 1)存放在 A 的下三角位置上. 这样得 LR 算法如下:

对 $i = 1, 2, \cdots, n$ 计算

$$\begin{cases} a_{ij} = a_{ij} - \sum_{k=1}^{i-1} a_{ik}a_{kj} & (j = i, i+1, \cdots, n), \\ a_{ji} = \left(a_{ji} - \sum_{k=1}^{i-1} a_{jk}a_{ki} \right)\Big/ a_{ii} & (j = i+1, \cdots, n), \end{cases} \tag{1.3}$$

其中矩阵 A 输入时是要求分解的已知矩阵, 输出时上三角部分(包括对角元素)是 R 的上三角元素; 下三角部分(不包括对角线)是 L 的下三角元素. 当 A 的 LR 分解存在且唯一时, 以上算法一定可以得到 R 阵和 L 阵. 当 A 为退化矩阵时, 用类似于 Gauss 选主元的消去法, 对矩阵 A 进行分解.

(二) 矩阵 A 的 LDR^* 分解和 L^*R^* 分解

有了矩阵 A 的 LR 分解, 还可以给出 A 的另外两种分解式.

(1) LDR^* 分解

由 $A = LR = LDD^{-1}R \triangleq LDR^*$, 其中 $D = \mathrm{diag}(r_{11}, \cdots, r_{nn})$, $R^* = D^{-1}R$ 为单位上三角阵. 记

$$R^* = \begin{pmatrix} 1 & r_{12}^* & \cdots & r_{1n}^* \\ 0 & 1 & \cdots & r_{2n}^* \\ \cdots & \cdots & \ddots & \cdots \\ 0 & 0 & \cdots & 1 \end{pmatrix},$$

则

$$r_{ij}^* = r_{ij}/r_{ii} \quad (i = 1, 2, \cdots, n-1, j = i+1, \cdots, n).$$

例 1.2 设 $A = \begin{bmatrix} 2 & 3 & 0 \\ 0 & 1 & 0 \\ 4 & 6 & 0 \end{bmatrix}$,求 A 的 LDR^* 分解.

解 首先由递推公式(1.2)可得 A 的唯一的 LR 分解式

$$A = \begin{bmatrix} 1 & 0 & 0 \\ 0 & 1 & 0 \\ 2 & 0 & 1 \end{bmatrix} \begin{bmatrix} 2 & 3 & 0 \\ 0 & 1 & 0 \\ 0 & 0 & 0 \end{bmatrix}.$$

令

$$D = \begin{bmatrix} 2 & 0 & 0 \\ 0 & 1 & 0 \\ 0 & 0 & 0 \end{bmatrix}, \quad R^* = \begin{bmatrix} 1 & 3/2 & 0 \\ 0 & 1 & 0 \\ 0 & 0 & 1 \end{bmatrix},$$

则 $A = LDR^*$.

此例中 A 是退化矩阵,但 A 的 LR 分解存在且唯一. 故而 A 的 LDR^* 分解也是存在且唯一的. 只是在算法中当 $r_{nn} = 0$ 时,取 $D = \mathrm{diag}(r_{11}, \cdots, r_{n-1,n-1}, 0)$,而 $r_{nn}^* = 1$.

(2) L^*R^* 分解(Crout 分解)

在 A 的 LDR^* 分解式中,记 $L^* = LD$,则矩阵 A 有分解式: $A = L^*R^*$,其中 L^* 为下三角阵, R^* 为单位上三角阵. 此种分解也称为矩阵 A 的 Crout 分解. 记

$$L^* = \begin{bmatrix} l_{11}^* & 0 & \cdots & 0 \\ l_{21}^* & l_{22}^* & \cdots & 0 \\ \multicolumn{4}{c}{\cdots\cdots\cdots\cdots\cdots\cdots} \\ l_{n1}^* & l_{n2}^* & \cdots & l_{nn}^* \end{bmatrix},$$

由 $L^* = LD$ 可得

$$\begin{cases} l_{jj}^* = r_{jj} & (j = 1, 2, \cdots, n), \\ l_{ij}^* = l_{ij} r_{jj} & (j = 1, 2, \cdots, n-1; i = j+1, \cdots, n). \end{cases} \quad (1.4)$$

矩阵 A 的 Crout 分解的算法也可以类似于 A 的 LR 分解,通过比较 $A = L^*R^*$ 两边元素对应相等给出求 L^* 和 R^* 的递推计算公式(见习题 5.1).

矩阵的 LDR^* 分解和 Crout 分解是在 A 的 LR 分解的基础上得到的另一形式的结果. 定理 1.1 和定理 1.2 对这两种分解形式也是成立的.

1.2 对称正定阵的 Cholesky 分解及其算法

以上介绍了一般矩阵 A 的三角分解,当 A 为对称正定阵时, A 的三角分解具有特殊的形式: $A = TT'$(其中 T 是下三角形矩阵). 对称正定阵 A 的这种形式的分解称为 Cholesky 分解.

在多元统计分析中,涉及到的矩阵如协差阵,相关阵等一般都是对称正定阵. Cholesky 分解在统计计算中更是重要的、常用的一类矩阵计算.

(一) Cholesky 分解的存在唯一性

定理 1.4 设 A 为 $n \times n$ 对称正定阵,则 A 的 Cholesky 分解必存在;当规定三角形矩阵的对角元素均取正时,分解式是唯一的.

证明 由已知 A 是对称正定阵,所以 A 的 k 阶主子式 $d_k \neq 0$ $(k = 1, 2, \cdots, n)$;由定理 1.1 知 A 存在唯一的 LR 分解式:

$$A = LR = LDR^*.$$

利用 A 的对称性又有 $LDR^* = (R^*)'DL'$,即得: $R^* = L'$,于是

$$A = LDL' = LD^{1/2}D^{1/2}L' \triangleq TT',$$

其中 $T = LD^{1/2}$ 为下三角形矩阵. 当取 $D^{1/2} = \mathrm{diag}(\sqrt{r_{11}}, \cdots, \sqrt{r_{nn}})$ 时,分解式 $A = TT'$ 是唯一的. [证毕]

(二) 算法

以下给出对称正定阵 A 的 Cholesky 分解的几种算法.

算法 1.1(直接递推算法) 设 $A = (a_{ij})$ 已知, $A = TT'$ 可写为:

$$\begin{pmatrix} a_{11} & a_{12} & \cdots & a_{1n} \\ a_{21} & a_{22} & \cdots & a_{2n} \\ \multicolumn{4}{c}{\cdots\cdots\cdots\cdots\cdots} \\ a_{n1} & a_{n2} & \cdots & a_{nn} \end{pmatrix} = \begin{pmatrix} t_{11} & 0 & \cdots & 0 \\ t_{21} & t_{22} & \cdots & 0 \\ \multicolumn{4}{c}{\cdots\cdots\cdots\cdots\cdots} \\ t_{n1} & t_{n2} & \cdots & t_{nn} \end{pmatrix} \begin{pmatrix} t_{11} & t_{21} & \cdots & t_{n1} \\ 0 & t_{22} & \cdots & t_{n2} \\ \multicolumn{4}{c}{\cdots\cdots\cdots\cdots\cdots} \\ 0 & 0 & \cdots & t_{nn} \end{pmatrix}.$$

$$(1.5)$$

首先由(1.5)式两边第一行元素对应相等,可求出 T 的第一

列元素：

$$\begin{cases} t_{11} = \sqrt{a_{11}}, \\ t_{j1} = a_{1j}/\sqrt{a_{11}} \quad (j = 2,3,\cdots,n). \end{cases}$$

然后由 A 的第二行元素 $a_{2j}(j = 2,3,\cdots,n)$ 可求出 T 的第二列元素：

$$\begin{cases} t_{22} = (a_{22} - t_{21}^2)^{1/2}, \\ t_{j2} = (a_{2j} - t_{21}t_{j1})/t_{22} \quad (j = 3,4,\cdots,n). \end{cases}$$

以此类推,可得出计算 T 的直接递推公式.

对 $i = 1,2,\cdots,n$ 计算

$$\begin{cases} t_{ii} = \left(a_{ii} - \sum_{k=1}^{i-1} t_{ik}^2\right)^{1/2}, \\ t_{ji} = \left(a_{ij} - \sum_{k=1}^{i-1} t_{ik}t_{jk}\right)\Big/t_{ii} \quad (j = i+1,\cdots,n), \\ t_{ji} = 0 \qquad\qquad\qquad\qquad (j = 1,2,\cdots,i-1). \end{cases} \quad (1.6)$$

以上计算公式中 T 的对角元素 $t_{ii} > 0$,故分解式是唯一的.

算法 1.2(顺序 Cholesky 分解算法或称平方根分解算法)

设 $A = TT'$,记 $T = (t_1, t_2, \cdots, t_n)$,其中列向量 $t_i = (0, \cdots, 0, t_{ii}, \cdots, t_{ni})'$ $(i = 1, 2, \cdots, n)$,则

$$A = TT' = \sum_{i=1}^{n} t_i t_i'. \quad (1.7)$$

该算法是根据 t_i 的特点(前 $i-1$ 个元素为 0)及关系式(1.7)依次求得 $t_1, t_2, \cdots, t_n$ 的算法. 记 $A^{(0)} = A = (a_{ij}^{(0)})$. 具体步骤如下：

① 令 $A^{(1)} = A^{(0)} - t_1 t_1' = t_2 t_2' + \cdots + t_n t_n' \triangleq (a_{ij}^{(1)})$. 根据向量 $t_2, t_3, \cdots, t_n$ 的第一个元素均为 0,知 $A^{(1)}$ 的第一行和第一列元素全为 0,从而求得 t_1 及 $a_{ij}^{(1)}$：

$$\begin{cases} t_{j1} = a_{1j}^{(0)}/\sqrt{a_{11}^{(0)}} \qquad (j = 1,2,\cdots,n), \\ a_{ij}^{(1)} = a_{ij}^{(0)} - \dfrac{a_{i1}^{(0)} a_{1j}^{(0)}}{a_{11}^{(0)}} \quad (i,j = 2,\cdots,n). \end{cases}$$

② 令 $A^{(2)} = A^{(1)} - t_2 t_2' \triangleq (a_{ij}^{(2)})$. 类似由 $A^{(2)}$ 的前二行和前二列元素均为 0,可求得 t_2 和 $a_{ij}^{(2)}$:

$$\begin{cases} t_{j2} = a_{2j}^{(1)} / \sqrt{a_{22}^{(1)}} & (j = 2, 3, \cdots, n), \\ a_{ij}^{(2)} = a_{ij}^{(1)} - \dfrac{a_{i2}^{(1)} a_{2j}^{(1)}}{a_{22}^{(1)}} & (i, j = 3, 4, \cdots, n). \end{cases}$$

③ $k - 1$ 步后得 $t_1, t_2, \cdots, t_{k-1}$ 及 $A^{(k-1)}$,求 t_k 及 $A^{(k)}$ 的计算公式为(对 $k = 1, 2, \cdots, n$):

$$\begin{cases} t_{jk} = a_{kj}^{(k-1)} / \sqrt{a_{kk}^{(k-1)}} & (j = k, k+1, \cdots, n), \\ a_{ij}^{(k)} = a_{ij}^{(k-1)} - \dfrac{a_{ik}^{(k-1)} a_{kj}^{(k-1)}}{a_{kk}^{(k-1)}} & (i, j = k+1, \cdots, n). \end{cases} \tag{1.8}$$

④ 令 $T = (t_1, t_2, \cdots, t_n)$,则 $A = TT'$ 就是 A 的 Cholesky 分解式或称为平方根分解式.

如果把求出的下三角形矩阵 T 仍存放在 A 的相应位置,节省内存空间的平方根分解法的递推计算公式为(对 $k = 1, 2, \cdots, n$):

$$\begin{cases} a_{jk} = a_{kj} / \sqrt{a_{kk}} & (j = k, k+1, \cdots, n), \\ a_{ij} = a_{ij} - \dfrac{a_{ik} a_{kj}}{a_{kk}} & (i, j = k+1, \cdots, n). \end{cases} \tag{1.9}$$

例 1.3 用平方根分解算法求矩阵 A 的 Cholesky 分解,其中

$$A = \begin{bmatrix} 4 & 6 & 10 \\ 6 & 58 & 29 \\ 10 & 29 & 38 \end{bmatrix}.$$

解 对 $k = 1, 2, 3$ 利用递推公式 (1.8) 可以求出 t_1, t_2, t_3. (1.8) 式实质上也是一种用初等变换化 A 为特殊上三角形的算法.

第一步($k = 1$) 对 A 作初等变换:第一行 $\times 1/\sqrt{4}$(即 $1/\sqrt{a_{11}}$),然后第二行减去原第一行 $\times 6/4$(即 a_{21}/a_{11}),第三行减去原第一行 $\times 10/4$(即 a_{31}/a_{11}),得

$$A^{(1)} = \begin{bmatrix} 2 & 3 & 5 \\ 0 & 49 & 14 \\ 0 & 14 & 13 \end{bmatrix}, \text{ 其中 } t_1' = (2, 3, 5).$$

第二步($k = 2$) 对 $A^{(1)}$ 作变换:第二行 $\times 1/\sqrt{49}$;然后第

三行减去原第二行 $\times$ 14/49 得

$$A^{(2)} = \begin{bmatrix} 2 & 3 & 5 \\ 0 & 7 & 2 \\ 0 & 0 & 9 \end{bmatrix}, \text{其中 } t_2' = (0,7,2).$$

第三步($k = 3$) 对 $A^{(2)}$ 作变换:第三行 $\times$ $1/\sqrt{9}$ 得

$$A^{(3)} = \begin{bmatrix} 2 & 3 & 5 \\ 0 & 7 & 2 \\ 0 & 0 & 3 \end{bmatrix}, \text{其中 } t_3' = (0,0,3).$$

记 $T' = A^{(3)}$,则 $A = TT'$.

1.3 矩阵三角分解的应用

对矩阵 A 作三角分解后,可以用于计算 A 的行列式,求解线性方程组等.

(一)行列式的计算

设 n 阶方阵 A 有分解式:$A = LR$,则 $|A| = \prod_{i=1}^{n} r_{ii}$,其中 $r_{ii}(i = 1,2,\cdots,n)$ 是上三角形矩阵 R 的对角元素.

当 A 为对称正定阵时,存在 T 使 $A = TT'$,则 $|A| = \left(\prod_{i=1}^{n} t_{ii}\right)^2$,其中 $t_{ii}(i = 1,2,\cdots,n)$ 是下三角形矩阵 T 的对角元素.

(二)解线性方程组

设线性方程组 $Ax = b$,若系数矩阵 A 存在 LR 分解 $A = LR$,这时求解一般线性方程等价于求解:

$$\begin{cases} Lb^* = b, \\ Rx = b^*. \end{cases}$$

若 A 为对称正定阵,则 $A = TT'$,求解线性方程组等价于求解:

$$\begin{cases} Tb^* = b, \\ T'x = b^*. \end{cases}$$

以上均先化为求解两个系数矩阵为下三角形或上三角形矩阵的简单线性方程组,然后再用回代方法即可求得这类简单线性方程组

233

的解.

下三角形系数矩阵的回代算法(设求解 $Tb^* = b$, T 为下三角阵):

$$\begin{cases} b_1^* = b_1/t_{11}, \\ b_i^* = \left(b_i - \sum_{k=1}^{i-1} b_k^* t_{ik}\right)\bigg/ t_{ii} \quad (i = 2, 3, \cdots, n). \end{cases} \tag{1.10}$$

上三角形系数矩阵的回代算法(设求解 $Rx = b^*$, R 为上三角阵):

$$\begin{cases} x_n = b_n^*/r_{nn}, \\ x_i = \left(b_i^* - \sum_{i+1}^{n} x_k r_{ik}\right)\bigg/ r_{ii} \quad (i = n - 1, \cdots, 2, 1). \end{cases} \tag{1.11}$$

(三) 计算马氏距离

在多元统计分析中,判别分析或聚类分析的计算经常涉及到计算两个来自 p 维正态总体的样品间的一种广义距离——马氏距离. 若 $X = (x_1, x_2, \cdots, x_p)'$ 和 $Y = (y_1, y_2, \cdots, y_p)'$ 是来自 p 维正态总体 $N_p(\mu, \Sigma)$ 的样品,定义 X 与 Y 之间的距离(称为马氏距离)为

$$D^2(X, Y) = (X - Y)' \Sigma^{-1} (X - Y).$$

因 $\Sigma > 0$,它必有 Cholesky 分解式: $\Sigma = LL'$,其中 L 为下三角矩阵;马氏距离 D^2 的计算公式为

$$D^2(X, Y) = (X - Y)'(L')^{-1} L^{-1}(X - Y) = Z'Z,$$

其中 Z 可通过求解简单线性方程组: $LZ = (X - Y)$ 得出,记 p 维向量 $Z = (z_1, z_2, \cdots, z_p)'$,则

$$D^2(X, Y) = \sum_{i=1}^{p} z_i^2.$$

§2 矩阵的正交-三角分解及其算法

矩阵 A 的 LR 分解,实质上是对 A 作初等变换,化 A 为三角

形矩阵. 还可以对 A 作正交变换, 即存在正交阵 $P_i (i = 1, 2, \cdots, n)$ 使得

$$P_n \cdots P_2 P_1 A = R \quad (R \text{ 为上三角形矩阵}),$$

则 $A = QR$, 其中 $Q = (P_n \cdots P_2 P_1)^{-1}$ 是正交阵.

我们称矩阵 A 分解为正交阵 Q 和上三角形矩阵 R 乘积的分解法为矩阵的正交-三角分解, 或简称 QR 分解.

通过正交变换化矩阵 A 为上三角形矩阵的这种变换思想在统计计算中是非常重要的. 下面我们将介绍几种简单有效的正交变换方法.

2.1 Householder 变换

（一）Householder 矩阵

化 A 为上三角形矩阵的第 i 步要求把 A 的第 i 列化为 $(a_{1i}^*, \cdots, a_{ii}^*, 0, \cdots, 0)'$; 且 A 的前 $i - 1$ 列不变. 这类正交变换阵 H 的最简单形式为

$$H = I_n - \frac{1}{\beta} uu', \qquad (2.1)$$

其中参数 β 和向量 u 由 A 的第 i 列确定.

定义 2.1(Householder 矩阵)　设 $W = (w_1, w_2, \cdots, w_n)'$ 为 n 维向量. 令

$$u = (0, \cdots, 0, w_i + \text{sign}(w_i) s, w_{i+1}, \cdots, w_n)',$$

$$\beta = s^2 + |w_i| s, \quad \text{其中 } s^2 = \sum_{j=i}^{n} w_j^2,$$

则称矩阵 $H_i = I_n - \dfrac{1}{\beta} uu'$ 为由向量 W 确定的 Householder 矩阵, 这种变换称为 Householder 变换或简称 H 变换.

性质　设 H_i 是由向量 W 定义的 Householder 变换, 则 H_i 有以下几条性质:

① H_i 是正交阵, 且

$$H_i = \begin{bmatrix} I_{i-1} & 0 \\ 0 & I_{n-i+1} - \dfrac{1}{\beta}u_i u_i{}' \end{bmatrix},$$

其中 $u_i{}' = (w_i + \text{sign}(w_i)s, w_{i+1}, \cdots, w_n)$;

② $H_i W = (w_1, \cdots, w_{i-1}, \pm s, 0\cdots, 0)'$;

③ 设向量 $V_k = (a_1, \cdots, a_k, 0, \cdots, 0)$ $(k \leqslant i-1)$,则

$$H_i V_k = V_k.$$

证明 ① 由于 $u'u = 2(|w_i|s + s^2) = 2\beta$,故

$$\begin{aligned} H_i{}' H_i &= \left(I_n - \frac{1}{\beta}uu'\right)' \left(I_n - \frac{1}{\beta}uu'\right) \\ &= I_n - \frac{2}{\beta}uu' + \frac{1}{\beta^2}uu'uu' \\ &= I_n - \frac{2}{\beta}uu' + \frac{1}{\beta^2}u(2\beta)u' = I_n, \end{aligned}$$

H_i 是正交阵. 由 H_i 的定义知

$$H_i = I_n - \frac{1}{\beta}\begin{bmatrix} 0 \\ u_i \end{bmatrix}(0, u_i{}') = \begin{bmatrix} I_{i-1} & 0 \\ 0 & I_{n-i+1} - \dfrac{1}{\beta}u_i u_i{}' \end{bmatrix}.$$

② 根据 u 的取法,知

$$u'W = (0, \cdots, 0, \text{sign}(w_i)s + w_i, w_{i+1}, \cdots, w_n)\begin{bmatrix} w_1 \\ \vdots \\ w_n \end{bmatrix}$$

$$= w_i \text{sign}(w_i)s + \sum_{j=i}^{n} w_j^2 = |w_i|s + s^2 = \beta.$$

故

$$\begin{aligned} H_i W &= W - \frac{1}{\beta}uu'W = W - \frac{1}{\beta}u\,\beta = W - u \\ &= (w_1, \cdots, w_{i-1}, -\text{sign}(w_i)s, 0, \cdots, 0) \\ &= \begin{cases} (w_1, \cdots, w_{i-1}, s, 0, \cdots, 0), & \text{当 } w_i < 0, \\ (w_1, \cdots, w_{i-1}, -s, 0, \cdots, 0), & \text{当 } w_i > 0. \end{cases} \end{aligned}$$

③ $H_i V_k = V_k - \dfrac{1}{\beta}uu'V_k = V_k$ (因为 $u'V_k = 0$). [证毕]

（二）矩阵 A 的 QR 分解

设 A 为 n 阶非奇异方阵,记 $A^{(0)} = A$,对 $k = 1, 2, \cdots, n$ 计算 $A^{(k)} = H_k A^{(k-1)}$,其中 H_k 是由 $A^{(k-1)}$ 的第 k 列向量定义的 Householder 矩阵,则

$$A^{(n)} = H_n \cdots H_2 H_1 A^{(0)} = HA = R \quad \text{(上三角形矩阵)},$$

即 $A = QR$,其中 $Q = H'$ 为正交阵.

对 k 用归纳法,利用 H_i 的性质容易证明上述结论. 以上结论说明非奇异方阵存在 QR 分解,而且通过 H 变换能够得出 QR 分解式.

当 A 为 $n \times m$ 矩阵 $(m \leqslant n)$,且 $\text{rank}(A) = m$(A 为列满秩矩阵)时,类似地,对 $k = 1, 2, \cdots, m$ 计算 $A^{(k)} = H_k A^{(k-1)}$,则 $A^{(m)} = HA = R$,从而 $A = QR$;其中 R 为 $n \times m$ 上三角形阵,即 $R = \begin{bmatrix} R_1 \\ 0 \end{bmatrix}$,$R_1$ 为 m 阶上三角矩阵,Q 为 n 阶正交阵.

若记 $Q = (Q_1 \vdots Q_2)$(Q_1 为 $n \times m$ 列正交阵,Q_2 为 $n \times (n-m)$ 列正交阵),则矩阵 A 的 QR 分解式还可以写为:$\underset{n \times m}{A} = \underset{n \times m}{Q_1} \underset{m \times m}{R_1}$.

定理 2.1 设 A 为 $n \times m$ 列满秩矩阵 $(m \leqslant n)$,则 A 可以分解为:$A = QR$,其中 Q 为 $n \times m$ 列正交阵(即 $Q'Q = I_m$);R 为 m 阶上三角形矩阵. 如果规定 R 的对角元素取正时,分解式是唯一的.

证明 因 $\text{rank}(A) = m$,$A'A$ 为 m 阶正定阵,利用定理 1.4,知 $A'A$ 存在 Cholesky 分解:

$$A'A = R'R \quad \text{(R 为 m 阶上三角形矩阵)}.$$

记 $Q = AR^{-1}$,Q 为 $n \times m$ 矩阵,显然 $Q'Q = I_m$,且 $A = QR$;即存在 QR 分解式. 当 R 的对角元素取正时,由于 Cholesky 分解式是唯一的,从而 $A = QR$ 的分解式也是唯一的.　　　　[证毕]

设 A 为 $n \times m$ 矩阵,$\text{rank}(A) = r \leqslant \min(m, n)$. 对一般矩阵 A 作 QR 分解的步骤如下:

① 对 A 作列变换,使 A 的前 r 列线性无关. 即存在列置换阵

P，使 $AP = (A_0 \vdots A_1)$，其中 A_0 为 $n \times r$ 列满秩矩阵，而 A_1 可由 A_0 的 r 个列向量线性表出，即存在 $r \times (m-r)$ 矩阵 B，使 $A_1 = A_0 B$，这时 $AP = (A_0 \vdots A_0 B)$.

② 对 A_0 作 QR 分解，由定理 2.1 知，存在 H 使得 $HA_0 = \begin{bmatrix} R \\ 0 \end{bmatrix}$，$R$ 为 r 阶非奇异上三角形矩阵. 故

$$HAP = (HA_0 \vdots HA_0 B) = \begin{bmatrix} R & RB \\ 0 & 0 \end{bmatrix}.$$

在实际计算时，列置换不必在对 A 作 H 变换之前执行，这一步顺便可以在执行 H 变换的过程中实现.

算法 2.1（利用 Householder 变换的 QR 分解） 设 A 为 $n \times m$ 矩阵，$\mathrm{rank}(A) = r \leqslant \min(m,n)$. 记 $A^{(0)} = A$，对 $k = 1,2\cdots,m$（不妨设 $m \leqslant n$）计算：

① 由 $A^{(k-1)}$ 的第 k 列计算 H_k 阵. 首先计算

$$s_k^2 = \sum_{j=k}^{n} (a_{jk}^{(k-1)})^2, \quad \beta_k = s_k^2 + s_k |a_{kk}^{(k-1)}|,$$

$h_k = a_{kk}^{(k-1)} + s_k \cdot \mathrm{sign}(a_{kk}^{(k-1)})$ 及 $u_k' = (h_k, a_{k+1,k}^{(k-1)}, \cdots, a_{nk}^{(k-1)})$；并得出 H_k.

当出现 $s_k^2 = 0$ 时，表示 $A^{(k-1)}$ 的第 k 列可由前 $k-1$ 列线性表出，把第 k 列移到最后一列，对新的第 k 列（即 $A^{(k-1)}$ 的第 $k+1$ 列）重新计算 H_k 阵.

② 计算 $A^{(k)}$. 因

$$A^{(k)} = H_k A^{(k-1)} = H_k \begin{bmatrix} R_{k-1} & A_{12}^{(k-1)} \\ 0 & A_{22}^{(k-1)} \end{bmatrix} \triangleq \begin{bmatrix} R_{k-1} & A_{12}^{(k-1)} \\ 0 & A_{22}^{(k)} \end{bmatrix}.$$

利用 H_k 阵的性质，知 $A^{(k)}$ 阵的前 $k-1$ 行与 $A^{(k-1)}$ 阵的 $k-1$ 行相同，且 R_{k-1} 为 $k-1$ 阶上三角形矩阵，以下只需给出 $A_{22}^{(k)}$ 的计算公式. 记

$$A_{22}^{(k)} = (a_k^{(k)}, \cdots, a_n^{(k)}), \quad A_{22}^{(k-1)} = (a_k^{(k-1)}, \cdots, a_n^{(k-1)}),$$

由 $A_{22}^{(k)} = A_{22}^{(k-1)} - \dfrac{1}{\beta_k} u_k u_k' A_{22}^{(k-1)}$，经整理化简，可以具体给出 $A_{22}^{(k)}$ 中各元素的计算公式：

$$\begin{cases} a_{kk}^{(k)} = \begin{cases} s_k, & \text{当 } a_{kk}^{(k-1)} < 0, \\ -s_k, & \text{当 } a_{kk}^{(k-1)} > 0, \end{cases} \\ a_{kj}^{(k)} = (a_k^{(k-1)})' \, a_j^{(k-1)} / a_{kk}^{(k)} \quad (j = k+1, \cdots, m), \\ a_{ij}^{(k)} = a_{ij}^{(k-1)} - \dfrac{a_{ik}^{(k-1)}}{h_k} (a_{kj}^{(k-1)} - a_{kj}^{(k)}) \begin{pmatrix} i = k+1, \cdots, n \\ j = k+1, \cdots, m \end{pmatrix}. \end{cases} \tag{2.2}$$

经 m 次 H 变换后，得 $A^{(m)} = R$ （$n \times m$ 的上三角形矩阵），令 $Q = (H_m \cdots H_2 H_1)'$，则 $A = QR$.

用 Householder 变换化 A 为上三角形矩阵的算法是一种稳定有效的常用算法.

2.2 Givens 变换

对矩阵 A 作正交变换化 A 为上三角形矩阵的另一种方法——Givens 变换，这是 Givens 1954 年提出的方法.

（一）Givens 旋转变换阵

首先考虑平面上的二维向量 $X = (x_1, x_2)'$，用正交阵 $G = \begin{bmatrix} \cos\theta & \sin\theta \\ -\sin\theta & \cos\theta \end{bmatrix}$ 左乘 X，则使得向量顺时针旋转 θ 角后变成 GX. 当取角度 $\theta = \alpha$（见图 5-1）时，$GX = \begin{bmatrix} s \\ 0 \end{bmatrix}$，其中 α 满足：

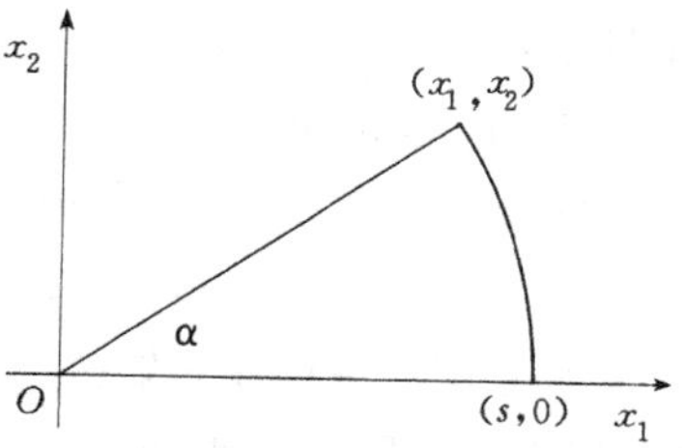

图 5-1

$$\begin{cases} \cos\alpha = \dfrac{x_1}{s} \triangleq c, \\ \sin\alpha = \dfrac{x_2}{s} \triangleq d \end{cases} \quad (s = \sqrt{x_1^2 + x_2^2}).$$

这样的矩阵 G 称为平面旋转变换阵. 它是正交阵，且作用在向量 X 上，可把向量 X 简化. 把这种形式的矩阵推广到 n 维空间 $\boldsymbol{R}^n$ 中，有以下定义.

定义 2.2(Givens 变换阵) 设向量 $W = (w_1, \cdots, w_n)$，令 $s = \sqrt{w_i^2 + w_j^2}$(不妨设 $j > i$)，$c = w_i/s$，$d = w_j/s$，则称 $n \times n$ 阶矩阵

$$
G_{ij} = \begin{bmatrix}
1 & & & & & & & & & \\
 & \ddots & & & & & & & & \\
 & & 1 & & & & & & & \\
 & & & c & \cdots & \cdots & \cdots & d & \cdots & \cdots & \cdots \\
 & & & & 1 & & & & & \\
 & & & & & \ddots & & & & \\
 & & & & & & 1 & & & \\
 & & & -d & \cdots & \cdots & \cdots & c & \cdots & \cdots & \cdots \\
 & & & & & & & & 1 & \\
 & & & & & & & & & \ddots & \\
 & & & & & & & & & & 1
\end{bmatrix}
\begin{matrix} \\ \\ \\ i\,\text{行} \\ \\ \\ \\ j\,\text{行} \\ \\ \\ \end{matrix}
$$

(2.3)

为 **Givens 变换阵**.

很明显，Givens 阵 G_{ij} 是由向量 W 的第 i, j 两个元素定义的，它与单位阵 I_n 只在第 i, j 行和 i, j 列相应的四个元素上有差别.

性质 设 G_{ij} 是由向量 W 定义的 Givens 变换阵($i < j$)，则有以下性质：

① G_{ij} 是正交阵；

② 设 $G_{ij}W = (u_1, u_2, \cdots, u_n)'$，则

$$u_i = s, \; u_j = 0, \; u_k = w_k \quad (k \neq i, j);$$

③ 用 G_{ij} 左乘任一矩阵 A，$G_{ij}A$ 只改变 A 的第 i 行和第 j 行元素；用 G_{ij} 右乘矩阵 A，AG_{ij} 只改变 A 的第 i 列和第 j 列的元素.

证明 ① 因 $c^2 + d^2 = (w_i^2 + w_j^2)/s^2 = 1$，故 $G_{ij}'G_{ij} = I_n$，G_{ij} 为正交阵.

② 由 G_{ij} 的定义易知，用 G_{ij} 左乘向量 W 后，只改变 W 的第 i，j 个元素，而且

$$u_i = cw_i + dw_j = w_i^2/s + w_j^2/s = s,$$

$$u_j = -dw_i + cw_j = 0.$$

③ 根据 G_{ij} 的特点及矩阵乘法立即得上述结论. 　　[证毕]

240

为了把向量 W 化为后面 $n-i$ 个元素为 0,记

$$W^{(0)} = W, \quad W^{(k)} = G_{i(i+k)}W^{(k-1)} \quad (k = 1,2,\cdots,n-i),$$

其中 $G_{i(i+k)}$ 是由 $W^{(k-1)}$ 定义的 Givens 矩阵. 利用性质②可知:

$$W^{(n-i)} = G_{in}W^{(n-i-1)} = \cdots = G_{in}G_{i(n-1)}\cdots G_{i(i+1)}W^{(0)}$$
$$= (w_1,\cdots,w_{i-1},s,0,\cdots,0)',$$

其中 $s = (w_i^2 + w_{i+1}^2 + \cdots + w_n^2)^{1/2}$.

（二）Givens 变换化 A 为上三角形矩阵

设 A 为 $n \times m$ 的列满秩矩阵,记 $A^{(0)} = A = (a_{ij})$.

（1）令 $A^{(1)} = G_{1n}G_{1(n-1)}\cdots G_{12}A^{(0)} = G_1A^{(0)} \triangleq (a_{ij}^{(1)})$,其中 G_1 是由 $A^{(0)}$ 的第 1 列向量定义的一系列 Givens 变换阵的乘积. 则

$$A^{(1)} = \begin{bmatrix} s_1 \\ 0 \\ \vdots \\ 0 \end{bmatrix} a_{ij}^{(1)}, \text{ 其中 } s_1^2 = \sum_{k=1}^{n} a_{k1}^2.$$

（2）一般地,令

$$A^{(k)} = G_{kn}\cdots G_{k(k+1)}A^{(k-1)} \triangleq G_kA^{(k-1)},$$

其中 G_k 是由 $A^{(k-1)}$ 的第 k 个列向量定义的一系列 Givens 变换阵的乘积. 则

$$A^{(k)} = \begin{bmatrix} R_k & A_{12}^{(k)} \\ 0 & A_{22}^{(k)} \end{bmatrix},$$

其中 $R_k(k = 1,2,\cdots,m)$ 是 k 阶上三角形矩阵. 故

$$A^{(m)} = G_mG_{m-1}\cdots G_2G_1A^{(0)} \triangleq GA = R = \begin{bmatrix} R_m \\ 0 \end{bmatrix},$$

即

$$A_{n\times m} = Q_{n\times n}R_{n\times m},$$

其中 $Q = G' = (G_{1n}\cdots G_{12})'(G_{2n}\cdots G_{23})'\cdots (G_{mn}\cdots G_{m(m+1)})'$ 是正交阵.

算法 2.2（Givens **变换化** A **为上三角形矩阵**） 设 A 为 $n \times m$ 矩阵. 假设已进行 $k-1$ 步正交变换,即用正交阵 $G_1,G_2,\cdots,G_{k-1}$

依次左乘 $A^{(0)}$，得 $A^{(k-1)} = (a_{ij}^{(k-1)})$，第 k 步拟把 $A^{(k-1)}$ 中的第 k 列对角元 $a_{kk}^{(k-1)}$ 以下的各元素消为 0，故第 k 步对 $i = k+1, k+2, \cdots, n$ 执行 ① ～ ④ ：

① 计算 $s = \sqrt{(a_{kk}^{(k-1)})^2 + (a_{ik}^{(k-1)})^2}$;

② 计算 $c = \dfrac{a_{kk}^{(k-1)}}{s}, d = \dfrac{a_{ik}^{(k-1)}}{s}$ ；若 $s = 0$，则取 $c = 1, d = 0$;

③ 令 $a_{kk}^{(k)} = s, a_{ik}^{(k)} = 0$;

④ 对 $j = k+1, k+2, \cdots, m$ ；计算

$$\begin{cases} a_{kj}^{(k)} = c a_{kj}^{(k-1)} + d a_{ij}^{(k-1)}, \\ a_{ij}^{(k)} = - d a_{kj}^{(k-1)} + c a_{ij}^{(k-1)}. \end{cases}$$

Givens 变换是化矩阵 A 为上三角形矩阵的正交变换；另外在增加或删去一个观测数据后的回归分析计算中，Givens 变换还有特殊的作用.

2.3 Gram-Schmidt 正交化及其修正的算法

设 A 为 $n \times m$ 列满秩矩阵，由定理 2.1 知，必存在正交 - 三角分解：$A_{n \times m} = Q_{n \times m} R_{m \times m}$（$Q$ 为 $n \times m$ 列正交阵）. 当 R 的对角元素取正时，以上分解式是唯一的. Householder 变换和 Givens 变换都是化 A 为上三角形矩阵的正交变换. 下面给出直接计算 Q, R 的递推计算方法.

（一）Gram-Schmidt 正交化方法

这是线性代数中大家都熟悉的正交化方法. 设 $a_1, a_2, \cdots, a_m$ 是 n 维空间中 m 个线性无关的向量，Gram-Schmidt 正交化方法是求单位向量 $e_1, e_2, \cdots, e_m$ 使得：

① $a_1, a_2, \cdots, a_m$ 张成的空间 $\mathscr{L}(a_1, a_2, \cdots, a_m) = e_1, e_2, \cdots, e_m$ 张成的空间 $\mathscr{L}(e_1, e_2, \cdots, e_m)$;

② $e_1, e_2, \cdots, e_m$ 两两正交.

具体步骤如下：

令　$\beta_1 = a_1$，单位化得 $e_1 = \beta_1 / \parallel \beta_1 \parallel$；

　　$\beta_2 = a_2 - (a_2, e_1)e_1$，单位化得 $e_2 = \beta_2 / \parallel \beta_2 \parallel$；

………………………………………………

　　$\beta_m = a_m - \sum_{k=1}^{m-1} (a_m, e_k)e_k$，单位化得 $e_m = \beta_m / \parallel \beta_m \parallel$.

则 $e_1, e_2, \cdots, e_m$ 满足以上要求，且

$$(a_1, a_2, \cdots, a_m)$$

$$= (e_1, e_2, \cdots, e_m) \begin{bmatrix} \parallel \beta_1 \parallel & (a_2, e_1) & \cdots & (a_m, e_1) \\ 0 & \parallel \beta_2 \parallel & \cdots & (a_m, e_2) \\ \vdots & \vdots & \ddots & \vdots \\ 0 & 0 & \cdots & \parallel \beta_m \parallel \end{bmatrix},$$

即 $A_{n \times m} = Q_{n \times m} R_{m \times m}$. 对 A 的 m 个线性无关的列向量的正交化方法就是求 A 的正交 - 三角分解的算法.

（二）Gram-Schmidt 算法（GS 算法）

设 $A = (a_1, a_2, \cdots, a_m)$，$\text{rank}(A) = m$，且 $A = QR$，其中 $Q = (q_1, q_2, \cdots, q_m)$ 为列正交阵；

$$R = \begin{bmatrix} r_{11} & r_{12} & \cdots & r_{1m} \\ 0 & r_{22} & \cdots & r_{2m} \\ \multicolumn{4}{c}{\cdots\cdots\cdots\cdots\cdots} \\ 0 & 0 & \cdots & r_{mm} \end{bmatrix}$$ 为 m 阶非奇异上三角形矩阵.

利用 $A = QR$ 两边各列向量对应相等，可得 $q_i (i = 1, 2, \cdots, m)$ 和 $r_{ij} (i \leqslant j)$ 满足的向量方程组：

$$(2.4) \quad \begin{cases} a_1 = r_{11} q_1, \\ a_2 = r_{12} q_1 + r_{22} q_2, \\ \cdots\cdots\cdots\cdots\cdots\cdots\cdots \\ a_m = r_{1m} q_1 + \cdots + r_{mm} q_m. \end{cases}$$

注意到 $q_i (i = 1, 2, \cdots, m)$ 是两两正交的单位向量，由 (2.4) 的第一个方程求出 r_{11} 和 q_1；然后用 q_1' 左乘 (2.4) 式的第二个方程，得 $r_{12} = q_1' a_2$ 及 r_{22} 和 q_2；依次类推，最后用 $q_1', q_2', \cdots, q_{m-1}'$ 左乘 (2.4) 式的最后一个方程，得 $r_{1m}, \cdots r_{(m-1)m}$ 及 r_{mm} 和 q_m，这一算法通常称

为 Gram-Schmidt 正交化算法,简称 GS 算法.

算法 2.3(GS 算法)　已知 $A = (a_1, a_2, \cdots, a_m)$ 且 $\mathrm{rank}(A) = m$.

① $r_{11} = \| a_1 \|, q_1 = a_1/r_{11}$;

② 对 $k = 2, 3, \cdots, m$,利用(2.4)的第 k 个方程 计算

$$
\begin{cases}
r_{ik} = q_i' \, a_k \quad (i = 1, 2, \cdots, k-1), \\
r_{kk} = \left\| a_k - \displaystyle\sum_{i=1}^{k-1} r_{ik} q_i \right\|, \\
q_k = \left(a_k - \displaystyle\sum_{i=1}^{k-1} r_{ik} q_i \right) \Big/ r_{kk}.
\end{cases}
$$

以上算法是将矩阵 A 的 m 个线性无关的列向量正交化为 q_1, $\cdots, q_m$, 故称为正交化方法.

分析 GS 算法将发现,此算法的计算是先求出(2.4)式的第一个方程右边的 r_{11} 和 q_1;然后求出第二个方程右边的 r_{12}, r_{22} 和 q_2; $\cdots$;直到求出 R 和 Q 为止. 由于 Q 各列 q_j 是作为 A 中各列的线性组合,因此一般说来,用 GS 算法求解列正交阵 Q 时舍入误差较大,以致影响 $q_1, q_2, \cdots, q_m$ 的正交性. 特别是将此算法用于求方程的最小二乘解时,常出现解不稳定的现象. 针对 GS 算法的缺点,下面给出修正的 Gram-Schmidt 正交化算法.

(三) 修正的 Gram-Schmidt 正交化算法(MGS 算法)

MGS 算法也是利用向量方程组(2.4),只是它求解的计算顺序与 GS 算法不一样. MGS 算法求解的顺序为:先求出(2.4)式等式右边的第一列;再求出(2.4)式等式右边的第二列,直到求出 Q, R 为止.

记 $a_i^{(1)} = a_i (i = 1, 2, \cdots, m)$,由(2.4)式的第一个方程首先求得

$$
r_{11} = \| a_1^{(1)} \|, \quad q_1 = a_1^{(1)}/r_{11},
$$

用 q_1' 左乘向量方程组(2.4)的第 2 ~ 第 m 个方程,利用正交性条

件可得
$$r_{1j} = q_1' a_j^{(1)} \quad (j = 2, 3, \cdots, m).$$

这样(2.4)式右端第一列相应的 $r_{1j}(j = 1, 2, \cdots, m)$ 和 q_1 全部求出. 为求(2.4)式右端第二列,令
$$a_j^{(2)} = a_j^{(1)} - r_{1j} q_1 \quad (j = 2, 3, \cdots, m),$$

(2.4)变成
$$\begin{cases} a_2^{(2)} = r_{22} q_2, \\ a_3^{(2)} = r_{23} q_2 + r_{33} q_3, \\ \cdots\cdots\cdots\cdots\cdots\cdots\cdots \\ a_m^{(2)} = r_{2m} q_2 + \cdots + r_{mm} q_m. \end{cases} \quad (2.5)$$

(2.5)式的左边 $a_j^{(2)}$ 是已知的,用类似的方法可求出(2.5)式右边的第一列(也就是(2.4)式右端的第二列). 依次做下去,即可求出 Q 和 R.

算法 2.4(MGS **算法**) 已知 $A = (a_1, a_2, \cdots, a_m)$ 且 $\mathrm{rank}(A) = m$. 记 $a_i^{(1)} = a_i (i = 1, 2, \cdots, m)$.

① 对 $k = 1, 2, 3, \cdots, m - 1$ 计算
$$r_{kk} = \| a_k^{(k)} \|, \; q_k = a_k^{(k)}/r_{kk}, \; r_{kj} = q_k' a_j^{(k)} (j = k+1, \cdots, m),$$
并令 $\quad a_j^{(k+1)} = a_j^{(k)} - r_{kj} q_k \quad (j = k+1, \cdots, m).$

② 由 $a_m^{(m)} = a_m^{(m-1)} - r_{(m-1)m} q_{m-1} = r_{mm} q_m$ 可得
$$r_{mm} = \| a_m^{(m)} \|, \quad q_m = a_m^{(m)}/r_{mm}.$$

MGS 算法有时也会得到不太理想的正交阵 Q,但经验表明,MGS 算法在求解最小二乘问题时比 GS 算法稳定. 故就一般而言,MGS 算法的计算精度及稳定性比 GS 算法好. 由此可见,计算顺序的不同,有时会大大影响算法的效果.

对矩阵 A 作正交-三角分解的方法,我们已经介绍了四种:Householder 变换法,Givens 变换法,GS 算法和 MGS 算法. 这些方法都有各自的特点,在实际应用中,通常根据具体问题的特点选择其中某个算法. 需要指出的是,Householder 变换和 Givens 变换

还可以用于矩阵的其他计算问题,这将从下面的介绍中看到.它们在统计计算中是非常重要的两类正交变换法.

例 2.1 试用 Householder 变换和 MGS 算法求矩阵

$$A = \begin{pmatrix} 1 & -2 & 0 & -3 \\ 1 & -1 & 2 & 1 \\ 1 & 2 & 5 & 2 \\ 1 & 7 & 3 & 6 \end{pmatrix}$$

的正交-三角分解式.

解 (1) 用 Householder 变换

首先化 A 的第一列后三个元素为 0,由 A 的第一列定义 H 变换阵 H_1:因 $s_1^2 = 1^2 + 1^2 + 1^2 + 1^2 = 4$,取 $s_1 = 2$,则

$$\beta_1 = s_1^2 + s_1|a_{11}| = 4 + 2 = 6,$$

$$u_1' = (a_{11} + s_1 \cdot \text{sign}(a_{11}), a_{21}, a_{31}, a_{41}) = (3, 1, 1, 1),$$

故

$$H_1 = I_4 - \frac{1}{\beta_1} u_1 u_1' = \begin{pmatrix} 1 & 0 & 0 & 0 \\ 0 & 1 & 0 & 0 \\ 0 & 0 & 1 & 0 \\ 0 & 0 & 0 & 1 \end{pmatrix} - \frac{1}{6} \begin{pmatrix} 3 \\ 1 \\ 1 \\ 1 \end{pmatrix} (3, 1, 1, 1)$$

$$= -\frac{1}{6} \begin{pmatrix} 3 & 3 & 3 & 3 \\ 3 & -5 & 1 & 1 \\ 3 & 1 & -5 & 1 \\ 3 & 1 & 1 & -5 \end{pmatrix}.$$

用 H_1 对 A 作 H 变换,得

$$A^{(1)} = H_1 A = \begin{pmatrix} -2 & -3 & -5 & -3 \\ 0 & -\dfrac{4}{3} & \dfrac{1}{3} & 1 \\ 0 & \dfrac{5}{3} & \dfrac{10}{3} & 2 \\ 0 & \dfrac{20}{3} & \dfrac{4}{3} & 6 \end{pmatrix}.$$

接着化 $A^{(1)}$ 的第二列后两个元素为 0,由 $A^{(1)}$ 的第二列定义 H 变换阵 H_2:因 $s_2^2 = \left(-\dfrac{4}{3}\right)^2 + \left(\dfrac{5}{3}\right)^2 + \left(\dfrac{20}{3}\right)^2 = \dfrac{441}{9}$,取 $s_2 = 7$,

则

$$\beta_2 = 7^2 + 7 \times \frac{4}{3} = \frac{175}{3}, \quad u_2' = \left(0, -\frac{25}{3}, \frac{5}{3}, \frac{20}{3}\right).$$

故
$$H_2 = I_4 - \frac{3}{175} \begin{pmatrix} 0 \\ -\dfrac{25}{3} \\ \dfrac{5}{3} \\ \dfrac{20}{3} \end{pmatrix} \left(0, -\frac{25}{3}, \frac{5}{3}, \frac{20}{3}\right)$$

$$= \frac{1}{21} \begin{pmatrix} 21 & 0 & 0 & 0 \\ 0 & -4 & 5 & 20 \\ 0 & 5 & 20 & -4 \\ 0 & 20 & -4 & 5 \end{pmatrix}.$$

用 H_2 对 $A^{(1)}$ 作 Householder 变换,得

$$A^{(2)} = H_2 A^{(1)} = \begin{pmatrix} -2 & -3 & -5 & -3 \\ 0 & 7 & 2 & 6 \\ 0 & 0 & 3 & 1 \\ 0 & 0 & 0 & 2 \end{pmatrix} \triangleq R.$$

$A^{(2)}$ 已是上三角形矩阵. A 的正交-三角分解式为

$$A = H_1' H_2' R$$

$$= \begin{pmatrix} -\dfrac{1}{2} & -\dfrac{1}{2} & -\dfrac{1}{2} & -\dfrac{1}{2} \\ -\dfrac{1}{2} & -\dfrac{5}{14} & \dfrac{1}{14} & \dfrac{11}{14} \\ -\dfrac{1}{2} & \dfrac{1}{14} & \dfrac{11}{14} & -\dfrac{5}{15} \\ -\dfrac{1}{2} & \dfrac{11}{14} & -\dfrac{5}{14} & \dfrac{1}{14} \end{pmatrix} \begin{pmatrix} -2 & -3 & -5 & -3 \\ 0 & 7 & 2 & 6 \\ 0 & 0 & 3 & 1 \\ 0 & 0 & 0 & 2 \end{pmatrix}$$

$\triangleq QR.$

(2) 用 MGS 算法

设 $A = (a_1, a_2, a_3, a_4) = (q_1, q_2, q_3, q_4) \begin{pmatrix} r_{11} & r_{12} & r_{13} & r_{14} \\ 0 & r_{22} & r_{23} & r_{24} \\ 0 & 0 & r_{33} & r_{34} \\ 0 & 0 & 0 & r_{44} \end{pmatrix}.$

① $r_{11} = \parallel a_1 \parallel = \sqrt{1^2 + 1^2 + 1^2 + 1^2} = 2$,

$\quad q_1 = a_1/r_{11} = \left(\dfrac{1}{2}, \dfrac{1}{2}, \dfrac{1}{2}, \dfrac{1}{2}\right)'$,

$\quad r_{12} = q_1'a_2 = 3$, $\quad r_{13} = q_1'a_3 = 5$, $\quad r_{14} = q_1'a_4 = 3$.

令 $\quad a_2^{(2)} = a_2 - r_{12}q_1 = \left(-\dfrac{7}{2}, -\dfrac{5}{5}, \dfrac{1}{2}, \dfrac{11}{2}\right)'$,

$\quad a_3^{(2)} = a_3 - r_{13}q_1 = \left(-\dfrac{5}{2}, -\dfrac{1}{2}, \dfrac{5}{2}, \dfrac{1}{2}\right)'$,

$\quad a_4^{(2)} = a_4 - r_{14}q_1 = \left(-\dfrac{9}{2}, -\dfrac{1}{2}, \dfrac{1}{2}, \dfrac{9}{2}\right)'$.

② $r_{22} = \parallel a_2^{(2)} \parallel = 7$,

$\quad q_2 = a_2^{(2)}/r_{22} = \left(-\dfrac{1}{2}, -\dfrac{5}{14}, \dfrac{1}{14}, \dfrac{11}{14}\right)'$,

$\quad r_{23} = q_2'a_3^{(2)} = 2$, $r_{24} = q_2'a_4^{(2)} = 6$.

令 $\quad a_3^{(3)} = a_3^{(2)} - r_{23}q_2 = \left(-\dfrac{3}{2}, \dfrac{3}{14}, \dfrac{33}{14}, -\dfrac{15}{14}\right)'$,

$\quad a_4^{(3)} = a_4^{(2)} - r_{24}q_2 = \left(-\dfrac{3}{2}, \dfrac{23}{14}, \dfrac{1}{14}, -\dfrac{3}{14}\right)'$.

③ $r_{33} = \parallel a_3^{(3)} \parallel = 3$,

$\quad q_3 = a_3^{(3)}r_{33} = \left(-\dfrac{1}{2}, \dfrac{1}{14}, \dfrac{11}{14}, -\dfrac{5}{14}\right)'$,

$\quad r_{34} = q_3'a_4^{(3)} = 1$.

令 $\quad a_4^{(4)} = a_4^{(3)} - r_{34}q_3 = \left(-1, \dfrac{22}{14}, 1\dfrac{10}{14}, \dfrac{2}{14}\right)'$.

④ $r_{44} = \parallel a_4^{(4)} \parallel = 2$,

$\quad q_4 = a_4^{(4)}r_{44} = \left(-\dfrac{1}{2}, \dfrac{11}{14}, -\dfrac{5}{14}, \dfrac{1}{14}\right)'$.

综合之

$$A = QR = \begin{pmatrix} \dfrac{1}{2} & -\dfrac{1}{2} & -\dfrac{1}{2} & -\dfrac{1}{2} \\ \dfrac{1}{2} & -\dfrac{5}{14} & \dfrac{1}{14} & \dfrac{11}{14} \\ \dfrac{1}{2} & \dfrac{1}{14} & \dfrac{11}{14} & -\dfrac{5}{14} \\ \dfrac{1}{2} & \dfrac{11}{14} & -\dfrac{5}{14} & \dfrac{1}{14} \end{pmatrix} \begin{pmatrix} 2 & 3 & 5 & 3 \\ 0 & 7 & 2 & 6 \\ 0 & 0 & 3 & 1 \\ 0 & 0 & 0 & 2 \end{pmatrix}.$$

用 MGS 算法得到的上三角形矩阵 R 的对角元素取正值. 符合这一规定的分解式是唯一的. 用 H 变换得到的分解式中 $r_{11} = -2 < 0$, 故两种方法得到的分解式在 Q 的第一列和 R 的第一行上符号相反.

§3 矩阵的正交分解及其算法

矩阵的正交-三角分解是用正交变换化矩阵 A 为上三角形矩阵. 而矩阵的正交分解是基于矩阵的正交相似变换将矩阵 A 化为更简单的对角形矩阵. 本节分别讨论对称矩阵、非奇异矩阵或一般矩阵的正交分解.

3.1 对称阵的谱分解及 Jacobi 算法

（一）对称阵的谱分解

定理 3.1 设 A 为 n 阶实对称矩阵, 则存在 n 阶正交阵 U, 使得

$$U'AU = D = \text{diag}(\lambda_1, \lambda_2, \cdots, \lambda_n), \qquad (3.1)$$

其中 $\lambda_1, \cdots, \lambda_n$ 是 A 的特征值, 若记 $U = (u_1, u_2, \cdots, u_n)$, 则 u_i 是相对于 $\lambda_i (i = 1, 2, \cdots, n)$ 的特征向量.

（3.1）还可以写成另一形式：

$$A = UDU' = \sum_{i=1}^{n} \lambda_i u_i u_i', \qquad (3.2)$$

并称（3.2）式为矩阵 A 的谱分解式. $\lambda_1, \lambda_2, \cdots, \lambda_n$ 也称为 A 的谱.

定理 3.1 的证明在一般线性代数书中可以找到, 这里省略了. 实对称矩阵 A 的谱分解的计算问题其实就是计算 A 的特征值和特征向量的问题. 下面我们介绍求实对称矩阵 A 的特征值和特征向量的经典算法—— Jacobi 方法.

（二）Jacobi 算法

在定义 2.2 中由（2.3）式定义的 Givens 变换阵, 当 $c = \cos\theta$,

$d = \sin\theta$ 时,它实质上是相应平面上的一个旋转变换阵,记为 $G_{ij}(\theta)$,它作用在向量 W 上,将使 W 在平面上的二维向量 (w_i, w_j) 按顺时针方向旋转 θ 角度. Givens 变换阵 G_{ij} 是一种特殊的旋转变换阵,它作用在 W 上后使 W 的两个分量 (w_i, w_j) 简化为 $(\sqrt{w_i^2 + w_j^2}, 0)$. 下面我们还介绍另一种特殊的旋转变换阵,它作用在矩阵 A 之后,将使 A 的 (i,j) 和 (j,i) 元素简化为 0.

定义 3.1　在平面旋转变换阵中,选择角度 θ,使得

$$A^* = G_{ij}(\theta)AG'_{ij}(\theta) \triangleq (a^*_{ij}) \tag{3.3}$$

中的 $a^*_{ij} = a^*_{ji} = 0$. 这样的旋转变换阵称为 **Jacobi 变换阵**,并记为 $J_{ij}(\theta)$(或简记为 J_{ij}).

当用 $G_{ij}(\theta)$ 左乘矩阵 A 时,A 中只有 i,j 行的元素变化了,其他元素不变;当用 $G'_{ij}(\theta)$ 右乘矩阵 A 后,A 中只有 i,j 列元素变化了,其他元素不变.

设对称阵 $A = (a_{ij})$,令 $A^* = G_{ij}(\theta)AG'_{ij}(\theta) \triangleq (a^*_{ij})$,记 $c = \cos\theta, d = \sin\theta$,则

$$\begin{cases} a^*_{it} = a^*_{ti} = ca_{it} + da_{jt} & (t \neq i, j), \\ a^*_{jt} = a^*_{tj} = ca_{jt} - da_{it} & (t \neq i, j), \\ a^*_{ii} = c^2 a_{ii} + d^2 a_{jj} + 2cd a_{ij}, \\ a^*_{jj} = d^2 a_{ii} + c^2 a_{jj} - 2cd a_{ij}, \\ a^*_{ij} = a^*_{ji} = (a_{jj} - a_{ii})cd + a_{ij}(c^2 - d^2), \\ a^*_{kt} = a_{kt} & (k \neq i, j, t \neq i, j). \end{cases} \tag{3.4}$$

为使 $a^*_{ij} = a^*_{ji} = 0$,选择 θ,使得

$$(a_{jj} - a_{ii})\cos\theta\sin\theta + a_{ij}(\cos^2\theta - \sin^2\theta) = 0 \text{,即}$$

$$\text{tg}2\theta = \frac{2a_{ij}}{a_{ii} - a_{jj}}. \tag{3.5}$$

θ 选定后,Jacobi 变换阵由 $c = \cos\theta, d = \sin\theta$ 完全确定. 为了减少计算上的舍入误差. 下面给出由满足 (3.5) 式的 θ 计算 c, d 的公式. 令 $x = 2a_{ij}, y = a_{ii} - a_{jj}$ 则

$$c = \cos\theta = \left[\frac{1}{2} \left(1 + \frac{y}{\sqrt{x^2 + y^2}} \right) \right]^{\frac{1}{2}}, d = \sin\theta = \frac{x}{2c} \frac{x}{\sqrt{x^2 + y^2}}.$$

设 A 是实对称阵，J_{ij} 是 Jacobi 变换阵. 令 $A^* = J_{ij}AJ_{ij}' \triangleq (a_{ij}^*)$，则 A^* 有以下性质：

① A^* 仍是对称阵；

② $a_{ij}^* = a_{ji}^* = 0$，且 $a_{kt}^* = a_{kt}$ $(k, t \neq i, j)$；

③ $(a_{it}^*)^2 + (a_{jt}^*)^2 = a_{it}^2 + a_{jt}^2$ $(t \neq i, j)$；

④ $\sum_i \sum_j (a_{ij}^*)^2 = \sum_i \sum_j a_{ij}^2$，即变换后所有元素的平方和不变；

⑤ $E(A^*) = E(A) - 2a_{ij}^2$，其中 $E(A)$ 表示 A 中非对角元素的平方和.

证明　① 因 $A' = A$，所以 $(A^*)' = J_{ij}A'J_{ij}' = A^*$.

② 由 J_{ij} 的定义及（3.4）显然成立.

③ 由（3.4）式及 $c^2 + d^2 = 1$ 可直接验证：
$$(a_{it}^*)^2 + (a_{jt}^*)^2 = (ca_{it} + da_{jt})^2 + (ca_{jt} - da_{it})^2$$
$$= a_{it}^2 + a_{jt}^2.$$

④ $\sum_i \sum_j (a_{ij}^*)^2 = \mathrm{tr}((A^*)'A^*) = \mathrm{tr}(J_{ij}A'J_{ij}' \, J_{ij}AJ_{ij}')$
$$= \mathrm{tr}(J_{ij}A'AJ_{ij}') = \mathrm{tr}(A'A)$$
$$= \sum_i \sum_j a_{ij}^2.$$

即在正交相似变换下，矩阵所有元素的平方和不变.

⑤ 因 $E(A^*) = \sum_{k \neq t} (a_{kt}^*)^2$，$E(A) = \sum_{k \neq t} a_{kt}^2$. 下面我们来比较变换前后非对角元素的关系：

由性质 ① 知：$a_{kt}^* = a_{kt}$ $(k, t \neq i, j)$；由性质 ③ 知对第 t 列 $(t \neq i, j)$，其第 i 个和第 j 个元素的平方和保持不变；由性质 ② 知 $a_{ij}^* = a_{ji}^* = 0$. 故 $\sum_{k \neq t} (a_{kt}^*)^2 = \sum_{k \neq t} a_{kt}^2 - 2a_{ij}^2$. 所以
$$E(A^*) = E(A) - 2a_{ij}^2. \qquad\qquad \text{[证毕]}$$

以上性质 ⑤ 表明，经 Jacobi 变换后，非对角元素的平方和减少了，且 A^* 仍为对称阵. 对 A^* 继续不断地施行 Jacobi 变换，使非

对角元素平方和趋于零. 这时,把 A 化为近似于对角形矩阵 D. 这就是用 Jaccobi 变换化对称阵 A 为对角形的基本思想.

算法 3.1(Jacobi 算法) 记 $A_0 = A, U_0 = I_n$,并给定精度 ε,置 $k = 1$.

① 对 $A_{k-1} = (a_{ij}^{(k-1)})$,选非对角元素中绝对值最大者:

$$a_{i_0 j_0}^{(k-1)} = \max_{n \geqslant i > j \geqslant 1} |a_{ij}^{(k-1)}|.$$

② 由 $a_{i_0 i_0}^{(k-1)}, a_{j_0 j_0}^{(k-1)}$ 和 $a_{i_0 j_0}^{(k-1)}$ 确定 θ_{k-1},使得

$$\operatorname{tg} 2\theta_{k-1} = 2a_{i_0 j_0}^{(k-1)} \big/ \big(a_{i_0 i_0}^{(k-1)} - a_{j_0 j_0}^{(k-1)}\big).$$

③ 计算 $c_{k-1} = \cos\theta_{k-1}, d_{k-1} = \sin\theta_{k-1}$ 及 J_{k-1}.

④ 令 $A_k = J_{k-1} A_{k-1} J_{k-1}' \triangleq (a_{ij}^{(k)})$ (具体公式见(3.4)式),

$$U_k = U_{k-1} J_{k-1}' \ .$$

⑤ 检验 $\max_{i \neq j} |a_{ij}^{(k)}| < \varepsilon$ 是否成立,若成立,则停止计算;否则让 $k = k + 1$,重复 ① ~ ⑤.

若 $k = N$ 时,满足 ⑤ 的检验条件,这时认为:$\lambda_i \approx a_{ii}^{(N)}(i = 1, 2, \cdots, n)$ 是对称阵 A 的特征值;$U \approx U_N = (u_1^{(N)}, \cdots, u_n^{(N)})$ 为相应的特征向量组成的正交阵.

用 Jacobi 变换化 A 为对角形的算法—— Jacobi 算法是否收敛问题,即 A 是否收敛于对角形的问题,当然是很重要的问题. 下面定理给出了满意的结论.

定理 3.2 $\quad \lim\limits_{k \to \infty} E(A_k) = 0$.

证明 设 $a_{ij}^{(k-1)} = \max\limits_{t \neq v} |a_{tv}^{(k-1)}|$,则有

$$(a_{ij}^{(k-1)})^2 \geqslant E(A_{k-1})/n(n-1).$$

利用 Jacobi 变换性质 ⑤ 及上式,A_k 的非对角元素平方和满足:

$$E(A_k) = E(A_{k-1}) - 2(a_{ij}^{(k-1)})^2$$

$$\leqslant E(A_{k-1}) - \frac{2}{n(n-1)} E(A_{k-1})$$

$$= \Big(1 - \frac{2}{n(n-1)}\Big) E(A_{k-1})$$

$$\leqslant \left(1 - \frac{2}{n(n-1)}\right)^2 E(A_{k-2})$$

$$\leqslant \cdots\cdots\cdots\cdots\cdots\cdots\cdots\cdots\cdots$$

$$\leqslant \left(1 - \frac{2}{n(n-1)}\right)^k E(A_0).$$

由于 $\left(1 - \dfrac{2}{n(n-1)}\right) < 1$，当 $k \to \infty$ 时，$\left(1 - \dfrac{2}{n(n-1)}\right)^k \to 0$；又 $E(A_0)$ 是一固定常数，所以

$$\lim_{k \to \infty} E(A_k) = 0. \qquad [证毕]$$

定理 3.2 也说明了 $\lim\limits_{k \to \infty} A_k$ 为对角形. 进一步还可以证明：$\lim\limits_{k \to \infty} a_{ii}^{(k)} = \lambda_i (i = 1,2,\cdots,n;\lambda_i$ 是 A 的特征值$)$，$\lim\limits_{k \to \infty} U_k = (u_1,u_2,\cdots,u_n)$ $(u_i$ 是 λ_i 对应的特征向量$)$.

以上介绍的算法 3.1 常称为经典 Jacobi 算法. 它具有很多优点，如收敛较快，计算精度较高，求得的特征向量正交性好等. 但也存在一些不足，如计算量大，当 A 接近退化时，所求特征值的精度差等. 故出现了多种修正算法. 其中较有代表性的是下面两种.

（1）循环 Jacobi 算法

此算法把算法 3.1 中的步骤①寻找非对角线元素中绝对值的最大者改为按行（或列）的次序依次做 Jacobi 变换. 例如由 A 的上三角块按行的顺序：

$$\begin{array}{cccccc}
(1,2) & \to & (1,3) & \to & \cdots & \to & (1,n) \\
& & (2,3) & \to & \cdots & \to & (2,n) \\
& & & & \cdots & & \cdots \\
& & & & & & (n-1,n)
\end{array}$$

一轮完成后，接着做第二轮，一直到 $\max\limits_{i \neq j} |a_{ij}^{(N)}| < \varepsilon$ 时停止循环计算. 此方法省去了寻找非对角元素最大值的时间，但增加了计算时间及舍入误差，特别是当 $a_{ij}^{(k)}(i \neq j)$ 较小时，这一次 Jacobi 变换的收效甚微（非对角元素的平方和中仅减少了 $2(a_{ij}^{(k)})^2$）. 循环 Jacobi 算法的本身目前并不提倡使用. 在它基础上进一步改进的算法是目前比较通用的算法.

（2）变限值循环 Jacobi 算法（过关 Jacobi 算法）

首先根据 $E(A_k)$ 的值引入限值:

$$\varepsilon_k = \sqrt{E(A_k)} / n(n-1).$$

按行(或列)的顺序依次做 Jacobi 变换,但当出现 $|a_{ij}^{(k)}| < \varepsilon_k$ 时,跳过对 (i,j) 位置的 Jacobi 变换. 第一轮完成后,接着做第二轮;直到满足精度的要求.

考虑到矩阵 A 中元素值大小的数量级不同,如果要求 A_k 的非对角元素平方和相对于 A 的非对角元素平方和小于精度 δ_0 时停止循环运算,在具体计算步骤中,检验条件改为当 $\varepsilon_k < \varepsilon = \delta_0 \varepsilon_0$(其中 $\varepsilon_0 = \sqrt{E(A_0)} / n(n-1)$)时停止计算.

因限值 ε_k 在计算过程中不断变小,此算法称为变限值的循环 Jacobi 算法.

(三) 求矩阵 A 特征值和特征向量的 QR 算法

实对称矩阵 A 的谱分解问题实质就是求 A 的特征值和特征向量的问题. Jacobi 算法是求实对称矩阵的特征值和特征向量的经典算法. 若把 A 看作一般矩阵,求一般矩阵 A 的特征值和特征向量的算法都可以用来计算 A 的谱分解.

求矩阵 A 的特征值和特征向量的方法很多,其中最有效的方法是 QR 算法. QR 算法是基于对任何非奇异矩阵都可以分解为正交阵 Q 和上三角形矩阵 R 的乘积;且当 R 的对角元素取为正值时,分解式是唯一的. QR 算法可以用来求任意实的非奇异矩阵的全部特征值.

记 $A_0 = A$,对 A_0 作正交三角分解,得 $A_0 = Q_1 R_1$,令 $A_1 = R_1 Q_1$,即 $A_1 = Q_1^{-1} A_0 Q_1$,A_1 与 A_0 相似,它们的特征值相同. 求任意方阵 A 的 QR 算法为(对 $k = 1, 2, \cdots\cdots$)

$$\begin{cases} \text{对 } A_{k-1} \text{ 作正交-三角分解}: A_{k-1} = Q_k R_k, \\ \text{令 } A_k = R_k Q_k. \end{cases} \tag{3.6}$$

QR 算法产生一个矩阵序列 $\{A_k\}$;显然 A_k 与 A 相似,它们有完全相同的特征值;而且可以证明,满足一定条件时,序列 $\{A_k\}$ 是本质收敛的. 即 $\{A_k\}$ 收敛于拟上三角形矩阵, 且对角元素有确定的极限(即 A 的特征值). QR 算法的细节请见参考文献[4],[8]等.

3.2 矩阵的奇异值分解及其算法

对于实对称矩阵 A, 经正交相似变换, 一定可以化为对角形: $U'AU = D$. 对于一般矩阵 A, 是否也存在正交变换, 化 A 为对角形: $U'AV = D$. 这是本节讨论的内容.

（一）n 阶非奇异矩阵 A 的奇异值分解

定理 3.3   设 A 为 $n \times n$ 非奇异矩阵, 则存在 n 阶正交阵 U_1 和 U_2, 使得

$$U_1'AU_2 = D, \tag{3.7}$$

其中 $D = \mathrm{diag}(d_1, d_2, \cdots, d_n)$, $d_i > 0$ 为 $A'A$ 特征值的平方根.

证明   因 A 为非奇异阵, 故 $A'A$ 是对称正定阵, 由定理 3.1, 知存在正交阵 U_2, 使得

$$U_2'A'AU_2 = \mathrm{diag}(\lambda_1, \lambda_2, \cdots, \lambda_n),$$

其中 $\lambda_i > 0$ $(i = 1, 2, \cdots, n)$ 是 $A'A$ 的特征值. 令 $d_i = \sqrt{\lambda_i}$, 并记 $D = \mathrm{diag}(d_1, d_2, \cdots, d_n)$, 显然 $\mathrm{diag}(\lambda_1, \lambda_2, \cdots, \lambda_n) = DD$, 于是由 $U_2'A'AU_2 = DD$, 可得 $D^{-1}U_2'A'AU_2 = D$, 令 $U_1 = AU_2D^{-1}$, 则 $U_1'AU_2 = D$. 因

$$U_1'U_1 = (D^{-1}U_2'A')(AU_2D^{-1}) = D^{-1}D^2D^{-1} = I_n,$$

故 U_1, U_2 均为正交阵, 且 $U_1'AU_2 = D$.   [证毕]

（3.7）式也可以写成:

$$A = U_1DU_2', \tag{3.8}$$

并称以上分解式为 A 的奇异值分解; 称 $d_i(d_i > 0)$ 为 A 的奇异值.

（二）任意矩阵的奇异值分解

定义 3.2   设 A 为 $n \times m$ 非零矩阵, $\mathrm{rank}(A) = r \leqslant \min(n, m)$, $A'A$ 的非零特征值为 $\lambda_1 \geqslant \lambda_2 \geqslant \cdots \geqslant \lambda_r > 0$, 令 $d_i = \sqrt{\lambda_i}$, $(i = 1, 2, \cdots, r)$, 则称 d_i 为 A 的奇异值. 如果存在分解式:

$$A = \underset{n \times m}{U} \underset{n \times n}{D} \underset{m \times m}{V'},$$ (3.9)

其中 U,V 为正交阵,记 $D_r = \mathrm{diag}(d_1, d_2, \cdots, d_r)$,$D = \begin{bmatrix} D_r & 0 \\ 0 & 0 \end{bmatrix}$ 为 $n \times m$ 对角阵,则称分解式(3.9)为 A 的**奇异值分解**.

在定义 3.2 的意义下,任一非零矩阵,它的奇异值分解都是存在的.

定理 3.4 任意非零矩阵 A 的奇异值分解必存在.

证明 设 A 为 $n \times m$ 非零矩阵,$\mathrm{rank}(A) = r \leqslant \min(m, n)$,因 $A'A$ 为对称阵,由定理 3.1 知,存在 m 阶正交阵 V 使得

$$A'A = V \begin{bmatrix} \Lambda_r & 0 \\ 0 & 0 \end{bmatrix} V',$$

记 $\Lambda_r = \mathrm{diag}(\lambda_1, \lambda_2, \cdots, \lambda_r)$,其中 $\lambda_1 \geqslant \lambda_2 \geqslant \cdots \geqslant \lambda_r > 0$ 是 $A'A$ 的非零特征值.

设 $V = (V_1 \vdots V_2)$,$V_1 = (v_1, \cdots, v_r)$ 为 $m \times r$ 的列正交阵,记 $D_r = \mathrm{diag}(\sqrt{\lambda_1}, \cdots, \sqrt{\lambda_r})$,则

$$A'A = (V_1 \vdots V_2) \begin{bmatrix} \Lambda_r & 0 \\ 0 & 0 \end{bmatrix} \begin{bmatrix} V_1' \\ V_2' \end{bmatrix} = V_1 \Lambda_r V_1' = V_1 D_r^2 V_1'.$$

令 $U_1 = AV_1 D_r^{-1}$,U_1 是 $n \times r$ 矩阵,又因 $U_1'U_1 = I_r$,故 U_1 是列正交阵.

记 $V_2 = (v_{r+1}, \cdots, v_m)$,$v_i (i > r)$ 是 $A'A$ 的零特征值对应的特征向量,故有 $A'Av_i = 0 (i > r)$,从而有 $AV_2 = 0$.

另一方面,由 $VV' = V_1 V_1' + V_2 V_2' = I_m$,因而有

$$U_1 D_r V_1' = AV_1 D_r^{-1} D_r V_1' = AV_1 V_1'$$
$$= A[I_m - V_2 V_2'] = A - AV_2 V_2' = A,$$

即 A 可以分解为列正交阵 V_1,U_1 和对角阵 D_r 的乘积.

将 U_1 扩充为 n 阶正交阵,$U = (U_1 \vdots U_2)$,则有分解式:

$$A = U \begin{bmatrix} D_r & 0 \\ 0 & 0 \end{bmatrix} V',$$ (3.10)

即 A 的奇异值分解存在.   [证毕]

在 A 的奇异值分解式中,若记 $U = (u_1, u_2, \cdots, u_n)$, $V = (v_1, v_2, \cdots, v_m)$,分解式(3.10)还可以写成:

$$A = \sum_{i=1}^{r} \sqrt{\lambda}_i u_i v_i'.$$

（三）奇异值分解的算法

定理 3.4 的证明过程就是求 A 的奇异值分解式.

算法 3.2   已知 $n \times m$ 矩阵 A,且 $\mathrm{rank}(A) = r$.

① 求 $A'A$ 的特征值和特征向量,得

$$A'A = V \begin{bmatrix} D_r^2 & 0 \\ 0 & 0 \end{bmatrix} V', \text{其中 } D_r^2 = \mathrm{diag}(\lambda_1, \lambda_2, \cdots, \lambda_r).$$

记 $D_r = \mathrm{diag}(\sqrt{\lambda}_1, \sqrt{\lambda}_2, \cdots, \sqrt{\lambda}_r)$; $V = (V_1 \vdots V_2)$, V_1 为 $m \times r$ 列正交阵;

② 计算 $n \times r$ 的列正交阵: $U_1 = AV_1 D_r^{-1}$;

③ 扩充 U_1 为 $n \times n$ 正交阵: $U = (U_1 \vdots U_2)$; 记 $D = \begin{bmatrix} D_r & 0 \\ 0 & 0 \end{bmatrix}$ 为 $n \times m$ 对角阵,则 $A = UDV'$ 就是矩阵 A 的奇异值分解式.

求 A 的奇异值分解式的另一种算法是先利用 Householder 变换化 A 为双对角形,然后求双对角形矩阵的奇异值分解式.

算法 3.3   已知 A 为 $n \times m$ 矩阵,且 $\mathrm{rank}(A) = m$.

第一步   用 Householder 变换阵左乘、右乘 A,使 A 化为双对角形(见习题 5.11),即存在 n 阶正交阵 P 和 m 阶正交阵 Q 使得:

$$PAQ = \begin{bmatrix} a_1 & b_1 & & & \\ & a_2 & b_2 & & 0 \\ & & \ddots & \ddots & \\ & 0 & & a_{m-1} & b_{m-1} \\ & & & & a_m \\ \hline & & 0 & & \end{bmatrix} \triangleq \begin{bmatrix} E \\ 0 \end{bmatrix},$$

其中 E 为 m 阶双对角形矩阵.

第二步　求 E 的奇异值分解式. 首先计算 $E'E$ 的谱分解式：$E'E = V_1 D_m^2 V_1'$，其中 $D_m = \text{diag}(\sqrt{\lambda_1}, \cdots, \sqrt{\lambda_m})$，$\lambda_i$ 是 $E'E$ 的特征值（$\lambda_i > 0$）.

令 $U_1 = E V_1 D_m^{-1}$，显然 $U_1' U_1 = I_m$，则 $E = U_1 D_m V_1'$ 就是双对角阵的奇异值分解式.

第三步　求 A 的奇异值分解. 因

$$PAQ = \begin{bmatrix} E \\ 0 \end{bmatrix} = \begin{bmatrix} U_1 D_m V_1' \\ 0 \end{bmatrix} = \begin{bmatrix} U_1 & 0 \\ 0 & I_{n-m} \end{bmatrix} \begin{bmatrix} D_m \\ 0 \end{bmatrix} V_1',$$

所以

$$A = \left(P' \begin{bmatrix} U_1 & 0 \\ 0 & I_{n-m} \end{bmatrix} \right) \begin{bmatrix} D_m \\ 0 \end{bmatrix} (QV_1)' \triangleq UDV',$$

其中 $U = P' \begin{bmatrix} U_1 & 0 \\ 0 & I_{n-m} \end{bmatrix}$ 是 n 阶正交阵，$V = QV_1$ 为 m 阶正交阵，

$D = \begin{bmatrix} D_m \\ 0 \end{bmatrix}$ 为 $n \times m$ 对角形矩阵.

§4　广义特征值和特征向量的计算

(一) 广义特征值问题

在 3.2 节中我们介绍了求矩阵 A 的特征值和特征向量的方法，即求解满足方程

$$Ax = \lambda x$$

的实数 λ 和非零向量 x，并称 λ 为 A 的一个特征值，x 为 A 对应于特征值 λ 的特征向量.

在统计计算中，常常遇到求解更一般的方程：$Ax = \lambda Bx$ 的问题，即广义特征值和广义特征向量的问题.

定义 4.1　设 A, B 为 n 阶方阵，求解满足方程

$$Ax = \lambda Bx \qquad (4.1)$$

的实数 λ 和非零向量 x 的问题,称为**广义特征值问题**.当 $B = I_n$ 时,即为标准特征值问题.

在统计计算中遇到的广义特征值问题中,A 和 B 常常是对称阵,且 B 是正定阵.这类特殊的广义特征值问题可化为标准特征值问题来求解.

定义4.2 设 A, B 为 n 阶对称阵,且 B 为正定阵,广义特征值问题是求实数 λ 和非零向量 x 使得满足方程

$$Ax = \lambda Bx, \qquad (4.2)$$

则称(4.2)式为对称阵 A 相对于正定阵 B 的**对称广义特征值模型**.

(二)广义特征值和特征向量的计算

求(4.1)式的特征值 λ 等价于求行列式:$|A - \lambda B| = 0$ 的根.故广义特征值问题也表示为 $A - \lambda B$ 的问题.并用 $\lambda(A, B)$ 表示(4.1)的广义特征值.

在(4.1)式中,假定 A, B 至少有一个是非奇异矩阵.另一方面若 $\lambda \neq 0$ 是(4.1)的广义特征值,则 $\frac{1}{\lambda}$ 满足:$Bx = \frac{1}{\lambda}Ax$.故在广义特征值的讨论中,不妨设 B 是非奇异矩阵.则(4.1)式可化为标准特征值问题:

$$B^{-1}Ax = \lambda x, \qquad (4.3)$$

即矩阵 $B^{-1}A$ 的特征值问题.

当 B 退化或接近退化时,这时(4.1)式不能化为 $B^{-1}A$ 的标准特征值问题.此时常用 QZ 算法求解广义特征值问题.请参阅参考文献[10].

本节我们重点讨论化对称广义特征值问题为标准特征值问题.

因 B 是对称正定阵,可对 B 作 Cholesky 分解:

$B = TT'$ (T 为下三角形矩阵,且对角元取正),

于是(4.2)式化为:

$$Ax = \lambda TT'x.$$

令 $y = T'x$,则 $x = (T')^{-1}y$. 于是 $A(T')^{-1}y = \lambda Ty$,两边左乘 T^{-1},得

$$T^{-1}A(T^{-1})'y = \lambda y.$$

令 $E = T^{-1}A(T^{-1})'$,显然 E 是对称阵. 于是(4.2)化为

$$Ey = \lambda y. \tag{4.4}$$

这是对称阵 E 的标准特征值问题,可以用经典的 Jacobi 算法求 E 的特征值和特征向量.

算法 4.1(对称广义特征值的算法) 已知 A,B 为 n 阶对称阵,且 B 为正定阵.

① 对 B 作 Cholesky 分解:$B = TT'$.

为了节省存储单元,把下三角形矩阵 T 存放在 B 的下三角位置上的计算公式如下(对 $i = 1, 2, \cdots, n$):

$$\begin{cases} b_{ii} = \left(b_{ii} - \displaystyle\sum_{k=1}^{i-1} b_{ik}^2\right)^{1/2}, \\ b_{ji} = \left(b_{ij} - \displaystyle\sum_{k=1}^{i-1} b_{ik}b_{jk}\right)\bigg/b_{ii} \quad (j = i+1, \cdots, n). \end{cases}$$

② 计算对称阵 $E = T^{-1}A(T^{-1})'$. E 的计算等价于求解:

$$\begin{cases} TQ = A, \\ ET' = Q. \end{cases}$$

因 T 是下三角形矩阵,求解 $TQ = A$ 时只需用回代算法即可求得 $Q = T^{-1}A$.注意 Q 非对称阵,但在利用 Q 求 E 的计算中我们只用到 Q 的上三角部分,故这里只计算出 Q 的上三角部分.

对 $i = 1, 2, \cdots, n$ 计算:

$$q_{ij} = \left(a_{ij} - \sum_{k=1}^{i-1} b_{ik}q_{kj}\right)\bigg/b_{ii} \quad (j = i, i+1, \cdots, n),$$

然后求解 $ET' = Q, T'$ 是上三角形矩阵,仍用回代法求解. 又因 E 是对称阵,我们只需计算 E 的下三角部分(利用 Q 的上三角块求 E

的上三角块,然后存放到 E 的下三角位置).

对 $j = 1, 2, \cdots, n$ 计算:

$$e_{ij} = \left(q_{ji} - \sum_{k=1}^{i-1} b_{ik}e_{kj} \right) \Big/ b_{ii} \quad (i = j, j+1, \cdots, n).$$

③ 用 Jacobi 算法求解对称特征值问题,即求出 E 的特征值 λ_j 和特征向量 $y_j (j = 1, 2, \cdots, n)$;这时得到的 λ_j 即是 $Ax = \lambda Bx$ 的广义特征值.

求解 $T'x_j = y_j$,仍用回代算法,计算公式为:

$$x_{ij} = \left(y_{ij} - \sum_{k=i+1}^{n} b_{ki}x_{kj} \right) \Big/ b_{ii} \quad \left(\begin{matrix} j = 1, 2, \cdots, n; \\ i = n, n-1, \cdots, 2, 1 \end{matrix} \right),$$

则 $x_j = (x_{1j}, x_{2j}, \cdots, x_{nj})'$ 为广义特征值问题 $Ax = \lambda Bx$ 中对应于 λ_j 的广义特征向量.

以上算法涉及到对矩阵 B 进行 Cholesky 分解. 当 B 的正定性强且阶数 n 不太大时,此算法才有效. 当 n 较大且 A, B 为稀疏矩阵的情况,特别是带形矩阵时,广义特征值问题另有其他有效解法. 请参阅矩阵计算方面的参考书,如参考文献[10].

§5 矩阵的广义逆及其他

广义逆是由矩阵的逆推广发展而来的. 矩阵的逆不一定存在,它仅当矩阵是满秩的方阵时才有意义. 如线性方程组 $Ax = b$ 相容(即方程组有解),当逆矩阵存在时,解可表为 $x = A^{-1}b$;当线性方程组的系数矩阵 A 不是方阵,如 A 为 $n \times m$ 矩阵($n \leqslant m$);或 A 是方阵但不满秩时,如线性方程组 $Ax = b$ 有解(可能有无穷多组解),可否推广逆矩阵的概念,引进某种具有类似于逆矩阵性质的矩阵,使得相容线性方程组的解有类似于 $x = A^{-1}b$ 的表达式?这就引入了广义逆的概念.

在统计计算中,如回归分析的参数估计问题,典型相关分析的典型相关系数和典型变量的计算问题等都可能涉及到广义逆的理论. 近年来,广义逆理论和算法发展很快,已成为处理线性数学模型的一个有力的工具,它是数值代数的一个重要的分支.

下面我们用 R. Penrose(彭诺斯)在 1955 年提出的四个条件来定义矩阵的广义逆. 以下(5.1)给出的这四个条件也称为 Moore-Penrose 方程.

设 A 为 $n \times m$ 矩阵,若 $m \times n$ 矩阵 G 满足:

$$
\left.
\begin{aligned}
&① \ AGA = A; \\
&② \ GAG = G; \\
&③ \ (AG)' = AG(即 AG \text{ 是对称阵}); \\
&④ \ (GA)' = GA(即 GA \text{ 是对称阵}).
\end{aligned}
\right\}
\tag{5.1}
$$

这四个方程中的某几个或全部,则称矩阵 G 为矩阵 A 的广义逆. 具体地,我们定义以下几种特殊的广义逆.

定义 5.1　称满足(5.1)中方程 ① 的矩阵 G 为 A 的**减号逆**,记为 $G = A^-$;称满足(5.1)中全部四个方程的矩阵 G 为 A 的**加号逆**,记为 $G = A^+$;称满足(5.1)中方程 ① 和 ② 的矩阵 G 为 A 的**自反广义逆**,记为 $G = A^{(1,2)}$;称满足(5.1)中方程 ①、② 和 ③ 的矩阵 G 为 A 的**正规广义逆**,记为 $G = A^{(1,2,3)}$.

这几种广义逆中比较常用的是 A 的减号逆和 A 的加号逆. 下面介绍 A^- 和 A^+ 的结构和性质,并讨论它们的算法.

5.1　减号逆 A^-

（一）A^- 的存在性及性质

例 5.1　设 A 为 $n \times m$ 的零矩阵,对任意的 $m \times n$ 矩阵 G,因 $0G0 = 0$,故 $0^- = G$,即任意的 $m \times n$ 矩阵 G 都是零矩阵的减号逆.

例 5.2　设 $A = \begin{bmatrix} I_r & 0 \\ 0 & 0 \end{bmatrix}$ 为 $n \times m$ 矩阵,取 $G = \begin{bmatrix} I_r & * \\ * & * \end{bmatrix}$ 为 $m \times n$ 矩阵($r \leqslant \min(n,m)$),由定义 5.1,知

$$A^- = \begin{bmatrix} I_r & * \\ * & * \end{bmatrix}$$（这里"$*$"表示适当阶数的任意子矩阵）.

以上两个例子说明 A 的减号逆存在,而且不是唯一的. 下面的定理给出 A^- 的存在性.

定理5.1　设 A 为 $n \times m$ 矩阵,$\mathrm{rank}(A) = r (r \leqslant \min(n,m))$,则 A 的减号逆必存在,且

$$A^- = Q^{-1} \begin{bmatrix} I_r & * \\ * & * \end{bmatrix} P^{-1}, \tag{5.2}$$

其中 P,Q 为非奇异的方阵.

证明　利用矩阵的秩分解式:对 $n \times m$ 矩阵 A,存在 n 阶非奇异方阵 P 和 m 阶非奇异方阵 Q 使得

$$A = P \begin{bmatrix} I_r & 0 \\ 0 & 0 \end{bmatrix} Q.$$

假设 $m \times n$ 矩阵 X 满足:$AXA = A$,把 A 的秩分解式代入上式,经整理后得

$$\begin{bmatrix} I_r & 0 \\ 0 & 0 \end{bmatrix} QXP \begin{bmatrix} I_r & 0 \\ 0 & 0 \end{bmatrix} = \begin{bmatrix} I_r & 0 \\ 0 & 0 \end{bmatrix}, \tag{5.3}$$

其中记 $QXP = \begin{bmatrix} T_{11} & T_{12} \\ T_{21} & T_{22} \end{bmatrix}$ (T_{11} 为 $r \times r$ 矩阵).

由(5.3)式,必有 $T_{11} = I_r$,而 T_{12}, T_{21}, T_{22} 可取为任意相应阶数的矩阵,即

$$X = Q^{-1} \begin{bmatrix} I_r & * \\ * & * \end{bmatrix} P^{-1}.$$

由定义 5.1 知

$$A^- = Q^{-1} \begin{bmatrix} I_r & * \\ * & * \end{bmatrix} P^{-1}. \qquad \text{[证毕]}$$

定理 5.1 说明了 A 的减号逆 A^- 存在,但不唯一.

下面列出减号逆的一些简单性质:

① $\text{rank}(A^-)' \geqslant \text{rank}(A)$；$\text{rank}(A) = \text{rank}(AA^-) = \text{rank}(A^-A)$.

② A 是满秩方阵 $\Longleftrightarrow A^-$ 唯一，且 $A^- = A^{-1}$；

A 是列满秩阵 $\Longleftrightarrow A^-A = I_m$（$A^-$ 为左逆阵）；

A 是行满秩阵 $\Longleftrightarrow AA^- = I_n$（$A^-$ 为右逆阵）.

③ AA^- 和 A^-A 都是幂等阵，即有

$$(AA^-)^2 = AA^-, \quad (A^-A)^2 = A^-A,$$

并且有 $\text{rank}(AA^-) = \text{tr}(AA^-) = \text{tr}(A^-A) = \text{rank}(A^-A) = \text{rank}(A)$.

④ 设 B 为满秩 m 阶方阵，C 是满秩 n 阶方阵，则

$$(CAB)^- = B^{-1}A^-C^{-1}.$$

⑤ 分块求广义逆：

$$\begin{bmatrix} A_{11} & 0 \\ 0 & A_{22} \end{bmatrix}^- = \begin{bmatrix} A_{11}^- & T_{12} \\ T_{21} & A_{22}^- \end{bmatrix},$$

其中 T_{12}, T_{21} 满足：$\begin{cases} A_{11}T_{12}A_{22} = 0, \\ A_{22}T_{21}A_{11} = 0. \end{cases}$

⑥ $A'A(A'A)^-A' = A'$，$A(A'A)^-A'A = A$.

此性质说明 $A(A'A)^-$ 是 A' 的减号逆，而 $(A'A)^-A'$ 是 A 的减号逆：$A^- = (A'A)^-A'$；$(A')^- = A(A'A)^-$.

（二）减号逆 A^- 的应用

（1）线性方程组通解的表达式

线性方程组 $Ax = b$，若存在 x_0 使得 $Ax_0 = b$，则称 $Ax = b$ 为相容方程.

定理 5.2 设 A 为 $n \times m$ 矩阵，$Ax = b$ 为相容方程. 则 $Ax = b$ 的通解为

$$x = A^-b + (I - A^-A)u \quad (u \text{ 任意}). \tag{5.4}$$

证明 由 $Ax = b$ 是相容方程，故有 x_0 使得 $Ax_0 = b$. 将(5.4)代入 Ax，得

$$Ax = A(A^-b + (I - A^-A)u)$$
$$= AA^-b = AA^-(Ax_0) = Ax_0 = b,$$

所以 $x = A^-b + (I - A^-A)u$ 是 $Ax = b$ 的解.

另一方面, 设 x_1 是 $Ax = b$ 的任一解: $Ax_1 = b$, 在(5.4)式中取 $u = x_1$, 就有

$$A^-b + (I - A^-A)x_1 = A^-b + x_1 - A^-Ax_1$$
$$= A^-b + x_1 - A^-b = x_1.$$

这说明任一解 x_1 均可表成 $x = A^-b + (I - A^-A)u$ 的形式. 故(5.4)是 $Ax = b$ 的通解. [证毕]

(2) 减号逆的通式

定理 5.3 设 A^- 是 A 的一个特定的减号逆, 则

$$G = A^- + U - A^-AUAA^- \quad (U \text{ 任取}) \tag{5.5}$$

或

$$G = A^- + V(I - AA^-) + (I - A^-A)U \quad (U,V \text{ 任取}) \tag{5.6}$$

都是 A 的减号逆的通式.

证明 容易验证 G 满足: $AGA = A$, 故(5.5)式或(5.6)式定义的 G 是 A 的减号逆.

设 X 是 A 的任一减号逆, 在(5.5)式中取 $U = X - A^-$ 就有

$$G = A^- + (X - A^-) - A^-A(X - A^-)AA^-$$
$$= X - A^-AXAA^- + A^-AA^-AA^- = X.$$

在(5.6)中, 只要取 $V = X - A^-$, $U = XAA^-$, 就有 $G = X$.

所以(5.5)和(5.6)式都是 A 的减号逆的通式. [证毕]

减号逆的不唯一性, 一方面使得减号逆可在相当的范围内任选, 有较大的灵活性; 另一方面它使某些表达式将随 A^- 的选法而改变, 带来了许多麻烦. 以下表达式对任选的减号逆都是不变的.

(3) $A(A'A)^-A'$ 是投影阵

首先说明 $A(A'A)^-A'$ 与 $(A'A)^-$ 的选取无关.

设 $(A'A)_1^-$ 和 $(A'A)_2^-$ 都是 $A'A$ 的减号逆, 则

$$A'A(A'A)_1^-A'A = A'A(AA)_2^-A'A. \tag{5.7}$$

利用 $Ax = 0 \Longleftrightarrow A'Ax = 0$,从(5.7)式两边的右边消去 A,左边消去 A',得

$$A(A'A)_1^- A' = A(A'A)_2^- A' .$$

又因

$$(A(A'A)^- A')^2 = A(A'A)^- A'A(A'A)^- A'$$
$$= A(A'A)^- A' \text{（由性质 ⑥）},$$

所以 $A(A'A)^- A'$ 是幂等阵. 由于 $A(A'A)^- A$ 与 $(A'A)^-$ 的选取无关,选择 $(A'A)^-$ 为对称阵,则 $A(A'A)^- A'$ 也是对称阵.

综合之,$A(A'A)^- A'$ 是投影阵(即对称幂等阵).

5.2 加号逆 A^+

A^+ 是一个特殊的减号逆,它是满足四个 Penrose 方程的矩阵,故也称为 A 的 More-Penrose 广义逆.

（一）A^+ 的存在唯一性

定理 5.4 设 A 为 $n \times m$ 矩阵,则 A^+ 存在且唯一.

证明 ① 存在性 设 $\mathrm{rank}(A) = r \leqslant \min(n, m)$,由 A 的秩分解,存在非退化方阵 P 和 Q,使得

$$A = P \begin{bmatrix} I_r & 0 \\ 0 & 0 \end{bmatrix} Q.$$

记 $P = (P_1 \vdots P_2)$,P_1 为 $n \times r$ 列满秩阵;$Q' = (Q_1 \vdots Q_2)$,Q_1 为 $m \times r$ 列满秩阵. 则 $A = P_1 Q_1'$.

令 $X = Q_1(Q_1'Q_1)^{-1}(P_1'P_1)^{-1}P_1'$,$X$ 为 $m \times n$ 矩阵,可直接验证,X 满足四个 Penrose 方程. 如

$$AXA = (P_1Q_1')[Q_1(Q_1'Q_1)^{-1}(P_1'P_1)^{-1}P_1'](P_1Q_1')$$
$$= P_1Q_1' = A.$$

其余三个条件可类似验证. 故 $X = A^+$,存在性得证.

② 唯一性 设 A_1^+ 和 A_2^+ 是矩阵 A 的两个加号逆,则

$$A_1^+ = A_1^+ A A_1^+ = A_1^+ (AA_1^+)' = A_1^+ (A_1^+)'(AA_2^+ A)'$$

$$= A_1^+ (A_1^+)' A' (AA_2^+)' = A_1^+ (AA_1^+)' AA_2^+$$
$$= A_1^+ AA_2^+$$
$$= (A_1^+ A)' A_2^+ = (AA_2^+ A)'(A_1^+)' A_2^+$$
$$= (A_2^+ A)' A' (A_1^+)' A_2^+ = A_2^+ AA_1^+ AA_2^+$$
$$= A_2^+ AA_2^+ = A_2^+.$$

[证毕]

推论 ① 当 $\text{rank}(A) = m$(列满秩)时,$A^+ = (A'A)^{-1} A'$;

② 当 $\text{rank}(A) = n$(行满秩)时,$A^+ = A'(AA')^{-1}$;

③ 当 $\text{rank}(A) = n = m$ 时,$A^+ = A^{-1}$.

(二) A^+ 的性质

A^+ 也是减号逆,故 A^- 所具有的性质,A^+ 亦有. 由于 A^+ 要求满足四个 Penrose 方程,且有唯一性,因此它具有一些特有的性质,其中有些与逆矩阵相仿.

性质 1 由加号逆的定义容易验证 A^+ 有以下简单的性质(习题 5.17):

① $(A^+)^+ = A$;

② $(A^+)' = (A')^+$,故若 A 为对称阵,则 A^+ 也是对称阵;

③ $\text{rank}(A^+) = \text{rank}(A)$;

④ $(A'A)^+ = A^+ (A^+)'$,可见非负定阵 $A'A$ 的加号逆也是非负定;

⑤ AA^+ 和 A^+A 都是正投影阵;

⑥ 若 $A = A', A^2 = A$,则 $A^+ = A$(对称幂等阵的加号逆为其自身).

性质 2 设 A 为 $n \times m$ 矩阵,P, Q 分别为 n 阶,m 阶正交阵,则有

$$(PAQ)^+ = Q'A^+P'.$$

证明 记 $X = Q'A^+P'$,直接验证 X 满足四个 Penrose 方程,如验证(5.1)式中的③,由

$$(PAQ)X = PAQQ'A^+P' = PAA^+P',$$

因 AA^+ 为对称阵,故 $(PAQ)X$ 是对称阵,(5.1)式中的③成立.

(5.1)式中其余三个条件类似可以验证.   [证毕]

性质 3(对称阵的加号逆)   设 $A = A'$,则存在正交阵 Q,使得 $A^+ = Q\Lambda^+ Q'$,其中 $\Lambda = \text{diag}(\lambda_1, \lambda_2, \cdots, \lambda_n)$,$\lambda_i$ 是 A 的特征值.

证明   因 A 为对称阵,由定理 3.1 可知存在正交阵 Q,使得
$$A = Q\Lambda Q', \quad \Lambda = \text{diag}(\lambda_1, \lambda_2, \cdots, \lambda_n).$$

利用性质 2,即得 $A^+ = Q\Lambda^+ Q'$.   [证毕]

性质 4(A^+ 的结构)   设 A 为 $n \times m$ 矩阵,$\text{rank}(A) = r$,A 的奇异值分解式为:

$$A = UDV', \quad D = \begin{bmatrix} D_r & 0 \\ 0 & 0 \end{bmatrix} \text{为} n \times m \text{对角阵},$$

其中 $D_r = \text{diag}(d_1, d_2, \cdots, d_r)$,$d_i$ 为 A 的奇异值,U, V 为正交阵. 则
$$A^+ = VD^+U'.$$

证明   由性质 2 即得.   [证毕]

例 5.3   设对称阵 $A = \begin{bmatrix} 2 & -1 & 0 \\ -1 & 2 & 0 \\ 0 & 0 & 0 \end{bmatrix}$,试求 A^+.

解   因 A 是对称阵,A 的特征值为 $\lambda_1 = 0, \lambda_2 = 1, \lambda_3 = 3$. 相应的特征向量为
$$q_1 = (0, 0, 1)';$$
$$q_2 = \left(\frac{1}{\sqrt{2}}, \frac{1}{\sqrt{2}}, 0 \right)';$$
$$q_3 = \left(\frac{1}{\sqrt{2}}, -\frac{1}{\sqrt{2}}, 0 \right)'.$$

记 $Q = (q_1, q_2, q_3)$,则 $A = Q \begin{bmatrix} 0 & & \\ & 1 & \\ & & 3 \end{bmatrix} Q'$. 由性质 3 知:

$$A^+ = Q \begin{bmatrix} 0 & & \\ & 1 & \\ & & 3 \end{bmatrix}^+ Q' = Q \begin{bmatrix} 0 & & \\ & 1 & \\ & & \frac{1}{3} \end{bmatrix} Q'$$

$$= q_2 q_2' + \frac{1}{3} q_3 q_3' = \frac{1}{3} \begin{bmatrix} 2 & 1 & 0 \\ 1 & 2 & 0 \\ 0 & 0 & 0 \end{bmatrix}.$$

（三）A^+ 的求法

由例 5.3 可知，当 A 为对称阵时，通过计算 A 的特征值和特征向量，由性质 3 可得 A^+. 对一般矩阵 A，A^+ 有以下两种求法.

算法 5.1（利用 A 的奇异值分解式） 已知 A 为 $n \times m$ 矩阵，且秩为 r.

① 求 A 的奇异值分解式：$A = UDV'$；

② 记 $n \times m$ 阶对角阵 D 为

$$D = \begin{bmatrix} d_1 & & & & & & \\ & \ddots & & & & & \\ & & d_r & & & & \\ & & & 0 & & & \\ & & & & \ddots & & \\ & & & & & 0 & \\ & & & & & & 0 \end{bmatrix},$$

则

$$D^+ = \begin{bmatrix} 1/d_1 & & & & & & \\ & \ddots & & & & & 0 \\ & & 1/d_r & & & & \\ & & & 0 & & & \\ & & & & \ddots & & \\ & & & & & 0 & \end{bmatrix}$$

为 $m \times n$ 阶矩阵. 利用性质 4，$A^+ = VD^+U'$.

算法 5.2（利用 A 的正交-三角分解） 已知 A 为 $n \times m$ 矩阵，且秩为 r.

① 对 A 作列置换，使前 r 列无关；即存在列置换阵 P，使 AP 的前 r 列无关；

② 用 Householder 变换化 AP 为上三角形矩阵，即存在正交阵 H，使

$$HAP = \begin{bmatrix} T_1 & B \\ 0 & 0 \end{bmatrix},$$

其中 T_1 为 r 阶上三角形矩阵；B 为 $r \times (m - r)$ 矩阵；

③ 对 HAP 右乘一系列 Householder 变换阵，化 B 为 0，即存

在正交阵 H_1,使

$$(HAP)H_1 = \begin{bmatrix} T & 0 \\ 0 & 0 \end{bmatrix}, \quad T \text{ 为 } r \text{ 阶上三角矩阵},$$

注意 $T_1 \neq T$,但它们仅在第 r 列上有差别;

④ 求 T^{-1};

⑤ 计算 $A^+ = PH_1 \begin{bmatrix} T^{-1} & 0 \\ 0 & 0 \end{bmatrix} H.$

5.3　线性方程组的最小二乘解

在回归分析中,设回归模型为 $Y = X\beta + \varepsilon$,参数 β 的最小二乘估计 $\hat{\beta}$ 就是线性方程组 $X\beta = Y$ 的最小二乘解,即

$$\| Y - X\hat{\beta} \|^2 = \min_{\text{一切}\beta} \| Y - X\beta \|^2.$$

故在统计计算中,讨论线性方程组的最小二乘解是很重要的. 本节介绍用广义逆矩阵这一有力工具来讨论线性方程组最小二乘解的表达式及计算问题.

（一）几个概念

设 A 为 $n \times m$ 矩阵,若线性方程组 $Ax = b$ 是相容的方程,由定理 5.2 可知通解形式为:

$$x = A^- b + (I - A^- A)u \quad (u \text{ 任取}),$$

或　　　　　$$x = A^+ b + (I - A^+ A)u \quad (u \text{ 任取}).$$

当 $Ax = b$ 为矛盾方程时（一般是 $n > m$）,方程组无解.

定义 5.2（最小二乘解）　设线性方程组 $Ax = b$,若存在 $x_0 \in R^m$,使得

$$\| Ax_0 - b \| = \min_x \| Ax - b \|, \tag{5.8}$$

则称 x_0 为 $Ax = b$ 的一个**最小二乘解**.

显然当 $Ax = b$ 是相容方程且 x_0 是它的一个解时,那么 x_0 也是 $Ax = b$ 的一个最小二乘解. 由于 $Ax = b$ 的解可以不唯一,故最小二乘解一般也是不唯一的. 当 $Ax = b$ 为矛盾方程时,它的解不

存在,但由定义 5.2,其最小二乘解是存在的.

定义 5.3(正规方程)   设线性方程组为 $Ax = b$,称
$$A'Ax = A'b \qquad\qquad (5.9)$$
为 $Ax = b$ 的**正规方程**(或正则方程).

当线性方程组 $Ax = b$ 的解不存在时,可以通过求其正规方程的解来得到最小二乘解.

(二)线性方程组的最小二乘解

以下定理给出最小二乘解与正规方程的解之间的联系.

定理 5.5   ① 任意线性方程组 $Ax = b$ 的正规方程 $A'Ax = A'b$ 必有解;

② x^* 是 $Ax = b$ 的最小二乘解 $\Longleftrightarrow$ x^* 也是相应正规方程 $A'Ax = A'b$ 的解 ;

③ $Ax = b$ 的全部最小二乘解可表示为
$$x = A^+b + (I - A^+A)u \quad (u \text{ 任取}); \qquad (5.10)$$

④ 若 x_1, x_2 是 $Ax = b$ 的任意两个最小二乘解,则 $Ax_1 = Ax_2$.

证明   ① 记 $x = A^+b$,由于
$$A'A\,A^+b = A'(AA^+)'b = A'(A^+)'A'b = A'b ,$$
可知 A^+b 是正规方程(5.9)的解.

② 首先证明一个关系式. 对任意的 x 和 $x^* \in \mathbf{R}^m$,有
$$\begin{aligned}
\|b - Ax\|^2 &= \|b - Ax^* + Ax^* - Ax\|^2 \\
&= \|b - Ax^*\|^2 + \|A(x^* - x)\|^2 \\
&\quad + 2(x^* - x)'(A'b - A'Ax^*).
\end{aligned}$$

设 x^* 是正规方程的解,即 $A'Ax^* = A'b$,对任意 $x \in \mathbf{R}^m$,利用以上关系式,因为
$$\begin{aligned}
\|b - Ax\|^2 &= \|b - Ax^*\|^2 + \|A(x^* - x)\|^2 + 0 \\
&\geqslant \|b - Ax^*\|^2.
\end{aligned}$$

由定义 5.2 知 x^* 是 $Ax = b$ 的最小二乘解.

反之,若 x^* 是 $Ax = b$ 的任一最小二乘解,记 $x_0 = A^+b$,由 ①

271

知 x_0 是 $A'Ax = A'b$ 的一个解,则

$$\| b - Ax^* \|^2 = \| b - Ax_0 \|^2 + \| A(x_0 - x^*) \|^2 + 0$$
$$\geqslant \| b - Ax_0 \|^2.$$

由假设 x^* 是 $Ax = b$ 的一个最小二乘解,故有

$$\| b - Ax^* \|^2 \leqslant \| b - Ax_0 \|^2.$$

综合之,

$$\| b - Ax^* \|^2 = \| b - Ax_0 \|^2.$$

由此可得　　$\| A(x_0 - x^*) \|^2 = 0$,即 $A(x_0 - x^*) = 0$,因此有

$$A'Ax^* = A'Ax_0 = A'b,$$

即 x^* 也是正规方程的一个解.

③ 只需证明正规方程的所有解可以表示为(5.10).

因正规方程(5.9)是相容方程,$(A'A)^+$ 是 $A'A$ 的一个特殊的减号逆,由定理 5.2 知(5.9)的通解形式为:

$$x = (A'A)^+ A'b + (I - (A'A)^+(A'A))u \qquad (u \text{ 任取})$$
$$= A^+(A^+)'A'b + (I - A^+(A^+)'A'A)u$$
$$= A^+AA^+b + (I - A^+AA^+A)u$$
$$= A^+b + (I - A^+A)u.$$

④ 设 $x_1 = A^+b + (I - A^+A)u_1, x_2 = A^+b + (I - A^+A)u_2$,

则　　　　　$Ax_1 = AA^+b + (A - AA^+A)u_1 = AA^+b,$

类似地也有 $Ax_2 = AA^+b$. 所以 $Ax_1 = Ax_2$. 　　　　[证毕]

在回归分析中,$X\beta = Y$ 的最小二乘解 $\hat{\beta}$ 可以不唯一(当 X 不是列满秩时),但由定理 5.5 ④ 知 $X\hat{\beta} = \hat{Y}$ 是唯一的,即因变量 Y 的预测值是唯一的. 这在实际应用中是非常重要的结论.

5.4　矩阵的范数和条件数

在矩阵算法的分析中,需要引入衡量矩阵之间接近的程度的量,或者说衡量 $A - B$ 的"大小". 于是有必要引入一个以矩阵元素为自变量的非负函数值. 它相当于数的绝对值概念的推广,这就是本节介绍的范数. 和矩阵的秩、行列式、逆、特征值、奇异值等特

征量一样,范数实际上也是矩阵的一种数值特征.

（一）矩阵的范数

定义 5.4（向量的范数） 设向量 $x \in \mathbf{R}^m$,记 $\| \cdot \|$ 为 $\mathbf{R}^m$ 到 $\mathbf{R}^1$ 的一个映射.对任给 $x, y \in \mathbf{R}^m$,若映射 $\| \cdot \|$ 满足:

① $\| x \| \geqslant 0$,等号当且仅当 $x = 0$ 时成立;

② 对常数 α,$\| \alpha x \| = | \alpha | \| x \|$;

③ $\| x + y \| \leqslant \| x \| + \| y \|$,

则称 $\| x \|$ 为**向量 x 的范数**.

向量 $x = (x_1, x_2, \cdots, x_m)'$ 的范数是向量长度的进一步推广.一种常用的范数是 Hölder 范数或称 p-范数,其定义为:

$$\| x \|_p = (|x_1|^p + |x_2|^p + \cdots + |x_m|^p)^{1/p} \quad (p \geqslant 1). \quad (5.11)$$

例如:
$$\| x \|_1 = |x_1| + |x_2| + \cdots + |x_m|,$$

$$\| x \|_2 = \left(\sum_{i=1}^m x_i^2 \right)^{1/2} = (x'x)^{1/2},$$

$$\| x \|_\infty = \max_{i=1,2,\cdots,m} |x_i|$$

都是很重要的范数.

关于 p-范数的一个很经典的结论是 Hölder 不等式:

$$|x'y| \leqslant \| x \|_p \| y \|_q \quad (当 1/p + 1/q = 1),$$

它的一个非常重要的不等式是 Cauchy-Schwartz 不等式（当 $p = q = 2$ 时）:

$$|x'y| \leqslant \| x \|_2 \| y \|_2. \quad (5.12)$$

$p = 2$ 的范数在正交变换下是不变的,即当 Q 是正交阵时:

$$\| Qx \|_2^2 = \| x \|_2^2.$$

定义 5.5（矩阵范数） 设 $A \in \mathbf{R}^{n \times m}$（$A$ 为 $n \times m$ 矩阵）对应的一个非负实数 $\| A \|$ 若满足以下条件:

① $\| A \| \geqslant 0$,当且仅当 $A = 0$ 时等号成立;

② 对任意常数 α,$\| \alpha A \| = | \alpha | \| A \|$;

③ 三角不等式成立:

$$\| A + B \| \leqslant \| A \| + \| B \| \quad (A, B \in \mathbf{R}^{n \times m}),$$

则称 $\| A \|$ 为**矩阵 A 的范数.**

在数值分析中,最常用的范数是 F-范数(Frobenius 范数):

$$\| A \|_F = \Big(\sum_{i=1}^n \sum_{j=1}^m |a_{ij}|^2 \Big)^{1/2} (其中 A = (a_{ij})_{n \times m}), \quad (5.13)$$

和 p-范数:

$$\| A \|_p = \sup_{x \neq 0} \frac{\| Ax \|_p}{\| x \|_p} = \sup_{\| x \|_p = 1} \| Ax \|_p. \quad (5.14)$$

p-范数具有这样一个重要性质,即对任给 $A \in \mathbf{R}^{n \times m}$,有

$$\| Ax \|_p \leqslant \| A \|_p \| x \|_p \quad (任意 x \in \mathbf{R}^m). \quad (5.15)$$

下面我们不加证明地给出几个常用矩阵范数的表达式. 设 $A = (a_{ij}) \in \mathbf{R}^{n \times m}$,则

① $\| A \|_1 = \max\limits_{j=1, \cdots, m} \sum\limits_{i=1}^n |a_{ij}|$;

② $\| A \|_2 = (\lambda_{\max}(A'A))^{1/2}$ ($\| A \|_2$ 又称为 A 的谱范数),其中 $\lambda_{\max}(A'A)$ 表示 $A'A$ 的最大特征值;

③ $\| A \|_\infty = \max\limits_{1 \leqslant i \leqslant n} \sum\limits_{j=1}^m |a_{ij}|$.

(二)矩阵的条件数

很多统计计算中的问题,最后化为求解线性方乘组 $Ax = b$,由于舍入误差的积累等原因,使得经计算得到的 A 和 b 有一个偏差(扰动),设 $\tilde{x} = x + \Delta x$ 是

$$(A + \Delta A)\tilde{x} = b + \Delta b \quad (5.16)$$

的解. 即 $\tilde{x}$ 是 $Ax = b$ 的近似解. 常称

$$\varepsilon = \frac{\| \Delta x \|}{\| x \|}$$

为 x 的相对误差,称 $\| \Delta x \|$ 为 x 的绝对误差.

误差的大小不仅与 $\Delta A, \Delta b$ 有关,也与 A 本身的性质有关. 相同的 ΔA 和 Δb,对不同的线性方程组引起的误差可能完全不同.

例如线性方程组

$$\begin{bmatrix} 1 & -1 \\ 1 & 1 \end{bmatrix} \begin{bmatrix} x_1 \\ x_2 \end{bmatrix} = \begin{bmatrix} 0 \\ 2 \end{bmatrix} \qquad (5.17)$$

的解为 $x_1 = x_2 = 1$. 当 A 有偏差 $\Delta A = \begin{bmatrix} 0 & 0 \\ 0 & 0.0005 \end{bmatrix}$ 时,线性方程组

$$\begin{bmatrix} 1 & -1 \\ 1 & 1.0005 \end{bmatrix} \begin{bmatrix} x_1 \\ x_2 \end{bmatrix} = \begin{bmatrix} 0 \\ 2 \end{bmatrix}$$

的解为 $\tilde{x}_1 = \tilde{x}_2 = 2/2.0005$. 这时系数矩阵的偏差对解的影响不大. 但对于另外一个线性方程组

$$\begin{bmatrix} 10 & -10 \\ -1 & 1.001 \end{bmatrix} \begin{bmatrix} x_1 \\ x_2 \end{bmatrix} = \begin{bmatrix} 0 \\ 0.001 \end{bmatrix} \qquad (5.18)$$

其解仍为 $x_1 = x_2 = 1$. 当 A 与线性方程组(5.17)的系数阵有同样的误差 ΔA 时,线性方程组

$$\begin{bmatrix} 10 & -10 \\ -1 & 1.0015 \end{bmatrix} \begin{bmatrix} x_1 \\ x_2 \end{bmatrix} = \begin{bmatrix} 0 \\ 0.001 \end{bmatrix}$$

的解为 $\tilde{x}_1 = \tilde{x}_2 = 2/3$. 这时系数矩阵的偏差对解的影响是大的. 可见同样的误差对不同线性方程组导致解有完全不同的精度. 这就有必要来揭示系数矩阵本身的性质在求解过程中所产生的影响. 如上例,线性方程组(5.17)式的系数矩阵的行列式 $\det(A) = 2$;而(5.18)中 $\det(A) = 0.01 \approx 0$. 当线性方程组中系数矩阵 A 的行列式近似为零时,常称该方程组为病态方程组. 下面将介绍刻画线性方程组病态程度的另一特征量——矩阵的条件数.

定义 5.6(条件数) 设 A 为 $n \times m$ 矩阵,称 $\parallel A^+ \parallel \parallel A \parallel$ 为 A 的**条件数**,记为 $\mathrm{cond}(A) = \parallel A^+ \parallel \parallel A \parallel$.

注意,条件数与所取的矩阵范数有关,当强调这个范数时,使用下标. 例如记 $\mathrm{cond}_2(A) = \parallel A^+ \parallel_2 \parallel A \parallel_2$.

条件数有如下性质:

① $\mathrm{cond}_2(A) = \sigma_{\max}(A)/\sigma_{\min}(A)$,其中 $\sigma_{\max}(A)$ 和 $\sigma_{\min}(A)$ 分别

是 A 的最大和最小奇异值. 特别地, 当 A 是对称阵时, $\sigma_{\max}(A)$ 和 $\sigma_{\min}(A)$ 是 A 的绝对值最大和最小的非零特征值的绝对值;

② $\mathrm{cond}_p(A) \geqslant 1$, 当 A 为正交阵时等号成立;

③ $\mathrm{cond}(\alpha A) = \mathrm{cond}(A)$ (α 为常数);

④ $[\mathrm{cond}(A)]^2 = \mathrm{cond}(A'A)$.

例如 $A = \begin{bmatrix} 1 & -1 \\ 1 & 1 \end{bmatrix}$ 时, $\mathrm{cond}(A) = 1$;

$A = \begin{bmatrix} 10 & -10 \\ -1 & 1.001 \end{bmatrix}$ 时, $\mathrm{cond}(A) = 2099.85$.

当 $\mathrm{cond}(A)$ 的值大时, 我们称 A 为病态的, 条件数相对小的矩阵, 称之为良态的. 在 p-范数下, 正交阵的条件数最小; 即当 Q 是正交阵时, $\mathrm{cond}_p(Q) = 1$.

用行列式的大小来度量矩阵是否病态是很自然的事. 但是 A 的行列式 $\det(A)$ 与 A 的条件数二者之间没有什么关系. 例如矩阵 A_n 定义为

$$A_n = \begin{pmatrix} 1 & -1 & \cdots & -1 \\ 0 & 1 & \cdots & -1 \\ \vdots & \vdots & \ddots & \vdots \\ 0 & 0 & \cdots & 1 \end{pmatrix} \in \mathbf{R}^{n \times n},$$

其行列式等于 1, 但 $\mathrm{cond}_\infty(A_n) = n2^{n-1}$. 另一方面, 一个非常良态的矩阵可能其行列式值很小, 如

$$D_n = \mathrm{diag}(0.1, \cdots, 0.1) \in \mathbf{R}^{n \times n}, \quad \mathrm{cond}_p(D_n) = 1,$$

但 $\det(D_n) = 10^{-n}$. 因此用行列式值的大小不能完全度量矩阵的条件数的大小.

下面我们来讨论线性方程组 $Ax = b$ 的最小二乘解, 当 A 和 b 有一个小的误差扰动 ΔA 和 Δb 时:

$$(A + \Delta A)(x + \Delta x) = b + \Delta b \qquad (5.19)$$

的解的变化. 我们希望当存在小的误差扰动时, 方程(5.19)的最小二乘解 $\tilde{x} = x + \Delta x$ 与理论值 x 相差不大, 否则方程求解就没有实际意义了.

假设 A 是非奇异的方阵(A^{-1} 存在).(5.19)可写成

$$Ax + A\Delta x + (\Delta A)x + (\Delta A)(\Delta x) = b + \Delta b.$$

注意到 $Ax = b$,所以

$$A\Delta x = \Delta b - (\Delta A)x - (\Delta A)(\Delta x),$$
$$\Delta x = A^{-1}\Delta b - A^{-1}(\Delta A)x - A^{-1}(\Delta A)(\Delta x).$$

两边取范数,则有

$$\| \Delta x \| \leqslant \| A^{-1} \| \| \Delta b \| + \| A^{-1} \| \| \Delta A \| \| x \|$$
$$+ \| A^{-1} \| \| \Delta A \| \| \Delta x \|,$$
$$(1 - \| A^{-1} \| \| \Delta A \|) \| \Delta x \|$$
$$\leqslant \| A^{-1} \| (\| \Delta b \| + \| \Delta A \| \| x \|).$$

假设误差扰动 ΔA 足够小,使得 $1 - \| A^{-1} \| \| \Delta A \| > 0$,这时有

$$\| \Delta x \| \leqslant \frac{\| A^{-1} \|}{1 - \| A^{-1} \| \| \Delta A \|} (\| \Delta b \| + \| \Delta A \| \| x \|).$$

$$(5.20)$$

(5.20)式是解的绝对误差的估计式. $\| A^{-1} \|$ 越大,误差越大.一般更关心相对误差 $\| \Delta x \| / \| x \|$. 从 $Ax = b$ 可知,$\| b \| \leqslant \| A \| \| x \|$,于是 $\| x \|^{-1} \leqslant \| A \| / \| b \|$.(5.20)式的两端用 $\| x \|$ 除,得

$$\frac{\| \Delta x \|}{\| x \|} \leqslant \frac{\| A^{-1} \|}{1 - \| A^{-1} \| \| \Delta A \|} \left(\frac{\| \Delta b \|}{\| x \|} + \| \Delta A \| \right)$$
$$\leqslant \frac{\| A^{-1} \|}{1 - \| A^{-1} \| \| \Delta A \|} \left(\frac{\| \Delta b \| \| A \|}{\| b \|} + \| \Delta A \| \right)$$
$$= \frac{\| A^{-1} \| \| A \|}{1 - \| A^{-1} \| \| A \| \frac{\| \Delta A \|}{\| A \|}} \left(\frac{\| \Delta b \|}{\| b \|} + \frac{\| \Delta A \|}{\| A \|} \right)$$
$$= \frac{\mathrm{cond}(A)}{1 - \mathrm{cond}(A)\rho_A} (\rho_A + \rho_b),$$

其中 $\rho_A = \dfrac{\| \Delta A \|}{\| A \|}$,$\rho_b = \dfrac{\| \Delta b \|}{\| b \|}$ 分别表示 A 和 b 的相对误差.可见对不同的线性方程组,在 ρ_A,ρ_b 相同的前提下,条件数 $\mathrm{cond}(A)$ 越大,$Ax = b$ 解的相对误差越大.

以上我们假设 A^{-1} 存在时,导出解的相对误差与 $\text{cond}(A)$ 的关系. 对一般的系数矩阵 A, A^{-1} 可能不存在,用 A^{+} 代替 A^{-1},引入定义 5.6. 条件数是由矩阵本身决定的. 在线性方程组 $Ax = b$ 中,把系数矩阵 A 的条件数大的方程组称为病态方程组. 至于 $\text{cond}(A)$ 大到什么程度才算病态,目前还没有什么公认的数量标准. 曾经有人提出当 $\text{cond}(A) > 100$ 称为病态,$\text{cond}(A) > 1000$ 称为严重病态.

因线性方程组 $Ax = b$ 的最小二乘解与正规方程 $A'Ax = A'b$ 的解是等价的,实际应用中常通过求解正规方程来得到最小二乘解. 这从误差角度分析并不是最佳的算法. 由条件数的性质 ④ 和 ② 知道:

$$\text{cond}(A'A) = [\text{cond}(A)]^2 \geqslant \text{cond}(A).$$

正规方程系数阵的条件数大于原线性方程组 $Ax = b$ 的系数阵的条件数. 这说明通过正规方程而求得原方程的最小二乘解的算法不如直接求解原方程组的算法精度高. 具体地说,$(A'A)^{+} A'b$ 和 $A^{+} b$ 都是原方程的最小二程解,从计算角度来看,通过计算 $A'A$,$A'b$(先构造正规方程) 然后求得 $(A'A)^{+} A'b$ 的算法的精度不如直接计算 $A^{+} b$ 的精度高.

§6　消　去　变　换

消去变换是通过对矩阵施行一些初等变换来计算矩阵的逆矩阵、广义逆矩阵、求解线性方程组的一种很有效的算法. 特别在逐步回归和逐步判别的计算中,消去变换是完成变量筛选的一种非常巧妙的算法. 消去变换在国外的文献上常常称为 Sweep(扫描) 变换;也有人称为紧凑或原地求逆变换.

6.1　消去变换及其性质

（一）高斯无回代消去法

例 6.1 求线性方程组 $Ax = b$ 的解和 A^{-1}，其中

$$A = \begin{bmatrix} 2 & 0 & 1 \\ 0 & 1 & 0 \\ 1 & 0 & 2 \end{bmatrix}, \quad b = \begin{bmatrix} 3 \\ -4 \\ 0 \end{bmatrix}.$$

解 因要求同时求解求逆，我们采用高斯无回代消去法.

记 $A^{(0)} = (A \vdots b \vdots I)$，第一步用初等变换化 A 的第一列为 $(1,0,0)'$，第二步化 A 的第二列为 $(0,1,0)'$；第三步化第三列为 $(0,0,1)'$. 这时 $(A \vdots b \vdots I) \to (I \vdots x \vdots A^{-1})$. 即求出线性方程组的解和 A 的逆矩阵. 具体过程如下：

$$A^{(0)} = \begin{bmatrix} 2 & 0 & 1 & \vdots & 3 & \vdots & 1 & 0 & 0 \\ 0 & 1 & 0 & \vdots & -4 & \vdots & 0 & 1 & 0 \\ 1 & 0 & 2 & \vdots & 0 & \vdots & 0 & 0 & 1 \end{bmatrix},$$

$$A^{(1)} = \begin{bmatrix} 1 & 0 & 1/2 & \vdots & 3/2 & \vdots & 1/2 & 0 & 0 \\ 0 & 1 & 0 & \vdots & -4 & \vdots & 0 & 1 & 0 \\ 0 & 0 & 3/2 & \vdots & -3/2 & \vdots & -1/2 & 0 & 1 \end{bmatrix} = A^{(2)},$$

$$A^{(3)} = \begin{bmatrix} 1 & 0 & 0 & \vdots & 2 & \vdots & 2/3 & 0 & -1/3 \\ 0 & 1 & 0 & \vdots & -4 & \vdots & 0 & 1 & 0 \\ 0 & 0 & 1 & \vdots & -1 & \vdots & -1/3 & 0 & 2/3 \end{bmatrix} = (I \vdots x \vdots A^{-1}).$$

第二步因 $A^{(1)}$ 的第二列已是 $(0,1,0)'$，故此步没做变换，即 $A^{(2)} = A^{(1)}$. 最后得：

$$x = A^{-1}b = \begin{bmatrix} 2 \\ -4 \\ -1 \end{bmatrix}, \quad A^{-1} = \begin{bmatrix} 2/3 & 0 & -1/3 \\ 0 & 1 & 0 \\ -1/3 & 0 & 2/3 \end{bmatrix}.$$

在例 6.1 中给出的同时求解求逆的高斯无回代消去变换也称为高斯-若当（Gauss-Jordan）消去变换；简称为 G-J 消去变换.

设 A 为 n 阶方阵，并记 $A^{(0)} = A = (a_{ij}^{(0)})$，对 $k = 1, 2, \cdots, n$，由 $A^{(k-1)} \triangleq (a_{ij}^{(k-1)})$ 的第 k 列定义变换阵

$$G_k(A^{(k-1)}) = (e_1, \cdots, e_{k-1}, g_k, e_{k+1}, \cdots, e_n) \triangleq G_k,$$

其中 $e_j = (0, \cdots, 0, 1, 0, \cdots, 0)'$ 是第 j 个元素为 1 其余均为 0 的 n

维单位向量;

$$g_k = \left(-\frac{a_{1k}^{(k-1)}}{a_{kk}^{(k-1)}}, \cdots, -\frac{a_{(k-1)k}^{(k-1)}}{a_{kk}^{(k-1)}}, \frac{1}{a_{kk}^{(k-1)}}, -\frac{a_{(k+1)k}^{(k-1)}}{a_{kk}^{(k-1)}}, \cdots, -\frac{a_{nk}^{(k-1)}}{a_{kk}^{(k-1)}} \right)'.$$

称矩阵 $G_k(A^{(k-1)})$（常简记为 G_k）为由 $A^{(k-1)}$ 的第 k 列定义的G-J 消去变换阵.

令 $A^{(k)} = G_k A^{(k-1)}$，并称为对 $A^{(k-1)}$ 施行以 $a_{kk}^{(k-1)}$ 为主元的G-J 消去变换. 记 $A^{(k-1)} = (a_1^{(k-1)}, \cdots, a_n^{(k-1)})$，显然有

$$\begin{cases} G_k a_k^{(k-1)} = e_k, \\ G_k e_j = e_j \quad (\text{当 } j \neq k), \\ G_k e_k = g_k. \end{cases}$$

记 $A^{(k)} \triangleq (a_{ij}^{(k)})$，则有 G-J 消去变换的公式:

$$a_{ij}^{(k)} = \begin{cases} a_{kj}^{(k-1)}/a_{kk}^{(k-1)} (j = 1, 2, \cdots, n), \\ a_{ij}^{(k-1)} - a_{ik}^{(k-1)} a_{kj}^{(k-1)}/a_{kk}^{(k-1)} \quad (i \neq k, j = 1, \cdots, n). \end{cases} \quad (6.1)$$

在例 6.1 中求解求逆的过程用 G-J 消去变换可表示为

$$A^{(3)} = G_3 G_2 G_1 A^{(0)} = (I \vdots x \vdots A^{-1}),$$

而且变换结果与次序无关，即

$$G_1 G_2 G_3 A^{(0)} = G_2 G_3 G_1 A^{(0)} = G_3 G_2 G_1 A^{(0)} = (I \vdots x \vdots A^{-1}).$$

以上介绍的 $G_j(A)$ 是化 A 的第 j 列为 e_j 的 G-J 消去变换阵. 更一般的情况是要求化 A 的第 j 列为 $e_i(i$ 可以等于 j，也可以不等于 $j)$. 不妨设 $i > j$，令

$$G_{ij}(A) = (e_1, \cdots, e_j, \cdots, g_i, \cdots, e_n) \triangleq G_{ij},$$

其中 $g_i = \left(-\frac{a_{1j}}{a_{ij}}, \cdots, -\frac{a_{(i-1)j}}{a_{ij}}, \frac{1}{a_{ij}}, -\frac{a_{(i+1)j}}{a_{ij}}, \cdots, -\frac{a_{nj}}{a_{ij}} \right)'$ 是由 A 的第 j 列定义的. 记 $A = (a_1, \cdots, a_j, \cdots, a_n)$，则

$$\begin{cases} G_{ij} a_j = e_i, \\ G_{ij} e_i = g_i, \\ G_{ij} e_k = e_k \quad (k \neq i). \end{cases}$$

若记 $B = G_{ij} A \triangleq (b_{\alpha\beta})$，则

$$b_{\alpha\beta} = \begin{cases} a_{i\beta}/a_{ij} & (\alpha = i, \beta = 1, 2, \cdots, n), \\ a_{\alpha\beta} - a_{\alpha j}a_{i\beta}/a_{ij} & (\alpha \neq i, \beta = 1, 2, \cdots, n). \end{cases} \quad (6.2)$$

（二）消去变换的定义

用 G-J 消去变换对线性方程组求解求逆的过程中，$A^{(0)} = (A \,\vdots\, b \,\vdots\, I)$ 为 $n \times (2n+1)$ 矩阵，经过 n 次 G-J 变换化 $A^{(0)} \to A^{(n)} = (I \,\vdots\, x \,\vdots\, A^{-1})$. 每一步变换后的 $A^{(k)}$ 阵中，总有 n 列单位向量构成单位阵 I_n. 为了节省存储空间，改进的算法中不存储这 n 列单位向量. 记 $A^{(0)} = (A \,\vdots\, b)$ 为 $n \times (n+1)$ 矩阵. 从 $A^{(0)}$ 出发做变换. 当第 k 步用变换阵 G_k 化 $A^{(k-1)}$ 的第 k 列为 e_k 时，有 $G_k e_k = g_k$. 改进的算法中，在第 k 次变换后的矩阵 $A^{(k)}$ 中，第 k 列存放 g_k，而不是单位向量 e_k. 这样设计的算法即节省了 $n \times n$ 个存储单元，而且同样达到求解求逆的目的. 这种改进的 G-J 消去变换也称为紧凑变换或原地求逆变换.

定义 6.1 设 $A = (a_{ij})_{n \times m}, a_{ij} \neq 0$，令

$$b_{\alpha\beta} = \begin{cases} 1/a_{ij}, & \alpha = i, \beta = j, \\ -a_{\alpha j}/a_{ij}, & \alpha \neq i, \beta = j, \\ a_{i\beta}/a_{ij}, & \alpha = i, \beta \neq j, \\ a_{\alpha\beta} - a_{\alpha j}a_{i\beta}/a_{ij}, & \alpha \neq i, \beta \neq j. \end{cases} \quad (6.3)$$

记矩阵 $B = (b_{\alpha\beta}) = T_{ij}(A) A$，并称 $T_{ij}(A)$ 为对矩阵 A 施行以 (i, j) 为主元（或枢轴）的**消去变换**. B 是对 A 施行 (i, j) 消去变换后得到的矩阵. 简记为 $B = T_{ij}A$；当 $i = j$ 时，记 T_{ii} 为 T_i.

比较（6.2）和（6.3）式，它们的差别仅仅在于第 j 列上. G-J 变换化 A 的第 j 列为 e_i；而消去变换化 A 的第 j 列为 g_i. 故消去变换还有以下等价的定义.

定义 6.2 称 $T_{ij}(A)$ 是对矩阵 A 施行以 (i, j) 为主元的**消去变换**，如果：

① 对 A 作 G-J 消去变换，使其第 j 列 a_j 变成 e_i，即 $G_{ij}a_j = e_i$；

② 记 $G_{ij}e_i = g_i$，用 g_i 替代 $G_{ij}A$ 的第 j 列 e_i.

由等价的定义，当 A 为 n 阶方阵时易得出

$$T_{ij}A = G_{ij}A + G_{ij} - I_n.$$

(三）消去变换 T_{ij} 的基本性质

性质 1　反身性：$T_{ij}T_{ij}A = A$；

设 $A^{(1)} = T_{ij}A \triangleq (a_{ij}^{(1)})$，$A^{(2)} = T_{ij}A^{(1)} \triangleq (a_{ij}^{(2)})$，由（6.3）式可直接验证：

$$a_{ij}^{(2)} = a_{ij} \quad (i = 1, 2, \cdots, n; j = 1, 2, \cdots, m).$$

性质 2　可交换性：当 $i \neq k, j \neq l$ 时，$T_{ij}T_{kl}A = T_{kl}T_{ij}A$；

由（6.3）式可直接验证两边元素对应相等.

性质 3　若 $A' = A$（A 为对称阵），记 $B = T_{kk}A \triangleq (b_{\alpha\beta})$，则

$$\begin{cases} b_{k\beta} = -b_{\beta k}, & \beta \neq k, \\ b_{\alpha\beta} = b_{\beta\alpha}, & \alpha \neq k, \beta \neq k. \end{cases}$$

对对称阵 A 施行 (k, k) 消去变换后，得矩阵 B. B 除第 k 行 k 列相差一个符号后，其余仍保持对称性，也称 B 为绝对对称阵.

性质 4　行列置换与消去变换的次序变化的关系：设 A 为 $n \times m$ 阵，P_{ip} 为 i 行和 p 行交换的行置换阵，Q_{jq} 为 j 列和 q 列交换的列置换阵，则

① $T_{ij}(AQ_{jq}) = (T_{iq}A)Q_{jq}$；

② $T_{ij}(P_{ip}A) = P_{ip}(T_{pj}A)$；

③ $T_{ij}(P_{ip}AQ_{jq}) = P_{ip}(T_{pq}A)Q_{jq}$.

证明　①和②由（6.3）式及行列置换的定义可直接验证. 下面利用①和②来证明③：

$$T_{ij}(P_{ip}AQ_{jq}) = T_{ij}[P_{ip}(AQ_{jq})] \overset{②}{=\!=} P_{ip}[T_{pj}(AQ_{jq})]$$

$$\overset{①}{=\!=} P_{ip}(T_{pq}A)Q_{jq} \qquad\qquad [证毕]$$

性质 5　设 $A = \begin{bmatrix} A_{11} & A_{12} \\ A_{21} & A_{22} \end{bmatrix}$，$A_{11}$ 为 r 阶可逆矩阵，则

$$T_r T_{r-1} \cdots T_1 A = \begin{bmatrix} A_{11}^{-1} & A_{11}^{-1}A_{12} \\ -A_{21}A_{11}^{-1} & A_{22} - A_{21}A_{11}^{-1}A_{12} \end{bmatrix}.$$

证明　记 $A^{(0)} = A$，$A^{(k)} = G_k A^{(k-1)}$（$k = 1, 2, \cdots, r$），利用 G-J

消去变换的定义知：

$$A^{(r)} = G_r A^{(r-1)} = \cdots = G_r G_{r-1} \cdots G_2 G_1 A^{(0)} = \begin{bmatrix} I_r & A_{12}^* \\ 0 & A_{22}^* \end{bmatrix}.$$

记 $J_r = G_r G_{r-1} \cdots G_2 G_1 I_n$. 因 G_k 是由 $A^{(k-1)}$ 的第 k 列定义的 G-J 消去变换阵, 即

$$G_k = (e_1, \cdots, e_{k-1}, g_k, e_{k+1}, \cdots, e_n).$$

对 $k = 1, 2, \cdots, r, G_k$ 的第 r 列以后各列均为单位向量, 故有

$$J_r = \begin{bmatrix} J_{11} & 0 \\ J_{21} & I_{n-r} \end{bmatrix} \quad (J_{11} \text{ 为 } r \text{ 阶方阵}).$$

由消去变换的定义 6.2, 知消去变换等价于先做 G-J 变换然后进行替换. 故有

$$T_r T_{r-1} \cdots T_2 T_1 A = \begin{bmatrix} J_{11} & A_{12}^* \\ J_{21} & A_{22}^* \end{bmatrix}.$$

利用

$$A^{(r)} = J_r A^{(0)} = \begin{bmatrix} J_{11} & 0 \\ J_{21} & I_{n-r} \end{bmatrix} \begin{bmatrix} A_{11} & A_{12} \\ A_{21} & A_{22} \end{bmatrix} = \begin{bmatrix} I_r & A_{12}^* \\ 0 & A_{22}^* \end{bmatrix} \quad (6.4)$$

可得 $\begin{cases} J_{11} A_{11} = I_r, \\ J_{21} A_{11} + A_{21} = 0, \end{cases}$ 即 $\begin{cases} J_{11} = A_{11}^{-1}, \\ J_{21} = -A_{21} A_{11}^{-1}. \end{cases}$ 把 J_{11}, J_{21} 代入 (6.4) 式又得

$$\begin{cases} A_{12}^* = J_{11} A_{12} = A_{11}^{-1} A_{12}, \\ A_{22}^* = J_{21} A_{12} + A_{22} = A_{22} - A_{21} A_{11}^{-1} A_{12}. \end{cases}$$

所以 $T_r T_{r-1} \cdots T_2 T_1 A = \begin{bmatrix} A_{11}^{-1} & A_{11}^{-1} A_{12} \\ -A_{21} A_{11}^{-1} & A_{22} - A_{21} A_{11}^{-1} A_{12} \end{bmatrix}.$ [证毕]

6.2 消去变换的应用

（一）计算可逆矩阵的逆

设 A 为 n 阶可逆矩阵. 当 A 为正定阵时, 因 A 的各阶主子式非零, 故对 A 依次施行消去变换时主元均不为零. 于是有:

$$A^{-1} = T_n T_{n-1} \cdots T_2 T_1 A,$$

其中 $T_k(k = 1, 2, \cdots, n)$ 是施行以 (k, k) 为主元的消去变换.

对于一般可逆阵 A, 有 $|A| \neq 0$, 对 A 依次以对角元为主元做消去变换时, 当遇到某个 $a_{kk}^{(k-1)} = 0$ 时, 一般先对矩阵作行列置换, 使主元不为 0, 然后接着做消去变换, 求出 A^{-1}.

例 6.2　求 $A = \begin{bmatrix} 0 & 0 & 3 \\ 2 & 1 & 0 \\ 0 & 2 & 0 \end{bmatrix}$ 的逆矩阵.

解　因 $|A| = 12 \neq 0$, A 为可逆矩阵. 但 $a_{11} = 0$, 求 A^{-1} 时, 先进行行列置换后再做消去变换, 然后求出 A^{-1}. 具体步骤如下:

① 进行行列置换, 使各阶主子式 $\neq 0$;

记行置换阵 $P_{12} = \begin{bmatrix} 0 & 1 & 0 \\ 1 & 0 & 0 \\ 0 & 0 & 1 \end{bmatrix}$, 那么有 $P_{12}A = \begin{bmatrix} 2 & 1 & 0 \\ 0 & 0 & 3 \\ 0 & 2 & 0 \end{bmatrix}$. 又

记列置换阵 $Q_{23} = \begin{bmatrix} 1 & 0 & 0 \\ 0 & 0 & 1 \\ 0 & 1 & 0 \end{bmatrix}$, 则 $(P_{12}A)Q_{23} = \begin{bmatrix} 2 & 0 & 1 \\ 0 & 3 & 0 \\ 0 & 0 & 2 \end{bmatrix} \triangleq A^*$.

② 求 $(A^*)^{-1}$:

$$(A^*)^{-1} = T_3 T_2 T_1 A^* = \begin{bmatrix} 1/2 & 0 & -1/4 \\ 0 & 1/3 & 0 \\ 0 & 0 & 1/2 \end{bmatrix}.$$

③ 求 A^{-1}:　因 $(A^*)^{-1} = (P_{12}AQ_{23})^{-1} = Q_{23}^{-1}A^{-1}P_{12}^{-1}$, 故

$$A^{-1} = Q_{23}(A^*)^{-1}P_{12}$$

$$= \begin{bmatrix} 1/2 & 0 & -1/4 \\ 0 & 0 & 1/2 \\ 0 & 1/3 & 0 \end{bmatrix} P_{12} = \begin{bmatrix} 0 & 1/2 & -1/4 \\ 0 & 0 & 1/2 \\ 1/3 & 0 & 0 \end{bmatrix}.$$

分析上例中 A^{-1} 的计算过程, 并利用消去变换的性质, 我们将得出下面的关系式:

$$A^{-1} = Q_{23}(A^*)^{-1}P_{12} = Q_{23}(T_{33}T_{22}T_{11}A^*)P_{12}$$

$$= Q_{23}[T_{33}T_{22}T_{11}(P_{12}AQ_{23})]P_{12}$$

$$= Q_{23}[T_{33}T_{22}P_{12}(T_{21}AQ_{23})]P_{12}$$

$$= Q_{23}[T_{33}P_{12}(T_{13}T_{21}A)Q_{23}]P_{12}$$

$$= Q_{23}P_{12}(T_{32}T_{13}T_{21}A)Q_{23}P_{12}$$
$$= Q_{23}P_{12}(T_{32}T_{21}T_{13}A)Q_{23}P_{12}.$$

由上式可以看出求 A^{-1} 的计算过程等价于：先以第一行最大的非零元素 a_{13} 为主元对 A 作 T_{13} 消去变换；然后以 $(2,1)$（第二行第一个元素）为主元对 $(T_{13}A)$ 作 T_{21} 消去变换；再以 $(3,2)$ 为主元作 T_{32} 消去变换得

$$T_{32}T_{21}T_{13}A = \begin{bmatrix} 0 & 0 & 1/3 \\ 1/2 & -1/4 & 0 \\ 0 & 1/2 & 0 \end{bmatrix} \triangleq E.$$

故 $\quad A^{-1} = Q_{23}P_{12}EQ_{23}P_{12}$

$$= \begin{bmatrix} 1/2 & -1/4 & 0 \\ 0 & 1/2 & 0 \\ 0 & 0 & 1/3 \end{bmatrix} Q_{23}P_{12} = \begin{bmatrix} 0 & 1/2 & -1/4 \\ 0 & 0 & 1/2 \\ 1/3 & 0 & 0 \end{bmatrix}.$$

算法 6.1（**一般非奇异矩阵的按行选主元求逆算法**） 设 $A = (a_{ij})$ 为 $n \times n$ 可逆矩阵，$B = (b_{ij})$ 存放 A^{-1}. 记 $C = \{1, 2, \cdots, n\}$ 为足标集.

第一步 按行选主元作消去变换. 对 $i = 1, 2, \cdots, n$, 执行 ① ~ ③:

① 选 a_{ij_i}, 使 $|a_{ij_i}| = \max\limits_{j \in C} |a_{ij}|$;

② 对 A 施行以 (i, j_i) 为主元的消去变换，变换后矩阵仍存放在 A 中: $T_{ij_i}A \Rightarrow A$;

③ 记 $L(i) = j_i, C - \{j_i\} \Rightarrow C$.

第二步 进行行列置换. 对 $i = 1, 2, \cdots, n, j = 1, 2, \cdots, n$, 令 $b_{L(i)j} = a_{iL(j)}$, 则

$$A^{-1} = (b_{ij}).$$

如上例中，$L(1) = j_1 = 3, L(2) = j_2 = 1, L(3) = j_3 = 2$, 记 $E = (e_{ij})$.

当 $i = 1$ 时，$L(1) = 3$, 有 $b_{31} = e_{13}, b_{32} = e_{11}, b_{33} = e_{12}$;

当 $i = 2$ 时，$L(2) = 1$, 有 $b_{11} = e_{23}, b_{12} = e_{21}, b_{13} = e_{22}$;

当 $i = 3$ 时，$L(3) = 2$, 有 $b_{21} = e_{33}, b_{22} = e_{31}, b_{23} = e_{32}$.

故　　$A^{-1} = \begin{bmatrix} e_{23} & e_{21} & e_{22} \\ e_{33} & e_{31} & e_{32} \\ e_{13} & e_{11} & e_{12} \end{bmatrix} = \begin{bmatrix} 0 & 1/2 & -1/4 \\ 0 & 0 & 1/2 \\ 1/3 & 0 & 0 \end{bmatrix}.$

（二）解线性方程组或部分方程组

设线性方程组为 $Ax = b$，记 $A^{(0)} = (A \vdots b)$，依次对 $A^{(0)}$ 以对角元为主元做消去变换（假设主元均不为零）得：

$$T_n T_{n-1} \cdots T_2 T_1 A^{(0)} = (A^{-1} \vdots A^{-1} b),$$

则方程组的解为 $x = A^{-1} b$.

当对 A 作消去变换过程中出现有些主元为零时，只需对 $A^{(0)}$ 作 行置换，即把线性方程组 $Ax = b$ 中 n 个方程的顺序调整一下，这样的调整不影响方程组的求解. 设存在行置换阵 P，使得

$$P A^{(0)} = (A^* \vdots b^*),$$

且 A^* 的主元均非零. 因 $A^* x = b^*$ 的解与 $Ax = b$ 的解是等价的. 用消去变换求 $A^* x = b^*$ 的解即得原线性方程组的解 x.

下面考虑部分方程组的求解问题.

设 $A = \begin{bmatrix} A_{11} & A_{12} \\ A_{21} & A_{22} \end{bmatrix}$，$x = \begin{bmatrix} x^{(1)} \\ x^{(2)} \end{bmatrix}$，$b = \begin{bmatrix} b^{(1)} \\ b^{(2)} \end{bmatrix}$，其中 A_{11} 为 r 阶可逆阵，$b^{(1)}, x^{(1)}$ 均为 r 维向量. 求部分方程组 $A_{11} x^{(1)} = b^{(1)}$ 的解.

记 $A^{(0)} = \begin{bmatrix} A_{11} & A_{12} & b^{(1)} \\ A_{21} & A_{22} & b^{(2)} \end{bmatrix}$，对 $A^{(0)}$ 以第 $k (k = 1, 2, \cdots, r)$ 个对角元为主元作消去变换，利用性质 5 可得

$$T_r T_{r-1} \cdots T_1 A^{(0)} = \begin{bmatrix} A_{11}^{-1} & A_{11}^{-1} A_{12} & A_{11}^{-1} b^{(1)} \\ * & * & * \end{bmatrix},$$

则 $x^{(1)} = A_{11}^{-1} b^{(1)}$.

更一般地可考虑 $Ax = b$ 的部分方程组：

$$\begin{cases} a_{i_1 i_1} x_{i_1} + \cdots + a_{i_1 i_r} x_{i_r} = b_{i_1}, \\ \cdots\cdots\cdots\cdots\cdots\cdots\cdots\cdots \\ a_{i_r i_1} x_{i_1} + \cdots + a_{i_r i_r} x_{i_r} = b_{i_r} \end{cases} \tag{6.5}$$

的求解问题,其中 $1 \leqslant i_1 < i_2 < \cdots < i_r \leqslant n$.

(6.5)的解法可以先行列置换把 $(i_1, i_2, \cdots, i_r)$ 化为 $(1, 2, \cdots, r)$ 的特殊情况求解. 实际上,只需以 $(i_k, i_k)(k = 1, 2, \cdots, r)$ 为主元对 A 依次做消去变换即可得(6.5)的解.

不妨设 $a_{i_k i_k}^{(k-1)} \neq 0 (k = 1, 2, \cdots, r)$,令

$$A^{(r)} = T_{i_r} T_{i_{r-1}} \cdots T_{i_1} A^{(0)} \triangleq (a_{ij}^{(r)})_{n \times (n+1)},$$

则
$$x_{i_k} = a_{i_k(n+1)}^{(r)} \quad (k = 1, 2, \cdots, r).$$

(三)求广义逆

设 A 为 n 阶方阵,$\mathrm{rank}(A) = r \leqslant n$. 在进行消去变换时为使 A 的主元非零,首先对 A 进行行和列置换,即存在置换阵 P 和 Q ,使

$$PAQ = \begin{bmatrix} B_{11} & B_{12} \\ B_{21} & B_{22} \end{bmatrix}, \quad B_{11} 为 r 阶可逆阵.$$

假设对 PAQ 作 $T_{ii}(i = 1, 2, \cdots, r)$ 消去变换时主元均非零. 因 $\mathrm{rank}(B_{11}) = \mathrm{rank}(A) = r$,所以 PAQ 的后 $n - r$ 列可以由前 r 列线性表出,即存在 $D_{r \times (n-r)}$ 使

$$\begin{bmatrix} B_{12} \\ B_{22} \end{bmatrix} = \begin{bmatrix} B_{11} \\ B_{21} \end{bmatrix} D = \begin{bmatrix} B_{11}D \\ B_{21}D \end{bmatrix}.$$

对 PAQ 施行 (i, i) 消去变换 $T_i(i = 1, 2, \cdots, r)$,并利用性质5,有

$$T_r T_{r-1} \cdots T_2 T_1 (PAQ) = \begin{bmatrix} B_{11}^{-1} & B_{11}^{-1} B_{12} \\ - B_{21} B_{11}^{-1} & B_{22} - B_{21} B_{11}^{-1} B_{12} \end{bmatrix}$$
$$= \begin{bmatrix} B_{11}^{-1} & D \\ - B_{21} B_{11}^{-1} & 0 \end{bmatrix}.$$

由广义逆的定义直接验证可知:

$$(PAQ)^- = \begin{bmatrix} B_{11}^{-1} & D \\ - B_{21} B_{11}^{-1} & 0 \end{bmatrix}, \quad (PAQ)^{(1,2)} = \begin{bmatrix} B_{11}^{-1} & 0 \\ 0 & 0 \end{bmatrix}.$$

利用广义逆的性质,$(PAQ)^- = Q^{-1} A^- P^{-1}$,即得

$$A^- = Q \begin{bmatrix} B_{11}^{-1} & D \\ -B_{21}B_{11}^{-1} & 0 \end{bmatrix} P = Q[T_r T_{r-1} \cdots T_1(PAQ)]P.$$

不妨设行置换阵 $P = P_{r_i} \cdots P_{1i_1}$;列置换阵 $Q = Q_{1j_1} \cdots Q_{rj_r}$,其中$1 \leqslant i_1 < \cdots < i_r \leqslant n, 1 \leqslant j_1 < \cdots < j_r \leqslant n$. 利用消去变换的性质 4:

$$A^- = Q[T_{rr} \cdots T_{11}(P_{r_{i_r}} \cdots P_{1i_1} A Q_{1j_1} \cdots Q_{rj_r})]P$$
$$= QP[T_{i_r j_r} \cdots T_{i_1 j_1} A]QP,$$
$$A^{(1,2)} = Q \begin{bmatrix} B_{11}^{-1} & 0 \\ 0 & 0 \end{bmatrix} P.$$

当 A 为 n 阶对称阵时,存在置换阵 P 使

$$PAP' = \begin{bmatrix} B_{11} & B_{12} \\ B_{21} & B_{22} \end{bmatrix}, \quad B_{11} \text{ 为 } r \text{ 阶可逆阵}.$$

这时 $A^- = P'P(T_{i_r} \cdots T_{i_1} A)P'P = T_{i_r} \cdots T_{i_1} A$.

对 n 阶对称方阵求广义逆的过程可描述为:对 A 依次作消去变换 $T_i(i = 1, 2, \cdots, n)$,当施行以 (i, i) 为主元的消去变换时出现主元为零,就不作变换. 可见用消去变换求对称阵 A 的广义逆 A^- 很方便.

(四)计算形如 $B'A^{-1}B$ 的乘积

在多元统计分析的一些算法中,常遇到计算形如 $B'A^{-1}B$ 的矩阵乘积,我们可引入分块矩阵并利用消去变换来实现.

设 A, B 均为 n 阶方阵,A 可逆,令

$$E = \begin{bmatrix} A & B \\ B' & 0 \end{bmatrix}$$

为 $2n$ 阶方阵. 对 E 施行以 (k, k) 为主元的消去变换$(k = 1, 2, \cdots, n)$,并利用消去变换的性质 5 得

$$T_n T_{n-1} \cdots T_1 E = \begin{bmatrix} A^{-1} & A^{-1}B \\ -B'A^{-1} & -B'A^{-1}B \end{bmatrix}.$$

这样对分块矩阵 E 施行消去变换后,同时得 A^{-1} 和 $B'A^{-1}B$.

6.3 $X'X$ 型矩阵的消去变换

用消去变换求解求逆的应用中,假设主元均不为 0. 当出现主元为 0 的情况,必须先作行列置换后再进行消去变换. 在统计计算中常常遇到形如 $X'X$ 的非负定矩阵,对这类矩阵用消去变换求解求逆时(当矩阵可逆),主元均不为 0. 故消去变换对 $X'X$ 型矩阵的应用更为方便.

下面介绍 $X'X$ 型矩阵的性质.

性质 1 设 X 为 $n \times m$ 矩阵,则

① 若 $X'X$ 可逆,则 $(X'X)^{-1} = T_m \cdots T_2 T_1 (X'X)$,其中 $T_i(i = 1, 2 \cdots m)$ 的主元不为零.

② 设 $X = (X_1 \vdots X_2)$,X_1 为 $n \times r$ 矩阵,如果 $X_1' X_1$ 可逆,那么

$$T_r \cdots T_1 (X'X) = \left[\begin{array}{c:c} (X_1' X_1)^{-1} & (X_1' X_1)^{-1} X_1' X_2 \\ \hline -X_2' X_1 (X_1' X_1)^{-1} & X_2' X_2 - X_2' X_1 (X_1' X_1)^{-1} X_1' X_2 \end{array} \right].$$

③ 如果 $\operatorname{rank}(X) = \operatorname{rank}(X_1) = r$ 则

$$(X'X)^- = T_r \cdots T_1 (X'X)$$

$$= \left[\begin{array}{cc} (X_1' X_1)^{-1} & (X_1' X_1)^{-1} X_1' X_2 \\ -X_2' X_1 (X_1' X_1)^{-1} & 0 \end{array} \right],$$

其中 $T_i(i = 1, 2, \cdots, r)$ 的主元必不为零.

证明 ① 只需证明 $T_k(k = 1, 2, \cdots, m)$ 的主元均不为零. 用归纳法. 当 $k = 1$ 时,记 $X = (x_1, \cdots, x_m)$,$A^{(0)} = X'X = (a_{ij}^{(0)})$,因 $X'X$ 可逆,即 $\operatorname{rank}(X) = m$(列满秩),$X$ 的第一列 $x_1 \neq 0$,故 $a_{11}^{(0)} = x_1' x_1 \neq 0$,即 T_1 的主元 $a_{11}^{(0)} \neq 0$.

假设 $T_1 \cdots, T_r$ 的主元均不为零,来证 T_{r+1} 的主元不为零.

记 $X = (X_1 \vdots x_{r+1} \vdots X_2)$,$X_1$ 为 $n \times r$ 的列满秩矩阵,由消去变换的性质 5 可得

$$T_r \cdots T_1 (X'X) = T_r \cdots T_1 \begin{pmatrix} X_1' X_1 & X_1' x_{r+1} & X_1' X_2 \\ x_{r+1}' X_1 & x_{r+1}' x_{r+1} & x_{r+1}' X_2 \\ X_2' X_1 & X_2' x_{r+1} & X_2' X_2 \end{pmatrix}$$

$$= \begin{pmatrix} (X_1'\,X_1)^{-1} & * & * \\ * & x_{r+1}'\,Mx_{r+1} & * \\ * & X_2'\,Mx_{r+1} & * \end{pmatrix},$$

$$M = I - X_1'\,(X_1'\,X_1)^{-1}X_1'\,.$$

显然 M 是对称幂等阵($M^2 = M$),T_{r+1} 的主元

$$x_{r+1}'\,Mx_{r+1} = (Mx_{r+1})'\,(Mx_{r+1}).$$

若 T_{r+1} 的主元为 0,则 $Mx_{r+1} = 0$,从而有 $X_2'\,MX_{r+1} = 0$;令 $A^{(r)} = G_r(A^{(r-1)})(r = 1, 2, \cdots, m)$,$G_r$ 为 G-J 变换阵. 由消去变换的定义知 $X'\,X$ 经 r 次 G-J 变换化为

$$A^{(r)} = G_r \cdots G_1(X'\,X) = \begin{pmatrix} I_r & * & * \\ 0 & 0 & * \\ 0 & 0 & * \end{pmatrix}.$$

这时 $|A^{(r)}| = C\,|X'\,X| = 0$,由假设可知 $C \neq 0$,故 $X'\,X$ 不可逆,这与已知条件 $X'\,X$ 可逆矛盾. 故 T_{r+1} 的主元不为零. 由数学归纳法知 $T_k(k = 1, 2, \cdots, m)$ 的主元均不为 0.

② 由①知 $X_1'\,{}_1X_1$ 的主元均不为 0,再利用消去变换的性质 5,即得.

③ 当 $\mathrm{rank}(X) = \mathrm{rank}(X_1) = r$ 时,X_2 可由 X_1 表出,即 $X_2 = X_1D$,这时 $X_2'\,X_2 - X_2'\,X_1(X_1'\,X_1)^{-1}X_1'\,X_2$

$$= D'X_1'\,X_1D - DX_1'\,X_1(X_1'\,X_1)^{-1}X_1'\,X_1D$$

$$= D'X_1'\,X_1D - D'X_1'\,X_1D = 0.$$

经直接验证知 $T_r \cdots T_1(X'\,X)$ 是 $X'\,X$ 的一个广义逆. [证毕]

性质 2　设 $\mathrm{rank}(X) = r$,　则

$$(X'\,X)^- = T_{i_r} \cdots T_{i_1}(X'\,X),$$

其中 $i_k(k = 1, \cdots, r)$ 使 T_{i_k} 的主元不为 0.

证明　因 $\mathrm{rank}(X) = r$,一定存在置换阵 $Q = Q_{1i_1} \cdots Q_{ri_r}$ 使 XQ 的前 r 列线性无关. 由性质 1 中③ 知

$$(Q'\,X'\,XQ)^- = T_r \cdots T_1(Q'\,X'\,XQ)$$

$$= T_{11} \cdots T_{rr}(Q_{ri_r} \cdots Q_{1i_1}X'\,X\,Q_{1i_1} \cdots Q_{ri_r})$$

$$= Q'(T_{i,i_r}\cdots T_{i_1i_1}X'X)Q,$$

其中 $T_{i_k}(k=1,\cdots,r)$ 的主元不为 0. 所以

$$(X'X)^{-} = T_{i_r}\cdots T_{i_1}(X'X). \qquad\text{[证毕]}$$

性质 3 设 A_{ii} 为 $X'X$ 型矩阵 $(i=1,2,3)$,以下列出几个常用的分块求逆公式.

① 记 $\underset{n\times m}{A} = \begin{bmatrix} A_{11} & A_{12} & A_{13} \\ A_{21} & A_{22} & A_{23} \end{bmatrix}$,$A_{11}$ 为 r 阶可逆阵. 则

$$T_r\cdots T_1 A = \begin{bmatrix} A_{11}^{-1} & A_{11}^{-1}A_{12} & A_{11}^{-1}A_{13} \\ -A_{21}A_{11}^{-1} & A_{22}-A_{21}A_{11}^{-1}A_{12} & A_{23}-A_{21}A_{11}^{-1}A_{13} \end{bmatrix}.$$

② A 分块形式同①,A_{22} 为 $(n-r)$ 阶可逆阵,则

$$T_n\cdots T_{r+1} A = \begin{bmatrix} A_{11}-A_{12}A_{22}^{-1}A_{21} & -A_{12}A_{22}^{-1} & A_{13}-A_{12}A_{22}^{-1}A_{23} \\ A_{22}^{-1}A_{21} & A_{22}^{-1} & A_{22}^{-1}A_{23} \end{bmatrix}.$$

③ $A = \begin{pmatrix} A_{11} & A_{12} & A_{13} \\ A_{21} & A_{22} & A_{23} \\ A_{31} & A_{32} & A_{33} \end{pmatrix}$,$A_{11}$ 为 r 阶可逆阵,则

$$T_r\cdots T_1 A = \begin{pmatrix} A_{11}^{-1} & A_{11}^{-1}A_{12} & A_{11}^{-1}A_{13} \\ -A_{21}A_{11}^{-1} & A_{22}-A_{21}A_{11}^{-1}A_{12} & A_{23}-A_{21}A_{11}^{-1}A_{13} \\ -A_{31}A_{11}^{-1} & A_{32}-A_{31}A_{11}^{-1}A_{12} & A_{33}-A_{31}A_{11}^{-1}A_{13} \end{pmatrix}.$$

④ 设 $A = \begin{bmatrix} A_{11} & A_{12} \\ A_{21} & A_{22} \end{bmatrix}$ 为 $n\times n$ 可逆阵,A_{11} 为 r 阶阵,则

$$A^{-1} = T_n\cdots T_1 A$$

$$= \begin{bmatrix} A_{11}^{-1}+A_{11}^{-1}A_{12}B^{-1}A_{21}A_{11}^{-1} & -A_{11}^{-1}A_{12}B^{-1} \\ -B^{-1}A_{21}A_{11}^{-1} & B^{-1} \end{bmatrix},$$

其中 $B = A_{22}-A_{21}A_{11}^{-1}A_{12}$.

证明 只证明④. 因 A_{11} 为 $X'X$ 型矩阵,且可逆,则由消去变换的性质 5 知:

$$T_r\cdots T_1 A = \begin{bmatrix} A_{11}^{-1} & A_{11}^{-1}A_{12} \\ -A_{21}A_{11}^{-1} & A_{22}-A_{21}A_{11}^{-1}A_{12} \end{bmatrix}$$

$$\triangleq \begin{bmatrix} A_{11}^{-1} & A_{11}^{-1}A_{12} \\ -A_{21}A_{11}^{-1} & B \end{bmatrix}.$$

因 A 可逆且为 $X'X$ 型矩阵,故 B 也是 $X'X$ 型矩阵,且可逆.

$$A^{-1} = T_n \cdots T_1 A = T_n \cdots T_{r+1} \begin{bmatrix} A_{11}^{-11} & A_{11}^{-1}A_{12} \\ -A_{21}A_{11}^{-1} & B \end{bmatrix}$$

$$\overset{\text{由②}}{=} \begin{bmatrix} A_{11}^{-1} + A_{11}^{-1}A_{12}B^{-1}A_{21}A_{11}^{-1} & -A_{11}^{-1}A_{12}B^{-1} \\ -B^{-1}A_{21}A_{11}^{-1} & B^{-1} \end{bmatrix}.$$

[证毕]

习 题 五

5.1 写出矩阵 A 的 L^*R^* 分解的直接算法.

5.2 写出矩阵 A 的 LDR^* 分解的直接算法.

5.3 证明任一 $n \times n$ 满秩阵 A ,一定可以分解为正定阵和正交阵的乘积,还可以分解为正交阵和正定阵的乘积.

5.4 (满秩分解)设 A 为 $n \times m$ 矩阵,$\mathrm{rank}(A) = r$,证明:存在 $n \times r$ 列满秩阵 F 和 $r \times m$ 行满秩阵 G,使 $A = FG$.

5.5 设 $A = \begin{pmatrix} 4 & 1 & 2 & 1 \\ 1 & 0 & 1 & 1 \\ 6 & 1 & 4 & 3 \end{pmatrix}$,求 A 的满秩分解.

5.6 设 $A = \begin{pmatrix} 10 & 20 & 30 \\ 20 & 45 & 80 \\ 30 & 80 & 171 \end{pmatrix}$,试求 A 的 LDR^* 分解式.

5.7 试用 LR 分解方法求解线性方程组 $Ax = b$,其中

$$A = \begin{pmatrix} 1 & 4 & 7 \\ 2 & 5 & 8 \\ 3 & 6 & 11 \end{pmatrix}, \quad b = \begin{pmatrix} 1 \\ 1 \\ 1 \end{pmatrix}.$$

5.8 试写出节省存储空间的 Cholesky 分解的算法.

5.9 用 Householder 变换求 $A = \begin{bmatrix} 5 & 9 \\ 12 & 7 \end{bmatrix}$ 的 QR 分解式.

5.10 试求下列广义特征值问题 $Ax = \lambda Bx$ 的特征值 λ:

(1) $A = \begin{bmatrix} 1 & 2 \\ 0 & 3 \end{bmatrix}$, $B = \begin{bmatrix} 1 & 0 \\ 0 & 0 \end{bmatrix}$,

(2) $A = \begin{bmatrix} 1 & 2 \\ 0 & 3 \end{bmatrix}$, $B = \begin{bmatrix} 0 & 1 \\ 0 & 0 \end{bmatrix}$,

(3) $A = \begin{bmatrix} 1 & 2 \\ 0 & 0 \end{bmatrix}$, $\qquad B = \begin{bmatrix} 1 & 0 \\ 0 & 0 \end{bmatrix}$.

5.11 写出通过对 $A_{n \times m}$ 左乘和右乘一系列 Householder 变换阵,将其化为形如

$$\begin{pmatrix} a_1 & b_1 & & & \\ & a_2 & b_2 & & \\ & & \ddots & \ddots & \\ & & & a_{m-1} & b_{m-1} \\ & & & & a_m \\ \hline & & & & \\ & & & & \end{pmatrix}$$

的双对角阵的具体步骤. 试问用类似方法可将 A 化为对角形吗?

5.12 分别用 Householder 变换,Givens 变换和 MSG 算法求下列矩阵 A 的 QR 分解式:

$$A = \begin{pmatrix} 0 & 0 & 1 \\ 0 & 1 & 0 \\ 1 & 0 & 0 \end{pmatrix}.$$

5.13 记 $A = (a_{ij})$ 为 $n \times m$ 矩阵$(n \geqslant m)$. 证明:

$$\sum_{i=1}^{n} \sum_{j=1}^{m} a_{ij}^2 = \sum_{j=1}^{m} \sigma_j^2,$$

其中 σ_j 是 A 的奇异值.

5.14 证明:对任意 $n \times m$ 矩阵 $A(n > m)$ 存在分解式: $A = B_{n \times m} C_{m \times m}$,其中 C 为对称阵,B 为列正交阵.

5.15 证明:对任意矩阵 $A_{n \times m}$,存在 n 阶正交阵 V 和 m 阶正交阵 U,使得

$$VAU = \begin{bmatrix} T & 0 \\ 0 & 0 \end{bmatrix},$$

其中 T 为 $r \times r$ 下三角阵,$r = \text{rank}(A)$.

5.16 证明:A^- 的性质 ① ~ ⑥.

5.17 证明:A^+ 的简单性质 ① ~ ⑥.

5.18 证明:$A_{n \times m}$ 为列满秩矩阵的充要条件为 $A^- A = I_m$.

5.19 证明:若 A 的满秩分解为:$A_{n \times m} = P_{n \times r} Q_{r \times m}$,$\text{rank}(A)$

$= \operatorname{rank}(P) = \operatorname{rank}(Q) = r$,则 $A^+ = Q^+ P^+$.

5.20 证明：$A(A'A)^- A' = AA^+$.

5.21 证明：① 若 a 为非零向量，则 $a^+ = a'/a'a$；② 若 P 是投影阵，则 $P^+ = P$.

5.22 证明 $[\operatorname{cond}(A)]^2 = \operatorname{cond}(A'A)$.

5.23 设 A 为 $n \times m$ 列满秩矩阵，证明：
$$A^+ = A' \iff A'A = I_m.$$

5.24 已知矩阵 A，求 A^+ 和 A^-：
(1) $A = \begin{bmatrix} 1 & 0 \\ 0 & 1 \end{bmatrix}$，(2) $A = \begin{bmatrix} 1 & 1 \\ 1 & 1 \end{bmatrix}$，(3) $A = \begin{bmatrix} 1 & 2 & 3 \\ 2 & 4 & 6 \end{bmatrix}$，
(4) $A = \begin{bmatrix} A_1 \\ 0 \end{bmatrix}$， (5) $A = \begin{bmatrix} A_1 & 0 \\ 0 & A_2 \end{bmatrix}$.

5.25 证明：消去变换的可交换性和反身性.

5.26 用消去变换求 $A = \begin{bmatrix} 2 & -1 & 0 \\ -1 & 2 & 0 \\ 0 & 0 & 0 \end{bmatrix}$ 的一个减号逆.

上 机 实 习 五

1. 求 n 阶方阵 A_1 的 LR 分解：$A_1 = LR$. 其中 L 为单位下三角形矩阵，R 为上三角形矩阵（验证 A_1 是否存在 LR 分解，并用节省内存的方法）.

2. 求 n 阶方阵 A_1 的 LDR^* 分解：$A_1 = LDR^*$. 其中 L 为单位下三角形矩阵，D 为对角阵，R^* 为单位上三角形矩阵（验证 A_1 是否存在 LR 分解）.

3. 求 n 阶方阵 A_1 的 $L^* R^*$ 分解：$A_1 = L^* R^*$. 其中 L^* 为下三角形矩阵，R^* 为单位上三角形矩阵（验证 A_1 是否存在 LR 分解，并用节省内存的方法）.

4. 求对称正定阵 A_2 的 Cholesky 分解：$A_2 = TT'$. 其中 T 为下三角形矩阵（A_2 存放在二维数组中）.

5. 求 N 阶对称正定阵 A_2 的 Cholesky 分解：$A_2 = TT'$. 其中

T 为下三角形矩阵(A_2 的下三角元素存放在长度为 $N(N+1)/2$ 的一维数组中).

6. 用平方根分解算法求对称正定阵 A_2 的 Cholesky 分解:$A_2 = TT'$,其中 T 为下三角形矩阵(A_2 存放在二维数组中).

7. 用平方根分解算法求 N 阶对称正定阵 A_2 的 Cholesky 分解:$A_2 = TT'$,其中 T 为下三角形矩阵(A_2 的下三角元素存放在长度为 $N(N+1)/2$ 的一维数组中).

8. 设线性方程组:$A_1 x = b$,对 A_1 作 LR 分解后,用回代法求 x.

9. 设线性方程组:$Tx = b$,T 为上三角形矩阵,且存放在一维数组中,用回代法求 x.

10. 试用 Householder 变换阵左乘右乘 A_1,并化 $n \times m$ 矩阵 A_1 为双对角形矩阵.

11. 试用 Householder 变换化 $n \times m$ 矩阵 A_3 为上三角形矩阵.

12. 试用 Givens 变换化 $n \times m$ 矩阵 A_3 为上三角形矩阵.

13. 试用 GS 算法求 $n \times m$ 矩阵 A_3 的正交-三角分解式:$A_3 = QR$.

14. 试用 MGS 算法求 $n \times m$ 矩阵 A_3 的正交-三角分解式:$A_3 = QR$.

15. 试用经典的 Jacobi 方法计算对称阵 A_2 的特征值和特征向量.

16. 试用变限值循环 Jacobi 算法求对称阵 A_2 的特征值和特征向量.

17. 试求非奇异方阵 A_1 的奇异值分解式.

18. 试用算法 3.3 求一般 $n \times m$ 矩阵 A_4 的奇异值分解式.

19. 试求对称广义特征值问题:$Ax = \lambda Bx$ (A 为对称阵,B 为正定阵)的特征值和特征向量.

20. 利用矩阵的奇异值分解计算 A_4 的加号逆 A_4^+.

21. 利用矩阵的 Householder 变换计算 A_4 的加号逆 A_4^+.

22. 求相容线性方程组:$A_5 x = b$ 的一个解 $x = A_5^+ b$.

23. 利用正规方程求任意线性方程组：$A_4 x = b$ 的一个最小二乘解.

24. 计算矩阵 A 的 2-范数：$\| A \|_2$.

25. 计算矩阵 A 的条件数 $\mathrm{cond}_2(A)$.

26. 利用高斯无回代消去变换求 n 阶线性方程组：$A_1 x = b$ 解（假设 A_4 可逆）；

27. 利用消去变换（即扫描变换）求 n 阶线性方程组：$A_1 x = b$ 解（假设 A_1 可逆）.

28. 利用消去变换（即扫描变换）求 n 阶可逆方阵的逆阵（用按行选主元法）.

29. 利用消去变换（即扫描变换）求 n 阶可逆方阵的逆阵（用按列选主元法）.

30. 利用消去变换（即扫描变换）求对称阵的减号逆阵.

31. 已知 n 阶方阵 A 和 B，且 A 可逆，利用消去变换（即扫描变换）求 A 的逆阵和矩阵乘积 $B'A^{-1}B$.

注 以下给出在实习题中出现的 $A_1, A_2, A_3, A_4, A_5, B, A, b$，$T$ 的具体矩阵形式，供实习时参考：

$$A_1 = \begin{bmatrix} 2 & 3 & 4 \\ 1 & 1 & 9 \\ 1 & 2 & -6 \end{bmatrix}; \quad A_2 = \begin{bmatrix} 1 & 2 & 0 \\ 2 & 2 & 2 \\ 0 & 2 & 3 \end{bmatrix}; \quad A_3 = \begin{bmatrix} 2 & 0 \\ 2 & 1 \\ 1 & 1 \end{bmatrix};$$

$$A_4 = \begin{bmatrix} 1 & -2 & 0 \\ 1 & -1 & 2 \\ 1 & 2 & 5 \\ 1 & 7 & 3 \end{bmatrix}; \quad A_5 = \begin{bmatrix} 2 & 3 & 4 & 1 \\ 1 & 1 & 9 & 2 \\ 1 & 2 & -6 & 1 \end{bmatrix};$$

$$B = \begin{bmatrix} 4 & 6 & 10 \\ 6 & 58 & 29 \\ 10 & 29 & 38 \end{bmatrix}; \quad A = \begin{bmatrix} 1 & 2 & 0 \\ 2 & -1 & 2 \\ 0 & 2 & 5 \end{bmatrix};$$

$$b = \begin{bmatrix} 0 \\ 2 \\ 1 \end{bmatrix}; \quad T = \begin{bmatrix} 2 & 3 & 5 \\ 0 & 7 & 2 \\ 0 & 0 & 3 \end{bmatrix}.$$

第六章　多元线性回归的计算方法

回归分析是处理变量间相关关系的一种很有效的统计方法. 通过观测数据, 寻找某些指标(常称为因变量)与另一些变量(常称为自变量)之间的相互依赖关系——相关关系. 当假设它们满足线性关系时, 所使用的回归方法就称为线性回归分析. 本章重点讨论一个因变量与 m 个自变量的线性回归模型的计算方法.

本章的参考文献有[1]~[3], [19]~[22], [26]~[28], [47]~[48].

§1　多元线性回归模型的参数估计与假设检验

设因变量 Y 与自变量 $X_1, X_2, \cdots, X_m$ 线性相关, n 次观测数据 $(y_i, x_{i1}, x_{i2}, \cdots, x_{im})$ $(i = 1, \cdots, n)$ 满足以下多元线性回归模型:

$$\begin{cases} y_1 = \beta_0 + \beta_1 x_{11} + \cdots + \beta_m x_{1m} + \varepsilon_1, \\ \cdots\cdots\cdots\cdots\cdots\cdots\cdots\cdots\cdots\cdots\cdots\cdots \\ y_n = \beta_0 + \beta_1 x_{n1} + \cdots + \beta_m x_{nm} + \varepsilon_n, \end{cases} \quad (1.1)$$

其中 $\varepsilon_i (i = 1, \cdots, n)$ 是观测误差, 一般假定 $\varepsilon_i \sim N(0, \sigma^2)$ 且相互独立. 记

$$\underset{n \times 1}{Y} = \begin{bmatrix} y_1 \\ \vdots \\ y_n \end{bmatrix}, \quad \underset{n \times (m+1)}{X} = \begin{bmatrix} 1 & x_{11} & \cdots & x_{1m} \\ \vdots & \vdots & \vdots & \vdots \\ 1 & x_{n1} & \cdots & x_{nm} \end{bmatrix},$$

$$\underset{(m+1) \times 1}{\beta} = \begin{bmatrix} \beta_0 \\ \beta_1 \\ \vdots \\ \beta_m \end{bmatrix}, \quad \underset{n \times 1}{\varepsilon} = \begin{bmatrix} \varepsilon_1 \\ \vdots \\ \varepsilon_n \end{bmatrix},$$

则(1.1)可以写成矩阵形式:

$$\begin{cases} Y = X\beta + \varepsilon, \\ \varepsilon \sim N_n(0, \sigma^2 I_n). \end{cases} \qquad (1.2)$$

回归分析主要讨论以下几方面的问题：第一，参数 β 和 σ^2 的估计问题；第二，对参数 β 的线性函数进行统计检验；第三，预测问题；第四，回归变量的筛选问题；等等．前两个问题是以下各节都要涉及到的问题．

（一）参数 β 的最小二乘估计

定义 1.1 在回归模型（1.2）中，称 $\hat{\beta}$ 是参数 β 的**最小二乘估计量**，如果

$$\|Y - X\hat{\beta}\|^2 = \min_\beta \|Y - X\beta\|^2,$$

其中 $\|\cdot\|$ 是向量的 2-范数（模），并称 $Q(\hat{\beta}) = \|Y - X\hat{\beta}\|^2$ 为回归模型（1.2）的**最小二乘残差**（也称为**残差平方和**）．

显然，β 的最小二乘估计 $\hat{\beta}$ 是线性方程组 $X\beta = Y$ 的最小二乘解．由第五章 §5 的讨论可知，$X\beta = Y$ 的最小二乘解 $\hat{\beta}$ 一定存在的，它的通解形式为

$$\hat{\beta} = X^+ Y + (I - X^+ X)u \quad (u \text{ 任意}).$$

求最小二乘解的另一方法是通过求解 $X\beta = Y$ 的正规方程：

$$X'X\beta = X'Y, \qquad (1.3)$$

当 $\mathrm{rank}(X) = m + 1$（X 为列满秩矩阵）时，（1.3）式有唯一解：

$$\hat{\beta} = (X'X)^{-1}X'Y.$$

一般地，正规方程（1.3）的解可表为：$\hat{\beta} = (X'X)^- X'Y$．

对于参数 σ^2，常用无偏估计量 $s^2 = Q(\hat{\beta})/(n - m - 1)$ 作为 σ^2 的估计．$Q(\hat{\beta}) = \|Y - X\hat{\beta}\|^2 = \sum_{i=1}^n (y_i - \hat{y}_i)^2$，其中 $\hat{y}_i = \hat{\beta}_0 + \hat{\beta}_1 x_{i1} + \cdots + \hat{\beta}_m x_{im}$ 是 y_i 的预测值（估计值）．$Q(\hat{\beta})$ 表示由最小二乘估计 $\hat{\beta}$ 得到的预测值与观测值的偏差平方和．在回归分析中，统计量 $Q(\hat{\beta})$ 是一个很重要的量，常简记 $Q(\hat{\beta}) = Q$．

关于参数 β 线性假设的检验问题，一般可归纳为

$$H_0: L\beta = \gamma, \qquad (1.4)$$

其中 L 为 $s \times (m+1)$ 矩阵,且 $\mathrm{rank}(L) = s$;γ 为 $s \times 1$ 已知向量. 可以证明,在 H_0 成立时,统计量

$$F = \frac{(Q_{H_0} - Q)/s}{Q/(n-m-1)} \sim F(s, n-m-1),$$

其中 Q_{H_0} 是回归模型(1.2)在 H_0 成立条件下的最小二乘残差,即

$$Q_{H_0} = \min_{L\beta = \gamma} \| Y - X\beta \|^2, \tag{1.5}$$

利用 F 统计量,就可以对线性假设 $H_0 : L\beta = \gamma$ 进行检验.

总之,在多元线性回归分析中,我们要计算的几个最基本的统计量是 $\hat{\beta}, Q$ 和 F. 下面分别讨论它们的计算方法.

§2 基于正规方程的回归算法

回归模型(1.2)中参数 β 的最小二乘估计量 $\hat{\beta}$ 的常用算法是求解正规方程(1.3). 即求线性方程组 $X'X\beta = X'Y$ 的解,在第五章介绍的一些矩阵常用算法中用于求解线性方程组的方法有多种,下面分别把这些常用方法用于回归分析.

（一）用消去变换进行回归计算

设因变量 Y 和自变量 $X_1, \cdots, X_m$ 的 n 次观测数据阵 $(X \vdots Y)$ 为 $n \times (m+2)$ 已知矩阵. 记叉积阵 S 为

$$S = (X \vdots Y)'(X \vdots Y) = \begin{bmatrix} X'X & \vdots & X'Y \\ \cdots\cdots & & \cdots\cdots \\ Y'X & \vdots & Y'Y \end{bmatrix}. \tag{2.1}$$

(1) $\hat{\beta}$ 和 Q 的算法

当 X 为列满秩矩阵时,由消去变换的性质,即得以下结论.

定理 2.1 设 $\mathrm{rank}(X) = m+1$,则

$$T_{m+1} T_m \cdots T_2 T_1 S = \begin{bmatrix} (X'X)^{-1} & \vdots & \hat{\beta} \\ -\hat{\beta}' & \vdots & Q \end{bmatrix}. \tag{2.2}$$

证明 由第五章6.1节消去变换的性质(5),取 $r = m+1$ 得

$$T_{m+1} \cdots T_2 T_1 S = \begin{bmatrix} (X'X)^{-1} & \vdots & (X'X)^{-1} X'Y \\ -Y'X(X'X)^{-1} & \vdots & Y'Y - Y'X(X'X)^{-1}X'Y \end{bmatrix},$$

299

显然正规方程(1.3) 的解: $\hat{\beta} = (X'X)^{-1}X'Y$;而残差平方和

$$Q = \| Y - X\hat{\beta} \|^2 = (Y - X\hat{\beta})'(Y - X\hat{\beta})$$
$$= Y'Y - \hat{\beta}'X'X\hat{\beta} = Y'Y - Y'X(X'X)^{-1}X'Y.$$

所以 $\qquad T_{m+1}T_m \cdots T_2 T_1 S = \begin{bmatrix} (X'X)^{-1} & \hat{\beta} \\ -\hat{\beta}' & Q \end{bmatrix}.$ 〔证毕〕

当 X 不是列满秩时,正规方程(1.3)的解不唯一. 且 $\hat{\beta} = (X'X)^- X'Y$. 不妨设 $\text{rank}(X) = r$,由第五章 6.3 节中 $X'X$ 型矩阵的消去变换的性质(2) 知 $(X'X)^- = T_{i_r} \cdots T_{i_1}(X'X)$,其中 $i_k (k = 1, \cdots, r)$ 使 T_{i_k} 的主元不为 0.

为使设计的算法更规范化,引入广义的消去变换. 对矩阵 A,广义的消去变换 T_i^* 定义为

$$T_i^* = \begin{cases} T_i A, & \text{当 } T_i \text{ 的主元不为零,} \\ \text{将 } A \text{ 的第 } i \text{ 行和 } i \text{ 列置为 } 0, & \text{当 } T_i \text{ 的主元为零.} \end{cases}$$

在上述广义消去变换的定义下,显然有

$$(X'X)^- = T_{m+1}^* T_m^* \cdots T_2^* T_1^* (X'X).$$

容易验证 $(X'X)^{(1,2)} = T_{m+1}^* T_m^* \cdots T_2^* T_1^* (X'X)$. 即当 X 不满秩时,在广义消去变换的意义下,对 $X'X$ 依次作消去变换,得到的矩阵不仅是 $X'X$ 的减号逆,还是自反广义逆.

在广义消去变换的意义下,消去变换的性质(5) 也成立. 即

$$T_r^* \cdots T_1^* \begin{bmatrix} A_{11} & A_{12} \\ A_{21} & A_{22} \end{bmatrix} = \left[\begin{array}{c|c} A_{11}^{(1,2)} & A_{11}^{(1,2)} A_{12} \\ \hline -A_{21}A_{11}^{(1,2)} & A_{22} - A_{21}A_{11}^{(1,2)}A_{12} \end{array} \right].$$
$$(2.3)$$

定理 2.2 设 $\text{rank}(X) = r < m + 1$,则

$$T_{m+1}T_m \cdots T_2 T_1 S = \begin{bmatrix} (X'X)^{(1,2)} & \hat{\beta} \\ -\hat{\beta}' & Q \end{bmatrix}. \qquad (2.4)$$

证明 由广义消去变换意义下的性质(2.3) 得

$$T_{m+1} \cdots T_2 T_1 S = \left[\begin{array}{c|c} (X'X)^{(1,2)} & (X'X)^{(1,2)}X'Y \\ \hline -Y'X(X'X)^{(1,2)} & Y'Y - Y'X(X'X)^{(1,2)}X'Y \end{array} \right].$$

由于 $(X'X)^{(1,2)}$ 也是一个减号逆,取 $\hat{\beta} = (X'X)^{(1,2)}X'Y$ 为正规方程的一个解. 此时

$$Q = (Y - X\hat{\beta})'(Y - X\hat{\beta})$$

$$= Y'Y - Y'X\hat{\beta} - \hat{\beta}'X'Y + \hat{\beta}'X'X\hat{\beta}$$
$$= Y'Y - 2Y'X(X'X)^{(1,2)}X'Y$$
$$\quad + Y'X(X'X)^{(1,2)}(X'X)(X'X)^{(1,2)}X'Y$$
$$= Y'Y - Y'X(X'X)^{(1,2)}X'Y.$$

所以（2.4）式成立.   [证毕]

当 X 不是列满秩时，虽然正规方程的解 $\hat{\beta}$ 不唯一；因投影阵 $X(X'X)^{(1,2)}X'$ 与广义逆 $(X'X)^{(1,2)}$ 的选择无关，故预测值 $\hat{Y} = X\hat{\beta} = X(X'X)^{(1,2)}X'Y$ 是唯一的；残差平方和 Q 也是唯一的.

（2）回归方程和回归系数的检验统计量及算法

多元线性回归分析两类最常见的检验问题为：

$H_0: \beta_1 = \beta_2 = \cdots = \beta_m = 0$ —— 回归方程的显著性检验；

$H_0^{(i)}: \beta_i = 0$ $(i = 1, \cdots, m)$ —— 回归系数的显著性检验.

检验这两类假设的检验统计量分别为

$$F = \frac{U/m}{Q/(n-m-1)} \overset{H_0 \text{下}}{\sim} F(m, n-m-1),$$

和 $F_i = \dfrac{P_i}{Q/(n-m-1)} \overset{H_0^{(i)} \text{下}}{\sim} F(1, n-m-1)$ $(i = 1, \cdots, m)$,

其中 U 称为回归平方和；P_i 称为变量 X_i 的偏回归平方和，它表示当变量 X_i 从回归模型中删除后，残差平方和（记为 Q_i）的变化. P_i 值大说明变量 X_i 与因变量 Y 的关系密切.

定理 2.3   设 $(j_1, \cdots, j_r)$ 是 $(1, 2, \cdots, m)$ 的任一选排列 $(r \leqslant m)$. 数据已中心化（Y 与 $X_1, \cdots, X_m$ 的全回归模型见（5.5）式），令 $A^{(r)} = T_{j_r} \cdots T_{j_1} A^{(0)} \triangleq (a_{ij}^{(r)})$（假设主元均不为 0），则 Y 与 $X_{j_1}, \cdots, X_{j_r}$ 的选回归模型中参数 $\beta(r) = (\beta_{j_1}, \cdots, \beta_{j_r})'$ 的最小二乘估计为 $\hat{\beta}_{j_k} = a_{j_k(m+1)}^{(r)}$，而且 Y 与 $X_{j_1}, \cdots, X_{j_r}$ 的选回归模型的最小二乘残差 $Q(j_1, \cdots, j_r) = a_{(m+1)(m+1)}^{(r)}$.

证明   首先考虑 $j_k = k$ 的情况. 记 $\widetilde{X} = (\widetilde{X}_1 \vdots \widetilde{X}_2)$, $\widetilde{X}_1$ 为 $n \times r$ 子矩阵. 利用对分块矩阵进行消去变换的结果及最小二乘估计和最小二乘残差的定义即有结论.

对一般的 $(j_1, \cdots, j_r)$，先进行行列置换，化为 $j_k = k$ 的情况，利

用已证明的结论,再作相应的行列置换后即得定理结论. 〔证毕〕

利用消去变换,Y 与 $X_{j_1},\cdots,X_{j_r}$ 的回归模型的残差平方和 $Q = Q(j_1,\cdots,j_r)$ 很容易得到,只需对叉积阵 S 依次作 r 次消去变换,变换后矩阵右下角元素值即为 Q. 利用消去变换可同时求得任意一个回归选模型中参数 $\beta(r)$ 的最小二乘估计和残差平方和 Q.

定理 2.4   设 $\operatorname{rank}(X) = m + 1$, 则

$$T_i[T_{m+1}T_m\cdots T_2T_1 S] = T_i\begin{bmatrix} (X'X)^{-1} & \hat{\beta} \\ -\hat{\beta}' & Q \end{bmatrix} = \begin{bmatrix} * & * \\ * & Q_i \end{bmatrix},$$

其中 Q_i 表示变量 X_i 不在回归模型时的残差平方和.

证明   由消去变换的可交换性和反身性及定理 2.3 可得

$$T_i[T_{m+1}T_m\cdots T_2T_1 S] = T_{m+1}\cdots T_{i+1}T_{i-1}\cdots T_1 S = \begin{bmatrix} * & * \\ * & Q_i \end{bmatrix},$$

Q_i 是 Y 与 $m - 1$ 个自变量 $X_1,\cdots,X_{i-1},X_{i+1},\cdots,X_m$ 的回归模型的残差平方和,也记为 $Q(1,\cdots,i-1,i+1,\cdots,m)$.   〔证毕〕

推论   变量 X_i 的偏回归平方和 $P_i = Q_i - Q$.

(二) 用 Cholesky 分解进行回归计算

设 $\operatorname{rank}(X) = m + 1$, 记

$$S = (X \vdots Y)'(X \vdots Y) = \begin{bmatrix} X'X & X'Y \\ \hline Y'X & Y'Y \end{bmatrix}, \tag{2.5}$$

对 S 作 Cholesky 分解:

$$S = \begin{bmatrix} T' & 0 \\ t_y' & t_{yy} \end{bmatrix}\begin{bmatrix} T & t_y \\ 0 & t_{yy} \end{bmatrix} = \begin{bmatrix} T'T & T't_y \\ t_y'T & t_y't_y + t_{yy}^2 \end{bmatrix}, \tag{2.6}$$

其中 T 为 $m + 1$ 阶上三角形矩阵. 比较 (2.5) 与 (2.6) 两边,得到

$$\begin{cases} X'X = T'T, \\ X'Y = T't_y, \\ Y'Y = t_y't_y + t_{yy}^2. \end{cases}$$

由此可得:

$$\hat{\beta} = (X'X)^{-1}X'Y = (T'T)^{-1}T't_y = T^{-1}t_y;$$

$$Q = Y'Y - Y'X\hat{\beta} = t_y't_y + t_{yy}^2 - (T't_y)'T^{-1}t_y = t_{yy}^2.$$

算法 2.1（用 Cholesky 分解求 $\hat{\beta}$ 和 Q）　已知数据阵 $(X \vdots Y)$，且 $\mathrm{rank}(X) = m + 1$.

① 计算叉积阵 S；

② 对 S 作 Cholesky 分解：$S = \begin{bmatrix} T' & 0 \\ t_y' & t_{yy} \end{bmatrix} \begin{bmatrix} T & t_y \\ 0 & t_{yy} \end{bmatrix}$；

③ 用回代法求解线性方程组：$T\beta = t_y$　得 $\hat{\beta} = T^{-1} t_y$；

④ 计算残差平方和 $Q = t_{yy}^2$.

关于一般线性假设 $H_0 : \underset{s \times (m+1)}{L} \underset{(m+1) \times 1}{\beta} = \underset{s \times 1}{\gamma}$ 的检验统计量

$$F = \frac{Q_{H_0} - Q}{Q} \frac{n - m - 1}{s}$$

的计算问题，关键是求 $Q_{H_0} - Q$，可以证明（习题 6.1）：

$$Q_{H_0} - Q = (L\hat{\beta} - \gamma)' [L(X'X)^{-1}L']^{-1}(L\hat{\beta} - \gamma), \quad (2.7)$$

利用 S 的 Cholesky 分解式可以完成统计量 $Q_{H_0} - Q$ 的计算. 因

$$Q_{H_0} - Q = (LT^{-1}t_y - \gamma)' [L(T'T)^{-1}L']^{-1}(LT^{-1}t_y - \gamma)$$

$$= (B't_y - \gamma)'(B'B)^{-1}(B't_y - \gamma),$$

其中 $B' = LT^{-1}$ 为 $s \times (m+1)$ 矩阵. 具体算法如下：

① 用回代法解线性方程组：$T'B = L'$，得 $B' = LT^{-1}$；

② 计算 $B'B$ 和 $B't_y - \gamma$；

③ 对 s 阶正定阵 $B'B$ 作 Cholesky 分解：

$$B'B = R'R \quad (R \text{ 为 } s \text{ 阶上三角形矩阵})；$$

④ 用回代法求解下三角系数阵的线性方程组：

$$R'Z = B't_y - \gamma \text{ 得 } \quad Z = (R')^{-1}(B't_y - \gamma)；$$

⑤ 计算 $Q_{H_0} - Q = Z'Z$.

§3　利用正交-三角分解进行回归计算

基于正规方程的回归算法是从叉积阵 S 出发，通过消去变换或 Cholesky 分解求得 $\hat{\beta}$ 和 Q. 在第五章 §5 引入条件数的概念时曾提到直接求线性方程组：$X\beta = Y$ 的最小二乘解比通过正规方程:$X'X\beta = X'Y$ 得到的解精度高.本节讨论的回归算法直接从数据阵$(X \vdots Y)$出发,通过正交 - 三角分解,计算$\hat{\beta}$和Q的方法.

（一）Householder 变换在回归中的应用

在多元线性回归模型$Y = X\beta + \varepsilon$中,假定 $\text{rank}(X) = m + 1$;原始数据阵$(X \vdots Y)$为$n \times (m + 2)$矩阵.对$(X \vdots Y)$作 Householder 变换,化$(X \vdots Y)$为上三角形矩阵.即存在n阶正交阵$H(H$是一些 H 变换阵的乘积),使得

$$H(X \vdots Y) = \begin{bmatrix} T & t_y \\ 0 & t_z \end{bmatrix} \qquad (3.1)$$

为$n \times (m + 2)$矩阵.其中T是$m + 1$阶上三角形矩阵;t_y为$m + 1$维向量,t_z为$n - m - 1$维向量.

因 $[H(X \vdots Y)]'[H(X \vdots Y)] = (X \vdots Y)'(X \vdots Y)$,故有

$$\begin{bmatrix} T & t_y \\ 0 & t_z \end{bmatrix}' \begin{bmatrix} T & t_y \\ 0 & t_z \end{bmatrix} = \begin{bmatrix} X'X & X'Y \\ Y'X & Y'Y \end{bmatrix}. \qquad (3.2)$$

比较(3.2)式的两端,有

$$\begin{cases} T'T = X'X, \\ T't_y = X'Y, \\ t_y't_y + t_z't_z = Y'Y, \end{cases} \quad \text{从而可得} \quad \begin{cases} \hat{\beta} = T^{-1}t_y, \\ Q = t_z't_z. \end{cases}$$

同样地,利用正交-三角分解也可以完成$Q_{H_0} - Q$的计算.

算法 3.1（利用 Householder 变换计算回归统计量 $\hat{\beta}, Q$ 和 F）

① 对$(X \vdots Y)$作 Householder 变换.存在正交阵H使

$$H(X \vdots Y) = \begin{bmatrix} T & t_y \\ 0 & t_z \end{bmatrix}, T \text{ 为 } m + 1 \text{ 阶上三角形矩阵;}$$

② 计算残差平方和$Q = t_z't_z$;

③ 用回代法求解上三角系数阵的线性方程组:

$$T\beta = t_y, \quad \text{得 } \hat{\beta} = T^{-1}t_y;$$

④ 用回代法求解线性方程组:

$$T'B = L', \text{得 } B = (T')^{-1}L' \ (B \text{ 为}(m + 1) \times s \text{ 阵});$$

304

⑤ 对 B 作 Householder 变换,存在正交阵 H_1 使得

$H_1 B = \begin{bmatrix} R \\ 0 \end{bmatrix}$, R 为 s 阶上三角形矩阵;显然有 $B'B = R'R$;

⑥ 用回代法求解 $R'u = \gamma$, 得 $u = (R')^{-1}\gamma$, 记 $H_1 = (H_{11} \vdots H_{12})$, H_{11} 为 $(m + 1) \times s$ 列正交阵. 计算 $Z = H_{11}' t_y - u$, 则 $Q_{H_0} - Q = Z'Z$;

⑦ 计算 $F = \dfrac{Q_{H_0} - Q}{Q} \dfrac{n - m - 1}{s}$.

以上算法是在 X 为列满秩的假设下导出的. 这一条件在实际应用中是经常能够满足的. 但也会出现 X 不是列满秩的情况,即 m 个自变量之间有相关关系. 此时线性方程组 $X\beta = Y$ 的最小二乘解不唯一. 但用回归方程预测 Y 的预测向量 $\hat{Y} = X\hat{\beta}$ 及残差平方和 Q 与 $\hat{\beta}$ 的选取无关. 一般取 $\hat{\beta} = X^+ Y$ 作为 β 的一个最小二乘估计. X^+ 的计算也可以通过 Householder 变换得到(见第五章 §5).

例 3.1 设 Y 与 X_1, X_2 满足以下回归方程:
$$Y = \beta_0 + \beta_1 X_1 + \beta_2 X_2 + \varepsilon,$$

n 次$(n = 4)$ 观测数阵为 $(X \vdots Y) = \begin{bmatrix} 1 & -2 & 0 & -3 \\ 1 & -1 & 2 & 1 \\ 1 & 2 & 5 & 2 \\ 1 & 7 & 3 & 6 \end{bmatrix}$.

试用正交-三角分解方法求 $\hat{\beta}$ 和 Q ;并计算检验假设 $H_0 : \beta_1 = \beta_2 = 0$ 的 F 统计量.

解 利用第五章 §2 例 2.1 的结果:

$(X \vdots Y) = H \begin{bmatrix} -2 & -3 & -5 & \vdots & -3 \\ & 7 & 2 & \vdots & 6 \\ & & 3 & \vdots & 1 \\ \cdots & \cdots & \cdots & \cdots & \cdots \\ & & & & 2 \end{bmatrix} \triangleq H \begin{bmatrix} T & \vdots & t_y \\ & \vdots & t_z \end{bmatrix}$.

则 ① $Q = t_z' t_z = 4$;

② 利用回代法,由 $\begin{bmatrix} -2 & -3 & -5 \\ & 7 & 2 \\ & & 3 \end{bmatrix} \begin{bmatrix} \beta_0 \\ \beta_1 \\ \beta_2 \end{bmatrix} = \begin{bmatrix} -3 \\ 6 \\ 1 \end{bmatrix}$,可得

$$\hat{\beta} = \left(-\frac{10}{21}, \frac{16}{21}, \frac{1}{3} \right)';$$

③ 假设 $H_0: \beta_1 = \beta_2 = 0 \iff L\beta = \gamma$,其中

$$\beta = (\beta_0, \beta_1, \beta_2)', \quad L = \begin{bmatrix} 0 & 1 & 0 \\ 0 & 0 & 1 \end{bmatrix}, \quad \gamma = \begin{bmatrix} 0 \\ 0 \end{bmatrix}.$$

用回代法求解线性方程组:$T'B = L'$,即

$$\begin{bmatrix} -2 & 0 & 0 \\ -3 & 7 & 0 \\ -5 & 2 & 3 \end{bmatrix} \begin{bmatrix} b_{11} & b_{12} \\ b_{21} & b_{22} \\ b_{31} & b_{32} \end{bmatrix} = \begin{bmatrix} 0 & 0 \\ 1 & 0 \\ 0 & 1 \end{bmatrix},$$

可得 $B = \begin{bmatrix} 0 & 0 \\ \dfrac{1}{7} & 0 \\ -\dfrac{2}{21} & \dfrac{1}{3} \end{bmatrix} \triangleq \begin{bmatrix} 0 \\ R' \end{bmatrix}$,其中 $R = \begin{bmatrix} \dfrac{1}{7} & -\dfrac{2}{21} \\ 0 & \dfrac{1}{3} \end{bmatrix}$ 为上三角

阵,显然有 $B'B = RR'$;

④ 计算 $Z = R^{-1}(B't_y - \gamma) = R^{-1}[(0, R)t_y - 0] = (0\ I_2)t_y = (6, 1)'$;

⑤ 计算 $Q_{H_0} - Q = Z'Z = 37$;

⑥ 计算 $F = \dfrac{(Q_{H_0} - Q)/2}{Q/(4-2-1)} = \dfrac{37}{8} = 4.625.$

综合之,回归方程为 $\hat{Y} = -\dfrac{10}{21} + \dfrac{16}{21}X_1 + \dfrac{1}{3}X_2$;回归方程显著性检验的统计量 $F = 4.625.$

注意:用正交-三角分解的方法计算回归统计量,除用 Householder 的变换外,同样地也可用 Givens 变换或 MGS 算法.利用正交-三角分解的回归算法的计算精度及算法的稳定性都比基于正规方程的算法好.

（二）Givens 变换在增删观测的回归计算中的应用

Givens 变换与 Householder 变换一样,可用于计算回归统计量.特别在增加新的观测数据或剔除某个异常数据时,用 Givens 变换更显出它的特殊作用.

（1）增加一组新的观测数据$(1, x_{01}, \cdots, x_{0m}, y_0) \triangleq a'$ 后,参数 β 的最小二乘估计 $\hat{\beta}^*$ 和最小二乘残差 Q^* 的算法

306

增加新观测 a' 后原始数据阵为 $\begin{bmatrix} X \vdots Y \\ a' \end{bmatrix}$,设已知正交阵 H 使 $H(X \vdots Y) = \begin{bmatrix} T & t_y \\ 0 & t_z \end{bmatrix}$,其中 T 为 $m+1$ 阶上三角形矩阵. 令 $\tilde{H} = \begin{bmatrix} H & 0 \\ 0 & 1 \end{bmatrix}$,显然 $\tilde{H}$ 为 $n+1$ 阶正交阵,则

$$\tilde{H}\begin{bmatrix} X \vdots Y \\ a' \end{bmatrix} = \begin{bmatrix} H & 0 \\ 0 & 1 \end{bmatrix}\begin{bmatrix} X \vdots Y \\ a' \end{bmatrix} = \begin{bmatrix} H(X \vdots Y) \\ a' \end{bmatrix} = \begin{bmatrix} T & t_y \\ 0 & t_z \\ x_0' & y_0 \end{bmatrix} \triangleq E,$$

其中 $a' = (1, x_{01}, \cdots, x_{0m}, y_0) \triangleq (x_0', y_0)$,记 $m_1 = m+1$,注意到 $(n+1) \times (m_1+1)$ 的矩阵 E 的前 m_1 列除第 $n+1$ 行外已是上三角形矩阵. 化 E 的前 m_1 列为上三角形矩阵的最简单方法是用 Givens 变换. 即对 E 作 Givens 变换:

$$G_{m_1(n+1)} \cdots G_{2(n+1)} G_{1(n+1)} E = \begin{bmatrix} R & r_y \\ 0 & r_z \end{bmatrix}, \qquad (3.3)$$

其中 R 为 $m_1 \times m_1$ 上三角形矩阵. 则

$$\begin{cases} \hat{\beta}^* = R^{-1} r_y, \\ Q^* = r_z' r_z. \end{cases} \qquad (3.4)$$

(2) 删除第 k 个观测 $a_k = (1, x_{k1}, \cdots, x_{km}, y_k)'$ 后,参数 β 的最小二乘估计 $\hat{\beta}_*$ 和残差平方和 Q_* 的算法

在回归分析的计算过程中,经回归诊断,若发现某个观测(如第 k 组观测)是异常值,应删去,然后用余下的 $n-1$ 组正常数据重新建立回归模型. 希望利用已有的结果经少量计算来获得删去某个观测后的回归结果.

已知存在正交阵 H,使 $H(X \vdots Y) = \begin{bmatrix} T & t_y \\ 0 & t_z \end{bmatrix}$,记删去第 k 组数据 $a_k' = (1, x_{k1}, \cdots, x_{km}, y_k) \triangleq (x_k', y_k)$ 后的数据阵为 $(\tilde{X} \vdots \tilde{Y})$. 并设存在 $n-1$ 阶正交阵 $\tilde{H}$,使 $\tilde{H}(\tilde{X} \vdots \tilde{Y}) = \begin{bmatrix} R & r_y \\ 0 & r_z \end{bmatrix}$,$R$ 为 $m_1 \times m_1$ 上三角形矩阵. 利用 Givens 变换,可知:

$$G_{m_1 n}\cdots G_{2n}G_{1n}\begin{bmatrix} R & r_y \\ 0 & r_z \\ x'_k & y_k \end{bmatrix} = \begin{bmatrix} T & t_y \\ 0 & r_z \\ 0 & t_{yy} \end{bmatrix}, \tag{3.5}$$

令 $G = G_{m_1 n}\cdots G_{2n}G_{1n}$, G 为 $n \times n$ 正交阵, 则

$$G'\begin{bmatrix} T & t_y \\ 0 & r_z \\ 0 & t_{yy} \end{bmatrix} = \begin{bmatrix} R & r_y \\ 0 & r_z \\ x'_k & y_k \end{bmatrix}, \text{其中}\begin{bmatrix} r_z \\ t_{yy} \end{bmatrix} = t_z, \text{并设 } t_{yy} \neq 0.$$

为了求出删去 $a'_k = (x'_k, y_k)$ 后的回归统计量, 只需知道由 Givens 变换阵乘积构成的正交阵 G. 并注意到 (3.5) 式两端中间子矩阵块 $(0 \ r_z)$ 在这些 Givens 变换下没有变化. 故只需考虑 $m+2$ 阶的正交阵 V, 设 V 使得·

$$V\begin{bmatrix} T & t_y \\ 0 & t_{yy} \end{bmatrix} = \begin{bmatrix} R & r_y \\ x'_k & y_k \end{bmatrix}, \tag{3.6}$$

令 $n \times n$ 阶正交阵 $G = \begin{bmatrix} V & 0 \\ 0 & I \end{bmatrix}$, 则

$$G\begin{bmatrix} T & t_y \\ 0 & t_{yy} \\ 0 & r_z \end{bmatrix} = \begin{bmatrix} V & 0 \\ \hline 0 & I \end{bmatrix}\begin{bmatrix} T & t_y \\ 0 & t_{yy} \\ 0 & r_z \end{bmatrix} = \begin{bmatrix} R & r_y \\ x'_k & y_k \\ 0 & r_z \end{bmatrix}.$$

由 $\begin{bmatrix} R & r_y \\ 0 & r_z \end{bmatrix}$, 可得 $\begin{cases} \hat{\beta}_* = R^{-1}r_y, \\ Q_* = r'_z r_z. \end{cases}$

下面讨论如何求正交阵 V, 使其满足 (3.6) 式.

记 $V' = (V_1, \cdots, V_{m+1}, V_{m+2})$, 以下简记 $m+1 = m_1$, $m+2 = m_2$, $V_j(j=1, \cdots, m_2)$ 为 m_2 维向量, 它是 V 的行向量.

① 求 $V'_{m+2} = (v_{m_2 1}, \cdots, v_{m_2 m_1}, v_{m_2 m_2}) \triangleq (v', v_{m_2 m_2})$.

利用 (3.6) 两端最后一行对应相等, 即得

$$\begin{cases} v'T = x'_k, \\ v't_y + v_{m_2 m_2}t_{yy} = y_k, \end{cases}$$

故有 $v = (T')^{-1}x_k$, $v_{m_2 m_2} = (y_k - v't_y)/t_{yy}$.

② 求 $V_j = (0, \cdots, 0, v_{jj}, \cdots, v_{jm_2})$ $(j = m_1, \cdots, 2, 1)$.

利用正交阵的特点及已求出的 $V_{m_2}, \cdots, V_{j+1}$, 可得

$$\begin{cases} V_j' \, V_j = 1, \\ V_k' \, V_j = 0 \ (k = m_2, \cdots, j+1). \end{cases} \tag{3.7}$$

解方程组(3.7),即得 $V_j (j = m_1, \cdots, 2, 1)$,从而得正交变换阵 V.

例 3.2 在例 3.1 中,假设第一个观测 $(1, -2, 0, -3)$ 是异常值,把它删去. 并在例 3.1 计算结果的基础上求删去 $a_1 = (1, -2, 0, -3)'$ 后的 $\hat{\beta}_*$ 和 Q_*.

解 已知

$$(X \vdots Y) = H \begin{pmatrix} -2 & -3 & -5 & \vdots & -3 \\ 0 & 7 & 2 & \vdots & 6 \\ 0 & 0 & 3 & \vdots & 1 \\ \cdots & \cdots & \cdots & \vdots & \cdots \\ 0 & 0 & 0 & \vdots & 2 \end{pmatrix} \triangleq H \begin{bmatrix} T & t_y \\ 0 & t_{yy} \end{bmatrix},$$

记 $G = (g_{ij})_{4\times4}$ 为正交阵,且 $G \begin{bmatrix} T & t_y \\ 0 & t_{yy} \end{bmatrix} = \begin{bmatrix} R & r_y \\ 0 & a_1' \end{bmatrix}$.

① 解线性方程组:

$$(g_{41}, g_{42}, g_{43}) \begin{pmatrix} -2 & -3 & -5 \\ 0 & 7 & 2 \\ 0 & 0 & 3 \end{pmatrix} = (1, -2, 0),$$

得

$$(g_{41}, g_{42}, g_{43}) = \left(-\frac{1}{2}, -\frac{1}{2}, -\frac{1}{2} \right);$$

由 $(g_{41}, g_{42}, g_{43}) \begin{pmatrix} -3 \\ 6 \\ 1 \end{pmatrix} + 2g_{44} = -3$ 得 $g_{44} = -\frac{1}{2}$.

② 令 $g_3 = (0, 0, g_{33}, g_{34})'$,由 $\begin{cases} g_3' \, g_3 = g_{33}^2 + g_{34}^2 = 1, \\ g_3' \, g_4 = -\dfrac{g_{33} + g_{34}}{2} = 0, \end{cases}$ 得

$$g_3 = \left(0, 0, \frac{-1}{\sqrt{2}}, \frac{1}{\sqrt{2}} \right)'.$$

③ 令 $g_2 = (0, g_{22}, g_{23}, g_{24})'$,由 $\begin{cases} g_2' \, g_2 = 1, \\ g_2' \, g_j = 0 (j = 3, 4), \end{cases}$ 得

$$g_2 = \left(0, \frac{-2}{\sqrt{6}}, \frac{1}{\sqrt{6}}, \frac{1}{\sqrt{6}} \right)'.$$

④ 令 $g_1 = (g_{11}, g_{12}, g_{13}, g_{14})'$,由 $\begin{cases} g_1' g_1 = 1, \\ g_1' g_j = 0 (j = 2, 3, 4), \end{cases}$ 得

$$g_1 = \left(\frac{-3}{\sqrt{12}}, \frac{1}{\sqrt{12}}, \frac{1}{\sqrt{12}}, \frac{1}{\sqrt{12}} \right)'.$$

⑤ 计算

$$G \begin{bmatrix} T & t_y \\ 0 & t_{yy} \end{bmatrix} = \begin{bmatrix} \frac{-3}{\sqrt{12}} & \frac{1}{\sqrt{12}} & \frac{1}{\sqrt{12}} & \frac{1}{\sqrt{12}} \\ 0 & \frac{-2}{\sqrt{6}} & \frac{1}{\sqrt{6}} & \frac{1}{\sqrt{6}} \\ 0 & 0 & \frac{-1}{\sqrt{2}} & \frac{1}{\sqrt{2}} \\ -\frac{1}{2} & -\frac{1}{2} & -\frac{1}{2} & -\frac{1}{2} \end{bmatrix} \begin{bmatrix} -2 & -3 & -5 & \vdots & -3 \\ 0 & 7 & 2 & \vdots & 6 \\ 0 & 0 & 3 & \vdots & 1 \\ \cdots & \cdots & \cdots & \vdots & \cdots \\ 0 & 0 & 0 & \vdots & 2 \end{bmatrix}$$

$$= \begin{bmatrix} \frac{6}{\sqrt{12}} & \frac{16}{\sqrt{12}} & \frac{20}{\sqrt{16}} & \vdots & \frac{18}{\sqrt{20}} \\ 0 & \frac{-14}{\sqrt{6}} & \frac{-1}{\sqrt{6}} & \vdots & \frac{-9}{\sqrt{6}} \\ 0 & 0 & \frac{-3}{\sqrt{2}} & \vdots & \frac{1}{\sqrt{2}} \\ \cdots & \cdots & \cdots & \vdots & \cdots \\ 1 & -2 & 0 & \vdots & -3 \end{bmatrix} \triangleq \begin{bmatrix} R & r_y \\ & a_1' \end{bmatrix}.$$

⑥ 解线性方程组: $R\beta = r_y$, 得

$$\hat{\beta}_* = \left(\frac{7}{3}, \frac{2}{3}, -\frac{1}{3} \right)',$$

故删去第一个观测后的回归方程为:

$$\hat{Y} = \frac{7}{3} + \frac{2}{3} X_1 - \frac{1}{3} X_2.$$

此例因删掉一个观测后, 由 3 组数据确定三个未知参数 β_0, β_1 和 β_2, 故没有误差, $Q_* = 0$.

§4 谱分解在岭回归估计中的应用

从叉积阵 S 出发, 利用对称阵的谱分解同样可以计算多元线性回归模型 (1.2) 中参数 β 的最小二乘估计和最小二乘残差 Q. 利用谱分解算法在岭回归估计的计算中更显示出它的优势.

（一）利用谱分解计算 $\hat{\beta}$ 和 Q

叉积阵 S 是对称阵, 对 S 作谱分解, 得

$$S = U \Lambda U', \tag{4.1}$$

其中 $\Lambda = \mathrm{diag}(\lambda_1, \cdots, \lambda_{m_2})$，$\lambda_1 \geqslant \cdots \geqslant \lambda_{m_2} > 0$（记 $m_2 = m + 2$）是 S 的特征值；$U = (u_1, \cdots, u_{m_2})$，$u_i$ 是 λ_i 对应的特征向量.

记 $D = \mathrm{diag}(\sqrt{\lambda_1}, \cdots, \sqrt{\lambda_{m_2}})$，令 $R = UD^{-1} \triangleq \begin{bmatrix} r_0' \\ \vdots \\ r_{m+1}' \end{bmatrix}$，

则

① 回归模型（1.2）的残差平方和 $Q = 1/r_{m+1}' r_{m+1}$；

② 参数 $\beta' = (\beta_0, \beta_1, \cdots, \beta_m)$ 的最小二乘估计为

$$\hat{\beta}_j = -r_j' r_{m+1}/r_{m+1}' r_{m+1} \quad (j = 0, 1, \cdots, m)$$

$$= -\sum_{t=1}^{m_2} \frac{1}{\lambda_t} u_{(j+1)t} u_{m_2 t} \Big/ \sum_{t=1}^{m_2} \frac{1}{\lambda_t} u_{m_2 t}^2. \tag{4.2}$$

证明　（4.1）式可写成：$SU = U\Lambda$，　令 $R = UD^{-1}$，则

$$SR = R\Lambda, \quad 且 \quad R\Lambda R' = I_{m+2}.$$

记 $R = \begin{bmatrix} R_1 \\ r_{m+1}' \end{bmatrix} \begin{matrix} m+1 \\ 1 \end{matrix}$，由 $R\Lambda R' = I_{m+2}$ 可得

$$\begin{cases} R_1 \Lambda R_1' = I_{m+1}, \\ R_1 \Lambda \, r_{m+1} = 0, \\ r_{m+1}' \Lambda \, r_{m+1} = 1. \end{cases} \tag{4.3}$$

另一方面由 $SR = R\Lambda$，即 $\begin{bmatrix} X'X & X'Y \\ Y'X & Y'Y \end{bmatrix} \begin{bmatrix} R_1 \\ r_{m+1}' \end{bmatrix} = \begin{bmatrix} R_1 \Lambda \\ r_{m+1}' \Lambda \end{bmatrix}$，得

$$\begin{cases} X'XR_1 + X'Yr_{m+1}' = R_1\Lambda, \\ Y'XR_1 + Y'Yr_{m+1}' = r_{m+1}'\Lambda, \end{cases} \tag{4.4}$$

用 r_{m+1} 右乘（4.4）的第一式并利用（4.3）的第二式，有

$$X'XR_1 r_{m+1} + X'Yr_{m+1}' r_{m+1} = R_1 \Lambda r_{m+1} = 0,$$

从而得 $\hat{\beta} = (X'X)^{-1}X'Y = -R_1 r_{m+1}/r_{m+1}' r_{m+1}$. 用 r_{m+1} 右乘（4.4）的第二式，并利用（4.3）的第三式，有

$$Y'XR_1 r_{m+1} + Y'Yr_{m+1}' r_{m+1} = r_{m+1}' \Lambda r_{m+1} = 1,$$

从而得：　　$Q = Y'Y - Y'X\hat{\beta} = 1/r_{m+1}' r_{m+1}$.　　　［证毕］

利用谱分解求 $\hat{\beta}$ 和 Q 的算法，首先求叉积阵 S 的特征值 λ_1，

$\cdots, \lambda_{m+2}$ 和特征向量 $u_1, \cdots, u_{m+2}$，然后计算矩阵 R，才能得出 $\hat{\beta}$ 和 Q，比起前两节介绍的回归算法，它的计算量大，且精度较差. 但它在岭回归估计的计算中有它的优势.

(二) 岭回归估计的算法

在回归模型 $Y = X\beta + \varepsilon$ 中，当矩阵 X 呈病态（即自变量出现共线关系）时，β 的最小二乘估计 $\hat{\beta}$ 的均方误差将会变大且不稳定. 从减少均方误差的角度出发，引入岭回归估计.

定义 4.1 设 $k \geqslant 0$，称
$$\hat{\beta}(k) = (X'X + kI)^{-1}X'Y \tag{4.5}$$
为 β 的**岭回归估计**，k 为**岭参数**. 由岭回归估计建立的回归方程称为**岭回归方程**.

从理论上可以证明，存在 $k_0 = k(\beta, \sigma^2)$，使得
$$\hat{\beta}(k_0) = (X'X + k_0I)^{-1}X'Y$$
的均方误差达最小，即
$$E(\|\hat{\beta}(k_0) - \beta\|^2) \leqslant E(\|\hat{\beta} - \beta\|^2), \tag{4.6}$$
其中 $k_0 = k(\beta, \sigma^2)$ 是未知参数 β, σ^2 的函数，k_0 的选取方法是岭回归估计的关键. 在实际应用中虽也有许多确定 k 的原则和方法，这些方法常常必须对不同的 k 值计算岭估计后再从中找出好的估计. 如岭迹法，就必须计算 $k \in (0, \infty)$ 时，各参数分量 $\hat{\beta}_i(k)$ 的值. 在直角坐标下，以 k 为横坐标，$\hat{\beta}_i(k)$ 为纵坐标画出的曲线称为岭迹. 故在岭回归分析中，有必要设计一种对不同的 k 值求 $\hat{\beta}(k)$ 的简便算法. 利用谱分解很容易计算 $\hat{\beta}(k)$.

记 $S(k) = \begin{bmatrix} X'X + kI & X'Y \\ Y'X & Y'Y + k \end{bmatrix} = S + \begin{bmatrix} k & & 0 \\ & \ddots & \\ 0 & & k \end{bmatrix}$，

设 S 的谱分解式为 $U'SU = \Lambda$，则
$$U'S(k)U = U'SU + U'\begin{bmatrix} k & & 0 \\ & \ddots & \\ 0 & & k \end{bmatrix}U = \Lambda + kI$$
$$= \begin{bmatrix} \lambda_1 + k & & 0 \\ & \ddots & \\ 0 & & \lambda_{m_2} + k \end{bmatrix} \triangleq \Lambda(k).$$

这表明 $\lambda_i + k(i=1,2,\cdots,m_2)$ 是 $S(k)$ 的特征值,相应的特征向量仍为 u_i. 记 $D(k) = \text{diag}(\sqrt{\lambda_1+k},\cdots,\sqrt{\lambda_{m_2}+k})$, $U=(u_{ij})$,则

$$R(k) = UD^{-1}(k) = \left(\frac{u_1}{\sqrt{\lambda_1+k}},\cdots,\frac{u_{m_2}}{\sqrt{\lambda_{m_2}+k}}\right) \triangleq \begin{bmatrix} r_0'(k) \\ \vdots \\ r_{m_1}'(k) \end{bmatrix},$$

利用(一)中的结论,可知岭回归估计量是

$$Q(k) = (r_{m_1}'(k)r_{m_1}(k))^{-1} = \left(\sum_{j=1}^{m_2}\frac{1}{\lambda_j+k}u_{m_2 j}^2\right)^{-1},$$

$$-\hat{\beta}_j(k) = -r_j'(k)r_{m+1}(k)/r_{m+1}'(k)r_{m+1}(k)$$

$$= -\sum_{t=1}^{m_2}\frac{1}{\lambda_t+k}u_{(j+1)t}u_{m_2 t}\bigg/\sum_{t=1}^{m_2}\frac{1}{\lambda_t+k}u_{m_2 t}^2.$$

$$(j=0,1,\cdots,m) \tag{4.7}$$

从谱分解得出的岭回归估计量的计算公式(4.7)与最小二乘估计的公式(4.2)很相似,它们之间的差别只在于把 λ_t 换成 λ_t+k.

§5 利用消去变换进行逐步回归计算

在多元线性回归的实际应用中,考虑的自变量常常包括所有可能影响因变量 Y 的因素. 在这众多的自变量中,有的对因变量 Y 有明显的影响,有的影响很小甚至没影响. 如果把对 Y 影响小的变量保留在回归模型中,不仅增加收集数据和分析数据的负担;使得回归方程不稳定;而且将因回归变量过多而不便于使用. 因此提出了回归自变量的筛选问题.

回归自变量的筛选问题在应用上和理论上都十分重要,60 年代以来,提出了多种筛选变量的方法. 评价一个回归方程的优劣可以从不同的角度提出不同的准则,如剩余标准差 s^2 最小准则、C_p 统计量准则、AIC 准则等等. 对于给定的准则,最优回归方程应从所有可能回归子集(共有 2^m-1 个)中选择. 实际应用中,因 m 一般较大,自变量的所有可能组合(即回归子集)太多,不可能得到最优方程. 故产生了各种各样的筛选自变量的方法,它们虽不能得

到最优回归方程,但能够获得局部最优回归方程.这些方法大体上可分归为以下几类:

(1) 前进法(逐步引入法)

该方法是从回归方程仅含常数项开始,把自变量逐个引入回归方程,直至得到"最优"回归方程为止.

停止引入变量的终止条件常用的有:① 给定显著水平 α,对不在方程中的自变量作回归系数的显著性检验,若均不显著,则停止引入变量;② 规定方程中包含的自变量个数 m,当引入自变量的个数为 m 时,停止再引入变量.

前进法计算量虽小,但因自变量间存在相关关系,后面引入的变量可能使得前面引入的显著变量变成不显著,这样最终获得的方程中可能包含对 Y 影响不显著的变量.

(2) 后退法(逐步剔除法)

此法与前进法正相反.首先建立 Y 与所有自变量的回归方程,然后逐个剔除对 Y 作用不显著的变量,直至不能剔除为止.

此法当自变量的个数 m 很大,而其中不显著的变量较多时,计算量大;而且有可能漏掉重要变量.

(3) 逐步筛选法

此法是前进法和后退法的综合.前进法中被选入的变量,将一直保留在回归方程中;后退法中被剔除的变量,将永远排除在方程之外.因自变量之间经常存在相关关系,自变量对 Y 的作用是否显著是相对于方程中选入的变量而言的;也就是说,某些自变量对 Y 的作用大小是随着方程中选入变量的不同而有变化.于是产生一种有进有出的筛选变量方法 —— 逐步筛选法.这就是目前应用很广的逐步回归方法,也是本节要介绍的方法.

(4) 全回归子集法

此法要求计算 Y 与 m 个自变量的所有可能组合($2^m - 1$ 种)的回归方程,然后按某种给定的准则,从中选择最优回归方程.

此法的优点是能够得到某准则下的最优回归方程,这是以上另外三种方法所不及的. 但此法的计算量大,当 $m > 10$,一般很难实现. 在§6 我们将介绍如何设计巧妙的算法,来得到最优方程.

5.1 逐步筛选变量的过程和基本步骤

（一）逐步筛选变量的过程

逐步回归的基本想法是:逐个引入自变量;每次引入对因变量 Y 影响最显著的变量. 每引入一个新变量,对先前引入方程的老变量逐个进行检验,将变为不显著的变量,从影响最小的开始,逐个剔除,直到没有可剔除时再考虑引入新变量. 此过程反复进行直到不能再引入新变量为止. 这样得到的回归方程中所有自变量对 Y 的作用都是显著的,而不在方程中的变量对 Y 的作用都是不显著的. 这样的回归方程称为"最优"回归方程.

逐步筛选变量的过程可用图 6-1 的框图来描述.

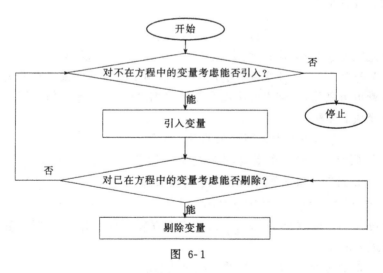

图 6-1

（二）逐步筛选法的基本步骤

设因变量 Y 与 m 个自变量 $X_1, X_2, \cdots, X_m$ 满足多元线性回归

315

模型.从逐步回归的基本想法和图 6-1 给出的变量筛选的过程可知,逐步筛选变量的过程主要包括两个基本步骤:一是从回归方程中考虑剔除不显著变量的步骤;二是从不在方程中的变量考虑引入新变量的步骤.下面分别讨论这两方面的基本步骤.

(1) 考虑可否剔除变量的基本步骤

假设已引入回归方程的变量为 $X_{i_1}, X_{i_2}, \cdots, X_{i_r}(r \leqslant m)$.

① 计算已在方程中的变量 X_{i_k} 的偏回归平方和 P_{i_k}:

$$P_{i_k} = Q(i_1, \cdots, i_{k-1}, i_{k+1}, \cdots, i_r) - Q(i_1, \cdots, i_r)(k = 1, \cdots, r),$$
(5.1)

并设 $P_{i_0} = \min(P_{i_1}, \cdots, P_{i_r})$,即相应的变量 X_{i_0} 是方程中对 Y 影响最小的变量.

② 检验 X_{i_0} 对 Y 的影响是否显著.

对变量 X_{i_0} 进行回归系数的显著性检验,即检验 $H_0: \beta_{i_0} = 0$,检验统计量为

$$F_{i_0} = \frac{P_{i_0}}{Q(i_1, \cdots, i_r)/(n - r - 1)},$$
(5.2)

给定检验水平 α,若 $F_{i_0} \leqslant F_{1-\alpha}(1, n - r - 1)$,则剔除 X_{i_0},重新建立 Y 与余下的 $r - 1$ 个变量的回归方程,再检验方程中最不重要的变量可否剔除,直到方程中没有变量可剔除后,转入考虑能否引入新变量的步骤.

(2) 考虑可否引入新变量的基本步骤

假设已入选 r 个变量,不在方程中的变量记为 $X_{j_1}, \cdots, X_{j_{m-r}}$.

① 计算不在方程中变量 X_{j_k} 的偏回归平方和 P_{j_k}:

$$P_{j_k} = Q(i_1, \cdots, i_r) - Q(i_1, \cdots, i_r, j_k)(k = 1, 2, \cdots, m - r),$$ (5.3)

并设 $P_{j_0} = \max(P_{j_1}, \cdots, P_{j_{m-r}})$,即不在方程中的变量 X_{j_0} 是对 Y 影响最大的变量.

② 检验变量 X_{j_0} 对 Y 的影响是否显著.

对变量 X_{j_0} 作回归系数的显著性检验,即检验 $H_0: \beta_{j_0} = 0$,检验统计量为

$$F_{j_0} = \frac{P_{j_0}}{Q(i_1, \cdots, i_r, j_0)/(n-r-2)}, \tag{5.4}$$

给定水平 α, 若 $F_{j_0} > F_{1-\alpha}(1, n-r-2)$, 则引入变量 X_{j_0}, 并转入考虑可否剔除变量的步骤. 若 $F_{j_0} \leqslant F_{1-\alpha}(1, n-r-2)$, 则逐步筛选变量的过程结束.

假设用逐步筛选方法得到 r 个变量 $X_{i_1}, X_{i_2}, \cdots, X_{i_r}$, 建立 Y 与这 r 个变量的回归方程, 就是用逐步回归方法得到的"最优"回归方程.

5.2 用消去变换进行逐步回归计算

设因变量 Y 与 $X_1, X_2, \cdots, X_m$ 的 n 次观测数据为 $(y_i, x_{i1}, x_{i2}, \cdots, x_{im})(i = 1, 2, \cdots, n)$, 各变量的均值记为

$$\bar{y} = \frac{1}{n}\sum_{i=1}^{n} y_i, \quad \bar{x}_k = \frac{1}{n}\sum_{i=1}^{n} x_{ik} \quad (k = 1, \cdots, m).$$

令 $\tilde{y}_i = y_i - \bar{y}$, $\tilde{x}_{ik} = x_{ik} - \bar{x}_k$ $(k = 1, \cdots, m; i = 1, \cdots, n)$, 则中心化的数据满足以下回归模型:

$$\begin{cases} \tilde{Y} = \tilde{X}\beta + \varepsilon, \\ \varepsilon \sim N_n(0, \sigma^2 I_n), \end{cases} \tag{5.5}$$

其中 $\beta = (\beta_1, \cdots, \beta_m)'$. β 的最小二乘估计是 m 阶正规方程 $\tilde{X}'\tilde{X}\beta = \tilde{X}'\tilde{Y}$ 的解. 为了计算 β 的最小二乘估计量及其他回归统计量, 令 $m+1$ 阶方阵 $A^{(0)}$ 为

$$A^{(0)} = \begin{bmatrix} \tilde{X}'\tilde{X} & \tilde{X}'\tilde{Y} \\ \tilde{Y}'\tilde{X} & \tilde{Y}'\tilde{Y} \end{bmatrix} \triangleq (a_{ij}^{(0)}), \tag{5.6}$$

其中

$$a_{ij}^{(0)} = \sum_{t=1}^{n} (x_{ti} - \bar{x}_i)(x_{tj} - \bar{x}_j) \ (i, j = 1, \cdots, m),$$

$$a_{i(m+1)}^{(0)} = \sum_{t=1}^{n} (x_{ti} - \bar{x}_i)(y_t - \bar{y}) \ (i = 1, \cdots, m),$$

$$a_{(m+1)(m+1)}^{(0)} = \sum_{t=1}^{n} (y_t - \bar{y})^2.$$

下面我们从 $A^{(0)}$ 出发利用消去变换进行逐步回归计算.

（一）筛选自变量

首先考虑从 m 个自变量 $X_1, \cdots, X_m$ 中能否引入变量.

设 Y 与变量 X_j 的一元回归方程为
$$\hat{Y} = \hat{\beta}_0 + \hat{\beta}_j X_j (j = 1, 2, \cdots, m),$$
由 §2 的定理 2.3 及第五章 §6 消去变换的公式(6.3)可知,若记 $A^{(1)} = T_j A^{(0)} = (a_{ij}^{(1)})$, 则 $\hat{\beta}_j = a_{jm_1}^{(1)} = a_{jm_1}^{(0)}/a_{jj}^{(0)} (m_1 \triangleq m + 1)$; 且 $Q(j) = a_{m_1 m_1}^{(1)} = a_{m_1 m_1}^{(0)} - a_{m_1 j}^{(0)} a_{jm_1}^{(0)}/a_{jj}^{(0)} = Q_0 - (a_{jm_1}^{(0)})^2/a_{jj}^{(0)}$. 所以变量 X_j 的偏回归平方和为
$$P_j = Q_0 - Q(j) = (a_{jm_1}^{(0)})^2/a_{jj}^{(0)} \quad (j = 1, \cdots, m),$$
其中 $Q_0 = a_{m_1 m_1}^{(0)} = \sum_{t=1}^n (y_t - \bar{y})^2$ 表示没有引入变量时的残差平方和. 考虑可否引入第一个变量的计算步骤为:

① 计算各个自变量的偏回归平方和 $P_j^{(0)}$:
$$P_j^{(0)} = (a_{jm_1}^{(0)})^2/a_{jj}^{(0)} \quad (j = 1, \cdots, m),$$
并设 $P_{i_1}^{(0)} = \max_{j=1, \cdots, m} P_j^{(0)}$.

② 检验 $H_0: \beta_{i_1} = 0$ (即变量 X_{i_1} 对 Y 的作用是否显著),检验统计量为
$$F_1^{(0)} = \frac{P_{i_1}^{(0)}}{Q(i_1)/(n-2)} = \frac{P_{i_1}^{(0)}(n-2)}{a_{m_1 m_1}^{(0)} - P_{i_1}^{(0)}},$$
若 $F_1^{(0)} > F_{1-\alpha}(1, n-2)$, 则引入变量 X_{i_1}, 转 ③;否则停止筛选.

③ 对 $A^{(0)}$ 以 (i_1, i_1) 为主元作消去变换得: $A^{(1)} = T_{i_1} A^{(0)}$.

设经若干步之后,已引入回归方程的变量记为 $X_{i_1}, \cdots, X_{i_r} (r \leqslant m)$. 每引入一个变量作一次消去变换, $A^{(0)}$ 经若干次消去变换后化为 $A^{(r)} = T_{i_r} \cdots T_{i_1} A^{(0)}$. 记 $L = \{i_1, \cdots, i_r\}$, 从 $A^{(r)}$ 出发,考虑能否筛选变量的步骤和计算公式如下:

① 计算各变量的偏回归平方和 $P_i^{(r)}$:
$$P_i^{(r)} = (a_{im_1}^{(r)})^2/a_{ii}^{(r)} \quad (i = 1, 2, \cdots, m). \tag{5.7}$$

由消去变换的公式可以证明,不管变量 X_i 是否已引入回归方程, X_i 的偏回归平方和都用同样的公式(5.7)计算. 设

$$P_{i_0}^{(r)} = \min_{i \in L} P_i^{(r)}, \quad P_{j_0}^{(r)} = \max_{i \in L} P_i^{(r)}.$$

② 检验变量 X_{i_0} 可否剔除(即检验 $H_0: \beta_{i_0} = 0$).

X_{i_0} 是已入选回归方程的变量中对 Y 影响最小的变量,检验变量 X_{i_0} 可否剔除的检验统计量为

$$F_2^{(r)} = \frac{P_{i_0}^{(r)}}{Q(i_1, \cdots, i_r)/(n - r - 1)} = \frac{P_{i_0}^{(r)}(n - r - 1)}{a_{m_1 m_1}^{(r)}}, \quad (5.8)$$

若 $F_2^{(r)} \leqslant F_{1-\alpha}(1, n - r - 1)$,则剔除变量 X_{i_0},记 $k = i_0$,转④;否则转③,考虑能否引入新变量.

③ 检验变量 X_{j_0} 可否引入回归方程(即检验 $H_0: \beta_{j_0} = 0$).

X_{j_0} 是不在方程的变量中对 Y 影响最大的变量,检验变量 X_{j_0} 可否引入的检验统计量为

$$F_1^{(r)} = \frac{P_{j_0}^{(r)}}{Q(i_1, \cdots, i_r, j_0)/(n - r - 2)} = \frac{P_{j_0}^{(r)}(n - r - 2)}{a_{m_1 m_1}^{(r)} - P_{j_0}^{(r)}}, \quad (5.9)$$

若 $F_1^{(r)} > F_{1-\alpha}(1, n - r - 2)$,则引入变量 X_{j_0},记 $k = j_0$,转④;否则筛选变量的过程结束.

④ 对 $A^{(r)}$ 施行以 (k, k) 为主元的消去变换: $T_{kk} A^{(r)} \triangleq A^{(r+1)}$,以 $A^{(r+1)}$ 为当前矩阵,重复 ① $\sim$ ④,直至筛选变量的过程结束.

(二) 计算"最优"回归方程及回归统计量

假设筛选自变量的过程结束后,引入回归方程的变量个数为 l 个 $(l \leqslant m)$,记为 $X_{i_1}, \cdots, X_{i_l}$,$A^{(0)}$ 经若干次消去变换后化为

$$A^{(l)} = T_{i_l} \cdots T_{i_2} T_{i_1} A^{(0)} \triangleq (b_{ij}).$$

由 $A^{(l)}$,可得到回归分析中的所有结果.

① **"最优"回归方程**

$$\hat{Y} = b_0 + b_{i_1 m_1} X_{i_1} + \cdots + b_{i_l m_1} X_{i_l},$$

其中 $b_0 = \bar{y} - \sum_{k=1}^{l} b_{i_k m_1} \bar{x}_{i_k}.$

② 计算有关的回归统计量

残差平方和 $Q = b_{m_1 m_1}$,

回归平方和 $U = a_{m_1 m_1}^{(0)} - Q$,

复相关系数 $R = \sqrt{1 - b_{m_1 m_1} / a_{m_1 m_1}^{(0)}}$,

剩余标准差 $s = \sqrt{Q/(n-l-1)} = \sqrt{b_{m_1 m_1}/(n-l-1)}$,

预测值 $\hat{y}_t = b_0 + b_{i_1 m_1} x_{t i_1} + \cdots + b_{i_l m_1} x_{t i_l} (t = 1, 2, \cdots, n)$,

残差值 $\hat{\varepsilon}_t = y_t - \hat{y}_t (t = 1, 2, \cdots, n)$,

检验回归方程是否显著的 F 统计量 $F = \dfrac{U}{Q} \dfrac{n-l-1}{l}$.

5.3 例子

例 5.1 某种水泥在凝固时放出的热量 Y(卡/克)与水泥中下列四种化学成分有关. 共观测了 13 组数据(见表 6-1), 试用逐步回归方法求"最优"回归方程.

X_1 —— $3CaO \cdot Al_2O_3$ 的成分(%),

X_2 —— $3CaO \cdot SiO_2$ 的成分(%),

X_3 —— $4CaO \cdot Al_2O_3 \cdot Fe_2O_3$ 的成分(%),

X_4 —— $2CaO \cdot SiO_2$ 的成分(%).

表 6-1　水泥数据

序号	X_1	X_2	X_3	X_4	Y(卡/克)
1	7	26	6	60	78.5
2	1	29	15	52	74.3
3	11	56	8	20	104.3
4	11	31	8	47	87.6
5	7	52	6	33	95.9
6	11	55	9	22	109.2
7	3	71	17	6	102.7
8	1	31	22	44	72.5
9	2	54	18	22	93.1
10	21	47	4	26	115.9
11	1	40	23	34	83.8
12	11	66	9	12	113.3
13	10	68	8	12	109.4

解 （1）计算变量的均值和离差阵

$\bar{y} = 95.42$（以下计算结果均取小数点后两位数字），

$\bar{x}' = (\bar{x}_1, \bar{x}_2, \bar{x}_3, \bar{x}_4) = (7.46, 48.15, 11.77, 30.00)$,

$$A^{(0)} = \begin{bmatrix} 415.23 & 251.08 & -372.62 & -290 & 775.96 \\ & 2905.69 & -166.54 & -3041 & 2292.96 \\ & & 492.31 & 38 & -618.23 \\ & & & 3362 & -2481.70 \\ & & & & 2715.76 \end{bmatrix},$$

$A^{(0)}$ 为对称阵.

给定检验水平 α（一般取 $\alpha = 0.05$ 或 0.10），这里取 $\alpha = 0.10$.

（2）逐步筛选变量

① 考虑引入第一个自变量. 利用偏回归平方和计算公式得：

$$P_1^{(0)} = (775.96)^2 / 415.23 = 1450.07,$$

$$P_2^{(0)} = 1809.42, P_3^{(0)} = 776.36, P_4^{(0)} = 1831.90,$$

且 $$P_4^{(0)} = \max(P_1^{(0)}, P_2^{(0)}, P_3^{(0)}, P_4^{(0)}).$$

检验变量 X_4 可否引入的 F 统计量为

$$F_1^{(0)} = \frac{P_4^{(0)}(n-2)}{a_{55}^{(0)} - P_4^{(0)}} = \frac{1831.90 \times 11}{2715.76 - 1831.90} = 22.80 ,$$

显然 $F_1^{(0)} > F_{1-\alpha}(1, 11) = 3.23$，故引入变量 X_4，并对 $A^{(0)}$ 以 $(4, 4)$ 为主元作消去变换得：

$$A^{(1)} = T_4 A^{(0)}$$

$$= \begin{bmatrix} 390.22 & -11.23 & -369.34 & 0.09 & 561.89 \\ -11.23 & 155.04 & -132.17 & 0.91 & 48.20 \\ -369.34 & -132.17 & 491.88 & -0.01 & -590.18 \\ -0.09 & -0.91 & 0.01 & 2.97 \times 10^{-4} & -0.74 \\ 561.89 & 48.20 & -590.18 & 0.74 & 883.87 \end{bmatrix}.$$

注意：$A^{(1)}$ 除第 4 行和第 4 列外是对称的.

② 从 $A^{(1)}$ 出发进行筛选变量（$r = 1$）. 计算偏回归平方和：

$$P_1^{(1)} = (561.89)^2 / 390.22 = 809.08,$$

$$P_2^{(1)} = 14.98, P_3^{(1)} = 708.12, P_4^{(1)} = P_4^{(0)}.$$

方程中变量 X_4 是刚刚引入的显著变量，此步不必考虑可否剔除的情况.

因 $P_1^{(1)} = \max(P_1^{(1)}, P_2^{(1)}, P_3^{(1)})$. 检验 X_1 可否引入的 F 统计量为

$$F_1^{(1)} = \frac{P_1^{(1)}(n-3)}{a_{55}^{(1)} - P_1^{(1)}} = \frac{809.08 \times 10}{883.87 - 809.08} = 108.18,$$

显然 $F_1^{(1)} > F_{1-\alpha}(1,10) = 3.28$,故引入变量 X_1,并对 $A^{(1)}$ 作消去变换得:

$$A^{(2)} = T_1 A^{(1)}$$

$$= \begin{pmatrix} 2.56 \times 10^{-3} & -0.03 & -0.95 & 2.21 \times 10^{-4} & 1.44 \\ 0.03 & 154.72 & -142.79 & 0.91 & 64.38 \\ 0.95 & -142.79 & 142.30 & 0.70 & -58.35 \\ 2.21 \times 10^{-4} & -0.91 & -0.70 & 3.17 \times 10^{-4} & -0.61 \\ -1.44 & 64.38 & 58.35 & 0.61 & 74.76 \end{pmatrix},$$

由 $A^{(2)}$ 可以得出引入 X_4, X_1 后,过渡回归方程为

$$\hat{Y} = \hat{\beta}_0 + 1.44 X_1 - 0.61 X_4,$$

残差平方和 $Q(1,4) = 74.76$.

③ 从 $A^{(2)}$ 出发考虑筛选变量 $(r=2)$. 计算偏回归平方和:

$$P_1^{(2)} = P_1^{(1)}, \quad P_2^{(2)} = (64.38)^2/154.72 = 26.79,$$

$$P_3^{(2)} = 23.93, \quad P_4^{(2)} = 1173.82.$$

对不在方程中的变量 X_2, X_3,选最大者:$P_2^{(2)} = \max(P_2^{(2)}, P_3^{(2)})$. 此步不可能被剔除变量(习题 6.3). 下面检验 X_2 可否引入,检验的 F 统计量为

$$F_1^{(2)} = \frac{P_2^{(2)}(n-r-2)}{a_{55}^{(2)} - P_2^{(2)}} = \frac{26.79 \times 9}{74.76 - 26.79} = 5.03,$$

显然 $F_1^{(2)} > F_{1-\alpha}(1,9) = 3.36$,故引入变量 X_2,并对 $A^{(2)}$ 作消去变换得:

$$A^{(3)} = T_2 A^{(2)}$$

$$= \begin{pmatrix} 2.57 \times 10^{-3} & 1.86 \times 10^{-4} & -0.97 & 3.89 \times 10^{-4} & 1.45 \\ 1.86 \times 10^{-4} & 6.46 \times 10^{-3} & -0.92 & 5.86 \times 10^{-3} & 0.42 \\ 0.97 & 0.92 & 10.50 & 0.91 & 1.07 \\ 3.89 \times 10^{-4} & 5.86 \times 10^{-3} & -0.91 & 5.63 \times 10^{-3} & -0.24 \\ -1.45 & -0.42 & 1.07 & 0.24 & 47.97 \end{pmatrix}.$$

Y 与 X_1, X_2, X_4 的过渡回归方程为

$$\hat{Y} = \hat{\beta}_0 + 1.45 X_1 + 0.42 X_2 - 0.24 X_4,$$

残差平方和 $Q(1,2,4) = 47.97$.

④ 从 $A^{(3)}$ 出发考虑筛选变量($r = 3$). 计算偏回归平方和：
$$P_1^{(3)} = (1.45)^2/(2.57 \times 10^{-3}) = 818.09,$$
$$P_2^{(3)} = P_2^{(2)}, \quad P_3^{(3)} = 0.11, \quad P_4^{(3)} = 10.23.$$

对已在方程中的变量 X_1, X_2, X_4 选最小者：
$$P_4^{(3)} = \min(P_1^{(3)}, P_2^{(3)}, P_4^{(3)}).$$

下面检验 X_4 可否剔除, 检验的 F 统计量为
$$F_2^{(3)} = \frac{P_4^{(3)}(n - r - 1)}{a_{55}^{(3)}} = \frac{10.23 \times 9}{47.97} = 1.92,$$

因 $F_2^{(3)} \leqslant F_{1-\alpha}(1,9) = 3.36$, 剔除变量 X_4, 对 $A^{(3)}$ 作消去变换得：
$$A^{(4)} = T_4 A^{(3)} = T_4 T_2 T_1 T_4 A^{(0)} = T_2 T_1 A^{(0)}$$
$$= \begin{pmatrix} 2.54 \times 10^{-3} & -2.19 \times 10^{-4} & -0.91 & -0.07 & 1.47 \\ -2.19 \times 10^{-4} & 3.63 \times 10^{-4} & 0.021 & -1.04 & 0.66 \\ 0.91 & -0.02 & 156.68 & -161.08 & 39.17 \\ -0.69 & 1.04 & -161.08 & 177.51 & -41.99 \\ -1.47 & -0.66 & 39.17 & -41.99 & 57.90 \end{pmatrix}.$$

⑤ 从 $A^{(4)}$ 出发考虑可否再剔除变量($r = 2$). 计算已在方程中变量 X_1, X_2 的偏回归平方和：
$$P_1^{(4)} = 850.75, \quad P_2^{(4)} = 1200, \quad \text{且} \ P_1^{(4)} = \min(P_1^{(4)}, P_2^{(4)}).$$

下面检验 X_1 可否剔除, 检验的 F 统计量为
$$F_2^{(4)} = \frac{P_1^{(4)}(n - r - 1)}{a_{55}^{(4)}} = \frac{850.75 \times 10}{57.90} = 146.93,$$

显然 $F_2^{(4)} > F_{1-\alpha}(1,10) = 3.28$, 不能再剔除变量.

⑥ 从 $A^{(4)}$ 出发考虑可否引入变量($r = 2$). 计算不在方程中的变量 X_3, X_4 的偏回归平方和：
$$P_3^{(4)} = 9.79, \quad P_4^{(4)} = P_4^{(3)}, \quad \text{且} \ P_4^{(4)} = \max(P_3^{(4)}, P_4^{(4)}).$$

下面检验 X_4 可否引入, 检验的 F 统计量为
$$F_1^{(4)} = F_2^{(3)} = 1.92,$$

因 $F_1^{(4)} \leqslant F_{1-\alpha}(1,9) = 3.36$, 不能引入变量. 变量筛选过程到此结束, 引入回归方程的变量有 2 个, 它们是 X_1 和 X_2.

(3) 计算"最优"回归方程及有关统计量

由 $A^{(4)}$ 可得回归系数 $\hat{\beta}_1 = a_{15}^{(4)} = 1.47$;$\hat{\beta}_2 = a_{25}^{(4)} = 0.66$,故 $\hat{\beta}_0 = \bar{y} - \hat{\beta}_1 \bar{x}_1 - \hat{\beta}_2 \bar{x}_2 = 52.67$,所以

$$\hat{Y} = 52.67 + 1.47X_1 + 0.66X_2.$$

残差平方和 $Q(1,2) = a_{55}^{(4)} = 57.90$,

回归平方和 $U = a_{55}^{(0)} - Q = 2715.76 - 57.90 = 2657.86$,

复相关系数 $R = \sqrt{U/a_{55}^{(0)}} = 0.99$,

剩余标准差 $s = \sqrt{Q/(n-r-1)} = 2.41$,

回归方程显著性检验的 F 统计量为

$$F = \frac{U/r}{Q/(n-r-1)} = 229.52.$$

§6　所有可能回归的算法

在多元线性回归分析中,自变量的选择是非常重要的问题.逐步回归方法就是常用的筛选自变量的方法.此外还有前进法、后退法等,这些筛选变量的方法都只能获得渐近最优回归的方程.为了得到在某个给定的准则下最优的回归方法,必须比较所有的可能变量组合的回归,然后按给定的准则确定最优回归子集.

设 Y 与 m 个自变量 $X_1, \cdots, X_m$ 线性相关,m 个自变量的所有可能的变量子集共有 $2^m - 1$ 个,它们是:

只含一个变量的子集 $C_m^1 = m$ 个,

只含二个变量的子集 C_m^2 个,

....

只含 k 个变量的子集 C_m^k 个($k = 1, 2, \cdots, m$),

含 m 个变量的子集 $C_m^m = 1$ 个,

总共有 $C_m^1 + C_m^2 + \cdots + C_m^k + \cdots + C_m^m = 2^m - 1$ 个.当 m 较大时,如 $m = 10$,则有 $2^{10} - 1 = 1023$ 个变量子集.由此可见,计算所有可能变量子集的回归,计算量和内存量是非常之大的.这种想法在计算机问世之前就有人提出来了,但当时是难以实现的.即使在计

算机非常普及的今天,当 m 很大时,它们仍然无法实现.

本节讨论如何设计计算所有可能回归的最佳算法的问题.

消去变换在逐步回归计算中的作用在 §5 已看到了.下面我们将介绍用消去变换设计计算所有可能回归的有效算法:m 个自变量的所有 2^m-1 个变量子集的回归,按一定次序,正好用 2^m-1 次消去变换来完成.

设因变量 Y 与 $X_1,\cdots,X_m$ 线性相关,中心化的数据满足以下全回归模型:

$$\begin{cases} \tilde{Y} = \tilde{X}\tilde{\beta} + \varepsilon, \\ \varepsilon \sim N_n(0, \sigma^2 I_n), \end{cases} \tag{6.1}$$

其中 $\tilde{\beta} = (\beta_1,\cdots,\beta_m)'$,$Y$ 与 $X_1,\cdots,X_m$ 的离差阵 A 为

$$A = \begin{bmatrix} \tilde{X}' \tilde{X} & \tilde{X}' \tilde{Y} \\ \tilde{Y}' \tilde{X} & \tilde{Y}' \tilde{Y} \end{bmatrix}, \tag{6.2}$$

为 $(m+1) \times (m+1)$ 方阵.以上各记号的具体含义请见 5.2 节.

(一) S_m 序列

为了用最少的消去变换次数求出所有可能回归.首先要设计最佳的计算次序,S_m 序列给出的就是一种最佳次序.

m 个变量的变量子集可用一个 m 维向量表示,该向量的每个分量取值为 0 或 1,第 i 个分量取 1 时表示变量子集包含 X_i;取 0 时表示变量子集不含 X_i. m 维向量的每个分量有两种取值,可表示 2^m 种变量子集,去掉不包含任何变量的 $(0,\cdots,0)$,共有 2^m-1 种可能的变量子集.

如 $m=2$ 时共有 $2^2-1=3$ 个变量子集,每个子集可用二维向量表示:

$(1,0)$——表示变量子集包含 X_1;

$(0,1)$——表示变量子集包含 X_2;

$(1,1)$——表示变量子集包含 X_1 和 X_2.

若添上不包含变量的 $(0,0)$,则这四个二维向量可看成平面上单位正方形的四个顶点(见图 6-2),设计最佳次序相当于设计一条路

线,它从$(0,0)$出发,沿着正方形的边通过每个顶点恰好一次.我们常选择以下的路线:

$$(0,0) \to (1,0) \to (1,1) \to (0,1).$$

这条路线对应的计算回归子集的顺序为:① 含 X_1 的回归子集;② 含 X_1,X_2 的回归子集;③ 含 X_2 的回归子集.

如果用 $2^m - 1$ 维的序列 S_m 表示以上回归子集的计算线路,则 $S_2 = \{+1, +2, -1\}$."$+i$"表示引入变量 X_i,"$-i$"表示剔除变量 X_i.

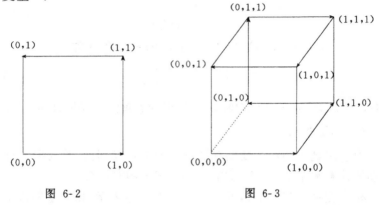

图 6-2   图 6-3

$m = 3$ 时共有 $2^3 - 1 = 7$ 个变量子集,每个子集用一个三维向量表示:

$(1,0,0)$——表示变量子集含 X_1;

$(0,1,0)$——表示变量子集含 X_2;

$(0,0,1)$——表示变量子集含 X_3;

$(1,1,0)$——表示变量子集含 X_1 和 X_2;

$(1,0,1)$——表示变量子集含 X_1 和 X_3;

$(0,1,1)$——表示变量子集含 X_2 和 X_3;

$(1,1,1)$——表示变量子集含 X_1,X_2 和 X_3.

添上不包含变量的$(0,0,0)$,这 8 个三维点可以看成单位立方体的 8 个顶点(见图 6-3),从$(0,0,0)$出发,沿立方体的边通过每个顶点恰好一次的路线之一为：

$$(0,0,0) \rightarrow (1,0,0) \rightarrow (1,1,0) \rightarrow (0,1,0) \rightarrow (0,1,1)$$
$$\rightarrow (1,1,1) \rightarrow (1,0,1) \rightarrow (0,0,1).$$

相应的序列 $S_3 = \{+1, +2, -1, +3, +1, -2, -1\}$
$$= \{S_2, +3, T_2\},$$

其中 T_2 与 S_2 维数相同,是 S_2 的反序并改变符号. S_3 序列给出了产生 7 个子集回归的计算次序.

一般地,当 $m = 1,2,3,4,\cdots$ 时, S_m 序列的构造如下(S_m 序列中的"+"省略了):

m	S_m 序列
1	1
2	1 2 −1
3	1 2 −1 3 1 −2 −1
4	$\underbrace{1\ 2\ -1\ 3\ 1\ -2\ -1}_{S_3}$ 4 $\underbrace{1\ 2\ -1\ -3\ 1\ 2\ -1}_{T_3}$
$\vdots$	$\quad\ S_{m-1} \qquad\qquad m \qquad\quad T_{m-1}$
m	$S_{m-1} \qquad\qquad m \qquad\quad T_{m-1}$

S_m 序列给出了产生所有可能回归的路线顺序. 按此顺序,每种变量子集的回归恰出现一次,相邻的两个变量子集只相差一个变量. 但 S_m 序列并没有给出计算这 $2^m - 1$ 个变量子集的回归算法. 没有好的算法,要计算所有可能回归是难以实现的.

（二）用消去变换计算所有可能回归

从离差阵 A 出发,利用消去变换的性质,引入某个变量 X_i,就是对矩阵 A 以第 i 个对角元为主元作消去变换,简称为对 A 作 T_i 消去变换. 若要计算变量子集 $\{X_{i_1}, \cdots, X_{i_r}\}$ 的回归,只要对 A 依次连续进行 $T_{i_1}, T_{i_2}, \cdots, T_{i_r}$ 消去变换,回归系数,残差平方和均可从变换后矩阵的最后一列的相应位置得到. 剔除变量同样可用消去变换. 根据消去变换的这些性质,按照 S_m 序列给出的次序依次进行消去变换,即可得到所有可能回归. 例如 $m = 3$ 时,$S_3 = \{1, 2,$ $-1, 3, 1, -2, -1 \}$,对 A 作消去变换的次序为 $T_1, T_2, T_1, T_3,$ T_1, T_2, T_1(序列中的"$-$"号表示删除变量,因剔除变量也是通过消去变换实现,故列出变换的次序中不必考虑符号). 每变换一次从变换后矩阵的最后一列得到相应子集的回归结果,如记 $A^{(4)} =$ $T_3 T_1 T_2 T_1 A \triangleq (a_{ij}^{(4)})$(经 4 次消去变换)得到变量子集 $\{X_2, X_3\}$ 的回归方程为

$$\hat{Y} = \hat{\beta}_0 + a_{24}^{(4)} X_2 + a_{34}^{(4)} X_3,$$

残差平方和 $Q(2, 3) = a_{44}^{(4)}$.

由于消去变换既可以引入变量又可以剔除变量,并且变换公式完全一样. 所以 S_m 序列中的正负号可以去掉. 利用消去变换,按 S_m 序列依次做 $2^m - 1$ 次消去变换,即可以得到 $2^m - 1$ 个所有可能变量子集的回归结果.

注意到离差阵 A 是对称阵. 经一次 T_i 消去变换后除第 i 行和第 i 列的符号相反外,仍保持对称性. 为了减少计算量,消去变换只需对 A 的上三角部分(包括对角元素)进行. 下面给出半扫描变换的定义.

定义 6.1(半扫描变换) 设 $A = (a_{ij}), a_{kk} \neq 0$,令

$$\begin{cases} b_{kk} = 1/a_{kk}, \\ b_{ik} = -a_{ik}/a_{kk} & (i < k), \\ b_{kj} = a_{kj}/a_{kk} & (j > k), \\ b_{ij} = a_{ij} - a_{ik}a_{kj}/a_{kk} & (j \geqslant i \neq k), \end{cases} \tag{6.3}$$

其中 $a_{uv} = t_u t_v a_{vu}$(当 $u > v$ 时),而 $T = (t_1, \cdots, t_m)$ 是一个奇偶指示向量,$t_k = 1$ 表示矩阵 A 在第 k 个主元上已被变换过偶数次,$t_k = -1$ 为奇数次. 则称从 $A \rightarrow B = (b_{ij})$ 的变换为**半扫描变换**.

公式(6.3)和扫描变换(即消去变换)的公式形式上完全一样,只是半扫描变换只对 A 的上三角部分的元素进行,(6.3) 的前三个式子的右边均只涉及到 A 的上三角元素;第 4 个式子右边可能用到 A 的下三角元素,即 a_{uv} 当 $u > v$ 时就表示为下三角块的元素,因消去变换后矩阵是绝对对称阵(即对称元素数值相等,但符号可能

相反).故定义中引入奇偶指示向量 $T = (t_1, \cdots, t_m)$,利用 t_u, t_v 的符号确定用上三角块的对称元素 a_{vu} 代替 a_{uv} 时,符号是否改变.

利用半扫描变换计算所有可能回归时,可以节省内存,减少计算量.

以上介绍了用消去变换或半扫描变换计算所有可能回归的方法.此方法是从离差阵 A 出发进行的,且要求 $\mathrm{rank}(\tilde{X}) = m$. 当 $\tilde{X}' \tilde{X}$ 接近退化(即病态)时,用消去变换计算 $(\tilde{X}' \tilde{X})^{-1} \tilde{X}' \tilde{Y}$ 的结果是很不稳定的.如果直接求 $\tilde{Y} = \tilde{X}\beta$ 的最小二乘解,也就是直接从 $\tilde{X}$ 出发,利用 Householder 变换和 Givens 变换求 $\hat{\beta}$ 的最小二乘解,可以减少因病态而带来的影响.利用 H 变换和 G 变换同样可以按 S_m 序列的次序计算所有可能回归.

(三)计算所有可能回归的其他次序

关于所有可能回归的计算问题一直是应用统计研究工作者们关注的问题.如 Furnival(1974,1971),Schatzoff(1968) 等相继提出一些计算程序,都较完善地解决了减少计算量和计算误差,节省内存的问题.利用 S_m 序列,用 $2^m - 1$ 次消去变换或半扫描变换计算所有可能回归就是其中的一种方法.下面我们还要介绍 Furnival 设计的另外几种计算所有可能回归的方式:字典式、二进制式、家族式和自然式.例如自变量个数 $m = 4$ 时,所有可能变量子集的回归有 $2^m - 1 = 15$ 个,按这四种不同的方式计算所有可能回归的顺序见表 6-2.

字典式是按字典编辑次序计算所有可能回归;用字典式算法的优点是占用的内存较小.当 m 较大时可考虑用字典式算法.

二进制式引进一个 m 位二进制整数,它可表示在 $1 \sim 2^m - 1$ 范围内的整数,每个整数根据其二进制位上的数值为 1 或 0 分别表示包含或不包含相应的变量.例如整数 9 用 4 位二进制数表示为 (1001),它对应包含 X_1, X_4 的子集.按 4 位二进制数表示的整数次序,就可以给出相应的变量($m = 4$)子集的顺序(见表 6-2 的第三列).

自然式计算次序是按我们习惯的自然顺序进行的.用自然式算法需要占用的存储量较大.

家族式计算次序是按家庭结构从父亲到儿子的顺序设计的.

表 6-2　计算所有可能回归的顺序($m = 4$)

	字典式	二进制式	自然式	家族式
1	1	1	1	1
2	1 2	2	2	2
3	1 2 3	1 2	3	3
4	1 2 3 4	3	4	4
5	1 2 4	1 3	1 2	1 2
6	1 3	2 3	1 3	1 3
7	1 3 4	1 2 3	1 4	2 3
8	1 4	4	2 3	1 2 3
9	2	1 4	2 4	1 4
10	2 3	2 4	3 4	2 4
11	2 3 4	1 2 4	1 2 3	3 4
12	2 4	3 4	1 2 4	1 2 4
13	3	1 3 4	1 3 4	1 3 4
14	3 4	2 3 4	2 3 4	2 3 4
15	4	1 2 3 4	1 2 3 4	1 2 3 4

以上这四种变量子集的计算次序都具有这样的特点:每种变量子集只出现一次.类似于 S_m 序列的顺序,通过 $2^m - 1$ 次消去变换就可以获得所有可能回归.然后由给定的准则,选择最优回归方程.这是选择最优回归方程的一种方法.此方法当 m 较大时,计算量还是很大的.近年来先后有一些学者设计出了不计算所有可能回归同样可求出最优回归方程的算法.在众多的自变量子集中,好的和比较好的总是少数.如果能想办法使计算工作只围绕着好的和比较好的子集进行,而对效果差的子集,尽量减少在它们上面浪费的计算时间,这样就可以实现即找出各种好的变量子集,又减少大量无用的计算量.如 Furnival(1974) 设计的不计算所有可能回归而求出最优回归子集的"分支定界法":即将自变量集按某种原则分成若干组,设 A,B 为其中两组,若它们的残差平方和 $Q_A \leqslant Q_B$,则 B 的一切子集的残差平方和不会再比 Q_A 小,因此 B 的一切

可能子集的回归就不必计算了.这样 Q_A 就作为一个"界",凡是残差平方和比它大的变量组,其子集回归都不必计算.按这个原理设计的程序,可以大大减少计算量.有兴趣的读者请参阅[47].

§7 多项式回归及其算法

(一)一元多项式回归

在一元回归问题中,当 Y 与 X 不满足线性关系时,根据微积分的知识:任一函数都可用分段多项式来逼近.故 Y 与 X 的非线性函数关系总可以用多项式来近似.

设 $E(Y)$ 是 X 的 p 次多项式,n 次观测数 $(x_i, y_i)(i=1, \cdots, n)$ 满足多项式回归模型:

$$\begin{cases} y_i = \beta_0 + \beta_1 x_i + \cdots + \beta_p x_i^p + \varepsilon_i & (i=1, \cdots, n), \\ \varepsilon_i \sim N(0, \sigma^2) \ (i=1, \cdots, n) \text{ 独立}, \end{cases} \quad (7.1)$$

如果令

$$\begin{cases} X_1 = X, \\ X_2 = X^2, \\ \cdots \cdots \cdots \\ X_p = X^p, \end{cases} \quad (7.2)$$

则多项式回归模型(7.1)可以化为多元线性回归模型来求解:

$$y_i = \beta_0 + \beta_1 x_{i1} + \cdots + \beta_p x_{ip} + \varepsilon_i \quad (i=1, \cdots, n),$$

或写成矩阵形式:

$$\begin{cases} Y = C\beta + \varepsilon, \\ \varepsilon \sim N_n(0, \sigma^2 I_n), \end{cases} \quad (7.3)$$

其中

$$Y = \begin{bmatrix} y_1 \\ y_2 \\ \vdots \\ y_n \end{bmatrix}, \beta = \begin{bmatrix} \beta_0 \\ \beta_1 \\ \vdots \\ \beta_p \end{bmatrix}, C = \begin{bmatrix} 1 & x_1 & x_1^2 & \cdots & x_1^p \\ 1 & x_2 & x_2^2 & \cdots & x_2^p \\ \multicolumn{5}{c}{\cdots\cdots\cdots\cdots\cdots\cdots\cdots} \\ 1 & x_n & x_n^2 & \cdots & x_n^p \end{bmatrix}, \varepsilon = \begin{bmatrix} \varepsilon_1 \\ \varepsilon_2 \\ \vdots \\ \varepsilon_n \end{bmatrix}.$$

利用已介绍过的方法,如 Cholesky 分解,正交-三角分解或消去变换的算法,都可以求出(7.3)中参数 β 的最小二乘估计及检验

统计量. 如 $\hat{\beta} = (C'C)^{-1}C'Y$,其中对称阵

$$C'C = \begin{pmatrix} n & \sum\limits_{i=1}^{n} x_i & \sum\limits_{i=1}^{n} x_i^2 & \cdots & \sum\limits_{i=1}^{n} x_i^p \\ & \sum\limits_{i=1}^{n} x_i^2 & \sum\limits_{i=1}^{n} x_i^3 & \cdots & \sum\limits_{i=1}^{n} x_i^{p+1} \\ & & \sum\limits_{i=1}^{n} x_i^4 & \cdots & \sum\limits_{i=1}^{n} x_i^{p+2} \\ & & & \ddots & \vdots \\ & & & & \sum\limits_{i=1}^{n} x_i^{2p} \end{pmatrix}, \quad C'Y = \begin{pmatrix} \sum\limits_{i=1}^{n} y_i \\ \sum\limits_{i=1}^{n} x_i y_i \\ \vdots \\ \sum\limits_{i=1}^{n} x_i^p y_i \end{pmatrix}.$$

记 $a_q = \sum\limits_{i=1}^{n} x_i^q (q = 0,1,\cdots,2p), b_l = \sum\limits_{i=1}^{n} x_i^l y_i (l = 0,1,\cdots,p)$,则

$$C'C = \begin{pmatrix} a_0 & a_1 & a_2 & \cdots & a_p \\ & a_2 & a_3 & \cdots & a_{p+1} \\ & & a_4 & \cdots & a_{p+2} \\ & & & \ddots & \vdots \\ & & & & a_{2p} \end{pmatrix}, \quad C'Y = \begin{pmatrix} b_0 \\ b_1 \\ \vdots \\ b_p \end{pmatrix},$$

$C'C$ 由 $2p+1$ 个数值 $a_q (q = 0,\cdots,2p)$ 构成,计算这 $2p+1$ 个数值时,为了减少计算误差及避免计算时出现溢出,一般考虑用中心化的数据.

多项式回归可以处理相当多的非线性回归问题,它在回归分析中占有重要的地位. 以上介绍的多项式回归的算法,首先是化为多元线性回归,然后求解正规方程或求线性方程组的最小二乘解. 一般多项式回归在本质上没有什么困难,缺点是当多项式的阶数增加时,拟合计算工作全部重新做,故计算量增大,且精度降低了. 此外回归变量(幂次项)间存在相关性.因此我们考虑用正交化方法来简化计算过程.

（二）正交多项式回归及应用

在多项式回归模型:$Y = C\beta + \varepsilon$ 中,如果 C 是列正交阵,则 $C'C$ 是对角形矩阵,β 的最小二乘估计量很容易得到. 一般说来 C 并不是列正交阵,但我们可以先作变换,化 C 为列正交的矩阵. 即

存在可逆矩阵 A,使 CA 为列正交阵. 多项式回归模型(7.3)化为

$$Y = C\beta + \varepsilon = CAA^{-1}\beta + \varepsilon \triangleq Z\gamma + \varepsilon, \tag{7.4}$$

其中 $Z = CA, \gamma = A^{-1}\beta$. 由于 $\|Y - C\beta\|^2 = \|Y - Z\gamma\|^2$, 故有

$$\hat{\beta} = A\hat{\gamma}, \quad \hat{\gamma} = (Z'Z)^{-1}Z'Y,$$

其中 $Z'Z$ 为对角形矩阵, $\hat{\gamma}$ 很容易计算, 由 $\hat{\gamma}$ 即可得 $\hat{\beta}$.

由(7.4)求 $\hat{\beta}$ 的关键是如何确定 A, 使 CA 为列正交阵. 假设

$$Z = CA = \begin{bmatrix} 1 & x_1 & x_1^2 & \cdots & x_1^p \\ 1 & x_2 & x_2^2 & \cdots & x_2^p \\ \multicolumn{5}{c}{\cdots\cdots\cdots\cdots\cdots\cdots} \\ 1 & x_n & x_n^2 & \cdots & x_n^p \end{bmatrix} \begin{bmatrix} a_{00} & a_{01} & \cdots & a_{0p} \\ & a_{11} & \cdots & a_{1p} \\ & & \ddots & \vdots \\ 0 & & & a_{pp} \end{bmatrix}, \tag{7.5}$$

其中 $A = (a_{ij})$ 为 $(p+1) \times (p+1)$ 的上三角形矩阵. A 选为上三角阵是为了简化计算.

由(7.5)式, 矩阵 Z 可写成

$$Z = \begin{bmatrix} P_0(x_1) & P_1(x_1) & \cdots & P_p(x_1) \\ \multicolumn{4}{c}{\cdots\cdots\cdots\cdots\cdots\cdots\cdots} \\ P_0(x_n) & P_1(x_n) & \cdots & P_p(x_n) \end{bmatrix}_{n \times (p+1)},$$

其中 $P_j(x) = \sum_{\alpha=0}^{j} a_{\alpha j} x^\alpha (j = 0, 1, \cdots, p)$ 为 x 的 j 次多项式. 由假设知 Z 的列相互正交, 即

$$\begin{cases} \sum_{t=1}^{n} P_i(x_t) \cdot P_j(x_t) = 0 & (i \neq j), \\ \sum_{t=1}^{n} P_j^2(x_t) = c_j \neq 0. \end{cases} \tag{7.6}$$

满足(7.6)式的多项式 $P_j(x)(j = 0, 1, \cdots, p)$ 称为正交多项式.

(1) 不规则点的正交多项式回归

当给定变量 X 的 n 个没有规则的观测点 $x_1, x_2, \cdots, x_n$ 后, 如何确定满足(7.6)的正交多项式 $P_j(x)(j = 0, 1, \cdots, p)$?生成正交多项式的办法有多种, 其中最常用的办法是 Forsyther(1957) 的递推法. 它适合于用计算机计算, 但此方法一般只适用于一个自变量的多项式回归问题.

Forsyther 给出构造 $P_j(x)(j = 0, 1, \cdots, p)$ 的递推公式为:

$$
\left.
\begin{aligned}
&P_0(x) = 1, \\
&P_1(x) = (x - d_1)P_0(x), \\
&P_2(x) = (x - d_2)P_1(x) - b_1 P_0(x), \\
&\cdots\cdots\cdots\cdots\cdots\cdots\cdots\cdots\cdots\cdots\cdots\cdots \\
&P_j(x) = (x - d_j)P_{j-1}(x) - b_{j-1}P_{j-2}(x) \\
&\qquad\qquad (j = 2, 3, \cdots, p, \, p \leqslant n - 1),
\end{aligned}
\right\} \qquad (7.7)
$$

其中
$$
d_j = \frac{\sum\limits_{i=1}^{n} x_i P_{j-1}^2(x_i)}{\sum\limits_{i=1}^{n} P_{j-1}^2(x_i)}, \qquad b_{j-1} = \frac{\sum\limits_{i=1}^{n} P_{j-1}^2(x_i)}{\sum\limits_{i=1}^{n} P_{j-2}^2(x_i)},
$$
$$
(j = 1, 2, \cdots, p), \qquad\qquad (j = 2, 3, \cdots, p).
$$

$P_j(x)$ 是 j 次多项式, 利用递推公式 (7.7) 求得 $P_j(x)$ 后, $P_j(x)$ 的系数就是矩阵 A 的第 $j+1$ 列元素 ($j = 0, 1, \cdots, p$), 从而得到矩阵 A.

算法 7.1（不规则观测点的正交多项式回归的计算） 已知观测数据 $(x_i, y_i)(i = 1, \cdots, n)$ 及阶数 p.

① 由递推公式 (7.7) 由自变量 X 的 n 次观测数据 $x_1, \cdots, x_n$ 构造 $p+1$ 个正交多项式 $P_j(x)(j = 0, 1, \cdots, p)$, $p \leqslant n - 1$;

② 构造可逆矩阵 A: j 次多项式 $P_j(x)$ 的系数为 A 的第 $j+1$ 列 ($j = 0, 1, \cdots, p$);

③ 计算 $\hat{\gamma} = (Z'Z)^{-1}Z'Y$, $Z'Z$ 是对角形矩阵, 即
$$
Z'Z = \mathrm{diag}(c_0, c_1, \cdots c_p),
$$
其中
$$
c_j = \sum_{i=1}^{n} P_j^2(x_i)(j = 0, 1, \cdots, p);
$$
$$
Z'Y = \Big(\sum_{i=1}^{n} P_0(x_i)y_i, \cdots, \sum_{i=1}^{n} P_p(x_i)y_i \Big)'.
$$

故 $\hat{\gamma}_j = \sum\limits_{i=1}^{n} P_j(x_i)y_i / c_j (j = 0, 1, \cdots, p)$;

④ 计算 $\hat{\beta} = A\hat{\gamma}$;

⑤ 残差平方和
$$
\begin{aligned}
Q &= (Y - X\hat{\beta})'(Y - X\hat{\beta}) \\
&= (Y - Z\hat{\gamma})'(Y - Z\hat{\gamma}) = Y'Y - Y'Z(Z'Z)^{-1}Z'Y
\end{aligned}
$$

$$= \sum_{i=1}^{n} y_i^2 - \sum_{t=0}^{p} \Big[\sum_{i=1}^{n} P_t(x_i) y_i \Big]^2 \Big/ c_t$$

$$= \sum_{i=1}^{n} y_i^2 - \sum_{t=0}^{p} \hat{\gamma}_t \Big(\sum_{i=1}^{n} P_t(x_i) y_i \Big).$$

（2）等距点上的正交多项式回归

当变量 X 的取值是等间隔时，即 $x_i = a + ih$（$h > 0$ 是间隔长度）（$i = 1, 2, \cdots, n$）. 如果多项多 $\varphi_0(x), \varphi_1(x), \cdots, \varphi_p(x)$ 满足条件

$$\sum_{t=1}^{n} \varphi_i(a + th) \varphi_j(a + th) = 0 \quad (i \neq j),$$

则称多项式组 $\varphi_0(x), \varphi_1(x), \cdots, \varphi_p(x)$ 为等距点上的正交多项式. 作为不规则点上正交多项式的特例，$\varphi_j(x)$（$j = 0, 1, \cdots, p$）的表达式可以简化. 若令

$$z_i = \frac{x_i - \bar{x}}{h} = i - \frac{n+1}{2},$$

则等距点 x_i（$i = 1, \cdots, n$）上的正交多项式为：

$$\begin{cases} \varphi_0(x) = 1, \\ \varphi_1(x) = \lambda_1 \Big(\dfrac{x - \bar{x}}{h} \Big) = \lambda_1 z \ \Big(\text{以下记 } z = \dfrac{x - \bar{x}}{h} \Big), \\ \varphi_2(x) = \lambda_2 \Big(z^2 - \dfrac{n^2 - 1}{12} \Big), \\ \varphi_3(x) = \lambda_3 \Big(z^3 - \dfrac{3n^2 - 7}{20} z \Big), \\ \varphi_4(x) = \lambda_4 \Big(z^4 - \dfrac{3n^2 - 13}{14} z^2 + \dfrac{3(n^2 - 1)(n^2 - 9)}{560} \Big), \\ \varphi_5(x) = \lambda_5 \Big(z^5 - \dfrac{5(n^2 - 7)}{18} z^3 + \dfrac{15n^4 - 230n^2 + 407}{1008} z \Big), \\ \cdots\cdots\cdots\cdots\cdots\cdots\cdots\cdots\cdots\cdots\cdots\cdots\cdots\cdots\cdots\cdots \\ \varphi_{j+1}(x) = \lambda_{j+1} \Big[\varphi_j(x) \varphi_1(x) - \dfrac{j^2(n^2 - j^2)}{4(4j^2 - 1)} \varphi_{j-1}(x) \Big]. \end{cases}$$

$$(7.8)$$

各项中的 λ_j 是常数，它使得相应的多项式 $\varphi_j(x)$ 的系数为整数.

$\varphi_j(x_i)$ 是无量纲的数，它仅仅是观测个数 n 和多项式的次数 j 的函数. 当 n 给定时，它仅依赖于次数 j. 为了方便，前人已准备好了正交多项式表，列出了各种 $\varphi_j(x_i)$ 的值. 利用这些值得出正交多

项式回归方程：

$$\hat{Y} = \hat{\gamma}_0 + \hat{\gamma}_1\varphi_1(x) + \cdots + \hat{\gamma}_p\varphi_p(x).$$

由(7.8)式,可得出 Y 与 X 的多项式回归方程.

§8 线性约束回归及其计算

在前面几节讨论的回归模型中,对参数 β 未作任何限制,因而对 β 的最小二乘估计的取值也没有限制. 在实际应用中,有时参数 β 受到具体问题的限制,要求 β 满足一定的约束条件,最常见的约束是线性约束.

例如参数 β_1,β_2,β_3 表示三个点构成的三角形的 3 个内角,显然要求参数满足条件: $\beta_1 + \beta_2 + \beta_3 = \pi$. 对三角形的内角进行测量,测量值为 y_1,y_2,y_3. 因测量误差存在, $y_1 + y_2 + y_3$ 不一定等于 π. 我们希望找到满足约束条件 $\beta_1 + \beta_2 + \beta_3 = \pi$ 的最小二乘估计量.

一般地线性约束条件可表为:

$$L\beta = \gamma, \tag{8.1}$$

其中 L 为给定的 $s \times (m+1)$ 矩阵,且 $\mathrm{rank}(L) = s \leqslant m + 1$; γ 是 s 维已知向量. 而且总假定 $L\beta = \gamma$ 有解.

定义 8.1 记 $\Theta = \{\beta: L\beta = \gamma\}$,若估计量 $\hat{\beta}$ 满足:

① $\hat{\beta} \in \Theta$; ② $\|Y - X\hat{\beta}\|^2 = \min\limits_{\beta \in \Theta} \|Y - X\beta\|^2$,

则称 $\hat{\beta}$ 是 β 的带约束条件(8.1)的最小二乘估计,简称**约束最小二乘估计**. 为了与无约束最小二乘估计加以区分,也记约束最小二乘估计为 $\hat{\beta}_L$. 本节讨论在线性等式约束下的回归分析的算法.

(一) 化为无约束回归的算法

求多元线性回归模型: $Y = X\beta + \varepsilon$ 在约束(8.1)下的最小二乘估计 $\hat{\beta}_L$ 的算法,常用的方法是将有约束的回归问题化为无约束的回归问题,然后求解. 具体地说,先从约束条件(8.1)解出一些参数满足的关系式,然后代入回归模型 $Y = X\beta + \varepsilon$ 中消去一些多余的参数,化为无约束参数的回归问题.

由第五章§5可知,线性约束条件 $L\beta = \gamma$ 的通解可表示为

$$\hat{\beta} = L^+\gamma + (I - L^+L)u \quad (u \text{ 任取}), \qquad (8.2)$$

将(8.2)代入回归模型:$Y = X\beta + \varepsilon$ 中,得到关于参数 u 的无约束回归模型:

$$Y - XL^+\gamma = [X(I - L^+L)]u + \varepsilon. \qquad (8.3)$$

利用本章 §1—§4 介绍的的算法,可得(8.3)中参数 u 的最小二乘估计. 一般可取(8.3)的最小二乘解为

$$\hat{u} = [X(I - L^+L)]^+ (Y - XL^+\gamma), \qquad (8.4)$$

故而参数 β 的约束最小二乘估计为

$$\hat{\beta} = L^+\gamma + (I - L^+L)[X(I - L^+L)]^+ (Y - XL^+\gamma). \qquad (8.5)$$

(8.5)式虽给出了约束最小二乘估计的表达式,但直接利用(8.5)计算显然太复杂. 我们必须寻找求简便的计算公式.

假设 L 为 $s \times (m + 1)$ 矩阵,且 $\mathrm{rank}(L) = s \leqslant m + 1$. 用一系列 Householder 变换阵右乘 L,可以化 L 为 $(T \vdots 0)$ 阵,其中 T 为非奇异 s 阶下三角形矩阵. 即存在 $m + 1$ 阶正交阵 H,使 $LH = (T \vdots 0)$. 记 $H = (H_1 \vdots H_2)$,其中 H_1 为 $(m + 1) \times s$ 的列正交阵;H_2 为 $(m + 1) \times (m + 1 - s)$ 列正交阵.

由 $LH = (T \vdots 0)$,可得 $L = (T \vdots 0)H'$. 利用加号逆的性质,即得 $L^+ = H \begin{bmatrix} T^{-1} \\ 0 \end{bmatrix} = H_1 T^{-1}$. 从而有

$$I - L^+L = HH' - H_1 T^{-1}(T \vdots 0) \begin{bmatrix} H_1' \\ H_2' \end{bmatrix}$$
$$= HH' - H_1 H_1' = H_2 H_2'.$$

由加号逆的定义可直接验证:若 $U'U = I$(U 列正交),则对任意矩阵 X 有 $(XU')^+ = UX^+$. 故

$$(I - L^+L)[X(I - L^+L)]^+ = H_2 H_2' [XH_2 H_2']^+$$
$$= H_2 H_2' \cdot H_2(XH_2)^+ = H_2(XH_2)^+.$$

$\hat{\beta}$ 的表达式(8.5)可简化为

$$\hat{\beta} = L^{+}\gamma + H_2(XH_2)^{+}(Y - XL^{+}\gamma). \qquad (8.6)$$

记 $XH = X(H_1 \vdots H_2) = (XH_1 \vdots XH_2) \triangleq (\widetilde{X}_1 \vdots \widetilde{X}_2)$，$\widetilde{X}_1$ 为 $n \times s$ 矩阵，它是由 XH 的前 s 列组成的；$\widetilde{X}_2$ 为 $n \times (m + 1 - s)$ 矩阵.

算法 8.1（求约束最小二乘估计）

① 对 L' 作正交-三角分解，即存在正交阵 H，使 $L' = H\begin{bmatrix} T' \\ 0 \end{bmatrix}$

（T' 为 s 阶上三角形矩阵）. 并计算 $XH \triangleq (\widetilde{X}_1 \vdots \widetilde{X}_2)$；

② 用回代法求解下三角系数阵的线性方程组：
$$TZ_1 = \gamma, \text{得} \hat{Z}_1 = T^{-1}\gamma \text{ 为 } s \text{ 维向量};$$

③ 计算 $\widetilde{Y} = Y - \widetilde{X}_1\hat{Z}_1$，$\widetilde{Y}$ 为 n 维向量；

④ 计算 $\hat{Z}_2 = \widetilde{X}_2^{+}\widetilde{Y}$，$\hat{Z}_2$ 为 $(m + 1 - s)$ 维向量；

⑤ 计算 $\hat{\beta} = H_1\hat{Z}_1 + H_2\hat{Z}_2 = H\begin{bmatrix} \hat{Z}_1 \\ \hat{Z}_2 \end{bmatrix}$.

以上计算法中用到几个关系式：
$$L^{+}\gamma = H\begin{bmatrix} T^{-1} \\ 0 \end{bmatrix}\gamma = H_1 T^{-1}\gamma = H_1\hat{Z}_1;$$

$$XL^{+}\gamma = XH_1\hat{Z}_1 = \widetilde{X}_1\hat{Z}_1; (XH_2)^{+} = \widetilde{X}_2^{+}.$$

因此 $\quad \hat{\beta} = L^{+}\gamma + H_2(XH_2)^{+}(Y - XL^{+}\gamma)$
$$= H_1\hat{Z}_1 + H_2\widetilde{X}_2^{+}\widetilde{Y} = H_1\hat{Z}_1 + H_2\hat{Z}_2.$$

（二）拉格朗日乘子法

约束最小二乘估计还可以用数学分析中求条件极值的拉格朗日乘子法求解. 设约束回归模型为
$$\begin{cases} Y = X\beta + \varepsilon, \\ L\beta = \gamma, \\ \varepsilon \sim N_n(0, I_n\sigma^2), \end{cases} \qquad (8.7)$$

其中 L 为 $s \times (m + 1)$ 给定矩阵，$\text{rank}(L) = s$，γ 为 $s \times 1$ 已知向量.

假设 $\text{rank}(X) = m + 1$. 记

$$\varphi(\beta, \lambda) = (Y - X\beta)'(Y - X\beta) + \lambda'(L\beta - \gamma),$$

求 $\hat{\beta}_L$ 和 $\hat{\lambda}$ 使 $\varphi(\beta, \lambda)$ 达到最小值. 令

$$\begin{cases} \dfrac{\partial\varphi(\beta, \lambda)}{\partial\beta} = 2X'Y + 2X'X\beta + L'\lambda = 0, \\[2mm] \dfrac{\partial\varphi(\beta, \lambda)}{\partial\lambda} = L\beta - \gamma = 0, \end{cases} \tag{8.8}$$

由 (8.8) 的第一式可得：

$$\begin{aligned} \hat{\beta}_L &= (X'X)^{-1}X'Y - \frac{1}{2}(X'X)^{-1}L'\hat{\lambda} \\ &= \hat{\beta} - \frac{1}{2}(X'X)^{-1}L'\hat{\lambda} \quad (\hat{\beta} \text{ 为无约束最小二乘估计}). \end{aligned}$$

由 (8.8) 的第二式可得：

$$L\hat{\beta}_L = L\hat{\beta} - \frac{1}{2}L(X'X)^{-1}L'\hat{\lambda} = \gamma,$$

即 $\hat{\lambda} = 2[L(X'X)^{-1}L']^{-1}(L\hat{\beta} - \gamma)$. 所以

$$\hat{\beta}_L = \hat{\beta} - (X'X)^{-1}L'[L(X'X)^{-1}L']^{-1}(L\hat{\beta} - \gamma). \tag{8.9}$$

(8.9) 式给出由无约束最小二乘估计 $\hat{\beta}$ 计算约束最小二乘估计的计算公式. 下面我们还可以给出约束回归模型 (8.7) 的残差平方和 Q_L 的计算公式.

$$\begin{aligned} Q_L &= (Y - X\hat{\beta}_L)'(Y - X\hat{\beta}_L) \\ &= [Y - X\hat{\beta} + X(\hat{\beta} - \hat{\beta}_L)]'[Y - X\hat{\beta} + X(\hat{\beta} - \hat{\beta}_L)] \\ &= (Y - X\hat{\beta})'(Y - X\hat{\beta}) + (\hat{\beta} - \hat{\beta}_L)'X'X(\hat{\beta} - \hat{\beta}_L) \\ &= Q + (L\hat{\beta} - \gamma)'[L(X'X)^{-1}L']^{-1}(L\hat{\beta} - \gamma), \end{aligned}$$

参数 σ^2 的无偏估计量为 $\hat{\sigma}^2 = Q_L/(n - m - 1 + s)$.

§9 回归分析中若干问题的讨论

回归分析是应用非常广泛的一类统计方法. 在大量的应用中也提出了一些问题，下面就几方面的问题进行讨论.

（一）最小二乘解的改进

前面已介绍了多种求参数 β 最小二乘估计 $\hat{\beta}$ 的算法. 不管用

哪一种算法求 $\hat{\beta}$，都会出现误差，有时误差可能很大（如 $X'X$ 接近退化时）. 我们希望从得到的 $\hat{\beta}$ 出发，用迭代方法来获得更精确的最小二乘估计 $\hat{\beta}^*$. 具体做法如下：

设 $\hat{\beta}^* = \hat{\beta} + \delta$，其中 δ 是未知向量. 由于 $\hat{\beta}^*$ 是线性方程组 $Y = X\beta$ 的最小二乘解，我们只需求 $\hat{\delta}$，使得

$$\| Y - X(\hat{\beta} + \delta) \| = \| (Y - X\hat{\beta}) - X\delta \| \qquad (9.1)$$

达到最小. 显然（9.1）式达到最小值的 $\hat{\delta}$ 是线性方程组 $Y - X\hat{\beta} = X\delta$ 的最小二乘解. 故用前几节介绍的方法求 $\hat{\delta}$. 然后得到经过改进的最小二乘估计 $\hat{\beta}^* = \hat{\beta} + \hat{\delta}$. 这一过程可以反复进行，即令 $\hat{\beta}^{(1)} = \hat{\beta}$，$\hat{\beta}^{(1)}$ 经改进后得 $\hat{\beta}^*$；令 $\hat{\beta}^{(2)} = \hat{\beta}^*$；再对 $\hat{\beta}^{(2)}$ 进行改进得到 $\hat{\beta}^{(3)}$，以此类推，便可获得一个解序列 $\{\hat{\beta}^{(k)}\}$. 最后取 $\hat{\beta}^{(k)}$ 的极限作为最终的最小二乘解.

算法 9.1（最小二乘解的迭代改进算法）

① 计算初始解 $\hat{\beta}^{(1)} = \hat{\beta}$；置 $k = 1$；

② 计算 $Y^{(k)} = Y - X\hat{\beta}^{(k)}$；

③ 求线性方程组 $Y^{(k)} = X\delta^{(k)}$ 的最小二乘解 $\hat{\delta}^{(k)}$；

④ 计算 $\hat{\beta}^{(k+1)} = \hat{\beta}^{(k)} + \hat{\delta}^{(k)}$；

⑤ 检验 $\|\hat{\delta}^{(k)}\| / \| \hat{\beta}^{(k)} \| < \varepsilon$（$\varepsilon$ 是事先给定的很小的正数）是否成立. 若条件成立，则停止迭代，且取 $\hat{\beta}^* = \hat{\beta}^{(k)}$；否则令 $k = k + 1$，转 ②.

一般经若干步迭代，得到的 $\hat{\beta}^{(k)}$ 接近 $\hat{\beta}$ 的真解. 若 $X'X$ 不是极为病态矩阵，一般迭代几步就可达到目的. 很多学者认为，迭代改进的算法应成为回归分析中的通常步骤.

（二）最小二乘估计的改进

在多元线性回归模型 $Y = X\beta + \varepsilon$ 中，参数 β 的估计我们一直用最小二乘估计 $\hat{\beta}$. 这个最小二乘估计有种种优良性质，特别地对于参数 β 的任一线性函数 $\alpha'\beta$，它的最小方差线性无偏估计量就是 $\alpha'\hat{\beta}$（$\hat{\beta}$ 是 β 是最小二乘估计）. 正因为这些优良性，最小二乘估计得到广泛的应用. 但在大量的应用中，也发现对有些回归问题，最

小二乘估计并不理想,例如最小二乘估计的方差太大;有些回归系数的符号与实际不相符合,某些回归系数的数值太大;增减观测或变量时,回归系数变化很大,甚至改变符号等等.这表明最小二乘估计并不是对一切回归问题都是最佳的.故而提出最小二乘估计的改进问题.

(1) 岭回归估计

当回归变量 $X_1, \cdots, X_m$ 之间存在多重共线性(即 $X'X$ 病态)时,β 的最小二乘估计 $\hat{\beta}$ 的均方误差将会变大且不稳定,有必要对最小二乘估计进行改进.从减少均方误差的角度引入岭回归估计:

$$\hat{\beta}(k) = (X'X + kI)^{-1}X'Y \quad (k \geqslant 0). \tag{9.2}$$

关于岭回归估计 $\hat{\beta}(k)$ 的算法我们在 §4 中已介绍.

(2) 主成分回归

消除自变量间的多重共线性另一种方法就是主成分回归.主成分回归首先对原变量 $X_1, \cdots, X_m$ 作线性变换,令

$$Z_i = l_{1i}X_1 + l_{2i}X_2 + \cdots + l_{mi}X_m \quad (i = 1, 2, \cdots, m),$$

系数 l_{ij} 可根据这样两个条件来确定:① $Z_1, \cdots, Z_m$ 互不相关;② Z_i 的方差尽可能大,且 $\mathrm{Var}(Z_1) > \mathrm{Var}(Z_2) > \cdots > \mathrm{Var}(Z_m)$.这样的 Z_i 称为第 i 个主成分.通过建立 Y 与 $Z_1, \cdots, Z_k (k < m)$ 的回归来获得 Y 与 $X_1, \cdots, X_m$ 的回归的方法就是主成分回归.

主成分回归的算法涉及到多变量分析中的主成分分析.读者可参阅主成分分析的有关资料(如参考文献[21],[22]和[26]).

(3) 稳健回归

最小二乘估计是基于最小化残差平方和而得到的估计,它可能受到个别异常数据的较大影响.换言之,最小二乘估计的稳健性不够好.比最小二乘估计稳健的估计有最小一乘估计(即最小化残差绝对值之和),它的定义为:若 $\beta^* = (\beta_0^*, \beta_1^*, \cdots, \beta_m^*)$ 使得

$$\sum_{i=1}^{n} |y_i - (\beta_0^* + \beta_1^* x_{i1} + \cdots + \beta_m^* x_{im})|$$

达到极小,则称 β^* 是 β 的最小一乘估计.求最小一乘估计要用到

线性规划的方法. 其统计性质的研究也比较复要. 有兴趣的读者请参阅文献[24].

（三）回归分析在应用中应考虑的问题

应用回归分析方法解决实际问题时,有几方面问题应该加以考虑.

(1) 数据的预处理

为了减少计算量和计算误差,在进行回归分析之前对数据作适当的预处理. 设数据阵 $X = (x_{ij})_{n \times (m+1)}$（记 $Y = X_{m+1}$）,常用的数据预处理方法有：

① 中心化：令 $z_{ij} = x_{ij} - \bar{x}_j$,其中 $\bar{x}_j = \dfrac{1}{n}\sum_{t=1}^{n} x_{tj}$;

② 标准化：令 $z_{ij} = \dfrac{x_{ij} - \bar{x}_j}{s_j}$,其中

$$s_j = \left(\frac{1}{n-1} \sum_i (x_{ij} - \bar{x}_j)^2 \right)^{1/2} ;$$

③ 正规标准化：令 $z_{ij} = (x_{ij} - \min\limits_t x_{tj})/R_j$,其中极差

$$R_j = \max_t x_{tj} - \min_t x_{tj}.$$

(2) 回归诊断

在多元线性回归模型中,对误差项 ε 我们作了若干假定. 为了对参数进行统计检验,进一步地还假设误差向量 $\varepsilon \sim N_n(0, \sigma^2 I_n)$. 这些假定包括：① n 次观测的误差 $\varepsilon_1, \cdots, \varepsilon_n$ 相互独立；② 各次观测误差的方差相同：$\mathrm{Var}(\varepsilon_i) = \sigma^2 (i = 1, \cdots, n)$；③ 各次观测的误差服从正态分布；④ 假定因变量 Y（随机变量）的期望值 $\mathrm{E}(Y)$ 与 $X_1, \cdots, X_m$ 线性相关：$\mathrm{E}(Y) = \beta_0 + \beta_1 X_1 + \cdots + \beta_m X_m$.

在实际问题中这些假定是否成立?如果成立,那么我们用本章介绍的方法计算得到的结果是可靠的、有用的. 否则得到的结果没有依据,是不可用的. 故提出回归诊断问题. 残差分析和贡献分析是回归诊断的重要工具. 如果经回归诊断发现回归模型及假定不成立,应针对具体情况,或者修改模型；如增加新变量,增加原变量

的二次项、三次项等;或者删除异常点;或者对数据做变换.

假如正态性假设不成立,或者方差齐性假设不成立(即 $\mathrm{Var}(\varepsilon_i) \neq \sigma^2, i = 1, \cdots, n$),经适当的变换,如模变换或幂变换(请参阅第一章 §6),可使得变换后的数据符合模型的假设.

回归诊断是回归分析的一个重要部分.在实际应用时,首先由观测数据建立回归方程,经回归诊断后修改模型,再重新建立新的回归方程,一直做到求得最符合实际问题的回归方程,并用于解决实际问题.

习 题 六

6.1 在多元线性回归模型: $\begin{cases} Y = X\beta + \varepsilon \\ \varepsilon \sim N_n(0, \sigma^2 I_n) \end{cases}$ 中,证明检验一般线性假设 $H_0: \underset{s \times q}{L} \underset{q \times 1}{\beta} = \underset{s \times 1}{\gamma}$(设 $\mathrm{rank}(L) = s, \mathrm{rank}(X) = m + 1 \triangleq q$)的统计量 $Q_{H_0} - Q$ 有以下公式:

$$Q_{H_0} - Q = (L\hat{\beta} - \gamma)'[L(X'X)^{-1}L']^{-1}(L\hat{\beta} - \gamma).$$

6.2 设多元线性回归模型为: $\begin{cases} Y = X\beta + \varepsilon \\ \varepsilon \sim N_n(0, \sigma^2 I_n) \end{cases}$, $\hat{\beta}$ 是参数 β 的最小二乘估计,试证明 $\hat{\beta}$ 的均方误差为

$$\mathrm{MSE}(\hat{\beta}) = \mathrm{E}(\| \hat{\beta} - \beta \|^2) = \sigma^2 \mathrm{tr}((X'X)^{-1})$$

$$= \sigma^2 \sum_{i=1}^{q} \frac{1}{\lambda_i} \quad (\lambda_i \text{ 为 } X'X \text{ 的特征值});$$

$$\mathrm{Var}(\| \hat{\beta} - \beta \|^2) = 2\sigma^4 \mathrm{tr}((X'X)^{-2}) = 2\sigma^4 \sum_{i=1}^{q} \frac{1}{\lambda_i^2}.$$

6.3 考虑 Y 与 X_1, X_2, X_3, X_4 的逐步回归. 由 $A^{(0)} = \begin{bmatrix} X'X & X'Y \\ Y'X & Y'Y \end{bmatrix}$ 出发,第一步引入 X_{i_1},记 $A^{(1)} = T_{i_1}(A^{(0)})$,第二步引入 X_{i_2},记 $A^{(2)} = T_{i_2}(A^{(1)})$,试证明第三步不可能剔除变量(用反证法).

6.4 用逐步回归求 Y 与 X_1, X_2, X_3 的"最优"回归方程的过

程中,已知 $n = 30$ 次观测数据的均值为 $\bar{x} = (0.20, 0.25,$
$-0.18)'$,$\bar{y} = 1.12$,取 $\alpha = 0.05$。

(1) 已知第一步引入 X_1 后得矩阵

$$A^{(1)} = T_1(A^{(0)}) = \begin{pmatrix} 0.29 & 0.12 & -0.19 & 8.29 \\ -0.12 & 4.97 & 0.52 & 11.51 \\ 0.19 & 0.52 & 10.70 & -19.32 \\ -8.29 & 11.51 & -19.32 & 252.58 \end{pmatrix},$$

问下一步可否引入变量?引哪一个?并写出引入后过渡回归方程和残差平方和.

(2) 设某步面临的矩阵为

$$A^{(3)} = T_3 T_2 T_1(A^{(0)}) = \begin{pmatrix} 0.30 & -0.03 & 0.02 & 7.62 \\ -0.03 & 0.20 & -0.01 & 2.52 \\ 0.02 & -0.01 & 0.09 & -1.93 \\ -7.62 & -2.52 & 1.93 & 186.31 \end{pmatrix},$$

问下一步可否剔除变量?剔哪一个?并写出该步之后的回归方程和残差平方和.

6.5 对例 5.1 中的各个步骤,由当前矩阵 $A^{(1)} \sim A^{(4)}$ 写出逐步回归过程中相应的过渡回归方程、残差平方和、复相关系数、标准差 s 等统计量(填写在以下表格中).

	$A^{(1)}$	$A^{(2)}$	$A^{(3)}$	$A^{(4)}$
$\hat{\beta}_0$ $\hat{\beta}_1$ $\hat{\beta}_2$ $\hat{\beta}_3$ $\hat{\beta}_4$				
残差平方和 Q R s				

6.6 证明由递推公式(7.7)构造的一组多项式是正交多项式.

6.7 设 W 是正定阵,对多元线性回归模型:

$$\begin{cases} Y = X\beta + \varepsilon, \\ \varepsilon \sim N_n(0, \sigma^2 I_n), \end{cases}$$

如果 $\varepsilon' W \varepsilon$ 在 $\beta = \tilde{\beta}$ 达到最小,则称 $\tilde{\beta}$ 是参数 β 的加权最小二乘估计. 试证明 $X' W \hat{\varepsilon} = 0$ ($\hat{\varepsilon} = Y - X\tilde{\beta}$).

6.8 设 S 是正定阵,且

$$S = \begin{bmatrix} S_{11} & S_{12} \\ S_{21} & S_{22} \end{bmatrix} \begin{matrix} r \\ p-r \end{matrix}, \quad S^{-1} = \begin{bmatrix} S^{11} & S^{12} \\ S^{21} & S^{22} \end{bmatrix} \begin{matrix} r \\ p-r \end{matrix},$$

试证明:$(S^{11})^{-1} = S_{11} - S_{12}S_{22}^{-1}S_{21}$, $\quad S^{21} = -S_{22}^{-1}S_{21}S^{11}$.

上 机 实 习 六

1. 已知因变量 Y 与 $X_1 、 X_2 、 X_3$ 的 $n = 9$ 次观测数据如下:

X_1	-1	3	2	-2	-1	3	2	-2	2
X_2	0	0	-2	-1	1	3	2	-1	1
X_3	1	1	-2	1	-1	1	2	-1	1
Y	0	0	-2	1	-1	3	4	-2	3

试用 Cholesky 分解方法计算回归模型:$Y = X\beta + \varepsilon$ 中参数 $\beta = (\beta_0, \beta_1, \beta_2, \beta_3)'$ 的最小二乘估计 $\hat{\beta}$ 和残差平方和 Q.

2. 利用矩阵的正交 - 三角分解方法,计算第 1 题的回归模型:$Y = X\beta + \varepsilon$ 中参数 β 的最小二乘估计 $\hat{\beta}$ 和残差平方和 Q.

3. 利用矩阵的消去变换方法,计算第 1 题的回归模型:$Y = X\beta + \varepsilon$ 中参数 β 的最小二乘估计 $\hat{\beta}$ 和残差平方和 Q.

4. 在第 1 题中,考虑添加一组观测 $l_{n+1} = (1, x_{(n+1)1}, x_{(n+1)2}, \cdots, x_{(n+1)m}, y_{n+1})'$ 后,参数 β 的最小二乘估计 β^* 和 Q^*;并设 $l_{n+1} = (1, 0, 2, 1)'$,试求 β 的最小二乘估计 β^* 和 Q^*.

5. 利用矩阵的谱分解方法,计算第 1 题的回归模型:$Y = X\beta + \varepsilon$ 中参数 β 的岭回归估计 $\hat{\beta}(k)$(取 $k = 0.5$).

6. 设计一个产生多元线性回归模型:$\begin{cases} Y = X\beta + \varepsilon, \\ \varepsilon \sim N_n(0, \sigma^2 I_n) \end{cases}$(其中 $\beta = (\beta_0, \beta_1, \beta_2, \beta_3)' = (1, 2, 3, 4)', \sigma^2 = 9$)的模拟数据的子程序. 首先产生 n 组 3 维数据 $X_i = (x_{i1}, x_{i2}, x_{i3})'(i = 1, 2, \cdots, n)$. 因

每次观测的对象是相同的,设 $E(X_i) = (\mu_1, \mu_2, \mu_3)' = (2, 0, 1)'$,

令 $X_i = E(X_i) + u_i$,并设 $u_i \sim N_3(0, \Sigma)$,其中 $\Sigma = \begin{bmatrix} 4 & 0 & 2 \\ 0 & 1 & 2 \\ 2 & 2 & 6 \end{bmatrix}$;

然后产生 $Y_i \sim N(C_i'\beta, \sigma^2)$ $(i = 1, 2, \cdots, n)$,$C_i' = (1, x_{i1}, x_{i2}, x_{i3})$ (取 $n = 50$).

7. 利用以上产生的模拟数据,分别用消去变换、Cholesky 分解和矩阵的正交-三角分解等三种方法求回归模型: $Y = X\beta + \varepsilon$ 中参数 $\beta = (\beta_0, \beta_1, \beta_2, \beta_3)'$ 的最小二乘估计 $\hat{\beta}$ 和残差平方和 Q,并比较这三种方法的计算速度和精度.

8. 用消去变换设计逐步回归程序.

9. 用矩阵谱分解方法,计算模拟数据的回归方程和残差平方和.

10. 用矩阵谱分解方法,计算模拟数据的岭回归估计 $\hat{\beta}(k)$ (取 $k = 0.05$ 和 0.1).

11. 按 S_m 序列的顺序用消去变换方法设计计算所有可能回归子集的程序.

12. 已知某种材料在生产过程中的废品率 Y 与它的化学成分 X 有关,下表是 8 组试验数据,试用正交多项式(不规则点或规则点的算法)求回归方程和残差平方和.

$X(0.01\%)$	34	36	38	40	42	44	46	48
$Y(\%)$	1.30	1.00	0.78	0.45	0.43	0.38	0.41	0.60

第七章 非线性回归分析及其算法

上一章讨论了多元线性回归模型中参数估计和检验统计量的一些算法. 在这里, 所谓线性是指因变量 Y 的期望值 $E(Y)$ 是参数向量 β 的线性函数. 在一些实际问题中, $E(Y)$ 也可能是未知参数的非线性函数. 本章讨论非线性回归问题及算法.

本章的参考文献有 [1], [2], [19], [20], [23], [24], [27], [28], [32], [37], [41], [48].

§1 非线性回归分析与最优化方法

(一) 非线性关系

在有些实际问题中, 因变量 Y 与自变量 $X_1, X_2, \cdots, X_m$ 之间不是线性相关, 即因变量 Y 的期望值 $E(Y)$ 也可能是未知参数 β 的非线性函数. 例如

$$E(Y) = \alpha X^\beta, \quad E(Y) = \alpha e^{\beta X}. \tag{1.1}$$

在生物、农业、工程及经济等学科中, 生成"S 型"的生长曲线是很普遍的. 例如牧草再生长的产量 Y 与时间 t 的关系; 农作物产量 Y 与肥料使用率 X 的关系; 某种家电产品的百户家庭拥有量 Y 与时间 t 的关系等等. 这类关系开始 Y 随时间而增加, 达到一定量后 Y 趋于一稳定值. 这类曲线的形状如"S 型". 从理论上可以推导出许多生长曲线模型. 常见的有:

$$\left.\begin{array}{ll} E(Y) = \alpha/(1 + e^{\beta - \gamma X}), & E(Y) = \alpha^{-\exp(\beta - \gamma X)}, \\ E(Y) = \alpha - \beta e^{-\gamma X^\delta}, & E(Y) = \alpha - \beta \gamma^X, \end{array}\right\} \tag{1.2}$$

其中 $\alpha, \beta, \gamma, \delta$ 是未知参数.

在种种非线性关系中, 可分为三种类型. 第一类是可通过变量

替换化为线性关系,如(1.1)式那样的非线性关系;第二类是 Y 与自变量间的非线性关系的函数形式不确定. 不妨考虑只有一个自变量的情况,可以假定 Y 是 X 的 p 次多项式,或者进一步假定 Y 是 X 的 p 次多项式和 $1/X,1/X^2,\sqrt{X},1/\sqrt{X},\mathrm{e}^{-X},\ln X$ 等常见初等函数的线性组合,这时通过变量变换:令 $X_i = X^i(i = 1,\cdots,p)$,$X_{p+1} = 1/X,X_{p+2} = 1/X^2,X_{p+3} = \sqrt{X},X_{p+4} = 1/\sqrt{X},X_{p+5} = \mathrm{e}^{-X},X_{p+6} = \ln X,\cdots$,化 Y 与 X 的非线性关系为多元线性关系,这类非线性回归问题可利用多元线性逐步回归来求解;第三类非线性回归问题,如(1.2)式给出的,Y 与自变量的非线性关系的函数形式是确定的(只是其中的参数未知),但不可能通过变量变换化为线性关系. 这类非线性回归问题必须用更复杂的拟合方法求解. 这类非线性关系就是本章讨论的非线性回归模型.

一般非线性回归模型可以写成:
$$Y = \varphi(X_1,\cdots,X_m,\beta_1,\cdots,\beta_r) + \varepsilon$$
$$= \varphi(X,\beta) + \varepsilon, \tag{1.3}$$
其中 Y 是随机变量,$X = (X_1,\cdots,X_m)'$ 是 m 个自变量,$\beta = (\beta_1,\cdots,\beta_r)'$ 是 r 个未知参数,ε 是服从 $N(0,\sigma^2)$ 的随机误差.

记 Y 与 $X_1,\cdots,X_m$ 的 n 次独立观测值为
$$(x_{i1},\cdots,x_{im},y_i) \quad (i = 1,\cdots,n),$$
则有模型:
$$\begin{cases} y_i = \varphi(x_{i1},\cdots,x_{im},\beta_1,\cdots,\beta_r) + \varepsilon_i, \\ \varepsilon_i \sim N(0,\sigma^2) \quad (i = 1,\cdots,n) \text{ 独立}. \end{cases} \tag{1.4}$$
记 $x_i = (x_{i1},\cdots,x_{im})'$,$\beta = (\beta_1,\cdots,\beta_r)'$,
$$\Phi(x,\beta) = \begin{pmatrix} \varphi(x_1,\beta) \\ \vdots \\ \varphi(x_n,\beta) \end{pmatrix}, \quad Y = \begin{pmatrix} y_1 \\ \vdots \\ y_n \end{pmatrix}, \quad \varepsilon = \begin{pmatrix} \varepsilon_1 \\ \vdots \\ \varepsilon_n \end{pmatrix},$$
则(1.4)可以写成
$$\begin{cases} Y = \Phi(x,\beta) + \varepsilon, \\ \varepsilon \sim N_n(0,I_n\sigma^2). \end{cases} \tag{1.5}$$

348

非线性回归模型的最小二乘准则是求 β,使得

$$\| Y - \Phi(x,\beta) \|^2$$

在 $\beta = \hat{\beta}$ 达到极小值. 这也是一种用优化准则求未知参数的估计问题,其中 $\Phi(x,\beta)$ 是 x 和 β 的向量函数. 特别地当 $\Phi(x,\beta) = X\beta$ 时,非线性回归模型的最小二乘准则退化为线性回归模型的最小二乘准则. 前一章我们已介绍了在线性最小二乘准则下求参数估计 $\hat{\beta}$ 的各种方法. 在一般的非线性回归模型中,我们主要讨论参数向量 β 的最小二乘估计 $\hat{\beta}$ 的求法及残差平方和 Q 的计算等问题.

(二)无约束最优化方法

无约束最优化方法是应用广泛,理论较成熟的一些方法. 另一方面,通常可以把一些约束问题转化为无约束问题来处理,所以它是最优化问题中的基本方法.

无约束最优化问题的一般形式是

$$\min_{\beta \in \omega} F(\beta), \qquad (1.6)$$

其中 F 是参数向量 β 的函数,通常称 F 为目标函数. 问题(1.6)的含义是在 β 的定义域 ω 上,求目标函数 $F(\beta)$ 的最小值点.

在统计分析中,许多参数估计的准则都可以写成(1.6)的形式. 例如参数的最大似然估计就是取目标函数 $F(\beta) = - L(x;\beta)$ 的最优化问题,其中 $L(x;\beta)$ 是样本的似然函数;线性回归模型中参数的最小二乘估计等价于取 $F(\beta) = \| Y - X\beta \|^2$;非线性回归的最小二乘估计等价于取 $F(\beta) = \| Y - \Phi(x,\beta) \|^2$. 这三种估计准则都可以写成(1.6)的形式.

当目标函数 $F(\beta)$ 的形式不复杂时,可以通过数学推导给出 $\hat{\beta}$ 的数学表达式. 如线性回归模型中,β 的最小二乘估计 $\hat{\beta}$ 的表达式为

$$\hat{\beta} = (X'X)^{-1}X'Y.$$

但在一般的最优化问题中,能写出 $\hat{\beta}$ 表达式的情况是较少的. 对大多数的最优化问题,很难得到或根本不可能得到 $\hat{\beta}$ 的表达式. 我们不得不用数值计算的迭代算法来得到 $\hat{\beta}$.

求最优化问题(1.6)的解 $\hat{\beta}$ 时,通常使用行之有效的迭代算法.迭代算法的基本步骤是:

① 取初始点 $\beta^{(0)} = (\beta_1^{(0)}, \cdots, \beta_r^{(0)})'$,置 $i = 0$;

② 计算目标函数值 $F(\beta^{(i)})$;

③ 确定搜索方向 p_i 和步长因子 h_i,使 $\beta^{(i+1)} = \beta^{(i)} + h_i p_i$ 满足 $F(\beta^{(i+1)}) \leqslant F(\beta^{(i)})$;

④ 检验 $|F(\beta^{(i+1)}) - F(\beta^{(i)})| < \varepsilon$(给定的精度)是否成立,若条件成立,则停止迭代,取 $\hat{\beta} = \beta^{(i+1)}$ 作为问题(1.6)的解.否则置 $i = i + 1$,转②.

在以上基本步骤中,关键是如何确定搜索方向和步长因子,使得从 $\beta^{(i)}$ 出发找到比 $\beta^{(i)}$ 更接近(1.6)解 $\hat{\beta}$ 的点 $\beta^{(i+1)}$.确定搜索方向的不同方法对应于不同的迭代算法.§3的3.1～3.4介绍确定搜索方向常见的几种方法.确定步长因子 h_i 使 $F(x^{(i)} + h_i p_i) = \min_{\lambda} F(x^{(i)} + \lambda p_i)$ 的方法称为一维搜索方法.

非线性回归模型的最小二乘估计实质上是求以下目标函数:

$$F(\beta) = \| Y - \Phi(x, \beta) \|^2$$

的最小值点 $\hat{\beta}$.它显然是无约束最优化问题.无约束最优化问题的算法均可以用来求非线性回归模型的最小二乘估计.

以下先介绍一维最优化方法,然后介绍无约束最优化的一般算法,最后对非线性回归问题作进一步的讨论.

§2 常用的一维搜索方法(直线搜索)

在多变量目标函数 $f(x)$ 的最优化算法中,经常涉及到一维搜索问题.即从给定点 x 出发,沿下降方向 p,求单变量 λ 的函数

$$q(\lambda) = f(x + \lambda p)$$

的极小点 λ^*;$q(\lambda^*) = f(x + \lambda^* p) = \min q(\lambda)$.这种求 λ^* 使一维函数 $q(\lambda)$ 为极小的过程,称为一维搜索或一维最优化,它是最优化方法中一种最基本的方法.一维搜索方法大体可分为两类:试

探法和插值法. 试探法比较简单可靠；插值法由于利用了函数导数等信息条件常更有效. 一维搜索问题的一般形式为

$$\min_{x \in R^1} q(x). \tag{2.1}$$

本节介绍常用的一维搜索方法.

(一)进退法

进退法的思想很简单，具体做法是：假设已选定初始点 x 和初始步长 h，并给定精度 $\varepsilon > 0$. 首先取 $x + h$ 作为新的试探点，计算函数在 x 和 $x + h$ 的函数值，并比较之，若 $q(x + h) < q(x)$（此时称为搜索成功，下一步搜索将大步前进），则取 $x + h$ 作为新的出发点，并把步长增加为 $\beta_1 h (\beta_1 > 1$，如取 $\beta_1 = 2$)，继续向前搜索. 如果 $q(x + h) \geqslant q(x)$（此时称为搜索失败，下一步将小步后退），则仍以 x 为出发点，把步长缩小为 $\beta_2 h (\beta_2 < 1$，如取 $\beta_2 = 1/4$)，并向后倒退搜索. 这样不断迭代，直到步长下降到预先给定的精度 ε 时，取当前的出发点，作为 (2.1) 的解 x^*.

一般地讲，进退法虽简单，但效率较低. 实用意义不大. 但稍加改造，用进退算法求包含函数极小点的区间（称为搜索区间）是有效的.

算法 2.1（搜索区间的确定） 已知目标函数 $q(x)$.

① 选定初始点 x_0 和步长 h；

② 计算并比较 $q(x_0)$ 和 $q(x_0 + h)$；有两种情况，见 ③ 和 ④；

③ 前进运算：当 $q(x_0) \geqslant q(x_0 + h)$，则步长加倍，计算 $q(x_0 + (2^k - 1)h), k = 1, 2, \cdots$，直到对于某个 $m (m \geqslant 1)$，使得

$$q(x_0 + (2^{m-1} - 1)h) \geqslant q(x_0 + (2^m - 1)h) < q(x_0 + (2^{m+1} - 1)h).$$

设
$$u = x_0 + (2^{m-1} - 1)h, v = x_0 + (2^m - 1)h,$$
$$w = x_0 + (2^{m+1} - 1)h.$$

此时已得到搜索区间 $[u, w]$. 但是，因区间 $[v, w]$ 的长度是区间 $[u, v]$ 长度的两倍，只要再比较 v 和 $[v, w]$ 的中点 $r = (v + w)/2$ 的函数值，立刻可以将 $[u, w]$ 缩短 $1/3$. 由图 7-1 可见：

当 $q(v) < q(r)$ 时,取 $[a,b] = [u,r]$(图 7-1(a) 的情况);

当 $q(v) \geqslant q(r)$ 时,取 $[a,b] = [v,w]$(图 7-1(b) 的情况).

④ 后退运算,当 $q(x_0) < q(x_0 + h)$ 时,计算 $q(x_0 - h)$,若 $q(x_0 - h) > q(x_0)$,取搜索区间 $[a,b] = [x_0 - h, x_0 + h]$.

当 $q(x_0 - h) \leqslant q(x_0)$,与 ③ 类似计算 $q(x_0 - (2^k - 1)h)$, $k = 1,2,\cdots$,直到对某个 $m(m \geqslant 1)$,使得

$$q(x_0 - (2^{m-1} - 1)h) > q(x_0 - (2^m - 1)h) \leqslant q(x_0 - (2^{m+1} - 1)h).$$

设 $\qquad u = x_0 - (2^{m-1} - 1)h, v = x_0 - (2^m - 1)h,$

$$w = x_0 - (2^{m+1} - 1)h, r = \frac{v + w}{2}.$$

比较 $q(v)$ 和 $q(r)$:当 $q(v) \geqslant q(r)$ 时,取搜索区间 $[a,b] = [w,v]$; 当 $q(v) < q(r)$ 时,取 $[a,b] = [r,u]$.

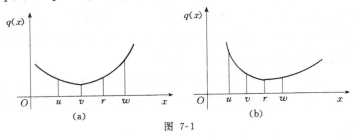

图 7-1

(二) 0.618 法(黄金分割法)

黄金分割法是求单峰函数在给定区间 $[a,b]$ 上极值的一种试探法.对于 $[a,b]$ 上的单峰函数 $q(x)$,记 x^* 为极小点.对 $[a,b]$ 上任意两个试探点 $x_1 < x_2$,若 $q(x_1) < q(x_2)$,则 $x^* \in [a,x_2]$;若 $q(x_1) \geqslant q(x_2)$,则 $x^* \in [x_1,b]$.这说明只要计算出搜索区间内任两个试探点的函数值,就可以把搜索区间缩小.可见,反复多次比较试探点处的函数值,能够越来越精确地估计出 x^* 的位置.

如何选 x_1 和 x_2,才能保证简捷又迅速找到 x^*?我们采用以下两条原则:

(1)对称原则

由于计算前不能预测 $q(x_1)$ 和 $q(x_2)$ 哪个小?故既有可能去掉

$[a, x_1]$，也有可能丢掉$[x_2, b]$．为了稳妥，选择x_1, x_2使每次去掉的区间长度相等，即

$$x_1 - a = b - x_2 \quad \text{或} \quad x_2 = a + b - x_1.$$

只要给出x_1，就能算出x_2，且这两点在$[a, b]$中处于对称位置（关于$[a, b]$中点$\dfrac{a+b}{2}$对称）．

（2）等比收缩原则

由对称原则，给定x_1后，去掉的长度为$x_1 - a$．如果选择x_1接近$[a, b]$的中点，那么这一次丢掉的区间长度大，或者说这一次收缩比较快．但这并不能保证下一次和今后每次都收缩较快．我们希望区间的收缩稳定为好，不要时快时慢．具体地说希望每次留下的区间是原来长度的α倍（$\alpha < 1$）．这就是压缩区间长度的等比收缩原则．

设l_n是第n次比较函数值后的区间长度，则第$n+1$次比较后应有：$l_{n+1} = \alpha l_n$．不妨设区间$[a, b]$的长度为1，即$l_0 = b - a = 1$，假设第一次删去$[x_2, b]$，则$l_1 = x_2 - a$，根据等比收缩原则有：

$$l_1 = \alpha l_0 = \alpha,$$

去掉的长度$\beta = b - x_2$，且$\alpha + \beta = 1$．在$[a, x_2]$内插入x_3，使得x_3, x_1在$[a, x_2]$中的位置与x_1, x_2在$[a, b]$中的位置具有相同的比例（见图7-2）．这就能保证每次迭代都以相同的比例收缩区间长度．按此条件应有

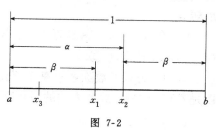

图 7-2

$$\frac{x_2 - a}{x_1 - a} = \frac{b - a}{x_2 - a}, \quad \text{即} \quad \frac{\alpha}{\beta} = \frac{1}{\alpha} \text{ 或 } \alpha^2 = \beta.$$

把$\alpha^2 = \beta$代入$\alpha + \beta = 1$，得到关于α的二次方程：

$$\alpha^2 + \alpha = 1.$$

解以上方程得$\alpha = \dfrac{-1 \pm \sqrt{5}}{2}$，由于$0 < \alpha < 1$，故只取正根，即

$$\alpha = \frac{-1+\sqrt{5}}{2} \approx 0.618.$$

这就是 Kiefer(基费 1953 年)提出的著名 0.618 法的由来. 在古代,人们认为按 0.618 的比率分割线段是最协调的和最佳的,故称为黄金分割法. 上述按 0.618 比率缩短搜索区间的迭代方法称为 0.618 法或黄金分割法.

算法 2.2(0.618 法)   已知单峰函数 $q(x)$,迭代精度 ε.

① 确定 $q(x)$ 的初始搜索区间 $[a,b]$.

② 按以下公式计算试探点:

$$x_2 = a + \alpha(b-a), \tag{2.2}$$

$$x_1 = a + (1-\alpha)(b-a) = a + b - x_2, \tag{2.3}$$

其中 $\alpha = \dfrac{\sqrt{5}-1}{2} \approx 0.618.$

③ 计算 $q(x_1)$ 和 $q(x_2)$,若 $q(x_2) > q(x_1)$,则置 $b = x_2, x_2 = x_1, a = a$;并计算新内点:$x_1 = a + (1-\alpha)(b-a)$,然后转 ④;否则,置 $a = x_1, x_1 = x_2, b = b$,并按公式(2.2)计算新内点 x_2,然后转 ④.

④ 检验 $b - a < \varepsilon$ 是否成立,若成立,停止迭代,同时令 $x^* = (a+b)/2$. 否则转 ③.

0.618 法对函数除要求是单峰函数外,不做其他要求,甚至可以是不连续函数. 故此方法的适用面相当广泛.

(三) 试位法

进退法和 0.618 法都是一维搜索的试探法. 下面介绍的另外三种方法是属于一维搜索的插值法. 插值法的基本思想是根据 $q(x)$ 在某些试探点的信息,构造一个与 $q(x)$ 近似的函数 $\hat{q}(x)$. 在一定的条件下可以期望 $\hat{q}(x)$ 的极小点会接近 $q(x)$ 的极小点. 因此可取 $\hat{q}(x)$ 的极小点作为一个新的试探点,然后设法缩短搜索区间. 显然近似函数 $\hat{q}(x)$ 应该比较简单,以便容易地求出它的极小点. 一般常取 $\hat{q}(x)$ 为二次或三次函数. 二次插值法和试位法属于

取 $\hat{q}(x)$ 为二次函数;三次插值法属于取 $\hat{q}(x)$ 为三次函数.

当函数 $q(x)$ 可微时,常常可以通过求它的稳定点来获得其极小值点. 也就是说把求极小点的问题转化为求方程

$$q'(x) \triangleq g(x) = 0$$

的 根. 试位法就是一种最简单的求根法. 在这个意义上,它也是一种一维搜索方法.

求 $g(x) = 0$ 的根的方法有很多种(见第二章 3.1 节),我们采用割线法(弦截法)求 $g(x) = 0$ 的根.

设 已 知 两 点 $(x_{n-1}, g(x_{n-1}))$ 和 $(x_n, g(x_n))$,且 $g(x_n) \neq g(x_{n-1})$,用通过这两点的直线 $\hat{g}(x)$ 作为 $g(x)$ 在区间 $[x_{n-1}, x_n]$ 上的近似,容易解出 $\hat{g}(x)$ 的零点 x_{n+1}:

$$x_{n+1} = x_n - g(x_n)\left[\frac{x_n - x_{n-1}}{g(x_n) - g(x_{n-1})}\right]. \tag{2.4}$$

公式(2.4)称为试位公式. 适当选取 x_1 和 x_2(一般要求 $g(x_1) \cdot g(x_2) < 0$),按(2.4)式反复迭代,即可得到 $q(x)$ 的极小点 x^*. 这就是通常所称的试位法.

在实际应用中,当用弦截法求 $g(x) = 0$ 的根时,为了保证每次用(2.4)式计算得到的 x_{n+1} 比 x_n 更接近 x^*,对割线法作了些改进(见第二章 3.1(三)算法 3.1),当用改进的割线法求 $g(x) = 0$ 的根时,相应的试位法称为实用试位法.

求 $q'(x) = 0$ 的根的常用方法还可以用二分法,Newton 法,由此得到相应的求 $\min q(x)$ 的方法也称为二分法,牛顿切线法. 特别是二分法,算法非常简单,且当 $q'(x)$ 不易求出或很复杂时,可用差商 $\dfrac{q(x+\delta) - q(x)}{\delta}$ 代替 $q'(x)$ ($\delta > 0$,为很小正数).

(四) 二次插值法(抛物线插值法)

在 $q(x)$ 不易求其导数值的情况下,常使用二次插值求函数的极小点.

(1) 二次插值曲线极小点的求法

假设已知函数 $q(x)$ 在三个点 x_1, x_2 和 x_3 (不妨设 $x_1 < x_2 < x_3$) 的函数值满足两头大,中间小,即

$$q(x_1) > q(x_2), \quad q(x_3) > q(x_2). \tag{2.5}$$

并过 $(x_1, q(x_1))$, $(x_2, q(x_2))$ 和 $(x_3, q(x_3))$ 三个点作抛物线(二次曲线):

$$P(x) = a_2 x^2 + a_1 x + a_0 (a_2 \neq 0).$$

这条抛物线 $P(x)$ 在 $[x_1, x_3]$ 区间内可以作为 $q(x)$ 的近似. 并以 $P(x)$ 的极小点 x_4 作为 $q(x)$ 极小点的新估计值.

求导数:$P'(x) = a_1 + 2a_2 x$,令 $P'(x) = 0$,可得

$$x_4 = -a_1/(2a_2).$$

由于 $P(x)$ 通过三个点,可知 a_0, a_1, a_2 满足的方程组:

$$\begin{cases} a_2 x_1^2 + a_1 x_1 + a_0 = q(x_1), \\ a_2 x_2^2 + a_1 x_2 + a_0 = q(x_2), \\ a_2 x_3^2 + a_1 x_3 + a_0 = q(x_3). \end{cases}$$

用相邻两方程相减消去 a_0,可得出 a_2 和 a_1,并给出

$$x_4 = \frac{(x_2^2 - x_3^2)q(x_1) + (x_3^2 - x_1^2)q(x_2) + (x_1^2 - x_2^2)q(x_3)}{2[(x_1 - x_2)q(x_3) + (x_2 - x_3)q(x_1) + (x_3 - x_1)q(x_2)]}. \tag{2.6}$$

可以证明在 (2.5) 条件下,由 (2.6) 式确定的 x_4 是抛物线 $P(x)$ 的极小点,而且 $x_1 < x_4 < x_3$. 其证明作为习题(习题 7.3).

(2) 终止迭代准则

假设已得到 $q(x)$ 的搜索区间 $[x_1, x_3]$,并按 (2.6) 计算得到 x_4,如果 x_4 是满足给定精度的极小点,那么 $|x_4 - x_2|$ 应该很小,且 $|q(x_4) - q(x_2)|$ 也应该很小.

经验指出,可用

$$|q(x_4) - q(x_2)| < \varepsilon \tag{2.7}$$

作为终止迭代的准则. 当 $q(x_2)$ 或 $q(x_4)$ 本身数值较大时,可采用

$$\frac{|q(x_4) - q(x_2)|}{|q(x_2)|} < \varepsilon \tag{2.8}$$

作为终止准则. 终止迭代后,取 x_2 和 x_4 中函数值小的那一点作为

356

极小点 x^*.

(3) 搜索区间的缩短

当终止迭代准则没有满足时,利用 x_4 提供的信息来缩短原来的搜索区间 $[x_1, x_3]$. 具体步骤如下:

① 比较 x_2 和 x_4,若 $x_4 > x_2$ 则转 ②,否则转 ③;

② 若 $q(x_2) \geqslant q(x_4)$,且 $q(x_3) \geqslant q(x_4)$,则置 $x_1 = x_2$,$x_2 = x_4$(即以原 $\{x_2, x_4, x_3\}$ 为搜索区间),然后转 ④;否则置 $x_3 = x_4$(即以原 $\{x_1, x_2, x_4\}$ 为搜索区间,然后转 ④;

③ 若 $q(x_1) \geqslant q(x_4)$,且 $q(x_2) \geqslant q(x_4)$,则置 $x_3 = x_2$,$x_2 = x_4$(即以原 $\{x_1, x_4, x_2\}$ 为搜索区间),然后转 ④;否则以原 $\{x_4, x_2, x_3\}$ 为搜索区间,即置 $x_1 = x_4$,然后转 ④;

④ 新的搜索区间 $\{x_1, x_2, x_3\}$ 的长度缩小了,且满足条件 (2.5).用公式 (2.6) 计算新的搜索区间上插值抛物线的极小点 x_4.重复①~④直至终止准则成立.

(五) 三次插值法(Davidon 搜索法)

在容易求得函数导数的情况下,应用两点三次插值法是十分有效的.此算法最早是 Davidon 在 1959 年使用的,故也称为 Davidon 搜索法.

给定两点 a 和 $b(a < b)$,设已知 $q(a)$,$q(b)$ 及 $q'(a)$,$q'(b)$.为保证 $q(x)$ 在 $[a, b]$ 内有极小点,假定 $q'(a) < 0$,$q'(b) > 0$.用来近似 $q(x)$ 的三次插值函数记为

$$P(x) = A(x-a)^3 + B(x-a)^2 + C(x-a) + D. \quad (2.9)$$

在 a 和 b 两点,$P(x)$ 和 $q(x)$ 有相同的函数值和导数值.因此有:

$$\begin{cases} D = q(a), \\ A(b-a)^3 + B(b-a)^2 + C(b-a) + D = q(b), \\ C = q'(a), \\ 3A(b-a)^2 + 2B(b-a) + C = q'(b). \end{cases} \quad (2.10)$$

而三次函数 $P(x)$ 的极小值点 x 必定满足:

$$P'(x) = 3A(x-a)^2 + 2B(x-a) + C = 0, \quad (2.11)$$

$$P''(x) = 6A(x-a) + 2B \geqslant 0. \quad (2.12)$$

从(2.11)式可以解出极小点 x：

$$x - a = \begin{cases} -\dfrac{C}{2B}, & \text{当 } A = 0, \quad (2.13) \\[3mm] \dfrac{-B \pm \sqrt{B^2 - 3AC}}{3A}, & \text{当 } A \neq 0. \quad (2.14) \end{cases}$$

为保证点 x 是极小点,把(2.14)代入极小点必要条件(2.12)得

$$\pm 2\sqrt{B^2 - 3AC} \geqslant 0.$$

可见对应于极小点,(2.14)式中只能取加号. 这时(2.14)还可以表成

$$x - a = \frac{-C}{B + \sqrt{B^2 - 3AC}}. \quad (2.15)$$

由(2.10)的第三、四式及假设条件 $q'(a) < 0, q'(b) > 0$,可知当 $A = 0$ 时 B 取正值,故(2.15)式是极小点在 $A = 0$ 和 $A \neq 0$ 两种情况下的统一表达式.

(2.15)式的 A, B, C 可以从方程组(2.10)解出. 为了简化计算,我们直接来推导用 $q(a), q(b), q'(a), q'(b)$ 表示的极小点计算公式. 为此引入两个量:

$$s = \frac{3(q(b) - q(a))}{b - a} = \frac{3(P(b) - P(a))}{b - a}$$
$$= 3[A(b-a)^2 + B(b-a) + C],$$
$$z = s - q'(a) - q'(b) = s - P'(a) - P'(b)$$
$$= B(b-a) + C, \quad (2.16)$$

因而

$$B = \frac{z - C}{b - a}, \quad C = q'(a). \quad (2.17)$$

由假设条件 $q'(a) \cdot q'(b) < 0$,可知 $w^2 \triangleq z^2 - q'(a)q'(b) > 0$. 把(2.10)的第三、四式及(2.16)代入 w^2 得

$$w^2 = (b-a)^2(B^2 - 3AC),$$

或

$$B^2 - 3AC = w^2/(b-a)^2. \quad (2.18)$$

358

把 (2.17),(2.18) 代入极小点 x 表达式 (2.15) 得：

$$x = a + \cfrac{-q'(a)}{\cfrac{z-q'(a)}{b-a} + \cfrac{w}{b-a}} = a - \frac{(b-a)q'(a)}{z+w-q'(a)}. \quad (2.19)$$

(2.19) 式中分母不为 0,这是因为

$$z + w - q'(a) = B(b-a) + C + (b-a)\sqrt{B^2 - 3AC} - C$$
$$= (b-a)(B + \sqrt{B^2 - 3AC}) \neq 0.$$

故 (2.19) 式就是求三次曲线的极小点的计算公式.

三次插值算法的粗略步骤如下:

① 选初始点 a,初始步长 h 及精度 $\varepsilon > 0$.

② 寻找 x_1, x_2 使得

$$x_1 < x_2 \text{ 且 } q'(x_1) < 0 < q'(x_2),$$

或

$$x_1 > x_2 \text{ 且 } q'(x_1) > 0 > q'(x_2).$$

③ 对以 x_1, x_2 为端点的搜索区间进行三次插值,按公式 (2.19) 求得新估计点.

④ 检验终止准则是否成立,若成立则停止迭代,用新估计点作为 $q(x)$ 的近似极小点 x^*;否则把新估计点作为初始点,把步长 h 压缩为原来的 1/10,转入下一次迭代.

关于终止准则,当试探点的函数值已有所下降,而且在该点的导数已相当小,停止迭代,或者当步长充分小时也停止迭代(见参考文献[23]).

§3　无约束最优化计算方法

无约束最优化问题的一般形式是

$$\min f(x), \quad (3.1)$$

其中 $x = (x_1, \cdots, x_r)' \in \mathbf{R}^r$, $f(x)$ 是目标函数. 这个问题的求解是指,在 $\mathbf{R}^r$ 中找一点 x^*,使得对任意 $x \in \mathbf{R}^r$,都有

$$f(x^*) \leqslant f(x),$$

点 x^* 就是问题 (3.1) 的全局最优点. 即目标函数 $f(x)$ 的全局极

小点. 但下面介绍的大多数最优化方法只能求得局部最优点, 即在 R^r 中找一点 x^*, 使得 $f(x^*) \leqslant f(x)$ 在 x^* 的某个邻域中成立. 在实际应用中, 根据问题的实际意义一般可以判断用以下介绍的最优化方法求出的解是否为全局最优解.

无约束最优化的算法可以分为两大类: 一类是使用导数的方法, 也就是根据目标函数的一阶导数(梯度)或二阶导数(Hessian 矩阵)所提供的信息而构造的方法. 如最速下降法、Newton 法、共轭梯度法、变尺度法等. 另一类是不使用导数的方法, 统称为直接方法. 两类方法各有利弊. 第一类方法收敛速度快, 但需计算梯度或 Hessian 矩阵; 第二类不涉及导数, 适用性强, 但收敛速度较慢. 一般的经验是, 在可以求得目标函数导数的情况下, 还是尽可能使用第一类方法; 相反, 在导数不易求出或者导数根本不存在的情况下, 当然应使用直接方法. 本节介绍几个无约束最优化的常用且有效的算法.

3.1 最速下降法

求解最优化问题(3.1)的迭代算法的基本特点是: 从给定的初始点出发, 通过搜索一步步地接近问题的解, 且要求每一步目标函数值有所下降. 因此这类迭代算法统称为下降算法. 现在的问题是, 从任一点出发, 沿什么方向可使目标函数下降最快? 根据微积分知识, 我们知道使目标函数下降最快的方向是负梯度方向.

设 $f(x)$ 在点 x 可微, 由泰勒展开公式有
$$f(x + \Delta) = f(x) + \Delta' g(x) + o(\| \Delta \|), \qquad (3.2)$$
其中 $g(x) = \left(\dfrac{\partial f}{\partial x_1}, \cdots, \dfrac{\partial f}{\partial x_r} \right)'$ 称为函数 $f(x)$ 在 x 的梯度方向. $\Delta = (\Delta x_1, \Delta x_2, \cdots, \Delta x_r)$, $f(x) + \Delta' g(x)$ 作为 $f(x + \Delta)$ 的一次近似, 问 Δ 取什么方向, 可使函数值 $f(x + \Delta)$ 下降最快? 由(3.2)式, 即问 Δ 取什么方向时, 可使
$$f(x + \Delta) - f(x) \approx \Delta' g(x)$$
取得最小值. 由 Cauchy-Schwarz 不等式知

$$\Delta' g(x) \geqslant - \parallel \Delta \parallel \cdot \parallel g(x) \parallel, \tag{3.3}$$

等号当且仅当 $\Delta = - g(x) / \parallel g(x) \parallel$ 时成立. 即 Δ 取负梯度方向时, $f(x + \Delta)$ 下降最快. 负梯度方向是 $f(x)$ 在点 x 的邻域内函数值下降最快的方向, 故称负梯度方向为最速下降方向, 以负梯度方向为搜索方向的算法, 称为最速下降法.

确定从点 x 出发的搜索方向 Δ 后, 沿 Δ 方向找一点 $x^* = x + h\Delta$, 使 $f(x)$ 在 x^* 取最小值. 从 x^* 出发重复以上过程反复迭代, 即得问题 (3.1) 的解.

算法 3.1(最速下降算法) 已知目标函数 $f(x)$ 及梯度函数 $g(x)$, 并给出停止迭代的精度 $\varepsilon_1, \varepsilon_2, \varepsilon_3$.

① 取初始点 $x^{(0)} \in \mathbf{R}^r$, 置 $k = 0$.

② 计算目标函数值 $f(x^{(k)})$.

③ 求目标函数 $f(x)$ 在 $x = x^{(k)}$ 的梯度方向

$$g_k = g(x^{(k)}) = \left(\frac{\partial f(x)}{\partial x_1}, \cdots, \frac{\partial f(x)}{\partial x_r} \right)' \Big|_{x = x^{(k)}},$$

当 $\parallel g(x^{(k)}) \parallel < \varepsilon_1$, 则停止迭代, 取 $x^* = x^{(k)}$; 否则令

$$p_k = - g(x^{(k)}).$$

④ 求步长因子 λ_k 使

$$f(x^{(k)} + \lambda_k p_k) = \min_{\lambda > 0} f(x^{(k)} + \lambda p_k).$$

⑤ 取 $x^{(k+1)} = x^{(k)} + \lambda_k p_k$, 计算 $f(x^{(k+1)})$;

当 $|f(x^{(k+1)}) - f(x^{(k)})| < \varepsilon_2$, 或 $\parallel x^{(k+1)} - x^{(k)} \parallel < \varepsilon_3$ 时, 停止迭代, $x^* = x^{(k+1)}$ 即为 (3.1) 的解; 否则置 $k = k + 1$, 转 ③.

例 3.1 用最速下降算法求 $f(x_1, x_2) = \frac{1}{3} x_1^2 + \frac{1}{2} x_2^2$ 的极小点.

解 取初始点 $x^{(0)} = (3, 2)'$, $f(x^{(0)}) = 5$. 在 $x^{(0)}$ 的梯度方向

$$g(x^{(0)}) = \left(\frac{\partial f}{\partial x_1}, \frac{\partial f}{\partial x_2} \right)' \Big|_{x^{(0)}} = \left(\frac{2}{3} x_1, x_2 \right)' \Big|_{x^{(0)}} = (2, 2)',$$

取搜索方向 $p_0 = (- 2, - 2)'$.

由 $x^{(0)}$ 出发沿 p_0 方向的点 $x = x^{(0)} + \lambda p_0 = (3 - 2\lambda, 2 - 2\lambda)'$,

$$f(x^{(0)} + \lambda p_0) = \frac{1}{3}(3 - 2\lambda)^2 + \frac{1}{2}(2 - 2\lambda)^2$$
$$= \frac{10}{3}\lambda^2 - 8\lambda + 5 \triangleq \varphi(\lambda).$$

令 $\dfrac{\partial \varphi}{\partial \lambda} = 0$,得 $\lambda_0 = \dfrac{6}{5}$. 故有

$$x^{(1)} = x^{(0)} + \lambda_0 p_0 = \left(\frac{3}{5}, -\frac{2}{5}\right)', \text{且} f(x^{(1)}) = \frac{1}{5}.$$

以上迭代一次后使目标函数 $f(x)$ 在 $x^{(0)}$ 的值 $f(x^{(0)}) = 5$ 下降为 $f(x^{(1)}) = \dfrac{1}{5}$.

以 $x^{(1)} = \left(\dfrac{3}{5}, -\dfrac{2}{5}\right)'$ 作为出发点,重复以上步骤,类似可得 $x^{(2)} = \left(\dfrac{3}{5^2}, \dfrac{2}{5^2}\right)'$.

一般地我们有 $x^{(n)} = \left(\dfrac{3}{5^n}, (-1)^n \dfrac{2}{5^n}\right)' \xrightarrow{\ (n \to \infty)\ } (0, 0)$.

此算法的特点是:① 简单易行,用一次函数作为目标函数 $f(x)$ 的近似;② 不管初始点如何选取,保证每次迭代均使目标函数值减少;③ 收敛速度慢. 因相邻两次迭代的搜索方向正交(见习题 7.2 和 7.4),出现的"锯齿现象"使其收敛速度不快.

3.2 Newton(牛顿)法及其修正

最速下降法是以函数的一次近似为基础提出的算法. 此算法的最大缺点是收敛速度慢. 本节介绍的牛顿法和修正牛顿法是以函数的二次近似为基础而提出的算法.

（一）Newton 法

设 $f(x)$ 在 x 二阶可微,二阶展开式为

$$f(x + \Delta) \approx f(x) + \Delta' g(x) + \frac{1}{2}\Delta' H \Delta, \qquad (3.4)$$

其中 $g(x) = \left(\dfrac{\partial f}{\partial x_1}, \cdots, \dfrac{\partial f}{\partial x_r}\right)'$ 为 $f(x)$ 在 x 的梯度方向,H 为 $f(x)$

的 Hessian 矩阵, 即 $H = \left(\dfrac{\partial^2 f}{\partial x_i \partial x_j} \right)_{r \times r}$.

当 H 为正定阵时, (3.4)式右边是 Δ 的二次函数, 当 Δ 满足:

$$\frac{\partial}{\partial \Delta} \left[f(x) + \Delta' g(x) + \frac{1}{2} \Delta' H \Delta \right] = g(x) + H\Delta = 0$$

时二次函数有最小值. 取 $\Delta = - H^{-1} g(x)$ 作为搜索方向, 得

$$x^* = x - H^{-1} g(x). \tag{3.5}$$

(3.5)式就是牛顿法的迭代公式.

算法 3.2(牛顿法) 已知目标函数 $f(x)$ 及其梯度 $g(x)$, Hessian 矩阵 $H(x)$, 并给出终止迭代的精度 $\varepsilon_1, \varepsilon_2, \varepsilon_3$.

① 取初始点 $x^{(0)} = (x_1^{(0)}, \cdots, x_r^{(0)})'$, 置 $k = 0$.

② 计算目标函数值 $f(x^{(k)})$.

③ 计算 $f(x)$ 在 $x^{(k)}$ 的梯度 $g(x^{(k)}) \triangleq g_k$, 若 $\| g(x^{(k)}) \| < \varepsilon_1$, 则停止迭代, 取 $x^* = x^{(k)}$ 作为问题(3.1)的解;

否则计算 $H_k = \left(\dfrac{\partial^2 f}{\partial x_i \partial x_j} \right) \Big|_{x = x^{(k)}}$, 并求搜索方向, 即解方程组:

$$H_k p = - g_k, \text{可得} \quad p_k = - H_k^{-1} g_k.$$

④ 令 $x^{(k+1)} = x^{(k)} + p_k$, 并计算 $f(x^{(k+1)})$.

⑤ 判断终止迭代准则(如 $| f(x^{(k+1)}) - f(x^{(k)}) | < \varepsilon_2$ 或 $\| x^{(k+1)} - x^{(k)} \| < \varepsilon_3$) 是否满足, 若满足, 停止迭代, 取 $x^* = x^{(k+1)}$ 为问题(3.1)的解; 否则置 $k = k + 1$, 转 ③.

例 3.2 用 Newton 法求函数 $f(x_1, x_2) = \dfrac{1}{3} x_1^2 + \dfrac{1}{2} x_2^2$ 的极小点.

解 取初始值 $x^{(0)} = (3, 2)'$, $f(x^{(0)}) = 5$. 梯度方向

$$g(x) = \begin{bmatrix} \dfrac{2}{3} x_1 \\ x_2 \end{bmatrix}, \quad g(x^{(0)}) = \begin{bmatrix} 2 \\ 2 \end{bmatrix},$$

Hessian 矩阵 $H = \begin{bmatrix} \dfrac{2}{3} & 0 \\ 0 & 1 \end{bmatrix}$. 用迭代公式得

$$x^{(1)} = x^{(0)} - H^{-1}g(x^{(0)}) = \begin{bmatrix} 3 \\ 2 \end{bmatrix} - \begin{bmatrix} \dfrac{3}{2} & 0 \\ 0 & 1 \end{bmatrix} \begin{bmatrix} 2 \\ 2 \end{bmatrix} = \begin{bmatrix} 0 \\ 0 \end{bmatrix}.$$

按计算步骤从 $x^{(1)} = (0,0)'$ 出发,继续迭代,因 $g(x^{(1)}) = (0,0)'$,停止迭代. $x^* = (0,0)'$ 即为 $f(x_1,x_2)$ 的极小点.

与例 3.1 比较,用最速下降法迭代 k 次后得

$$x^{(k)} = \left(\frac{3}{5^k}, (-1)^k \frac{2}{5^k} \right)',$$

只是极小点 $(0,0)'$ 的近似解. 而用 Newton 法只迭代一次即得极小点 $(0,0)'$. 此例因目标函数是二次正定函数,(3.4)式在此时是精确的等式,故用(3.5)式进行一次迭代就能达到极小点. 因此,我们称 Newton 法具有二次终止性;或者称收敛的级是 2. 这也是牛顿法的最大优点.

(二)阻尼 Newton 法

Newton 法在一定的条件下,当初始点充分接近极小点时,收敛速度是很快的. 但若初始点选择不好,离极小点比较远,就不能保证它产生的序列 $\{x^{(k)}\}$ 收敛了,甚至其中某几次迭代反而使函数值上升: $f(x^{(k+1)}) > f(x^{(k)})$. 为了克服这一缺点,可以考虑改进计算 $x^{(k+1)}$ 的迭代公式,即只把增量的方向限定为搜索方向,引入步长因子 λ_k,并由一维搜索方法确定 λ_k. 令

$$x^{(k+1)} = x^{(k)} + \lambda_k p_k, \tag{3.6}$$

其中 λ_k 是一维搜索得到的步长因子(或称阻尼因子):

$$f(x^{(k)} + \lambda_k p_k) = \min_{\lambda > 0}(x^{(k)} + \lambda p_k).$$

这样修改后的算法称为阻尼 Newton 法. 当取 $\lambda_k = 1$ 时,就是 Newton 法. 显然阻尼 Newton 法每次迭代比原始的 Newton 法下降得更多,所以它常常收敛更快.

(三)改进的 Newton 法(强迫 H 正定的方法)

Newton 法和阻尼 Newton 法虽都具有收敛快的优点,但这两种方法也存在明显的缺点.

① 搜索方向 p_k 不一定能够得到,当 H 阵是奇异时,从方程组 $Hp = -g(x)$ 无法解出 p_k.

② 当 H 阵非奇异时,可解出 $p_k = -H^{-1}g(x)$. 但不能保证 p_k 是一个下降方向.

例 3. 3　用阻尼 Newton 法求下列函数的极小点.

$$f(x_1, x_2) = x_1^4 + x_1 x_2 + (1 + x_2)^2.$$

解　取 $x^{(0)} = (0, 0)'$, $f(x^{(0)}) = 1$. 梯度方向

$$g(x) = \begin{bmatrix} 4x_1^3 + x_2 \\ x_1 + 2(1 + x_2) \end{bmatrix}, \quad g(x^{(0)}) = \begin{bmatrix} 0 \\ 2 \end{bmatrix}.$$

Hessian 矩阵 $H = \begin{bmatrix} 12x_1^2 & 1 \\ 1 & 2 \end{bmatrix}$, $H(x^{(0)}) = \begin{bmatrix} 0 & 1 \\ 1 & 2 \end{bmatrix} \triangleq H_0$.

矩阵 H_0 非奇异,但不是正定阵(因为 $|H_0| = -1 < 0$),搜索方向

$$p_0 = -H_0^{-1} g(x^{(0)}) = -\begin{bmatrix} -2 & 1 \\ 1 & 0 \end{bmatrix} \begin{bmatrix} 0 \\ 2 \end{bmatrix} = \begin{bmatrix} -2 \\ 0 \end{bmatrix},$$

故

$$x^{(1)} = x^{(0)} + \lambda p_0 = \begin{bmatrix} 0 \\ 0 \end{bmatrix} + \lambda \begin{bmatrix} -2 \\ 0 \end{bmatrix} = \begin{bmatrix} -2\lambda \\ 0 \end{bmatrix},$$

$$f(x^{(1)}) = (-2\lambda)^4 + 1 = 16\lambda^4 + 1 \triangleq q(\lambda).$$

令 $q'(\lambda) = 64\lambda^3 = 0$,得 $\lambda = 0$,从而 $x^{(1)} = x^{(0)}$.

用阻尼 Newton 法虽可得出搜索方向 p_0,但因不能得到新的点,得到的方向 p_0 不是下降方向,不能使函数值下降.

以上这两个缺点都是 Hessian 矩阵可能不正定引起的. 下面定理给出,当 H 正定时,上述两种情况不会发生.

定理 3. 1　若矩阵 H_k 是正定阵,则由方程组

$$H_k p = -g(x^{(k)}) \tag{3.7}$$

能够确定唯一的一个方向 p_k,而且这个方向是下降方向.

证明　当 H_k 是正定阵时,方程组(3.7)有且仅有一个解:

$$p_k = -H_k^{-1} g(x^{(k)}), \quad p_k \text{ 就是唯一的搜索方向.}$$

下面来证明它是下降方向. 令

$$x = x^{(k)} + \lambda p_k = x^{(k)} - \lambda H_k^{-1} g(x^{(k)}). \qquad (3.8)$$

由 Taylar 展开式,有

$$f(x) \approx f(x^{(k)}) - f'(x^{(k)}) \lambda H_k^{-1} g(x^{(k)})$$
$$= f(x^{(k)}) - \lambda [(g(x^{(k)}))' \cdot (H_k^{-1} g(x^{(k)}))].$$

因为 H_k 正定,故有 $[(g(x^{(k)}))' \cdot (H_k^{-1} g(x^{(k)}))] > 0$. 当(3.8)式中 λ 为充分小的正数时,总有 $f(x) < f(x^{(k)})$,这表明 $p_k = - H_k^{-1} g(x^{(k)})$ 是一个下降方向. **[证毕]**

由定理 3.1 可知,为了在梯度不为零的点 $x^{(k)}$ 找到一个下降方向,可以强迫方程组(3.7)中的 H_k 恒取正定阵. 当 H_k 不是正定阵时,强行把它改成一个正定阵 G_k,然后由方程

$$G_k p_k = - g(x^{(k)})$$

确定搜索方向. 这样总能得到下降方向,而且在一定条件下按此方向搜索构造的序列 $\{x^{(k)}\}$ 也是收敛的.

(1) Gill-Murray 方法

采用强迫矩阵正定的改进 Newton 法时,关键是如何选正定阵 G_k. Gill-Murray 提出取 G_k 为形如

$$G_k = H_k + E_k$$

的正定对称阵,其中 E_k 为对角阵. 这个正定阵 G_k 可以通过强迫矩阵正定的 Cholesky 分解(见参考文献[23])得到.

(2) Fletcher-Freeman 方法

这方法的特点是,根据对不定对称阵的一种新的分解方法——Bunch-Parlett 分解,直接求出一个负曲率方向,进而找到合理的搜索方向.

设 H_k 是对称阵(可能正定,也可能不正定),则适当交换若干行,同时交换相应的若干列之后,所得矩阵 $\tilde{H}_k$ 总可分解为 $\tilde{H}_k = LDL'$,其中 L 为单位下三角形阵,D 是对角块为一阶或二阶的准对角阵.

Fletcher-Freeman 方法从分解式 $\tilde{H}_k = LDL'$ 出发,根据 D 的特征值全为正数,有负数或没有负数但有零特征根三种情况,分别

由负曲率方向确定搜索方向(见参考文献[23]).

3.3 共轭方向法和共轭梯度法

Newton 法是把求二次函数极小点的方法用于求一般函数的极小点,本节介绍的共轭方向法将进一步发展此思想. 此方法是界于最速下降法和 Newton 法之间,它克服了最速下降法的锯齿现象,从而提高了收敛速度;它的迭代公式比较简单,不必计算目标函数的二阶导数,与 Newton 法相比较减少了计算量和存储量,因此它是比较有效的最优化方法.

(一)共轭方向法

共轭方向法代表很广的一类方法,共轭梯度法和拟 Newton 法(或称变尺度法)都属于这一类. 共轭方向法的特点是以共轭方向作搜索方向. 我们首先介绍共轭方向的有关概念及其基本性质.

考虑正定二次函数

$$f(x) = \frac{1}{2}x'Gx + b'x + c, \tag{3.9}$$

其中 G 为 $r \times r$ 正定对称阵,b 为 r 维向量,c 是常数.

(3.9)式可以改写成

$$f(x) = \frac{1}{2}(x + G^{-1}b)'G(x + G^{-1}b) + c - \frac{1}{2}b'G^{-1}b.$$

可见 $f(x)$ 在点 $x^* = -G^{-1}b$ 达最小值:$f(x^*) = c - \frac{1}{2}b'G^{-1}b$,且 $f(x)$ 还可以表示为

$$f(x) = \frac{1}{2}(x - x^*)'G(x - x^*) + f(x^*)$$
$$\triangleq \frac{1}{2}E(x) + f(x^*). \tag{3.10}$$

其中 $E(x) = (x - x^*)'G(x - x^*) \triangleq \| x - x^* \|_G^2$,这里 $\| \cdot \|_G$ 表示向量在 G 度量意义下的范数.

(1)特殊正定二次函数和正交方向

在(3.9)式中,当 $G = I$ 的特殊情况,得到特殊的正定二次函

数,记为

$$f(y) = \frac{1}{2}y'y + by' + c, \qquad (3.11)$$

或

$$f(y) = \frac{1}{2}(y - y^*)'(y - y^*) + f(y^*), \qquad (3.12)$$

其中 $y^* = -b$ 是 $f(y)$ 的极小点. $f(y)$ 的梯度方向为

$$\frac{\partial f}{\partial y} = y + b = y - y^*.$$

因此,对于目标函数 $f(y)$ 来说,任一点处的负梯度方向都是恰好对准 y^*,沿此方向进行一次一维搜索就能达到极小点. 可见,以负梯度方向作为搜索方向确实是一个好方法. 但可惜不易把它推广,使之对一般正定二次函数(3.9)都有效,所以还需另作考虑.

定义 3.1 若 R' 中 k 个方向两两正交,则称它们为 k 个**正交方向**. 若这 k 个方向都是非零的,则称它们为 k 个**非零正交方向**.

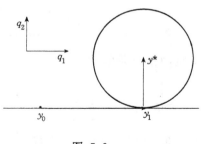

图 7-3

先看看 $r = 2$ 的情况. 此时目标函数(3.11)的等高线为一族同心圆,圆心为 y^*(见图 7-3). 直观上容易看出,若有两个相互正交的非零方向 q_1, q_2,则从任意初始点 $y^{(0)}$ 出发,依次沿 q_1, q_2 进行两次一维搜索,就能达到极小点 y^*. 推广到一般 r 维情况也有类似结论.

定理 3.2 考虑形如(3.11)的正定二次函数,设 $q_1, \cdots, q_k$ 是 k 个非零正交方向. 若从 R' 中任意点 $y^{(0)}$ 出发,依次沿 $q_1, \cdots, q_k$ 进行 k 次一维搜索得点列 $\{y^{(1)}, \cdots, y^{(k)}\}$,则 $y^{(k)}$ 是 $f(y)$ 在线性流形 $y^{(0)} + \mathscr{L}_k$ 上的唯一极小点. 这里 $\mathscr{L}_k$ 是由 $q_1, \cdots, q_k$ 张成的子空间. 特别地当 $k = r$ 时, $y^{(r)}$ 就是 $f(y)$ 在 R' 上唯一极小点.

368

此定理是二维情况到高维情况的推广.它说明对于形如
(3.11)的特殊正定二次函数来说,依次沿 r 个非零正交方向搜索
必然达到它 在 R^r 上的极小点.

(2)一般正定二次函数和共轭方向

对一般的正定二次函数(3.9),令 $y = G^{1/2}x$(作非退化的线性
变换),则正定二次函数化为

$$\varphi(y) = \frac{1}{2}y'y + b'_* y + c \quad (b_* = G^{-1/2}b).$$

求 $f(x)$ 的极小点时,$\varphi(y)$ 在 y 空间中的正交方向有特别重要的作
用. 现在来考察 y 空间的正交性在 x 空间的表现形式. 设 q_1, q_2 是 y
空间的两个正交向量,它们在 x 空间中的对应向量 p_1, p_2 满足:

$$q_1 = G^{1/2}p_1, \quad q_2 = G^{1/2}p_2. \tag{3.13}$$

显然
$$0 = \langle q_1, q_2 \rangle = \langle G^{1/2}p_1, G^{1/2}p_2 \rangle = \langle p_1, Gp_2 \rangle$$
$$= p_1'Gp_2 \triangleq \langle p_1, p_2 \rangle_G,$$

其中 $\langle \cdot, \cdot \rangle_G$ 表示在 G 度量下的内积,因此与 y 空间中的正交性对
应,我们定义 x 空间中的如下关系:

定义 3.2(共轭) 对于 $r \times r$ 阶正定对称阵 G,若 R^r 中两个
方向 p_1, p_2 满足

$$\langle p_1, Gp_2 \rangle = 0,$$

则称它们**关于 G 共轭**. 由于 $\langle p_1, Gp_2 \rangle$
$= \langle p_1, p_2 \rangle_G = 0$,所以也称它们关于 G
正交.

定义 3.3 若 R^r 中 k 个方向两两
关于 G 共轭,则称它们是 G 的 k 个**共轭
方向**,或 k 个 G 正交方向. 若这 k 个方向
都是非零的,则称它们为 G 的 k 个**非零
共轭方向**,或 k 个**非零 G 正交方向**.

从几何图形直观地看($r = 2$),因

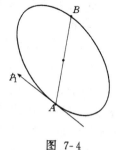

图 7-4

二次函数的等高线表示为一族椭圆. 设 AB 通过椭圆中心,则 A 或

B 的切线方向 p_1 与 AB 的方向就是共轭方向(见图 7-4). 当 G 为单位阵时,等高线为一族圆,共轭方向就是一般的正交方向.

因 x 空间的"共轭"方向完全相当于 y 空间的"正交"方向,故对一般正定二次函数 $f(x)$ 有如下结论:

定理 3.3 设 $p_1, \cdots, p_k$ 是 G 的 k 个非零共轭方向. 从 $\boldsymbol{R}^r$ 的任一点 $x^{(0)}$ 出发,依次沿 $p_1, \cdots, p_k$ 进行一维搜索,得点 $x^{(1)}, \cdots, x^{(k)}$,则 $x^{(k)}$ 是 $f(x)$ 在线性流形 $x^{(0)} + \mathscr{L}(p_1, \cdots, p_k)$ 上的唯一极小点. 特别地当 $k = r$ 时,$x^{(r)}$ 就是 $f(x)$ 在 $\boldsymbol{R}^r$ 上唯一的极小点.

推论 $f(x)$ 在 $x^{(k)}$ 的梯度方向 g_k 满足

$$\langle g_k, p_i \rangle = 0 \quad (i = 1, 2, \cdots, k-1).$$

由共轭方向的重要性质(定理 3.3),提供了求正定二次函数 $f(x)$ 极小点的一个原则的方法. 这就是从任意初始点 $x^{(0)}$ 出发,依次沿着 r 个共轭方向作直线搜索,最多经过 r 次迭代,就可以得到目标函数 $f(x)$ 的极小点.

算法 3.3(共轭方向法) 已知具有正定矩阵 G 的二次目标函数:

$$f(x) = \frac{1}{2} x' G x + b' x + c,$$

及精度 ε.

① 选取初始点 $x^{(0)}$ 和具有下降方向的向量 p_0,置 $k = 0$.

② 沿 p_k 方向作直线搜索:

$$f(x^{(k)} + \lambda_k p_k) = \min_\lambda f(x^{(k)} + \lambda p_k),$$

得

$$x^{(k+1)} = x^{(k)} + \lambda_k p_k.$$

③ 计算 $f(x)$ 在 $x^{(k+1)}$ 处的梯度 $g(x^{(k+1)})$,并判别 $g(x^{(k+1)})$ 是否为零,即 $\| g(x^{(k+1)}) \| < \varepsilon$ 是否成立,若成立,则停止迭代,$x^* = x^{(k+1)}$ 即为 $f(x)$ 的极小点;否则继续执行 ④.

④ 求共轭方向 p_{k+1},使得

$$p_j' G p_{k+1} = 0 \quad (j = 0, 1, \cdots, k),$$

并置 $k = k + 1$,然后转 ②.

共轭概念与正交概念很相似,因此共轭向量也具有正交向量所具有的某些性质.

定理 3.4 若 $p_1,\cdots,p_k$ 为 k 个共轭方向,则它们必线性无关.(用反证法容易证明.)

定理 3.5 任意 m 个线性无关的向量 $u_1,\cdots,u_m$ 可以化为 m 个相互共轭的向量.

我们知道,m 个线性无关的向量可以通过 Schmidt 正交化过程化为 m 个相互正交的向量.类似地,有如下结论:

设 $u_1,\cdots,u_m$ 为 m 个线性无关的向量,令

$$p_1 = u_1, p_2 = u_2 + c_{21}p_1,$$

一般地令

$$p_i = u_i + \sum_{j=1}^{i-1} c_{ij}p_j \quad (i = 1,\cdots,m), \tag{3.14}$$

其中 $c_{ij}(j < i)$ 是待定系数.我们希望适当选取 c_{ij},使 $p_1,\cdots,p_m$ 为相互共轭的向量.为此只需对一切 $k < i$,选 c_{ik} 使

$$p_k'Gp_i = 0. \tag{3.15}$$

由 (3.15) 和 (3.14) 式,可得

$$0 = p_k'Gp_i = p_k'G\Big(u_i + \sum_{j=1}^{i-1} c_{ij}p_j\Big)$$

$$= p_k'Gu_i + \sum_{j=1}^{i-1} c_{ij}p_k'Gp_j = p_k'Gu_i + c_{ik}p_k'Gp_k.$$

于是有

$$c_{ik} = -\frac{p_k'Gu_i}{p_k'Gp_k}, \quad \text{对一切 } k < i. \tag{3.16}$$

注意,只有当 $\{u_i\}$ 线性无关,才能保证 $\{p_i\}$ 均不为零,故而使 c_{ik} 的分母 $p_k'Gp_k > 0 (G$ 正定).(3.14) 和 (3.16) 式就是由线性无关向量组产生共轭向量组的算法.如果没有这一组线性无关的向量,由正定阵 G 也可以生成一组共轭向量.

在算法 3.3 中,没有具体给出构造共轭方向 p_k 的方法,构造共轭方向的方法有多种,如从线性无关的向量组出发可以容易的构

造出共轭向量组;用不同的方法构造 G 的共轭向量组,可得出不同的算法.我们下面将介两种不同的构造共轭方向的方法——共轭梯度法和拟牛顿法.

（二）共轭梯度法

利用在 $x^{(k)}$ 处的梯度来构造共轭方向的算法称为共轭梯度法.下面给出产生正定二次函数的一组共轭向量及求正定二次函数极小点的算法.

算法 3.4（用于正定二次函数的共轭梯度法） 已知正定二次函数 $f(x) = \dfrac{1}{2}x'Gx + b'x + c$,梯度函数 $g(x) = Gx + b$;并给出停止迭代的精度 ε.

① 选初始点 $x^{(0)} \in \mathbf{R}^r$,令 $k = 0$.

② 计算负梯度方向 $p_k = -g(x^{(k)})$.

③ 作直线搜索,求 λ_k 使:$f(x^{(k)} + \lambda_k p_k) = \min\limits_{\lambda > 0} f(x^{(k)} + \lambda p_k)$.

④ 令 $x^{(k+1)} = x^{(k)} + \lambda_k p_k$,计算 $g_{k+1} = g(x^{(k+1)})$,判别 $\| g_{k+1} \| < \varepsilon$ 是否成立,若成立,则停止迭代,$x^* = x^{(k+1)}$ 即为 $f(x)$ 的极小点;否则继续执行 ⑤.

⑤ 计算

$$\alpha_k = \frac{g'(x^{(k+1)})Gp_k}{p_k'Gp_k}, \qquad (3.17)$$

令 $p_{k+1} = -g(x^{(k+1)}) + \alpha_k p_k$,置 $k = k + 1$,转 ③.

在算法 3.4 中,对 r 维二次正定函数,由定理 3.3 知,最多迭代 r 次,得 $x^{(r)}$ 就是正定二次函数的极小点.且得出 r 个非零共轭方向 $p_0, \cdots, p_{r-1}$.

定理 3.6 设 $f(x) = \dfrac{1}{2}x'Gx + b'x + c$,其中 G 为 r 阶对称正定阵.由算法 3.4 产生的点列为 $x^{(1)}, \cdots, x^{(r)}$,及由（3.17）式产生共轭向量组为 $p_0, p_1, \cdots, p_{r-1}$.记 $f(x)$ 在 $x^{(k)}$ 的梯度方向为 $g_k = g(x^{(k)}) = Gx^{(k)} + b(k = 0, 1, \cdots, r)$.则以上算法中的 α_k 有几个计算公式:

① $\alpha_k = \dfrac{g'_{k+1} G p_k}{p'_k G p_k}$ $(k = 0, 1, \cdots, r-1)$, $\qquad$ (3.18)

$\qquad$ (Daniel, 1967)

② $\alpha_k = \dfrac{g'_{k+1}(g_{k+1} - g_k)}{p'_k(g_{k+1} - g_k)}$ $(k = 0, 1, \cdots, r-1)$, $\qquad$ (3.19)

$\qquad$ (Sorenson-Wolfe, 1972)

③ $\alpha_k = -\dfrac{g'_{k+1} g_{k+1}}{p'_k g_k}$ $(k = 0, 1, \cdots, r-1)$, $\qquad$ (3.20)

$\qquad$ (Myers, 1972)

④ $\alpha_k = \dfrac{\| g_{k+1} \|^2}{\| g_k \|^2}$ $(k = 0, 1, \cdots, r-1)$, $\qquad$ (3.21)

$\qquad$ (Flecher-Reeves, 1964)

⑤ $\alpha_k = \dfrac{g'_{k+1}(g_{k+1} - g_k)}{g'_k g_k}$ $(k = 0, 1, \cdots, r-1)$. $\qquad$ (3.22)

$\qquad$ (Polyak-Polak-Ribiere, 1969)

证明 在算法 3.4 中,取 α_k 为 (3.17) 式时有

$$
\begin{aligned}
p'_{k+1} G p_k &= (-g_{k+1} + \alpha_k p_k)' G p_k \\
&= -g'_{k+1} G p_k + \frac{g'_{k+1} G p_k}{p'_k G p_k} \cdot p'_k G p_k \\
&= 0 \quad (k = 0, 1, 2, \cdots, r-1).
\end{aligned}
$$

这说明 p_k 和 p_{k+1} 关于 G 共轭,可以证明,算法 3.4 产生的 $p_0, \cdots,$ p_{r-1} 为相互共轭的方向(习题 7.10).

由 ① 得

$$
\alpha_k = \frac{g'_{k+1} G p_k}{p'_k G p_k} = \frac{g'_{k+1} \lambda_k G p_k}{p'_k \lambda_k G p_k} \quad (k = 0, 1, \cdots, r-1),
$$

因为 $x^{(k+1)} = x^{(k)} + \lambda_k p_k, g_k = G x^{(k)} + b$, $g_{k+1} = G x^{(k+1)} + b$,

则有 $\lambda_k G p_k = G(x^{(k+1)} - x^{(k)}) = g_{k+1} - g_k$. 所以

$$
\alpha_k = \frac{g'_{k+1} \lambda_k G p_k}{p'_k \lambda_k G p_k} = \frac{g'_{k+1}(g_{k+1} - g_k)}{p'_k(g_{k+1} - g_k)}.
$$

即 ② 得证.

由归纳法可证明算法产生的 $g_0, \cdots, g_{r-1}$ 是相互正交的:

$$
g'_{k+1} g_k = 0 \quad (k = 0, 1, \cdots, r-2).
$$

由 ② 及 g_k 的正交性,再利用定理 3.3 的推论知

$$\alpha_k = \frac{g'_{k+1}(g_{k+1} - g_k)}{p'_k(g_{k+1} - g_k)} = \frac{g'_{k+1}g_{k+1}}{-p'_k g_k} \quad (k = 0, 1, \cdots, r-1)$$

$$\stackrel{(k \geqslant 1)}{=\!=\!=} \frac{\| g_{k+1} \|^2}{(g_k - \alpha_{k-1}p_{k-1})'g_k} = \frac{\| g_{k+1} \|^2}{\| g_k \|^2}.$$

当 $k = 0$ 时，由 ② 得

$$\alpha_0 = - \| g_1 \|^2 / p'_0 g_0 = \| g_1 \|^2 / \| g_0 \|^2 \quad (\text{因 } p_0 = -g_0),$$

故 ③ 和 ④ 得证.

利用 $g'_{k+1}g_k = 0 \quad (k = 0, 1, \cdots, r-1)$ 可得

$$\alpha_k = \frac{g'_{k+1}g_{k+1}}{\| g_k \|^2} = \frac{g'_{k+1}(g_{k+1} - g_k)}{\| g_k \|^2} \quad (k = 0, 1, \cdots, r-1).$$

故 ⑤ 得证. [证毕]

当 $f(x)$ 是二次正定函数时，利用定理 3.6 中 (3.18)～(3.22) 的任一个公式确定的算法都是下降算法，且有限步收敛于最优解. 公式 (3.19)～(3.22) 中没有 Hessian 矩阵，它比用公式 (3.18) 计算简单.

在算法 3.4 给出的用于二次函数的共轭梯度法中，α_k 的计算式子可以选用定理 3.6 的 (3.19)～(3.22) 之一，得出四种不同的共轭梯度法. 比如选用 (3.21) 式计算 α_k 的算法，称为 Fletcher-Reeves 共轭梯度法. 这是最常用的方法.

为了把以上的共轭梯度法用于一般的函数（非二次函数），我们来看看算法 3.4 得出的 p_k 的性质. 由算法 3.4 知

$$p'_k g_k = (-g_k + \lambda_{k-1}p_{k-1})'g_k = -g'_k g_k = -\| g_k \|^2 < 0,$$

这说明搜索方向 $p_k(k \geqslant 0)$ 总是下降方向. 因此共轭梯度法对于一般目标函数是下降算法. 实际上，共轭梯度法可以看成最速下降法的一种改进. 在算法 3.4 中，当令所有 $\alpha_k = 0$ 时就是最速下降法. 故共轭梯度法的效果一定不低于最速下降法.

又共轭梯度法不必涉及 Hessian 矩阵，计算量和存储量都小，因此它适用于维数较高的最优化问题.

由于共轭梯度法中各搜索方向的共轭性依赖于初始负梯度方向；此外由于不能精确地计算 λ_k 和 α_k（即不能精确地进行直线搜

索),加上误差的累积可能导致 r 次迭代得出的向量不共轭,从而降低此方法的效果.克服的办法是迭代 r 次后重新设初始点,即把 $x^{(r+1)}$ 作为新的初始点重新迭代.下面的算法是适用于非二次函数的 Fletcher-Reeves 共轭梯度法.

算法 3.5(适用于非二次函数) 已知目标函数 $f(x)$ 和梯度 $g(x)$,给定终止迭代的精度 $\varepsilon_1, \varepsilon_2$ 和 ε_3.

① 选初始点 $x^{(0)}$,计算 $f(x^{(0)})$,$g_0 = g(x^{(0)})$,令 $p_0 = -g_0$,置 $k = 0$.

② 进行直线搜索求 $\lambda_k : f(x^{(k)} + \lambda_k p_k) = \min\limits_{\lambda \geqslant 0} f(x^{(k)} + \lambda p_k)$. 令 $x^{(k+1)} = x^{(k)} + \lambda_k p_k$,并计算 $f(x^{(k+1)})$ 和 $g(x^{(k+1)})$.

③ 判断 $\|g_{k+1}\| < \varepsilon_1$(或者 $|f(x^{(k+1)}) - f(x^{(k)})| < \varepsilon_2$ 或者 $\|x^{(k+1)} - x^{(k)}\| < \varepsilon_3$)是否成立,若成立,则 $x^{(k+1)}$ 就是 $f(x)$ 的极小点,停止迭代;否则继续执行 ④.

④ 判断 $k = r$ 是否成立.即是否已知迭代了 $r+1$ 次.若是,则重新设置初始点 $x^{(0)} = x^{(k+1)}$,并计算 $f(x^{(0)})$,$g_0 = g(x^{(0)})$,令 $p_0 = -g_0$,置 $k = 0$,然后转 ②;否则继续执行 ⑤.

⑤ 按定理 3.6 的公式(3.21)计算共轭方向 p_{k+1},即

$$\alpha_k = \frac{\|g_{k+1}\|^2}{\|g_k\|^2}, \quad p_{k+1} = -g_{k+1} + \alpha_k p_k.$$

⑥ 判别 $p'_{k+1} g_{k+1} \geqslant 0$ 是否成立.理论上可以证明 $p'_{k+1} g_{k+1} < 0$,但在实际计算中由于目标函数的复杂性和计算误差的累积,有可能使得 $p'_{k+1} q_{k+1} \geqslant 0$,此时 p_{k+1} 不是下降方向.一旦出现这种情况,必须重新设置初始点:$x^{(0)} = x^{(k+1)}$,$p_0 = -g(x^{(k+1)})$,置 $k = 0$,转 ②;否则置 $k = k + 1$,转 ②.

3.4 变尺度法(拟 Newton 法)

Newton 法最突出的特点是收敛速度快,但它的搜索方向(即 Newton 方向)为 $p = -H^{-1}g$,H 为目标函数 $f(x)$ 的 Hessian 的矩阵,g 为 $f(x)$ 的梯度方向.每次迭代构造 Newton 方向比较困

难,必须计算 Hessian 矩阵的逆阵,这是一项计算量很大有时甚至不可能实现的事情.

最速下降法中搜索方向取为负梯度方向:$p = -g$,构造起来很简单,但一般收敛很慢. 我们希望设计一种新方法,尽可能保持 Newton 法收敛快的优点,但又不必计算 Hessian 阵及逆阵. 本节介绍的变尺度法能达到这个目的. 这个方法可以看作是最速下降法的推广,并给它起名为"变尺度法". 这个方法也可以看作是 Newton 法的推广,故也称为"拟 Newton 法".

变尺度法是一种效果非常好的方法.

(一) 基本思想

在 Newton 法的迭代公式:$x^{(k+1)} = x^{(k)} - H_k^{-1} g_k$ 中,g_k, H_k 分别表示目标函数 $f(x)$ 在 $x^{(k)}$ 处的梯度和 Hessian 矩阵. 为了消除迭代公式中的 H_k^{-1},考虑用某种近似矩阵 G_k 来替代它,即用迭代公式

$$x^{(k+1)} = x^{(k)} - G_k g_k, \qquad (3.23)$$

(3.23)式的 $p_k = G_k g_k$ 实际上就是第 k 次迭代的搜索方向. 如果考虑沿 p_k 方向进行直线搜索,即考虑更一般的迭代公式:

$$x^{(k+1)} = x^{(k)} - \lambda_k G_k g_k, \qquad (3.24)$$

其中 λ_k 是步长因子. (3.24)式代表很广的一类迭代公式. 当 $G_k = I$ 时,它是最速下降法;当 $G_k = H_k^{-1}$ 时,它是 Newton 法. 为使 G_k 确实与 H_k^{-1} 近似且具有容易计算的特点. 要求 G_k 应满足一些条件.

第一,为保证搜索方向是下降方向,要求每次迭代的矩阵 G_k 都是正定的.

第二,要求 $G_k (k = 0, 1, \cdots)$ 之间的迭代具有简单形式,显然最简单的形式为

$$G_{k+1} = G_k + E_k,$$

E_k 称为校正矩阵.

第三,G_k 必须满足拟 Newton 性质:

记 $\Delta g_k = g_{k+1} - g_k$,$\Delta x_k = x^{(k+1)} - x^{(k)}$. 由中值定理知

$$\Delta g_k = g(x^{(k)} + \lambda_k p_k) - g(x^{(k)}) = H(x^{(k)} + \theta_k p_k)\Delta x_k,$$

其中 $0 < \theta_k < \lambda_k$，所以 $H^{-1}\Delta g_k \approx \Delta x_k$.

如果我们构造的 G_{k+1}，使之满足与上式类似的等式，即

$$G_{k+1}\Delta g_k = \Delta x_k, \qquad (3.25)$$

那么 G_{k+1} 就能很好地近似 H^{-1}，因此关系式 (3.25) 称为拟 Newton 条件（或拟 Newton 方程），且把用满足拟 Newton 方程的变尺度法也称为拟 Newton 法.

根据 G_k 应满足的条件，特别是拟 Newton 条件，可以给出构造 G_k 的各种各样的方法. 因而形成各种各样的变尺度算法. 下面介绍最有代表性的 DFP 算法中 G_k 的构造方法.

要求 $G_{k+1} = G_k + \Delta G_k$ 满足拟 Newton 条件 (3.25)，得

$$(G_k + \Delta G_k)\Delta g_k = \Delta x_k,$$

因而有

$$\Delta G_k \Delta g_k = \Delta x_k - G_k \Delta g_k. \qquad (3.26)$$

若能选取向量 u_k 和 v_k 使其满足规范化条件：

$$u_k' \Delta g_k = v_k' \Delta g_k = 1, \qquad (3.27)$$

则满足 (3.26) 式的 ΔG_k 可以简单地取为以下形式：

$$\Delta G_k = \Delta x_k v_k' - G_k \Delta g_k u_k',$$

故

$$G_{k+1} = G_k + \Delta x_k v_k' - G_k \Delta g_k u_k'. \qquad (3.28)$$

如何选取待定向量 u_k, v_k，使其满足规范化条件 (3.27) 呢？方法也有多种，比如取

$$u_k' = \frac{\Delta g_k' G_k}{\Delta g_k' G_k \Delta g_k}, \quad v_k' = \frac{\Delta x_k'}{\Delta x_k' \Delta g_k}.$$

显然它们满足 (3.27)，代入 (3.28) 得修正迭代公式：

$$G_{k+1} = G_k + \frac{\Delta x_k \Delta x_k'}{\Delta x_k \Delta g_k'} - \frac{G_k \Delta g_k \Delta g_k' G_k}{\Delta g_k' G_k \Delta g_k}. \qquad (3.29)$$

这就是 DFP 变尺度算法的迭代公式.

（二）DFP 算法

DFP 算法首先由 Davidon（1959 年）提出来的. 后来 Fletcher

和 Powell（1963 年）对 Davidon 的方法作了改进，最后才形成 DFP 算法. D, F, P 是三位学者名字的第一个字母. 此算法是无约束最优化算法中最有效的方法之一. 它是最早提出的变尺度算法中较成功的方法.

算法 3.6（DFP **变尺度算法**）　设已知目标函数 $f(x)$ 及梯度 $g(x)$，问题的维数为 r，并给出终止迭代的精度 ε_1、ε_2 和 ε_3.

① 选定初始点 $x^{(0)}$；计算 $f(x^{(0)})$ 和 $g_0 = g(x^{(0)})$.

② 取 $G_0 = I, p_0 = -g_0$，置 $k = 0$.

③ 作直线搜索：$\min_\lambda f(x^{(k)} + \lambda\, p_k) = f(x^{(k)} + \lambda_k\, p_k)$，求得 λ_k.
令　$x^{(k+1)} = x^{(k)} + \lambda_k\, p_k$.

④ 计算 $f(x^{(k+1)})$ 和 $g(x^{(k+1)}) = g_{k+1}$，若 $\| g_{k+1} \| < \varepsilon_1$（或者 $|f(x^{(k+1)}) - f(x^{(k)})| < \varepsilon_2$ 或 $\| x^{(k+1)} - x^{(k)} \| < \varepsilon_3$，则停止迭代，$x^{(k+1)}$ 就是 $f(x)$ 的最小点；否则继续执行 ⑤.

⑤ 判别 $f(x^{(k+1)}) \geqslant f(x^{(k)})$ 是否成立，若成立则令 $x^{(0)} = x^{(k)}$，计算 $f(x^{(0)})$ 和 $g_0 = g(x^{(0)})$，然后转 ②；否则继续执行 ⑥.

⑥ 若 $k = r$，则置 $x^{(0)} = x^{(k+1)}$，并计算 $f(x^{(0)})$ 和 $g_0 = g(x^{(0)})$，转 ②；否则继续执行 ⑦.

⑦ 计算 $\Delta x_k = x^{(k+1)} - x^{(k)}, \Delta g_k = g_{k+1} - g_k, y_k = G_k \Delta g_k$ 及矩阵

$$G_{k+1} = G_k + \frac{\Delta x_k\, \Delta x_k'}{\Delta x_k'\, \Delta g_k} - \frac{y_k\, y_k'}{\Delta g_k'\, G_k\, \Delta g_k},$$

令 $p_{k+1} = -G_{k+1} g_{k+1}$. 并置 $k = k + 1$，然后转 ③.

下面我们不加证明地列出 DFP 算法的一些性质.

性质 1　当目标函数是正定二次函数：$f(x) = \frac{1}{2} x' Q x + b' x + c$，如果在算法中初始阵 H_0 是对称正定阵，且迭代点互异，则生成的搜索方向 $p_0, p_1, \cdots, p_k$ 是关于 Q 相互共轭的方向，即 $p_i' Q p_j = 0$ $(i \neq j)$；而且对 $j = 0, 1, \cdots, k$，$G_{k+1} Q p_j = p_j$ 成立.

性质 2　在性质 1 的条件下，若经过 r 次迭代才得到极小点，则 $G_r = Q^{-1}$.

以上两条性质说明 DFP 算法具有共轭方向法的特点(优点), 收敛速度快.

性质 3 在 DFP 算法中,若初始矩阵 G_0 是对称正定阵,则迭代过程中每个 G_k 都是正定的.

保证 G_k 为正定阵,也就是保证算法是有效的(即下降算法). 但在实际计算中,由于舍入误差的影响,特别是直线搜索不精确的影响,有可能破坏迭代矩阵 G_k 的正定性. 从而导至算法失效. 故我们在算法 3.6 中,采取了两条措施:

(a) 当直线搜索后目标函数值不下降(即算法 3.6 ⑤ 中条件成立),重新置 G_k 为单位阵,然后继续迭代.

(b) 迭代 $r+1$ 次后,重置初始点和迭代矩阵,即 $x^{(0)} = x^{(r+1)}$, $G_0 = I$,然后重新迭代(即算法 3.6 ⑥).

以上介绍的 DFP 算法作为 Newton 法的推广也称为拟 Newton 法. 这种拟 Newton 算法有一族最有实用价值的几个算法包含在 Broyden 族中. 其迭代矩阵 G_{k+1} 的公式可表为

$$G_{k+1} = G_k + \frac{\Delta x_k \, \Delta x_k'}{\Delta x_k' \, \Delta g_k} - \frac{G_k \Delta g_k \Delta g_k' \, G_k}{\Delta g_k' \, G_k \Delta g_k}$$
$$+ \beta (\Delta g_k' \, \Delta x_k)(\Delta g_k' \, G_k \Delta g_k) \, w_k w_k', \qquad (3.30)$$

其中
$$w_k = \frac{\Delta x_k}{\Delta x_k' \, \Delta g_k} - \frac{G_k \Delta g_k}{\Delta g_k' \, G \Delta g_k}.$$

以上公式中的参数 β 可取任意实数,因此称为算法族. 此公式是 1967 年由 Broyden 提出的. 当 $\beta = 0$ 时就是 DFP 算法.

1970 年 Huang 又给出了具有二次收敛性,把 Broyden 族包含在内的更大的算法族,通称为 Huang 族变尺度算法. 1959 年 Davidon 提出 DFP 算法时,因为在计算过程中 G_k 是不断变化的,就称此方法为"变尺度法". 因它有点像 Newton 法,人们习惯上又称它为拟 Newton 法. 现在多数学者把满足拟 Newton 条件的 Huang 族变尺度法称为拟 Newton 法. 因此拟 Newton 法是 Huang 变尺度法的一部分. 有关变尺度法的更详细介绍请参阅[23].

§4　非线性回归分析方法

假设因变量 Y 的期望 $E(Y)$ 与 m 个自变量 $X_1, \cdots, X_m$ 满足非线性的函数关系,且函数关系的形式已知,因此

$$Y = \varphi(X_1, \cdots, X_m, \beta_1, \cdots, \beta_r) + \varepsilon = \varphi(X, \beta) + \varepsilon,$$

其中 $\beta = (\beta_1, \cdots, \beta_r)'$ 是未知参数,ε 是误差项.

已知变量 $X_1, \cdots, X_m$ 和 Y 的 n 次观测数据 $(x_{i1}, \cdots, x_{im}, y_i)$ $(i = 1, 2, \cdots, n)$. 显然它们满足以下非线性回归模型:

$$y_i = \varphi(x_{i1}, \cdots, x_{im}, \beta_1, \cdots, \beta_r) + \varepsilon_i (i = 1, \cdots, n), \quad (4.1)$$

其中 ε_i 是第 i 次观测误差. 函数 $\varphi(X, \beta)$ 是一个含有未知参数 β 的形式已知的实函数. 一般情况 φ 是非线性函数,模型(4.1)称为非线回归模型,并称 β 为非线性回归模型的回归系数.

非线性回归分析的目的是通过 n 次观测数据来估计函数 $\varphi(X, \beta)$ 中的未知参数 β. 有了参数的估计值 $\hat{\beta}$,我们就得到因变量 Y 与自变量 $X_1, \cdots, X_m$ 之间的相关关系式:$\hat{Y} = \varphi(X, \hat{\beta})$. 利用这一关系式,即可由自变量 $X_1, \cdots, X_m$ 的观测值,来预测 Y 的值. 显然当函数 $\varphi(X, \beta)$ 是特殊的线性关系时,即 $\varphi(X, \beta) = X'\beta = \beta_0 + \beta_1 X_1 + \cdots + \beta_m X_m$(此时未知参数的个数 $r = m + 1$),那么非线性回归模型(4.1)就变为线性回归模型. 因此线性回归分析可以看作非线性回归分析的特例.

在第六章介绍了多元线性回归的计算方法. 在线性回归模型中,通常采用最小二乘准则估计参数 β. 即求 $\hat{\beta}$,使

$$Q(\beta) = \sum_{i=1}^{n} \varepsilon_i^2 = \sum_{i=1}^{n} (y_i - x_i'\beta)^2 = \| Y - X\beta \|^2$$

在 $\beta = \hat{\beta}$ 达到最小值,其中 $Y = (y_1, \cdots, y_n)'$,$X' = (x_1', \cdots, x_n')$,而 $x_i' = (1, x_{i1}, \cdots, x_{im})$. 最小二乘准则实际上是使误差平方和 $\sum_{i=1}^{n} \varepsilon_i^2$ 在 $\beta = \hat{\beta}$ 处达到最小值. 从误差平方和的角度出发可知,这一

380

准则完全可以推广到非线性回归的情况. 即对非线性回归模型 (4.1), 求参数 β 的估计 $\hat{\beta}$, 使误差平方和的 0.5 倍, 即

$$F(\beta) = \frac{1}{2} \sum_{i=1}^{n} \varepsilon_i^2 = \frac{1}{2} \sum_{i=1}^{n} (y_i - \varphi(x_i, \beta))^2 \qquad (4.2)$$

在 $\beta = \hat{\beta}$ 达到最小值. 通常称此准则为非线性最小二乘准则.

很明显, 用非线性最小二乘准则求 $\hat{\beta}$, 实际上是一个特殊的无约束最优化问题, 其中使其最小化的目标函数就是(4.2)式中的 $F(\beta)$, $\hat{\beta}$ 是目标函数的最小值点, 即最优化问题的解. 这样一来, §3 中介绍的各种最优化方法都可以用于非线性回归分析. 不过, 由于目标函数(4.2)的形式比较特殊, 我们可以对这一特殊的目标函数, 使得§3 中的各个方法进一步得到简化.

记 $Y = \begin{bmatrix} y_1 \\ \vdots \\ y_n \end{bmatrix}$, $\Phi(x, \beta) = \begin{bmatrix} \varphi(x_1, \beta) \\ \vdots \\ \varphi(x_n, \beta) \end{bmatrix} \triangleq \begin{bmatrix} \varphi_1 \\ \vdots \\ \varphi_n \end{bmatrix}$, $\varepsilon = \begin{bmatrix} \varepsilon_1 \\ \vdots \\ \varepsilon_n \end{bmatrix}$, 则

(4.1) 式可写成向量的形式:

$$Y = \Phi(x, \beta) + \varepsilon. \qquad (4.3)$$

首先记

$$e'(\beta) = (y_1 - \varphi(x_1, \beta), y_2 - \varphi(x_2, \beta), \cdots, y_n - \varphi(x_n, \beta))$$
$$= (e_1(\beta), e_2(\beta), \cdots, e_n(\beta)).$$

目标函数为

$$F(\beta) = \frac{1}{2} e'(\beta) e(\beta). \qquad (4.4)$$

求非线性最小二乘估计 $\hat{\beta}$, 即为求下列最优化问题

$$\min_{\beta} F(\beta) \qquad (4.5)$$

的解.

目标函数 $F(\beta)$ 在 $\beta = \beta^{(k)}$ 的梯度方向为:

$$g(\beta^{(k)}) = \left(\frac{\partial F}{\partial \beta_1}, \cdots, \frac{\partial F}{\partial \beta_r} \right)' \Bigg|_{\beta = \beta^{(k)}}.$$

因为 $\quad \dfrac{\partial F}{\partial \beta_i} = \dfrac{\partial}{\partial \beta_i} \left[\dfrac{1}{2} e'(\beta) e(\beta) \right] = \dfrac{\partial}{\partial \beta_i} \left[\dfrac{1}{2} \sum_{i=1}^{n} e_i^2(\beta) \right]$

$$= \left(\frac{\partial e_1(\beta)}{\partial \beta_i}, \cdots, \frac{\partial e_n(\beta)}{\partial \beta_i} \right) e(\beta)$$

$$\triangleq J_i'(\beta)e(\beta) \quad (i=1,\cdots,r),$$

所以
$$g(\beta^{(k)}) = J'(\beta^{(k)})\,e(\beta^{(k)}) \triangleq g_k, \tag{4.6}$$

其中
$$J'(\beta) = \frac{\partial e'(\beta)}{\partial \beta} = \begin{pmatrix} \dfrac{\partial e_1(\beta)}{\partial \beta_1} & \cdots & \dfrac{\partial e_n(\beta)}{\partial \beta_1} \\ \cdots\cdots\cdots\cdots\cdots\cdots \\ \dfrac{\partial e_1(\beta)}{\partial \beta_r} & \cdots & \dfrac{\partial e_n(\beta)}{\partial \beta_r} \end{pmatrix}_{r \times r}$$

$$= (J_1, J_2, \cdots, J_r). \tag{4.7}$$

Hessian 矩阵 $H(\beta) = \left(\dfrac{\partial^2 F(\beta)}{\partial \beta_i \partial \beta_j} \right)_{r \times r}$，其中

$$\frac{\partial^2 F(\beta)}{\partial \beta_i \partial \beta_j} = \frac{\partial}{\partial \beta_i}\left[\frac{\partial F(\beta)}{\partial \beta_j} \right] = \frac{\partial}{\partial \beta_i}\left[J_j'(\beta)e(\beta) \right]$$

$$= \frac{\partial}{\partial \beta_i}\left[\sum_{t=1}^{n} (-e_t(\beta)) \frac{\partial \varphi_t(\beta)}{\partial \beta_j} \right]$$

$$(\text{因 } e(\beta) = Y - \Phi(x,\beta))$$

$$= \sum_{t=1}^{n}\left[\frac{\partial \varphi_t(\beta)}{\partial \beta_i} \frac{\partial \varphi_t(\beta)}{\partial \beta_j} \right] - \left[\sum_{t=1}^{n} e_t(\beta) \frac{\partial^2 \varphi_t(\beta)}{\partial \beta_i \partial \beta_j} \right].$$

记
$$X = \begin{pmatrix} \dfrac{\partial \varphi_1}{\partial \beta_1} & \cdots & \dfrac{\partial \varphi_1}{\partial \beta_r} \\ \cdots\cdots\cdots\cdots\cdots \\ \dfrac{\partial \varphi_n}{\partial \beta_1} & \cdots & \dfrac{\partial \varphi_n}{\partial \beta_r} \end{pmatrix} = \frac{\partial \Phi(x,\beta)}{\partial \beta} = -J(\beta),$$

$$H_t(\beta) = \left(\frac{\partial^2 e_t(\beta)}{\partial \beta_i \partial \beta_j} \right) = -\left(\frac{\partial^2 \varphi_t(\beta)}{\partial \beta_i \partial \beta_j} \right).$$

显然 $H_t(\beta)$ 是 $e_t(\beta)$ 的 Hessian 矩阵，且有

$$H(\beta) = X'X + \sum_{t=1}^{n} e_t(\beta) H_t(\beta). \tag{4.8}$$

有了梯度向量 $g(\beta)$ 和 Hessian 阵 $H(\beta)$，我们就可以针对非线性回归模型给出§3中相应的迭代算法. 下面给出不同的最优化方法, 搜索方向的计算公式:

最速下降法: $p_k = X'(\beta^{(k)})\,e(\beta^{(k)})$; \tag{4.9}

Newton 法：$p_k = H^{-1}(\beta^{(k)}) X'(\beta^{(k)}) e(\beta^{(k)})$；　　　　(4.10)

共轭梯度法：$\begin{cases} p_0 = -g_0 = X'(\beta^{(0)}) e(\beta^{(0)}), \\ p_k = -g_k + \alpha_{k-1} p_{k-1} \quad (k = 1, 2, \cdots), \\ \qquad 其中 \alpha_{k-1} = \|g_k\|^2 / \|g_{k-1}\|^2; \end{cases}$

(4.11)

变尺度法：$\begin{cases} p_k = -G_k g_k = G_k X'(\beta^{(k)}) e(\beta^{(k)}), \\ G_0 = I, \\ G_{k+1} = G_k + \dfrac{s_k s_k'}{s_k' z_k} - \dfrac{G_k z_k z_k' G_k}{z_k' G_k z_k} \quad (k = 0, 1, \cdots), \\ \qquad 其中 s_k = \beta^{(k+1)} - \beta^{(k)}, z_k = g_{k+1} - g_k; \end{cases}$

(4.12)

迭代公式为

$$\beta^{(k+1)} = \beta^{(k)} + \lambda_k p_k,　　　　(4.13)$$

其中步长因子 λ_k 满足：

$$F(\beta^{(k)} + \lambda_k p_k) = \min_{\lambda > 0} F(\beta^{(k)} + \lambda p_k).$$

关于步长因子 λ_k 的确定方法，可以作为单变量函数 $q(\lambda) = F(\beta^{(k)} + \lambda p_k)$ 的一维最优化问题，用 §2 介绍的任一种方法确定. 在实际计算中，也可以采用更简便且实用的方法. 原则是在沿 p_k 的方向上确定步长因子 λ_k，使 $F(\beta^{(k)} + \lambda_k p_k) < F(\beta^{(k)})$；并不一定要求 λ_k 相应的点是 p_k 方向上的极小点. 这样根据一维搜索几种方法的思想可以给出确定步长因子 λ_k 的相应方法，如 SAS/STAT 软件的 NLIN 过程中给出的 4 种确定步长因子的方法就是如此.（见参考文献[48]）

§3 介绍的四种最优化方法中，Newton 法（及改进算法）的收敛速度是很快的，与其他方法相比，达到同样精度，所需的迭代次数往往少得多. 但 Newton 法要求计算 Hessian 矩阵. 从公式(4.8)式可以看出，Hessian 矩阵的计算很复杂，不仅要计算 $e_t(\beta)$ 的一阶导数还要计算 $e_t(\beta)$ 的二阶导数. 这给牛顿算法的使用造成困难. 为了克服这一困难，有必要给出 $H(\beta)$ 的近似公式，这就是 4.1 将

383

介绍的非常著名的 Gauss-Newton 算法.

4.1 Gauss-Newton **算法及其改进**

本节讨论求解非线性最小二乘问题的 Gauss-Newton 算法，这是非线性回归分析中应用十分广泛的算法.

设 Y 与 $X_1, \cdots, X_m$ 的 n 次观测数据满足非线性回归模型 (4.1)，取目标函数为

$$F(\beta) = \frac{1}{2} e'(\beta) e(\beta) = \frac{1}{2} \| Y - \Phi(x, \beta) \|^2.$$

求解参数 β 的最小二乘估计等价于求最优化问题：$\min_{\beta} F(\beta)$ 的解. 用 Newton 法求以上最优化问题的解时，因 Hessian 矩阵 $H(\beta)$ 太复杂，造成使用困难. 为了简化 $H(\beta)$ 的计算，我们将误差向量函数 $e(\beta)$ 在点 $\beta^{(k)}$ 展成 Taylor 表达式：

$$e(\beta) \approx e(\beta^{(k)}) + J(\beta^{(k)})(\beta - \beta^{(k)}).$$

由上式可得到目标函数 $F(\beta)$ 在 $\beta^{(k)}$ 附近的近似表达式及 $F(\beta)$ 的梯度向量 $g(\beta)$ 和 Hessian 矩阵 $H(\beta)$ 的近似表达式：

$$
\begin{aligned}
F(\beta) &\approx \frac{1}{2}\big[e(\beta^{(k)}) + J(\beta^{(k)})(\beta - \beta^{(k)}) \big]' \big[e(\beta^{(k)}) \\
&\quad + J(\beta^{(k)})(\beta - \beta^{(k)}) \big],
\end{aligned} \tag{4.14}
$$

$$
\begin{aligned}
g(\beta) &\approx J'(\beta^{(k)}) e(\beta) \\
&\approx J'(\beta^{(k)}) e(\beta^{(k)}) + J'(\beta^{(k)}) J(\beta^{(k)})(\beta - \beta^{(k)}),
\end{aligned} \tag{4.15}
$$

$$H(\beta) \approx J'(\beta^{(k)}) J(\beta^{(k)}). \tag{4.16}$$

在 Hessinan 矩阵的近似公式 (4.16) 中不出现 $e(\beta)$ 的二阶导数，使用近似表达式 (4.15) 和 (4.16) 构造的牛顿迭代算法称为 Gauss-Newton 算法. 将 (4.15) 和 (4.16) 代入修正迭代公式 (4.13) 和 (4.10)，所得算法称为修改的 Gauss-Newton 算法，其迭代公式为

$$\beta^{(k+1)} = \beta^{(k)} - \lambda_k [J'(\beta^{(k)}) J(\beta^{(k)})]^{-1} J'(\beta^{(k)}) e(\beta^{(k)}). \tag{4.17}$$

这等价于 $\beta^{(k+1)} = \beta^{(k)} + \lambda_k p_k$，其中 p_k 是方程组：

$$J'(\beta^{(k)}) J(\beta^{(k)}) p_k = - J'(\beta^{(k)}) e(\beta^{(k)}) \tag{4.18}$$

的解，或者说 p_k 是方程

$$J(\beta^{(k)})\ p_k = -\ e(\beta^{(k)}) \tag{4.19}$$

的最小二乘解. 其实(4.18)是方程(4.19)的正规方程. 因此修改的 Gauss-Newton 算法的迭代公式可以简单地写成

$$\begin{cases} \beta^{(k+1)} = \beta^{(k)} + \lambda_k p_k, \\ p_k \text{ 是方程 } J(\beta^{(k)})\ p_k = -\ e(\beta^{(k)}) \text{ 的最小二乘解,} \\ \lambda_k \text{ 是 } q(\lambda) = F(\beta^{(k)} + \lambda p_k) \text{ 的最小点.} \end{cases} \tag{4.20}$$

当矩阵 $J'(\beta^{(k)})J(\beta^{(k)})$ 可逆时，以上迭代公式与(4.17)式是等价的，但它在计算上比(4.17)式更方便实用.

可以证明，当 $J'(\beta^{(k)})J(\beta^{(k)})$ 是可逆时，由(4.18)式确定的方向 p_k 是目标函数 $F(\beta)$ 的下降方向. 故而该算法是很有效的. 但当 $J'(\beta^{(k)})J(\beta^{(k)})$ 是奇异阵或接近奇异阵时，不能从(4.18)解出 p_k，这时可将 $F(\beta)$ 在 $\beta^{(k)}$ 的负梯度方向: $p_k = -\ g(\beta^{(k)})$ 作为搜索方向.

算法 4.1(修正的 Gauss-Newton 算法) 已知 $e(\beta) = (e_1(\beta), e_2(\beta), \cdots, e_n(\beta))'$，$e(\beta)$ 的 Jacobi 阵: $J(\beta) = \left(\dfrac{\partial e_i(\beta)}{\partial \beta_j} \right)$ 及目标函数 $F(\beta) = \dfrac{1}{2} \sum_{i=1}^{n} e_i^2(\beta)$.

① 选初始点 $\beta^{(0)}$，计算 $F_0 = \dfrac{1}{2} \sum_{i=1}^{n} e_i^2(\beta^{(0)})$; 置 $k = 0$.

② 对 $i = 1,2,\cdots,n; j = 1,2,\cdots,r$，计算

$$d_{ij}^{(k)} = \frac{\partial e_i(\beta^{(k)})}{\partial \beta_j},$$

由此得 $n \times r$ 矩阵 $J_k = (d_{ij}^{(k)})$.

对 $j = 1,2,\cdots,r$ 计算 $b_j^{(k)} = \sum_{i=1}^{n} e_i(\beta^{(k)}) \dfrac{\partial e_i(\beta^{(k)})}{\partial \beta_j}$，由此得 r 维向量 $b_k = (b_1^{(k)},\cdots,b_r^{(k)})'$ (即梯度方向).

③ 解线性方程组 $J_k'J_k p = -b_k$，当 $\text{rank}(J_k'J_k) = r$ 时，方程组有唯一解: $p_k = -(J_k'J_k)^{-1}b_k$; 当 $\text{rank}(J_k'J_k) < r$ 时，取 $p_k = -b_k$.

④ 记 $F(\beta^{(k)} + \lambda p_k) \triangleq q(\lambda)$,对 $q(\lambda)$ 作直线搜索,得 $\lambda_k : q(\lambda_k) = \min\limits_{\lambda} q(\lambda)$.令 $\beta^{(k+1)} = \beta^{(k)} + \lambda p_k$,计算目标函数值:

$$F(\beta^{(k+1)}) = \frac{1}{2} \sum_{i=1}^{n} e_i^2 (\beta^{(k+1)}).$$

⑤ 若终止准则的条件被满足,则 $\hat{\beta} = \beta^{(k+1)}$ 就是所求的 $F(\beta)$ 的极小值点;否则置 $k = k + 1$,然后转 ②.

终止准则可取为 $|F(\beta^{(k+1)}) - F(\beta^{(k)})| < \varepsilon_1$,或者可取 $\| \beta^{(k+1)} - \beta^{(k)} \| < \varepsilon_2$,或 $\| g_k \| < \varepsilon_3 (\varepsilon_1, \varepsilon_2, \varepsilon_3$ 是给定的很小正数).

4.2 Marquard(麦夸尔特)算法

Gauss-Newton 算法收敛速度一般较快. 它遇到的主要困难是,当某个 k 使 $J_k' J_k$ 是奇异阵时,无法从(4.18)式解出搜索方向 p_k. 在修正的 Gauss-Newton 算法中,我们取负梯度方向作为 p_k. 从而使迭代过程进行下去,但是这种修正属于用梯度法迭代,其收敛速度较慢. 另一方面的问题是,当初始值 $\beta^{(0)}$ 选取不佳时,反复迭代可能不收敛. 针对这两方面的问题,麦夸尔特(Marqurd)提出了另一种修正算法,可放宽对初始点的限制,并保证 $J_k' J_k$ 非奇异.

（一）基本想法

我们把矩阵 $J_k' J_k$ 对角线上的元素都加上同一个正数 μ,则方程组(4.18)变成

$$(J_k' J_k + \mu I) p = - J_k' e(\beta^{(k)}). \qquad (4.21)$$

注意到 $J_k' J_k$ 是非负定阵,故 $J_k' J_k + \mu I$ 一定是正定阵.(4.21)式肯定有解. 这个解依赖于 μ,记为 $p_k(\mu)$. 特别地,当 $\mu = 0$ 时,(4.21)还原为(4.18)式. 并且当 $J_k' J_k$ 为非奇异阵时,$p_k(0)$ 存在,它就是 Gauss-Newton 方向:

$$p_k(0) = - (J_k' J_k)^{-1} J_k' e(\beta^{(k)}). \qquad (4.22)$$

当 $J_k' J_k$ 奇异时,$p_k(0)$ 不存在. 这时考虑 $\mu > 0$,当 μ 值增大时,假定 μ 已经大到与 $J_k' J_k$ 的每个分量相比这些分量都可以忽略不计时,则(4.21)式可写为

$$\mu p_k(\mu) \approx - J_k' e(\beta^{(k)})$$

或

$$p_k(\mu) \approx - \frac{1}{\mu} J_k' e(\beta^{(k)}). \qquad (4.23)$$

这就是说,当 μ 很大时,$p_k(\mu)$ 将接近目标函数 $F(\beta)$ 在 $\beta^{(k)}$ 处的负梯度方向. 可以想象,当 μ 从零增加到无穷大时,$p_k(\mu)$ 将从 $F(\beta)$ 在 $\beta^{(k)}$ 处的 Gauss-Newton 方向(4.22)连续地转向负梯度方向: $- g(\beta^{(k)}) = - J_k' e(\beta^{(k)})$.

如果目标函数 $F(\beta)$ 是 β 的二次函数(即线性最小二乘问题),则 Gauss-Newton 迭代公式就相当于 Newton 迭代公式(参见 3.2 节). 对任意选择的 $\beta^{(k)}$,一次迭代就可以得到 $F(\beta)$ 的极小点 $\hat{\beta}$,即

$$\hat{\beta} = \beta^{(k)} - (J_k' J_k)^{-1} J_k' e(\beta^{(k)}) = \beta^{(k)} + p_k(0).$$

这说明,当目标函数 $F(\beta)$ 是 β 的二次函数时,$F(\beta)$ 在 $\beta^{(k)}$ 处的 Gauss-Newton 方向 $p_k(0)$ 不但指向它的极小点 $\hat{\beta}$,而且步长 $\| p_k(0) \|$ 也恰好等于 $\| \hat{\beta} - \beta^{(k)} \|$. 当 μ 增大时 $p_k(\mu)$ 将偏离 Gauss-Newton 方向 $p_k(0)$,而向负梯度方向靠拢,并由(4.23)可以看出,当 $\mu \rightarrow \infty$ 时,$\| p_k(\mu) \| \rightarrow 0$,在这里,$\mu$ 起着使步长 $\| p_k(\mu) \|$ 缩短的作用,或称阻尼作用. 故麦夸尔特法也称为阻尼最小二乘法.

由以上分析,我们可以构造如下迭代公式:

$$\beta^{(k+1)} = \beta^{(k)} - (J_k' J_k + \mu_k I)^{-1} J_k' e(\beta^{(k)}) \qquad (4.24)$$

或

$$\beta^{(k+1)} = \beta^{(k)} + p_k(\mu_k),$$

其中 $p_k(\mu_k)$ 满足:

$$(J_k' J_k + \mu_k I) p_k(\mu_k) = - J_k' e(\beta^{(k)}). \qquad (4.25)$$

这就是阻尼最小二乘法(或称麦夸尔特方法)的迭代公式. 其中的 μ_k 称为阻尼因子.

为使 $(J_k' J_k + \mu_k I)$ 为正定阵,μ_k 必须大于零. μ_k 越大,方程组 (4.25)的条件变好,但步长 $\| p_k(\mu_k) \|$ 越来越接近于零,收敛速

度减慢,因此 μ_k 不能选得太大.另一方面,若 μ_k 选得太小,由于目标函数 $F(\beta)$ 的复杂性,保证不了由(4.24)所确定的 $\beta^{(k+1)}$,使 $F(\beta^{(k+1)}) < F(\beta^{(k)})$.这样一来,对于每次迭代都存在适当选取阻尼因子的问题.

阻尼因子的不同选择方法对应不同的阻尼最小二乘法.这里仅介绍一种简单常用的方法,就是一边迭代一边调整阻尼因子的方法.阻尼因子大了就减少,小了就增大.下面介绍具体算法.

(二)阻尼最小二乘法的算法

算法 4.2(Levenberg-Marquarat 算法,简称 LM 算法) 已知目标函数 $F(\beta) = \dfrac{1}{2}\sum_{i=1}^{n}e_i^2(\beta)$,$e(\beta) = (e_1(\beta),e_2(\beta),\cdots,e_n(\beta))'$ $= (Y - \Phi(x,\beta))$,及 $e(\beta)$ 的 Jacobi 矩阵 $J(\beta)$.记 $A = J'J = (a_{ij})$ 为 $r \times r$ 阵,其中

$$J(\beta) = \left(\frac{\partial e_i(\beta)}{\partial \beta_j}\right)_{n\times r}.$$

① 选初始点 $\beta^{(0)} = (\beta_1^{(0)},\cdots,\beta_r^{(0)})'$;初始阻尼因子 $\mu_0 = a_{11}^{(0)}d_0$(如取 $d_0 = 10^{-2}$ 或 10^{-3})及整数 m(如 $m = 2,4$ 或 10);置 $k = 0$.

② 在 $\beta^{(k)}$ 处计算 $J_k = \left(\dfrac{\partial e_i(\beta^{(k)})}{\partial \beta_j}\right)$,$A_k = (a_{ij}^{(k)})$,梯度方向 b_k.

③ 解方程组(令 $\mu_k^* = \mu_k a_{11}^{(k)}$):

$$(J_k'J_k + \mu_k^* I)\,p = -b_k,$$

得搜索方向 p_k,令 $\beta^{(k+1)} = \beta^{(k)} + p_k$,并计算 $F(\beta^{(k+1)})$.

④ 如果终止准则被满足(比如 $|F(\beta^{(k+1)}) - F(\beta^{(k)})| < \varepsilon_1$ 或 $\|\beta^{(k+1)} - \beta^{(k)}\| < \varepsilon_2$),则 $\hat{\beta} = \beta^{(k+1)}$ 为所求的解,停止迭代;否则转 ⑤.

⑤ 若 $F(\beta^{(k+1)}) < F(\beta^{(k)})$,则置 $\widetilde{\mu}_k = \mu_k/m$(缩小阻尼因子),并转 ⑥;否则转 ⑧.

⑥ 利用 $(J_k'J_k + \widetilde{\mu}_k a_{11}^{(k)} I)\,p = -b_k$ 解出 $\widetilde{p}_k$,令 $\widetilde{\beta}^{(k+1)} =$

$\beta^{(k)} + \tilde{p}_k$,并计算 $F(\tilde{\beta}^{(k+1)})$.

⑦ 若 $F(\tilde{\beta}^{(k+1)}) < F(\beta^{(k)})$,则 $\mu_{k+1} = \tilde{\mu}_k$;$\beta^{(k+1)} = \tilde{\beta}^{(k+1)}$,并置 $k = k + 1$,然后转 ②;否则 $\mu_{k+1} = \mu_k$,置 $k = k + 1$,然后转 ②.

⑧ 若 $F(\beta^{(k+1)}) \geqslant F(\beta^{(k)})$,对 $i = 1, 2, 3, \cdots$,计算 $\mu_k^{(i)} = m^i \mu_k$(增大阻尼因子),并求解方程组

$$(J_k^t J_k + \mu_k^{(i)} a_{11}^{(k)} I) p = -b_k.$$

设解为 $p_k^{(i)}$,令 $\beta^{(k+1)}(i) = \beta^{(k)} + p_k^{(i)}$,并计算 $F(\beta^{(k+1)}(i))$. 直到当 $i = l$ 时,使得 $F(\beta^{(k+1)}(l)) < F(\beta^{(k)})$ 成立时为止. 这时令 $\mu_{k+1} = \mu_k^{(l)}$,$\beta^{(k+1)} = \beta^{(k+1)}(l)$,置 $k = k + 1$,然后转 ②.

在上述算法的 ⑤ 中,当 $F(\beta^{(k+1)}) < F(\beta^{(k)})$ 时,说明迭代是下降的(迭代成功). 为使下一次迭代取得更大的步长,将 μ_k 缩小为 $\tilde{\mu}_k = \mu_k/m$. 如果对于缩小了的 $\tilde{\mu}_k$ 还能使目标函数值下降,那么下一次迭代就以 $\tilde{\mu}_k$ 作为阻尼因子;否则仍以原来的 μ_k 为阻尼因子.

当 $F(\beta^{(k+1)}) \geqslant F(\beta^{(k)})$(迭代不成功,参见 ⑧),说明阻尼因子太小,因此将 μ_k 逐次放大,直到对于某个 l:$\mu_k^{(l)} = m^l \mu_k$ 使目标函数值下降为止. 这时选 $\mu_k^{(l)}$ 作为下一次迭代的阻尼因子.

此算法因每检验一次阻尼因子的大小都要解一次带阻尼因子的方程组,故此种算法的计算量比较大. 阻尼最小二乘法也有各种修正的算法. 读者可参见文献[23].

另外在以上算法中,对于取定的阻尼因子 μ_k,令 $\mu_k^* = \mu_k a_{11}^{(k)}$ 作为实际的阻尼因子. 这样做是考虑到不同的非线性函数和观测数据,矩阵 $J_k^t J_k$ 中元素的数量级可能有差别,故取实际阻尼因子为 $\mu_k a_{11}^{(k)}$(也可以用 $\mu_k a_{ii}^{(k)}$,这里 $a_{ii}^{(k)} > 0$). 还可以把(4.25)式进一步地修改为:

$$(J_k^t J_k + \mu_k \text{diag}(J_k^t J_k)) p = -J_k^t e(\beta^{(k)}),$$

即对角元素加上不同的阻尼因子.

更一般地,可以把(4.25)式修改为

$$(J_k^t J_k + \mu_k W) p = -J_k^t e(\beta^{(k)}),$$

其中 W 是正定对角形矩阵. 取 $W = I$ 或 $W = \mathrm{diag}(J_k' J_k)$ 是常用的两种取法.

另有称为 Levenberg-Marquard-Fletcher 的算法(简称 LMF 算法),它是在 LM 算法的基础上发展而成的. 它与 LM 算法的主要区别在于改进了调整参数 μ 的策略. 详细介绍请参阅文献[23].

例 4.1 已知因变量 Y 与 X 满足的关系式为

$$Y = \frac{\beta_1 X^2 + \beta_2 e^{\beta_3 X}}{X} \triangleq \varphi(X, \beta_1, \beta_2, \beta_3),$$

$\beta_1, \beta_2, \beta_3$ 是待定参数. 对变量 X 和 Y 观测 10 次,得数据如下:

X	0.1	0.5	1.0	5.0	2.5	3.5	-0.5	2.0	-1	-2
Y	22.4	8.1	8.4	74.4	17.2	29.4	-3.9	13.4	-3.7	-6.1

试用 LM 算法确定参数 β_1, β_2 和 $\beta_3 (\varepsilon = 10^{-7})$.

解 由 Y 与 X 满足的关系式 φ 可以写出目标函数

$$F(\beta) = \frac{1}{2} \sum_{i=1}^{n} \left(y_i - \frac{\beta_1 x_i^2 + \beta_2 \exp(\beta_3 x_i)}{x_i} \right)^2 \triangleq \frac{1}{2} \sum e_i^2(\beta).$$

(1) 选择初始值 $\beta^{(0)}$

初始点若选得好(即与 $F(\beta)$ 的最小点靠近),可以减少迭代次数,使 $\beta^{(k)}$ 很快地收敛到问题的解. 选择 $\beta^{(0)}$ 的方法一般有以下几种:

① 根据专业知识和经验给出初始值,比如此例我们取 $\beta^{(0)} = (2.5, 2.5, 1.2)'$,就是由此问题的实际意义给出的.

② 如果知道参数的大致范围(根据对实际问题的了解),如已知 $\beta_1 \in (1,5)$,$\beta_2 \in (1,5)$,$\beta_3 \in (0.5, 2)$. 那么可以在参数范围内分别取几个值,如 $\beta_1 = 1, 2, 3, 4, 5$,$\beta_2 = 1, 2, 3, 4, 5$;$\beta_3 = 0.5, 1$,$1.5, 2$. $(\beta_1, \beta_2, \beta_3)$ 不同值的组合共有 $5 \times 5 \times 4 = 100$ 种,计算这 100 种参数组合的目标函数值 $F(\beta)$,找出使 $F(\beta)$ 最小的那组参数值作为 $\beta^{(0)}$ 值. 此方法虽能选出较好的初始点,但增加了计算量.

③ 当对参数的取值范围一无所知时,用 ② 的这种寻找法将

使计算量大增,此时可借助正交表,用正交选优的参数计设法来确定初始值(参阅文献[19],85 — 87 页).

(2)用算法 4.2 的迭代方法求 $F(\beta)$ 的最小点,经过 9 次迭代,终止迭代准则

$$\max_{i=1,2,3} \frac{|\beta_i^{(9)} - \beta_i^{(8)}|}{|\beta_i^{(9)}|} < \varepsilon = 10^{-8}$$

成立,得参数的估计值为

$$\hat{\beta}_1 = 2.99642847, \quad \hat{\beta}_2 = 1.99987488, \quad \hat{\beta}_3 = 1.00000721.$$

此时目标函数的值(即误差平方和的 1/2)为:

$$F(\beta^{(9)}) = 4.15195 \times 10^{-3}.$$

§5 不完全数据的 EM 算法

在用统计方法处理实际问题时,我们会遇到一些不完全的数据.最常见的一种不完全数据是部分数据丢失的情形.如在回归分析中(见第六章),由于存在观测手段、试验设备以及其他方面的困难,常常会出现某些数据未观测到的现象,亦即部分数据丢失的现象.因为个别数据丢失就重作试验一般是不值得的,有时甚至是不可能的.这就要求我们在数据出现丢失的情况下进行统计分析.此时 我们可以将未出现丢失现象的数据作为完全数据,而把出现丢失现象的数据作为不完全数据.当然,数据丢失只是一种特殊的不完全数据情形.在第六章中我们看到,分析试验数据时所使用的是一种特殊的线性回归模型

$$Y = X\beta + \varepsilon \quad (\varepsilon \sim N_n(0, \sigma^2 I_n)), \tag{5.1}$$

其中 $Y = (y_1, y_2, \cdots, y_n)'$ 是因变量的观测数据组成的向量,X 是已知矩阵,β 是回归系数. 现在假设观测数据出现丢失现象,也就是说 Y 中的某些元素未观测到. 我们记 $Z = (z_1, z_2, \cdots, z_m)'$ 为 Y 中已观测到的数据组成的向量,于是 Y 可看成是完全数据(即相对于 Y 而言应观测到的所有数据),Z 可看成是不完全数据(即 Y 丢

失一些数据后的数据). 显然 Z 是 Y 的函数, 记为 $Z = Z(Y)$. 我们的目的是, 在得到 Z 的情况下估计回归系数 β. 这时, 通常选用最大似然准则估计 β, 即求 $\hat{\beta}$, 使得

$$f(Z \mid \hat{\beta}) = \max_{\beta} f(Z \mid \beta) \tag{5.2}$$

或者 $\qquad \ln f(Z \mid \hat{\beta}) = \max_{\beta} [\, \ln f(Z \mid \beta)\,],$

其中 $f(Z \mid \beta)$ 为 Z 的概率分布函数. 由模型 (5.1) 可知 Y 的分布为 $N_n(X\beta, \sigma^2 I_n)$, 记此分布密度函数为 $f(Y \mid \beta)$. 又由于 Z 是 Y 去掉某些元素所成的向量, 因此 $f(Z \mid \beta)$ 是 $f(Y \mid \beta)$ 的边缘分布, 所以有

$$f(Z \mid \beta) = \int_{\Omega(Z)} f(Y \mid \beta) \mathrm{d}Y, \tag{5.3}$$

其中 $\Omega(Z) = \{Y \mid Z = Z(Y)\}$.

上面我们只是用模型 (5.1) 的数据丢失的情形作为不完全数据问题的一个特殊例子, 对一般的不完全数据问题, 其考虑方法是类似的. 一般地, 如果数据 Z 是数据 Y 的函数, 记为 $Z = Z(Y)$, 那么我们就可以称 Y 为完全数据, Z 为不完全数据. 在 Y 的概率分布密度 $f(Y \mid \beta)$ 与 Z 的概率分布密度 $f(Z \mid \beta)$ 之间仍有关系式

$$f(Z \mid \beta) = \int_{\Omega(Z)} f(Y \mid \beta) \mathrm{d}Y, \tag{5.4}$$

其中 $\Omega(Z) = \{Y \mid Z = Z(Y)\}$. 在已知完全数据的概率分布密度 $f(Y \mid \beta)$ 的表达式的情形下, (5.4) 式给出了不完全数据的概率分布密度 $f(Z \mid \beta)$ 的表达式. 用不完全数据 Z 估计参数 β 的最大似然准则是, 求 $\hat{\beta}$ 使得

$$f(Z \mid \hat{\beta}) = \max_{\beta} f(Z \mid \beta) \tag{5.5}$$

或者 $\qquad \ln f(Z \mid \hat{\beta}) = \max_{\beta} [\ln f(Z \mid \beta)].$

有了 $f(Z \mid \beta)$ 的表达式 (5.4), 原则上我们已经可以用 §3 中的各种方法求最优化问题 (5.5) 式的解 $\hat{\beta}$ 了, 此时我们可选目标函数为 $F(\beta) = -f(Z \mid \beta)$. 但由于 $f(Z \mid \beta)$ 的形式往往比较复杂, 因此采用一般的优化方法常常使算法变得非常复杂, 尤其当 β 中的元素个数很多时, 很多算法几乎不能使用. 克服这些困难的一个较

好的方法是使用 EM 算法.

EM 算法也是一种迭代算法,由 $\beta^{(i)}$ 计算 $\beta^{(i+1)}$ 的过程由下面两步组成:

$$
\begin{cases}
\text{E- 步:对给定的 } \beta^{(i)}; \text{计算 } Q(\beta \mid \beta^{(i)}) = \mathrm{E}[\ln f(Y \mid \beta) \mid Z, \beta^{(i)}], \\
\text{M- 步:求 } \beta^{(i+1)} \text{ 使 } Q(\beta^{(i+1)} \mid \beta) = \max_{\beta} Q(\beta \mid \beta^{(i)}).
\end{cases}
$$

$$(5.6)$$

E- 步是对完全数据的似然函数的对数求条件期望,M- 步是对函数 $Q(\beta \mid \beta^{(i)})$ 求最大值点,这也是 EM 算法名称的由来,即 E 表示期望,M 表示求最大值. 可以证明,在很宽的条件下,由 EM 算法产生的迭代序列 $\{\beta^{(i)}\}$ 收敛到 $f(Z \mid \beta)$ 的极值点,因此用 EM 算法可以求解 $\hat\beta$.

下面我们针对上面讲的线性回归模型(5.1) 式的丢失数据的情形,构造相应的 EM 算法. 先看 E- 步. 由于 $Y \sim N_n(X\beta, \sigma^2 I_n)$,所以

$$
\begin{aligned}
Q(\beta \mid \beta^{(i)}) &= \mathrm{E}[\ln f(Y \mid \beta) \mid Z, \beta^{(i)}] \\
&= \ln\left[(2\pi\sigma^2)^{-\frac{n}{2}}\right] - \frac{1}{2\sigma^2} \mathrm{E}[(Y - X\beta)'(Y - X\beta) \mid Z, \beta^{(i)}] \\
&= \ln\left[(2\pi\sigma^2)^{-\frac{n}{2}}\right] - \frac{1}{2\sigma^2}\{\mathrm{E}(Y'Y \mid Z, \beta^{(i)}) \\
&\quad - 2[\mathrm{E}(Y \mid Z, \beta^{(i)})]'X\beta + (X\beta)'(X\beta)\}.
\end{aligned}
$$

由此表达式容易看出,M- 步等价于求 $\beta^{(i+1)}$,使

$$
\begin{aligned}
&\mathrm{E}[(Y - X\beta)'(Y - X\beta) \mid Z, \beta^{(i)}] \\
&\quad = \mathrm{E}(Y'Y \mid Z, \beta^{(i)}) - 2[\mathrm{E}(Y \mid Z, \beta^{(i)})]'X\beta + (X\beta)'(X\beta)
\end{aligned}
$$

在 $\beta = \beta^{(i+1)}$ 达到最小值,又因 $\mathrm{E}(Y'Y \mid Z, \beta^{(i)})$ 与 β 无关,所以 M- 步还等价于,求 $\beta^{(i+1)}$ 使

$$
\begin{aligned}
&\| \mathrm{E}(Y \mid Z, \beta^{(i)}) - X\beta \|^2 = (\mathrm{E}(Y \mid Z, \beta^{(i)}))'\mathrm{E}(Y \mid Z, \beta^{(i)}) \\
&\quad - 2[\mathrm{E}(Y \mid Z, \beta^{(i)})]'X\beta + (X\beta)'(X\beta)
\end{aligned}
$$

在 $\beta = \beta^{(i+1)}$ 达到最小值. 于是由最小二乘法立即得到

$$
\beta^{(i+1)} = (X'X)^{-1}X'\mathrm{E}(Y \mid Z, \beta^{(i)}).
$$

这样一来,EM 算法的迭代公式可以简化为

$$\begin{cases} \text{E- 步:计算 } \mathrm{E}(Y|Z,\beta^{(i)}); \\ \text{M- 步:计算 } \beta^{(i+1)} = (X'X)^{-1}X'\,\mathrm{E}(Y|Z,\beta^{(i)}). \end{cases} \tag{5.7}$$

通过一些推导,可以得到

$$\mathrm{E}(Y_j|Z,\beta^{(i)}) = \begin{cases} y_j, & \text{当 } y_j \text{ 已观测到}, \\ e_j'\,X\beta^{(i)}, & \text{当 } y_j \text{ 未观测到}, \end{cases} \tag{5.8}$$

其中 $j = 1,2,\cdots,n$,e_j 是第 j 个元素为 1,其余的元素全为 0 的 n 维向量. 很明显,E- 步的计算非常简单,而 M- 步中 $\beta^{(i+1)}$ 的计算可以借助完全数据情形的回归分析算法,这只需将 Y 换为 $\mathrm{E}(Y|Z,\beta^{(i)})$ 即可. 同此例类似,EM 算法通常具有计算简单的优点,这一优点使 EM 算法在不完全数据处理方面得到了广泛的应用.

习 题 七

7.1 设 $f(x) = (x_1 - 1)^2 + (x_2 - 1)^2$,用最速下降法求 $f(x)$ 的最小值点(取 $x^{(0)} = (3,2)'$).试证:任取 $x^{(0)}$,迭代一次即达到最小点.

7.2 试用最速下降法求解:
$$\min\{x_1^2 + 2x_2^2\}.$$
设初始点取为 $x^{(0)} = (4,4)'$,迭代三次,并验证相邻两次迭代的搜索方向互相垂直.

7.3 设 $q(x)$ 在 $[x_1,x_3]$ 上连续,$x_2 \in (x_1,x_3)$,且 $q(x_1) > q(x_2) < q(x_3)$.试证明由公式 (2.6) 计算的 x_4 是 $P(x)$ 的极小点,且 $x_4 \in (x_1,x_3)$.

7.4 试证在最速下降法中,相邻两次搜索方向必正交,即
$$[g(x^{(k)})]'[g(x^{(k+1)})] = 0.$$

7.5 设目标函数 $f(x) = \frac{1}{2}x'Qx + b'x + c$,试导出最速下降法的显式迭代公式.

7.6 设 $G = \begin{bmatrix} 2 & 1 \\ 1 & 2 \end{bmatrix}$,$p_1 = \begin{bmatrix} 1 \\ 0 \end{bmatrix}$,$p_2 = \begin{bmatrix} 1 \\ -2 \end{bmatrix}$,试证明 p_1 和 p_2 关于 G 共轭且线性无关. 试问线性无关组是否都是关于 G 的共轭

方向?

7.7 设 G 是实对称阵,试证 G 的任两个对应于不同特征值的特征向量都是共轭的.

7.8 设 $f(x) = \frac{1}{2}x'Gx + b'x + c$,$G$ 为对称正定阵,试证在共轭梯度法的一维搜索:$\min\limits_{\lambda \geqslant 0} f(x^{(k)} + \lambda p_k) = f(x^{(k)} + \lambda_k p_k)$ 中有

$$\lambda_k = -\frac{g_k' p_k}{p_k' G p_k}.$$

7.9 试用 Newton 法求下列函数的极小点:

(1) $f(x) = x_1^2 + 4x_2^2 + 9x_3^2 - 2x_1 + 18x_3$;

(2) $f(x) = x_1^2 - 2x_1 x_2 + \frac{3}{2}x_2^2 - x_1 - 2x_2$.

初始点可任取,如(1) 取 $x^{(0)} = (0,1,0)'$,(2) 取 $x^{(0)} = (0,1)'$.

7.10 试证明在共轭梯度法的算法 3.4 中构造出来的 $p_0, \cdots,$ p_{r-1} 是相互共轭的.

7.11 用共轭梯度法求 $f(x) = x_1^2 + 4x_2^2$ 的极小点. 取初始点 $x^{(0)} = (1,1)'$.

7.12 设二次函数 $f(x) = \frac{1}{2}x'Gx + b'x$ 中

$$G = \begin{bmatrix} 2 & 1 & -1 \\ 1 & 4 & 0 \\ -1 & 0 & 2 \end{bmatrix}, \quad b = \begin{bmatrix} -1 \\ 1 \\ 2 \end{bmatrix}$$

试生成了 3 个互为共轭的向量 p_1, p_2 和 p_3. 然后用此共轭方向求函数的极小点(取 $x^{(0)} = (0,0,0)'$).

7.13 用 DFP 算法求解:$f(x) = (1-x_1)^2 + 2(x_2-x_1)^2$ 的极小值点. 取初始点 $x^{(0)} = (0,0)'$,初始矩阵取为单位阵,取精度 $\epsilon = 0.1$.

7.14 试证明 DFP 算法的性质(1) 和(2).

7.15 请画出 DFP 算法的框图.

7.16 考虑非线性回归模型

$$y_i = \frac{\theta_1 \theta_3 x_{i1}}{1 + \theta_1 x_{i1} + \theta_2 x_{i2}} + \varepsilon_i \quad (i = 1, 2, \cdots, 5),$$

其中 $\beta = (\theta_1, \theta_2, \theta_3)'$ 是回归参数, (x_{i1}, x_{i2}) 和 y_i 分别是自变量 $X = (X_1, X_2)'$ 和因变量 Y 的第 i 次观测值, 其具体数据见下表:

i	X_1	X_2	Y
1	1	1	0.126
2	2	1	0.219
3	1	2	0.076
4	2	2	0.126
5	0.1	0	0.186

试写出非线性最小二乘问题的修正 Gauss-Newton 迭代算法中 $J(\beta)$ 的具体形式.

上 机 实 习 七

1. 试用进退法确定函数 $q(t) = (t - 3)\sqrt{t}$ 的极小点的搜索区间 $[a, b]$ (从 $t_0 = 0$ 出发, 取 $h = 0.1$).

2. 求一元函数 $q(x) = (x + 1)(x - 2)^2$ 当 $x \geqslant 0$ 时的极小点. 要求

(1) 从 $x = 0$ 出发, 以 $h = 0.1$ 为步长确定一搜索区间;

(2) 用黄金分割法求极小点, 终止迭代的精度 $\varepsilon = 0.1$;

(3) 用抛物线插值法求极小点, 精度 $\varepsilon = 0.05$.

3. 编制用最速下降法求解无约束最优化问题的程序, 并计算 $\min\{x_1^2 + 2x_2^2\}$, 取 $x^{(0)} = (4, 4)', \varepsilon = 0.01$.

4. 编制用阻尼 Newton 法求解 $f(x)$ 最小点的程序. 并计算 $f(x) = x_1 + x_2^2 + x_1^4 + 2x_1^2 x_2^2 + 8x_1^2 x_2^6$ 的最小点, 取 $x^{(0)} = (1, 1)'$, $\varepsilon = 0.01$.

5. 编制用共轭梯度法求解第 4 题中 $f(x)$ 的极小点的程序.

6. 编制用变尺度法(DFP 方法)求第 4 题中 $f(x)$ 的最小点的程序.

7. 编制用 Gauss-Newton 法求非线性最小二乘估计的程序, 并求解 7.16 中 $\beta = (\theta_1, \theta_2, \theta_3)'$ 的估计. 取初始点 $\beta^{(0)} = (10, 48,$

$0.7)'$.

8. 编制用 Marquard 方法求非线性最小二乘估计的程序,并求解以下负指数增长曲线模型中的参数 β_0 和 β_1 的估计:

$$Y = \beta_0(1 - e^{-\beta_1 x}).$$

已知变量 X,Y 的 20 次观测数据如下:

X	20	30	40	50	60	70	80	90	100	110
Y	0.57	0.72	0.81	0.87	0.91	0.94	0.95	0.97	0.98	0.99

X	120	130	140	150	160	170	180	190	200	210
Y	1.00	0.99	0.99	1.00	1.00	0.99	1.00	1.00	0.99	1.00

取 $\beta^{(0)} = (\beta_0, \beta_1)' = (1, 0.5)'$, $\varepsilon = 0.001$.

习题答案或提示

习 题 一

1.2 删去 x_k 后的样本均值为 $\bar{x}_* = \bar{x} + \dfrac{1}{n-1}(\bar{x} - x_k)$，样本标准差为 $s_*^2 = \dfrac{n-1}{n-2}s^2 - \dfrac{n}{(n-1)(n-2)}(x_k - \bar{x})^2$.

1.3 $\mathrm{E}(X) = \dfrac{a+b}{3}$，$\mathrm{Var}(X) = \dfrac{1}{18}(a^2 + b^2 - ab)$，$m_0 = 0$，$m_e = a + \dfrac{1}{2}\sqrt{2a(a-b)}$.

1.4 (1) $\mathrm{E}(X) = 3.5$，$\mathrm{Var}(X) = \dfrac{35}{12} \approx 2.92$，$m_0 = c$，$c \in [3,4]$，$m_e = 1,2,3,4,5$ 或 6.

(2) $\mathrm{E}(X) = 4$，$\mathrm{Var}(X) = 3\dfrac{1}{6}$，$m_0 = c, c \in [4,5]$，$m_e = 5$ 或 6.

1.5 (1) $\bar{x} = 28.75$，$s^2 = 58.386$，$m_0 = 27.5$，$m_e = 26$ 或 29，$c_x = 0.266$，$g_1 = 0.6194$，$g_2 = -0.7415$.

(2) $\bar{x} = 300$，$s^2 = 107142.857 (s = 327.327)$，$m_0 = 100$，$m_e = 100$，$c_x = 1.091$，$g_1 = 1.894$，$g_2 = -0.07154$.

(3) $\bar{x} = 58$，$s^2 = 720 (s = 26.83)$，$m_0 = 70$，$m_e = 70$，$c_x = 0.463$，$g_1 = -0.9798$，$g_2 = -0.4199$.

习 题 二

2.1 由分布函数的定义：$F(x|m,n) = \displaystyle\int_0^x p_F(t)\mathrm{d}t$（其中 $p_F(t)$ 是 F 分布的密度函数），利用积分变换 $u = \dfrac{mt}{mt+n}$ 证明.

2.2 当 $t < 0$ 时，由分布函数的定义：$T(t|n) = \int_{-\infty}^{t} p_T(u)\mathrm{d}u$（其中 $p_T(u)$ 是 T 分布的密度函数），利用积分变换 $y = \dfrac{n}{u^2 + n}$ 证明；当 $t \geqslant 0$ 时，利用密度函数的对称性由关系式：$T(t|n) = 1 - T(-t|n)$ 证明.

2.6 用插值点 $a = x_0 < x_1 < \cdots < x_m = b$ 将区间 $[a,b]$ 分成 m 个等子区间，子区间长为 $h = \dfrac{b-a}{m}$，则复合梯形求积公式为

$$\int_a^b f(x)\mathrm{d}x \approx \frac{h}{2}\Big[f(a) + 2\sum_{i=1}^{m-1} f(x_i) + f(b)\Big].$$

2.7 用梯形法：$\int_{0.5}^{1} \sqrt{x}\,\mathrm{d}x \approx 0.4267767$，误差为 4.1877×10^{-3}；用抛物线法：$\int_{0.5}^{1} \sqrt{x}\,\mathrm{d}x \approx 0.4309340$，误差为 3.04×10^{-5}.

2.13 $x_p \approx x_0 + z_0 + \dfrac{x_0}{2}z_0^2 + \dfrac{2x_0^2 + 1}{6}z_0^3$，其中

$$z_0 = \frac{p - \Phi(x_0)}{\varphi(x_0)}.$$

2.18 $F(t|5,4) = \dfrac{25t^2 \sqrt{14 + 5t}}{(4 + 5t)^3}\sqrt{\dfrac{5t}{4 + 5t}}.$

<h2 style="text-align:center">习 题 三</h2>

3.1 $x_{500} = x_4 = 11$.

3.2 （1）$T = 4$，$\{x_i\}$ 为：$11, 9, 3, 1, 11, \cdots$；（2）$T = 2$，$\{x_i\}$ 为：$6, 2, 6, \cdots$；（3）$T = 12$，$\{x_i\}$ 为：$2, 4, 8, 3, 6, 12, 11, 9, 5, 10, 7, 1, 2, \cdots$；（4）$T = 3$，$\{x_i\}$ 为：$3, 9, 1, 3, \cdots$.

3.3 （1）和（4）为满周期.

3.4 （1）$T = 16$，且 $\{x_i\}$ 为：$10, 15, 0, 13, 6, 11, 12, 9, 2, 7, 8, 5, 14, 3, 4, 1, 10, \cdots$；（2）$T = 1$，且 $\{x_i\}$ 为：$8, 12, 12, \cdots$；该发生器退化了；（3）$T = 2$，且 $\{x_i\}$ 为：$9, 1, 9, \cdots$；该发生器不是满周

期；(4) $T = 13$，且 $\{x_i\}$ 为：$0,12,11,10,9,8,7,6,5,4,3,2,1,0,$ $\cdots$；该发生器虽是满周期，但随机性太差.

3.5 设 3.2(1) 产生的序列为 $\{X_i\}$，记 $X_i = \sum_{j=0}^{3} \alpha_j 2^j$. 因组合同余发生器中矢量 T 的长度为 2，用 3.2(1) 来产生序号 $j (1 \leqslant j \leqslant 2)$ 的方法可用 $j = \alpha_3 + 1$ 或 $j = \alpha_0 + 1$（即由 X_i 的二进制表示的最高位 α_3 或最低位 α_0 来确定）. 用 3.2(1)"搅拌" 3.3(4) 的结果如下：

	$T = (t_1, t_2)$	$j = \alpha_3 + 1$	t_j	$T = (t_1, t_2)$	$j = \alpha_0 + 1$	t_j
1	(0,12)	2	12	(0,12)	2	12
2	(0,11)	2	11	(0,11)	2	11
3	(0,10)	1	0	(0,10)	2	10
4	(9,10)	1	9	(0,9)	2	9
5	(8,10)	2	10	(0,8)	2	8
6	(8,7)	2	7	(0,7)	2	7
7	(8,6)	1	8	(0,6)	2	6
8	(5,6)	1	5	(0,5)	2	5
9	(4,6)	2	6	(0,4)	2	4
10	(4,3)	2	3	(0,3)	2	3
11	(4,2)	1	4	(0,2)	2	2
12	(1,2)	1	1	(0,1)	2	1
13	(0,2)	2	2	(0,0)	2	0
14	(0,12)	2	12	(0,12)	2	12
15	(0,11)	1	0	(0,11)	2	11
16	(10,11)	1	10	(0,10)	2	10
17	(9,11)	2	11	(0,9)	2	9
18	(9,8)	2	8	(0,8)	2	8
19	(9,7)	1	9	(0,7)	2	7
20	(6,7)	1	6	(0,6)	2	6
21	(5,7)	2	7	(0,5)	2	5
22	(5,4)	2	4	(0,4)	2	4
23	(5,3)	1	5	(0,3)	2	3
24	(2,3)	1	2	(0,2)	2	2
25	(1,3)	2	3	(0,1)	2	1
26	(1,0)	2	0	(0,0)	2	0
$\vdots$	$\vdots$	$\vdots$	$\vdots$	$\vdots$	$\vdots$	$\vdots$

由以上结果可见：当 $j = \alpha_0 + 1$ 时，由 3.2(1) 产生的序列 $\{X_i\}$ 为：$11,9,3,1,\cdots$，都是奇数，$\alpha_0 = 1$，故在"搅拌"过程中 j 总是 $= 2$，这相当于没有"搅拌". 这样设计的组合发生器显然不是好的发生器；

当 $j = \alpha_3 + 1$ 时，由列出的部分 t_j 可见，"搅拌"后输出的序列周期较长（$T = 26$）；随机性比 3.3(4) 产生的序列也大有改进. 由此例可见，当矢量长度取为 2 时，也可以设计出周期长、统计性质优的组合同余发生器.

3.7 由 $C_1 = \dfrac{1}{n}\left[\sum\limits_{i=1}^{n-1} r_i r_{i+1} + r_1 r_n\right]$ 计算 $\mathrm{E}(C_1) = \dfrac{1}{4}$ 和 $\mathrm{E}(C_1^2)$ $= \dfrac{9n + 13}{144n}$，可得 $\mathrm{Var}(C_1) = \mathrm{E}(C_1^2) - \mathrm{E}^2(C_1) = \dfrac{13}{144n}$.

3.8 $p_1 = \dfrac{1}{64} = 0.015625$，$\quad p_2 = \dfrac{21}{64} = 0.328125$，

$p_3 = \dfrac{9}{16} = 0.5625$，$\qquad p_4 = \dfrac{6}{64} = 0.09375$.

3.9 $\mathrm{E}(L) = 4.45$.

3.10 把 ξ 的概率分布按 p_i 的从大到小的次序重新排列后设计的直接抽样法，其 $\mathrm{E}(L) = 2.05$.

3.11 （1）直接抽样公式为 $\xi = \sqrt[3]{2R - 1}$；（2）直接抽样公式为 $\xi = \mathrm{tg}\,\pi(R - 1/2)$；（3）直接抽样公式为 $\xi = a - b\ln\dfrac{1 - R}{R}$；（4）直接抽样公式为 $\xi = -\dfrac{1}{a}\ln\left[\dfrac{-\ln R}{b}\right]$.

3.12 （3）$RT(a,b)$ 随机数的抽样公式为 $\xi = a + (b - a) \times \sqrt{R}$；$LT(a,b)$ 随机数的抽样公式为 $\xi = b - (b - a)\sqrt{1 - R}$.

3.18 如值序抽样法、舍选法、变换抽样法等.

3.20 直接抽样法 $\xi = \sqrt{-2\mu^2\ln R}$；变换抽样法 $\xi = \sqrt{X_1^2 + X_2^2}$（$X_i \sim N(0,\mu^2)$，独立）；舍选法等.

3.25 利用关系式：$P\{X = x\} = P\{S \leqslant p\}P\{X = x \mid S \leqslant p\} + P\{S > p\}P\{X = x \mid S > p\}$ 证明.

3.26 利用关系式：$P\{X = x\} = P\{Y \leqslant \lambda\}P\{X = x \mid Y \leqslant \lambda\} + P\{Y > \lambda\}P\{X = x \mid Y > \lambda\}$ 证明.

习 题 四

4.1 不妨设：$c \leqslant f(x) \leqslant d$，记 $S_0 = (b - a)(d - c)$，向以

$b-a$ 为长，$d-c$ 为宽的长方形做 N 次随机投点试验，成功次数记为 M，则 I 的估计量 $\theta_1 = \dfrac{M}{N} S_0 + (b-a)c$；估计量 θ_1 的方差为

$$\mathrm{Var}(\theta_1) = \frac{S_0^2}{N} p(1-p) \quad \left(p = \frac{M}{N}\right).$$

4.2 （2）$\mathrm{Var}(\theta_2) = \dfrac{b-a}{N} \displaystyle\int_a^b f^2(x)\mathrm{d}x - \dfrac{I^2}{N}$；

（3）$N \geqslant \dfrac{(b-a)^2}{\varepsilon^2} \mathrm{Var}(Y) u_{(1+\alpha)/2}^2$（其中 $Y = f(X)$，$X \sim U(a,b)$，$u_{(1+\alpha)/2}$ 是标准正态的 $(1+\alpha)/2$ 分位数）.

4.4 （1）$\mathrm{Var}(\theta_1) = \dfrac{0.2433}{N}, N \geqslant 98$；

（2）$\mathrm{Var}(\theta_2) = \dfrac{0.081996}{N}, N \geqslant 33$.

习　题　五

5.1　对 $i = 1,2,\cdots,n$ 计算：
$$\begin{cases} l_{ji} = a_{ji} - \displaystyle\sum_{k=1}^{i-1} l_{jk} r_{ki} & (j = i, i+1, \cdots, n), \\ r_{ij} = \left(a_{ij} - \displaystyle\sum_{k=1}^{i-1} l_{ik} r_{kj} \right) \Big/ l_{ii} & (j = i+1, \cdots, n). \end{cases}$$

5.2　对 $i = 1,2,\cdots,n$ 计算：
$$\begin{cases} d_i = a_{ii} - \displaystyle\sum_{k=1}^{i-1} l_{ik} d_k r_{ki}, \\ l_{ji} = \left(a_{ji} - \displaystyle\sum_{k=1}^{i-1} l_{jk} d_k r_{ki} \right) \Big/ d_i & (j = i+1, \cdots, n), \\ r_{ij} = \left(a_{ij} - \displaystyle\sum_{k=1}^{i-1} l_{ik} d_k r_{kj} \right) \Big/ d_i & (j = i+1, \cdots, n). \end{cases}$$

5.3　利用 $A'A = G^2$（G 正定），并令 $Q = AG^{-1}$（Q 为正交阵）.

5.5　$A = \begin{bmatrix} 4 & 1 \\ 1 & 0 \\ 6 & 1 \end{bmatrix} \begin{bmatrix} 1 & 0 & 1 & 1 \\ 0 & 1 & -2 & -3 \end{bmatrix}$.

5.6 $A = \begin{bmatrix} 1 & & \\ 2 & 1 & \\ 3 & 4 & 1 \end{bmatrix} \begin{bmatrix} 10 & & \\ & 5 & \\ & & 1 \end{bmatrix} \begin{bmatrix} 1 & 2 & 3 \\ & 1 & 4 \\ & & 1 \end{bmatrix}.$

5.7 $x = \left(-\dfrac{1}{3}, \dfrac{1}{3}, 0 \right)'.$

5.8 对 $i = 1, 2, \cdots, n$ 计算:

$$\begin{cases} a_{ii} = \left(a_{ii} - \displaystyle\sum_{k=1}^{i-1} a_{ik}^2 \right)^{1/2}, \\ a_{ji} = \left(a_{ij} - \displaystyle\sum_{k=1}^{i-1} a_{ik} a_{jk} \right)\big/ a_{ii} \quad (j = i+1, \cdots, n). \end{cases}$$

5.9 $A = QR = \begin{bmatrix} \dfrac{5}{13} & \dfrac{12}{13} \\ \dfrac{12}{13} & \dfrac{-5}{13} \end{bmatrix} \begin{bmatrix} 13 & \dfrac{129}{13} \\ 0 & \dfrac{73}{13} \end{bmatrix}.$

5.10 (1) $\lambda = 1$; (2) 无解; (3) λ 为任意实数.

5.11 对 A 左乘 Householder 变换阵,将 A 的第一列的后 $n-1$ 个元素化为 0,再右乘 Householder 变换阵,将矩阵的第一行的后 $n-2$ 个元素化为 0;然后以此类推下去,直到化 A 为双对角阵.

5.12 $A = \begin{bmatrix} 0 & 0 & 1 \\ 0 & 1 & 0 \\ 1 & 0 & 0 \end{bmatrix} \begin{bmatrix} 1 & 0 & 0 \\ 0 & 1 & 0 \\ 0 & 0 & 1 \end{bmatrix}.$

5.13 和 5.14 利用 A 的奇异值分解.

5.15 对 A 作行和列的 Householder 变换.

5.19 利用 P 为列满秩阵($P^{+}P = I_r$)和 Q 为行满秩阵($QQ^{+} = I_r$),直接验证加号逆应满足的四个条件.

5.20 利用定理 5.5 中 ③ 和 ④ 可知 $x_1 = (A'A)^{-} Ab$ 和 $x_2 = A^{+} b$ 均为 $Ax = b$ 的最小二乘解,且有 $Ax_1 = Ax_2$.

5.21 直接验证加号逆应满足的四个条件.

5.24 (1) $A^{+} = A^{-} = A$;

(2) $A^{-} = \begin{bmatrix} 1 & -1 \\ 0 & 1 \end{bmatrix} \begin{bmatrix} 1 & * \\ * & * \end{bmatrix} \begin{bmatrix} 1 & 0 \\ -1 & 1 \end{bmatrix}$,如取

$$A^{-} = \begin{bmatrix} 1 & 0 \\ 0 & 0 \end{bmatrix}, \quad A^{+} = \begin{bmatrix} 1/4 & 1/4 \\ 1/4 & 1/4 \end{bmatrix};$$

(3) $A^- = \begin{pmatrix} 1 & -2 & -3 \\ 0 & 1 & 0 \\ 0 & 0 & 1 \end{pmatrix} \begin{bmatrix} 1 & * \\ * & * \end{bmatrix} \begin{bmatrix} 1 & 0 \\ -2 & 1 \end{bmatrix}$,如取

$$ A^- = \begin{bmatrix} 1 & 0 \\ 0 & 0 \\ 0 & 0 \end{bmatrix}, \quad A^+ = \begin{bmatrix} \dfrac{1}{70} & \dfrac{2}{70} \\[2mm] \dfrac{2}{70} & \dfrac{4}{70} \\[2mm] \dfrac{3}{70} & \dfrac{6}{70} \end{bmatrix}; $$

(4) $A^- = (\, A_1^- \quad * \,), A^+ = (\, A_1^+ \quad 0\,)$;

(5) $A^- = \begin{bmatrix} A_1^- & 0 \\ 0 & A_2^- \end{bmatrix}, A^+ = \begin{bmatrix} A_1^+ & 0 \\ 0 & A_2^+ \end{bmatrix}$.

5.26 $A^- = \begin{bmatrix} 2/3 & 1/3 & 0 \\ 1/3 & 2/3 & 0 \\ 0 & 0 & 0 \end{bmatrix}$.

习 题 六

6.1 提示:① 先考虑 $L = (0 \,\vdots\, I_s), \gamma = 0$ 的情况. 此时 H_0 为 $L\beta = \beta_2 = 0$,其中 β_2 为 $s \times 1$ 参数向量;剖分 $X = (X_1 \,\vdots\, X_2), X_2$ 为 $n \times s$ 阵. 对分块阵 $(X_1 \,\vdots\, X_2 \,\vdots\, Y)'(X_1 \,\vdots\, X_2 \,\vdots\, Y)$ 依次作 $T_1 \cdots T_{p-s}$ 消去变换,由消去变换的性质知变换后矩阵的右下角元素为 $\beta_2 = 0$ 时的残差平方和 Q_{H_0};接着做 $T_{p-s+1}, \cdots, T_p$ 消去变换,变换后矩阵的右下角元素为残差平方和 Q. 从而可得出:

$$ Q_{H_0} - Q = (L\hat{\beta})' [L(X'X)^{-1} L']^{-1} (L\hat{\beta}). $$

② 对一般的 $H_0: L\beta = \gamma$,因 $\text{rank}(L) = s$,存在可逆阵 U 和 V,使得 $ULV = (0 \,\vdots\, I_s) \triangleq L_*$,令 $\beta_* = V^{-1}\beta - \begin{bmatrix} 0 \\ U\gamma \end{bmatrix}, X_* = XV, Y_*$ $= Y - XV\begin{bmatrix} 0 \\ U\gamma \end{bmatrix}$,则一般检验问题化为对模型 $Y_* = X_* \beta_* + \varepsilon$ 检验 $H_0: L_* \beta_* = 0$ 的问题,利用 ① 的结论即得.

6.3 用反证法说明方程中的两个变量 X_{i_1}, X_{i_2} 均不可能剔除.

6.4 （1）引入变量 X_3 后的回归方程为 $\hat{Y} = 0.80 + 7.95X_1 - 1.81X_3$，而残差平方和为 $Q = 217.70$.

（2）不能剔除变量，此时残差平方和为 $Q = 186.31$，而回归方程为 $\hat{Y} = -1.38 + 7.62X_1 + 2.52X_2 - 1.93X_3$.

6.5

	$A^{(1)}$	$A^{(2)}$	$A^{(3)}$	$A^{(4)}$
$\hat{\beta}_0$	117.23	102.98	71.651	52.59
$\hat{\beta}_1$	—	1.44	1.45	1.468
$\hat{\beta}_2$	—	—	0.416	0.662
$\hat{\beta}_3$	—	—	—	—
$\hat{\beta}_4$	−0.74	−0.61	−0.236	—
残差平方和 Q	883.87	74.76	47.97	57.903
R	0.8213	0.9861	0.9911	0.9895
s	8.9638	2.7342	2.3087	2.4063

6.7 首先求出 $\hat{\beta} = (X'WX)^{-1}X'WY$，然后证明 $X'W\hat{\varepsilon} = 0$.

6.8 利用消去变换，$S^{-1} = T_1 \cdots T_r [T_{r+1} \cdots T_p S]$.

习 题 七

7.1 当 $x^* = (1,1)'$ 时 $f(x)$ 取最小值 0.

7.2 $x^{(1)} = \dfrac{4}{9}\begin{bmatrix} 4 \\ -1 \end{bmatrix}, x^{(2)} = \dfrac{8}{27}\begin{bmatrix} 1 \\ 1 \end{bmatrix}, x^{(3)} = \dfrac{8}{135}\begin{bmatrix} 2 \\ -1 \end{bmatrix}; p_0 = -8\begin{bmatrix} 1 \\ 2 \end{bmatrix}, p_1 = \dfrac{16}{9}\begin{bmatrix} -2 \\ 1 \end{bmatrix}, p_2 = -\dfrac{16}{27}\begin{bmatrix} 1 \\ 2 \end{bmatrix}$.

7.3 因 $P'(x_4) = 0, P''(x_4) > 0$，故 x_4 是 $P(x)$ 的极小点；化 $x_4 = \dfrac{a(x_1 + x_2) + b(x_3 + x_2)}{2(a + b)}$，即得 $x_1 < x_4 < x_3$，其中

$$a = (x_2 - x_1)(q(x_3) - q(x_2)) > 0,$$
$$b = (x_3 - x_2)(q(x_1) - q(x_2)) > 0.$$

7.4 提示：记 $\varphi(\lambda) = f(x^{(k)} + \lambda p_k)$，由 $\varphi'(\lambda_k) = [g(x^{(k+1)})]' p_k = 0$ 即得.

7.5 设第 k 次迭代点为 $x^{(k)}$，梯度方向为 $g_k = g(x^{(k)})$，则显

式迭代公式为 $x^{(k+1)} = x^{(k)} - \dfrac{g_k' \, g_k}{g_k' \, Q \, g_k} \, g_k.$

7.6 线性无关的向量不一定关于 G 共轭.

7.9 (1) 在 $x^* = (1, 0, -1)'$ 时 $f(x)$ 达极小值 -10;

(2) 在 $x^* = (3.5, 3)'$ 时 $f(x)$ 达极小值 -4.75.

7.11 迭代二次得: $x^{(0)} = (1, 1)', x^{(1)} = \left(\dfrac{48}{65}, -\dfrac{3}{65}\right)', x^{(2)}$
$= (0, 0)'$, 且 $x^{(2)}$ 为所求的最小点.

7.12 由 R^3 空间中的 e_1, e_2, e_3 可得关于 G 共轭的三个向量:
$p_1 = (1, 0, 0)', p_2 = \left(-\dfrac{1}{2}, 1, 0\right)', p_3 = \left(\dfrac{4}{7}, -\dfrac{1}{7}, 1\right)'.$ $f(x)$ 在
$x^* = \left(\dfrac{1}{5}, -\dfrac{3}{10}, -\dfrac{9}{10}\right)'$ 达极小值 $-\dfrac{23}{20}$.

7.13 迭代二次后得近似极小点 $x^* = \left(\dfrac{7}{27}, \dfrac{1}{9}\right)'$, 且
$$f(x^*) \approx 0.5926.$$

7.16
$$J(\beta) = -\begin{pmatrix} \dfrac{\theta_3(1+\theta_2)}{(1+\theta_1+\theta_2)^2} & \dfrac{-\theta_1\theta_2}{(1+\theta_1+\theta_2)^2} & \dfrac{\theta_1}{1+\theta_1+\theta_2} \\[2mm] \dfrac{2\theta_3(1+\theta_2)}{(1+2\theta_1+\theta_2)^2} & \dfrac{-2\theta_1\theta_2}{(1+2\theta_1+\theta_2)^2} & \dfrac{2\theta_1}{1+2\theta_1+\theta_2} \\[2mm] \dfrac{\theta_3(1+2\theta_2)}{(1+\theta_1+2\theta_2)^2} & \dfrac{-2\theta_1\theta_2}{(1+\theta_1+2\theta_2)^2} & \dfrac{\theta_1}{1+\theta_1+2\theta_2} \\[2mm] \dfrac{2\theta_3(1+2\theta_2)}{(1+2\theta_1+2\theta_2)^2} & \dfrac{-4\theta_1\theta_2}{(1+2\theta_1+2\theta_2)^2} & \dfrac{2\theta_1}{1+2\theta_1+2\theta_2} \\[2mm] \dfrac{0.1\theta_3}{(1+0.1\theta_1)^2} & 0 & \dfrac{0.1\theta_1}{1+0.1\theta_1} \end{pmatrix}.$$

参 考 文 献

[1]　中国科学院计算中心概率统计组,概率统计计算,科学出版社,1983.

[2]　程兴新、曹敏,统计计算方法,北京大学出版社,1989.

[3]　陈家鼎等,数理统计学讲义,高等教育出版社,1993.

[4]　徐萃薇,计算方法引论,高等教育出版社,1985.

[5]　胡祖炽,林源渠,数值分析,高等教育出版社,1986.

[6]　南京大学数学系计算数学专业,数值逼近法,科学出版社,1978.

[7]　南京大学数学系计算数学专业,线性代数计算方法,科学出版社,1979.

[8]　清华大学,北京大学《计算方法》编写组,计算方法(上、下册),科学出版社,1974.

[9]　曹志浩等,矩阵计算和方程求根(第二版),高等教育出版社,1987.

[10]　C. H. 格罗布等著,廉庆荣等译,矩阵计算,大连理工大学出版社,1988.

[11]　倪国熙,常用的矩阵理论和方法,上海科学技术出版社,1984.

[12]　艾费列尔. M. 劳等著,惠益民等译,模拟系统的建模与分析,清华大学出版社,1987.

[13]　方再根,计算机模拟和蒙特卡洛方法,北京工业学院出版社,1988.

[14]　徐仲济,蒙特卡罗方法,上海科学出版社,1985.

[15]　汪仁官、高惠璇,集装箱码头所需堆场面积的分析,数理统

计与管理,1991 年第 6 期.

[16] 徐光辉,随机服务系统(第二版),科学出版社,1988.

[17] J. H. Wilkinson 著,黄开斌译,代数过程的舍入误差,人民教育出版社,1983.

[18] 刘智敏,误差与数据处理,原子能出版社,1983.

[19] 卢崇飞、高惠璇等,环境数理统计学应用及程序,高等教育出版社,1988.

[20] 周纪芗,回归分析,华东师范大学出版社,1993.

[21] 吴国富等,实用数据分析方法,中国统计出版社,1992.

[22] 王学仁等,实用多元统计分析,上海科学技术出版社,1990.

[23] 邓乃扬等,无约束最优化计算方法,科学出版社,1982.

[24] 东北工学院 薛嘉庆,最优化原理与方法,冶金工业出版社,1983.

[25] 方开泰等,统计分布,科学出版社,1987.

[26] 肖云茹,概率统计计算方法,南开大学出版社,1994.

[27] William J. Kennedy , and James E. Gentle , Statistical Computing,1980.

[28] J. H. Maindonald,Statistical Computation,1984.

[29] Hastings C. Jr. , Hayward J. T. and Wong J. P. Jr. Approximations for digital computers, Princeton Univ. Press. 1955.

[30] Toda H. , An optimal ratinal approximation for normal deviates for digital computers, *Bull. Electrotech. Lab.* , 31(12),1967,1259—1270.

[31] Hull,T. E. and A. R. Dobell, Random Number Generators, *SIAM Rev*, 4, 1962, 230—253.

[32] Wolfe , M. A. , Numerical methods for Unconstrained Optimization, Van Nostrand Reinhold Company ,1978.

[33] Golder, E. R. and J. G. Settle,The Box-Muller Method

for Generating Pseudo-Random Normal Deviates, *Appl. State.* 25,1976,12—20.

[34] Hammersley J. M. and Handscomb D. C. , Monte Carlo Methods,Methuen,London,1964.

[35] Dieter,U. and J. H. Ahrens,A Combinatorial Method for Generation of Normally Distributed Random Numbers, *Computing* 11 , 1973,137—146.

[36] Downham,D. Y. , The Runs Up and Down Test, *Appl. Stat.* 19,1970,190—192.

[37] Dempster,A. P. , N. M. Laird and D. B. Rubin, Maximum likelihood estimation via the EM algorithm. *JRSS* B39, 1977,1—38.

[38] Atkinson,A. C. and M. C. Pearce, The Computer Generation of Beta, Gamma and Normal Random Variables, *JRSS* (A) 139,1976,431—461.

[39] Atkinson, A. C. , Tests of pseudo-random numbers, *Applied Statistics* 29 ,1980,164—171.

[40] Businger,P. ,and G. H. Golub,Linear Least Squares Solution by Householder Transformations, *Numer. Math.* 7, 1965,269—276.

[41] David, A. Ratkowsky, Nonlinear Regression Modeling, 1983.

[42] Gentleman , W. H. , Least Squares Computations by Givens Transformations Without Square Roots, *J. Inst. Math. Appl* . 12,1973,329—336.

[43] Longley,J. W. , Modified Gram-Schmidt process vs. classical Gram-Schmidt, *Communications in Statistics-Simulation and Computation* B 10,517—528.

[44] Maindonald, J. H. , Least Squares Computations Based on

Cholesky Decomposition of the Correlation Matrix, *JSCS* 5 ,1977,247—258.

[45] Martin, R. S. , C. Reinsch and J. H. Wilkinson,Householder's Tridiagonalization of a Symmetric Matrix, *Number. Math.* 11,1968,181—195.

[46] Rao,C. R. and S. K. Mitra, Generalized Inverse of Matrices and Its Applications,Wiley,New York,1971.

[47] George M. Furnival and Robert W. Wilson,Jr. Regressions by Leaps and Bounds, *Technometrics*, VOL. 16, NO. 4,1974, 499—511.

[48] SAS Institute Inc. SAS/STAT User's Guide Release 6. 03 Edition ,1991,675—712.